商用微積分

趙寶琦・楊精松　著

東華書局

國家圖書館出版品預行編目資料

商用微積分／趙寶琦，楊精松著 -- 初版. ---
臺北市：臺灣東華，民 98.05

面；公分

ISBN 978-957-483-537-9（平裝附光碟片）

1. 微積分

314.1　　　　　　　　　　　　　98007868

版權所有．翻印必究

中華民國九十八年五月初版
中華民國九十九年四月初版（二刷）

商用微積分

定價　新臺幣陸佰伍拾元整
（外埠酌加運費匯費）

著　者	趙　寶　琦　　楊　精　松
發行人	卓　劉　慶　弟
出版者	臺灣東華書局股份有限公司
	臺北市重慶南路一段一四七號三樓
	電話：（02）2311-4027
	傳真：（02）2311-6615
	郵撥：00064813
	網址：http://www.tunghua.com.tw
印刷者	隆　興　彩　色　印　刷　有　限　公　司

行政院新聞局登記證　局版臺業字第零柒貳伍號

編輯大意

一、今日科學進步甚速，微積分這門功課早已成為商管學院學生學習相關課程之必備工具．惟國內有關商用微積分的教科書均採用英文本且缺少理論與實務之配合，故有關實用的中文本頗不易得．作者在商管學院從事教學工作多年，深知商管學院學生對於微積分之需求及學習方式與理工學院不同，乃憑多年之教學經驗編著此書，俾使學生瞭解微積分在相關課程上之重要性．

二、本書以實用為主，並兼顧理論的部分，編排及論述條理分明，且簡明扼要，舉凡應用方面的例題或習題儘量生活化或舉一些與經濟學有關的題目．

三、本書可供大學商管學院及科技大學商管學系，每週二小時一學年講授之用．

四、本書為了能達成授課老師之教學成效，特將每章之習題部份分成基礎題與進階題兩種．一般程度的學生只要作基礎題就夠了，對數學有興趣的同學可以挑戰進階題．

五、本書共有十三章．第十一章重積分、第十二章無窮級數、第十三章微分方程式以及全部習題答案 (證明題除外) 均置於光碟中．

六、本書附有教學光碟、教師手冊以及題庫，以增進教學績效．

七、本書雖經編者精心編著，惟謬誤之處在所難免，尚祈學者先進大力斧正，以匡不逮．

八、本書得以順利出版，要感謝東華書局董事長卓劉慶弟女士的鼓勵與支持，並承蒙產品部全體同仁鼎力相助，以及銘傳大學統計資訊學系吳國宗教授之建言在此一併致謝．

第一章　函數與圖形　1

    1-1　實數的性質　2

    1-2　函　數　6

    1-3　函數的圖形　13

    1-4　函數的運算　23

    1-5　線性函數　28

    1-6　經濟學上實用的函數　33

第二章　函數的極限與連續　45

    2-1　極　限　46

    2-2　單邊極限　60

    2-3　連續性　67

    2-4　無窮極限，漸近線　78

第三章　微　分　101

- 3-1　導數與導函數　102
- 3-2　求導函數的法則　117
- 3-3　連鎖法則　132
- 3-4　視導數為變化率　138
- 3-5　隱函數微分法　152
- 3-6　增量與微分　157

第四章　三角函數與反三角函數　167

- 4-1　三角函數與其極限　168
- 4-2　三角函數的導函數　174
- 4-3　反函數與反函數的導函數　180
- 4-4　反三角函數　187

第五章　指數函數與對數函數的導函數　201

- 5-1　指數函數與對數函數　202
- 5-2　對數函數的導函數　213
- 5-3　指數函數的導函數　220
- 5-4　指數函數與對數函數在商學與經濟學上之應用　226

第六章　微分的應用　241

- 6-1　函數的極值　242
- 6-2　均值定理　250
- 6-3　單調函數，相對極值判別法　258
- 6-4　凹性，反曲點　268
- 6-5　函數圖形的描繪　275
- 6-6　相關變化率　284
- 6-7　極值的應用問題　288
- 6-8　導數在經濟學上的應用　294

6-9　羅必達法則　304

第七章　積　分　317

7-1　不定積分　318
7-2　不定積分的應用　327
7-3　定積分的意義　339
7-4　定積分的性質　354
7-5　微積分基本定理　361
7-6　代換積分法　371

第八章　積分的方法　379

8-1　不定積分的基本公式　380
8-2　分部積分法　386
8-3　代數技巧的應用：配方法，部分分式法　390
8-4　瑕積分　398

第九章　定積分的應用　411

9-1　函數的平均值　412
9-2　平面區域的面積　417
9-3　定積分在經濟學上的應用　429
9-4　定積分在商業上的應用　436
9-5　定積分在機率上的應用　447

第十章　偏導函數　459

10-1　三維空間中的平面與曲面　460
10-2　二變數函數　468
10-3　二變數函數的極限與連續　476
10-4　偏導函數　482
10-5　偏導數的幾何意義　491

- 10-6 偏導數在經濟學上的應用　495
- 10-7 全微分　501
- 10-8 連鎖法則　505
- 10-9 最佳化　515
- 10-10 拉格蘭吉乘數　529
- 10-11 最小平方法　539

◎ 第十一章　重積分　543

- 11-1 二重積分　544
- 11-2 二重積分的計算　550
- 11-3 二重積分的應用　565
- 11-4 用極坐標表二重積分　568

◎ 第十二章　無窮級數　577

- 12-1 無窮數列　578
- 12-2 無窮級數　585
- 12-3 正項級數　593
- 12-4 交錯級數，絕對收斂，條件收斂　598
- 12-5 冪級數　605
- 12-6 泰勒級數與麥克勞林級數　614

◎ 第十三章　微分方程式　621

- 13-1 常微分方程式　622
- 13-2 分離變數法解微分方程式　625
- 13-3 一階線性微分方程式　630
- 13-4 一階微分方程式的應用　634

◎ 習題答案　645

第一章　函數與圖形

本章學習目標

- 瞭解實數之性質
- 瞭解函數的意義與函數的圖形
- 認識高斯函數與其性質
- 能夠描繪分段定義函數的圖形
- 瞭解合成函數的意義
- 瞭解線性函數與直線的斜率
- 瞭解函數在經濟學及商學上的應用

1-1 實數的性質

在學習微積分以前的數學中，實數就已經使用得相當廣泛了，正整數 1，2，3，4，…可由實數 1 的連續相加而得，而整數是所有正整數、負整數與實數 0 的集合. 有理數是可以表示成 $\frac{q}{p}$ 形式的實數，其中 p、q 皆為整數，且 $p \neq 0$. 此外，有限小數與循環小數都可以簡化成分數形式的數，因此，有限小數或循環小數都是有理數，而不能寫成 $\frac{q}{p}$ 形式的數，稱為無理數，例如，π、$\sqrt{2}$ 等都是無理數. 若有理數全體所成的集合記為 $\mathbb{Q}$，而實數全體所成的集合記為 $\mathbb{R}$，整數全體所成的集合記為 $\mathbb{Z}$，自然數全體所成的集合記為 $\mathbb{N}$. 顯然得知，

$$\mathbb{N} \subset \mathbb{Z} \subset \mathbb{Q} \subset \mathbb{R}$$

今於直線上任取一點，以表實數 0，稱為原點，並另取一點以表實數 1，稱為單位點，直線上以原點為起點，我們規定指向單位點的方向稱為正向，另一方向為負向. 以原點和單位點為基準，依相等的間隔取點，將正整數 1，2，3，4，…等依次排列於原點的右邊，並將各數的加法反元素排列於原點的左邊與各數相對稱的地方，見所有整數均排列於直線上，如圖 1-1 所示：

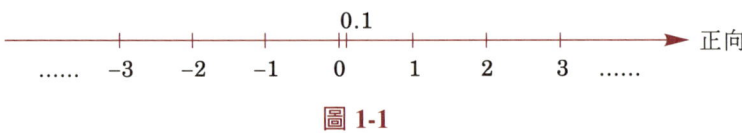

圖 1-1

如將上述的每一區間分成十等分，則可將帶有一位小數的有理數排列於直線上，最後我們可將所有實數亦排列到直線上. 於是，直線上的每一點恰有一實數代表它，而每一實數亦恰有直線上的一點與之對應，這一佈滿實數的直線就稱之為數線. 而上述直線與實數間的一對一對應，稱之為坐標系. 對應於直線上一點 p 的數 a 就稱為該點的坐標，常以 $p(a)$ 表坐標為 a 之點 p. 我們利用數線來定義實數的大小次序. 若 $p(b)$ 在 $p(a)$ 之正向，則稱 a 小於 b 或 b 大於 a，記為 $a < b$ 或 $b > a$. 設實數 $a < b$，則下面數線上的點集合 (或各實數的集合) 均稱之為區間，a、b 稱為其端點

$$[a, b] = \{x \mid a \leqslant x \leqslant b\}$$
$$(a, b) = \{x \mid a < x < b\}$$
$$[a, b) = \{x \mid a \leqslant x < b\}$$
$$(a, b] = \{x \mid a < x \leqslant b\}$$

上述所表之集合，皆為 $\mathbb{R}$ 的子集合，我們稱之為有限區間，第一個稱為閉區間，第二個稱為開區間，第三與第四稱為半開區間或半閉區間. 同理，我們稱下面的集合為無限區間. 設 $a \in \mathbb{R}$，則

$$[a, \infty) = \{x \mid x \geqslant a\}$$
$$(a, \infty) = \{x \mid x > a\}$$
$$(-\infty, a] = \{x \mid x \leqslant a\}$$
$$(-\infty, a) = \{x \mid x < a\}$$
$$(-\infty, \infty) = \{x \mid x \in \mathbb{R}\}$$

例如，$(1, \infty)$ 表示所有大於 1 的實數，符號 ∞ 表示"無限"，僅為一符號而已，不能說它代表一個實數.

實數是有大小次序的，關於實數的次序關係，有下述重要的基本性質：

1. 三一律：若 a、b 為任意二實數，下列僅有一個關係成立

$$a < b \text{ 或 } a = b \text{ 或 } a > b$$

2. 遞移性：對任意之 a、$b \in \mathbb{R}$ 而言，若 $a < b$，$b < c$，則 $a < c$.

3. 加法性：設 a、$b \in \mathbb{R}$，且 $a < b$，則對任意之 $c \in \mathbb{R}$ 而言，皆有 $a + c < b + c$.

4. 乘法性：設 a、$b \in \mathbb{R}$，當 $c > 0$，則 $a < b \Leftrightarrow ac < bc$.

當 $c < 0$，則 $a < b \Leftrightarrow ac > bc$.

另外有關絕對值的觀念在微積分上十分有用，必須深熟其技巧，對於任一實數 a 而言，由三一律知，$a \geqslant 0$ 與 $a < 0$ 兩者之中恰有一者為真. 又因 $a < 0$ 則 $-a > 0$，故知，對任一 $a \in \mathbb{R}$ 而言，可存在一非負的實數 (或為 a 或為 $-a$) 與之對應. 因此，定義 a 的絕對值，記為 $|a|$，如下

4 商用微積分

$$|a| = \begin{cases} a, & \text{當 } a \geq 0 \\ -a, & \text{當 } a < 0 \end{cases} \tag{1-1}$$

並由此定義得知，對任意 $a \in \mathbb{R}$ 而言，恆有

$$\sqrt{a^2} = |a| \tag{1-2}$$

由幾何之觀點而言，$|a|$ 表實數線上坐標為 a 之點與原點之<u>距離</u>. 一般而言，實數線上任意兩點 a、b 之距離，乃為 $|a-b|$. 設 $r \geq 0$，則 $|a| \leq r$ 與 $-r \leq a \leq r$ 之幾何意義，皆表 a 與原點之距離不大於 r，故知 $|a| \leq r \Leftrightarrow -r \leq a \leq r$. 同理，對任意 $r \geq 0$ 而言，$|a| > r \Leftrightarrow a > r$ 或 $a < -r$.

註　將兩敘述 p、q，以"若 p 則 q"的形式結合而成的複合敘述稱為<u>命題</u>，記為"$p \Rightarrow q$". 此種形式的命題稱為<u>條件命題</u>，p 稱為命題的<u>假設</u>，q 稱為命題的<u>結論</u>.

定理 1-1　絕對值的性質

設 a、$b \in \mathbb{R}$，則

(1) $|a| = |-a|$

(2) $|ab| = |a||b|$

(3) $|a^2| = |a|^2$

(4) $\left|\dfrac{a}{b}\right| = \dfrac{|a|}{|b|}$，$b \neq 0$

(5) $-|a| \leq a \leq |a|$

(6) $|a| \leq r \Leftrightarrow -r \leq a \leq r$ $(r \geq 0)$

(7) $|a| > r \Leftrightarrow a > r$ 或 $a < -r$ $(r \geq 0)$

(8) $|a+b| \leq |a| + |b|$ (三角不等式)

(9) $|a-b| \geq ||a| - |b||$

例題 1　利用定理 1-1 (7)

試求不等式 $|2x-7| \geq 1$ 之解，並以區間表示之.

解　不等式可改寫成

$$2x - 7 \leq -1 \text{ 或 } 2x - 7 \geq 1$$
$$2x \leq 6 \text{ 或 } 2x \geq 8$$
$$x \leq 3 \text{ 或 } x \geq 4$$

其解集合為兩區間之聯集，即 $(-\infty, 3] \cup [4, \infty)$.

例題 2 利用 $\sqrt{a^2} = |a|$

試求不等式 $|3-2x| \leq |x+4|$ 之解，並以區間表示之.

解 不等式可改寫成

$$\sqrt{(3-2x)^2} \leq \sqrt{(x+4)^2}$$
$$\Leftrightarrow (3-2x)^2 \leq (x+4)^2$$
$$\Leftrightarrow 9-12x+4x^2 \leq x^2+8x+16$$
$$\Leftrightarrow 3x^2-20x-7 \leq 0$$
$$\Leftrightarrow (x-7)(3x+1) \leq 0$$
$$\Leftrightarrow -\frac{1}{3} \leq x \leq 7$$

故得解集合為 $\left[-\dfrac{1}{3}, 7\right]$.

例題 3 利用定理 1-1(2)

設 $a、b \in \mathbb{R}$，試證：$|ab| = |a||b|$.

解 $|ab| = \sqrt{(ab)^2} = \sqrt{a^2 b^2} = \sqrt{a^2}\sqrt{b^2} = |a||b|$.

習題 1-1

☙ 1-1 實數的性質 ☙

一、基礎題

1. 試求下列各不等式的解集合.

(1) $|2x+1| > 5$ (2) $-1 < \dfrac{3-7x}{4} \leq 6$

(3) $2x^2-9x+7<0$

(4) $2x^2+9x+4\geq 0$

(5) $2x^2<5x-3$

(6) $\left|\dfrac{x}{2}+7\right|\geq 2$

(7) $|3x+1|<2|x-6|$

(8) $\dfrac{2x-1}{x-3}>1$

二、進階題

1. 試證明：$\left|\dfrac{x-3}{x^2+10}\right|\leq \dfrac{|x|+3}{10}$．

1-2 函數

　　函數在數學上是一個非常重要的概念，也是學習微積分之基礎，許多數學理論皆需用到函數的觀念．函數可以想成是兩個集合之間元素的對應，使集合 A 中的每一個元素對應至集合 B 中的一個且為唯一的元素．譬如，假設 A 代表書架中書的集合，B 為整數所成的集合，若將每一本書與其頁數對應，則可得出一個由 A 映到 B 的函數．但需注意，B 中有些元素並未與 A 的元素對應．例如，負整數即是，因圖書的頁數不可能是負數．

定義 1-1

設 f 由非空集合 A 至非空集合 B 的一種對應關係，且滿足對 A 中的每一元素 x，在 B 中恰有唯一元素 y 與之對應，則稱 f 為一個由 A 映到 B 的函數（簡稱 f 為 x 的函數），記作

$$f: A \to B$$

集合 A 稱為函數 f 的定義域，記為 D_f，集合 B 稱為函數 f 的對應域．元素 y 稱為 x 在 f 之下的像或值，以 $f(x)$ 表示之。函數 f 的定義域 A 中之所有元素在 f 之下的像所成的集合，稱為 f 的值域，記為 R_f，即，

$$R_f = f(A) = \{f(x) \mid x \in A\}$$

x 稱為自變數，而 y 稱為因變數．

此定義的說明如圖 1-2 所示.

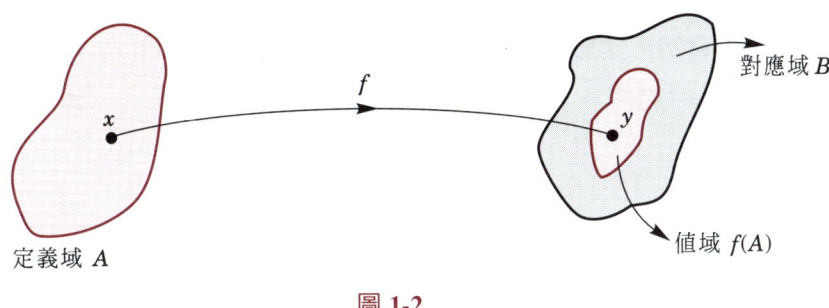

圖 1-2

若兩函數 g 及 h 的定義域相同，且值域相同，則稱這兩函數為**相等**，記為 $g=h$，即

$$g=h \Leftrightarrow D_g=D_h \text{ 且 } R_g=R_h$$

例如，

$$g(x)=x^3+x, \quad x \in \{-1, 0, 1\}；$$

$$h(x)=2x, \quad x \in \{-1, 0, 1\},$$

則因這兩函數的定義域同為 $\{-1, 0, 1\}$，且值域同為 $\{-2, 0, 2\}$，故 $g=h$.

例題 1　**函數的定義**

設 $A=\{1, 2, 3, 4\}$，$B=\{a, b, c, d\}$，$f: A \to B$，其對應關係如圖 1-3 所示. 試問該對應關係是否為函數？若為函數，則求其值域.

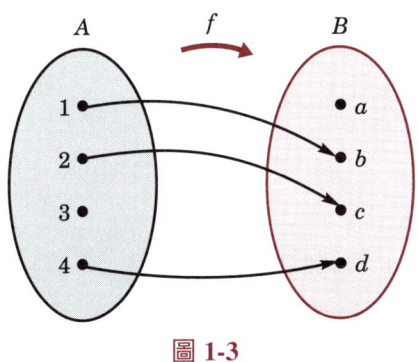

圖 1-3

解 此對應不是函數，因為 A 中之元素 3，在 B 中無元素與之對應.

依據函數的定義知，函數定義域中不同的元素可以有相同的像，若所有的像皆不同，則這個函數稱為**一對一**.

定義 1-2

設 f 為由 A 映到 B 的函數，若對 A 中任意兩相異元素 a 與 b，恆有 $f(a) \neq f(b)$，則稱 f 為**一對一函數**.

若 f 為一對一，則值域中每一 $f(x)$ 恰好是 A 中唯一元素的像，又，若 f 之值域為 B，且 f 為一對一，則集合 A 與 B 稱為**一對一對應**. 在這種情形，B 的唯一元素恰好是 A 中唯一元素的像. 實數與坐標直線上的點的對應就是一個一對一對應的例子.

例題 2 利用定義 1-2

$f(x) = |x-2|$ 非一對一函數，因 $1 \neq 3$，但 $f(1) = 1 = f(3)$.

定義 1-3

對任意 $x \in D_f$，若 $f(-x) = f(x)$，則稱 f 為**偶函數**；又若 $f(-x) = -f(x)$，則稱 f 為**奇函數**.

圖 1-4 分別表示偶函數與奇函數的圖形，偶函數的圖形對稱於 y-軸，奇函數的圖形對稱於原點.

例題 3 偶函數與奇函數

(1) 絕對值函數 $f(x) = |x|$ 為偶函數.

(2) 函數 $f(x) = 3x^4 + 2x^2 + 1$ 為偶函數. (為什麼？)

(3) $f(x) = x^3$ 為奇函數. (為什麼？)

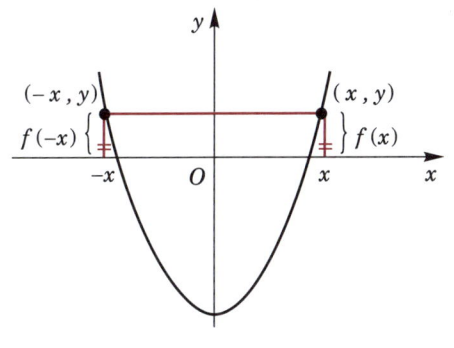 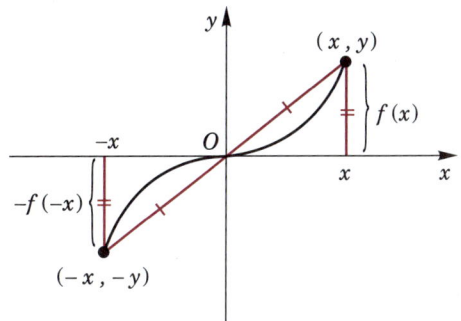

| 偶函數圖形對稱於 y-軸 | 奇函數圖形對稱於原點 |

圖 1-4

微積分中所討論的函數之定義域及值域通常都是指實數系 $\mathbb{R}$ 的子集合，這種函數稱之為實函數. 以 $y=f(x)$ 所定義之函數，如果定義域沒有明確說明，一般是指 $\mathbb{R}$ 的子集合，而這集合中的每一個元素 x 都使 $f(x)$ 為一確定的實數.

例題 4　**函數的定義域**

(1) 確定函數 $f(x)=x^2+x+1$ 的定義域.

(2) 確定函數 $f(x)=\dfrac{x}{x^2-1}$ 的定義域.

(3) 確定函數 $f(x)=\sqrt{x-x^2}$ 的定義域及值域.

解　(1) 函數 $f(x)$ 之定義域為 $\mathbb{R}$.

(2) 因分母 $x^2-1\neq 0$，故定義域為 $D_f=\{x\,|\,x\neq \pm 1\}$.

(3) $y=f(x)=\sqrt{x-x^2}\in \mathbb{R}$
$\Rightarrow x-x^2\geq 0$
$\Rightarrow x^2-x\leq 0$
$\Rightarrow x(x-1)\leq 0$
$\Rightarrow 0\leq x\leq 1$

故　　　　　$D_f=\{x\,|\,x\in \mathbb{R},\ 0\leq x\leq 1\}=[0,\ 1]$

令　　　　　$u=x-x^2=\dfrac{1}{4}-\left(x^2-x+\dfrac{1}{4}\right)=\dfrac{1}{4}-\left(x-\dfrac{1}{2}\right)^2\leq \dfrac{1}{4}$

因為 $0 \leq x - x^2 \leq \dfrac{1}{4} \Rightarrow 0 \leq \sqrt{x-x^2} \leq \dfrac{1}{2} \Rightarrow 0 \leq y \leq \dfrac{1}{2}$

所以, $R_f = \left\{ y \mid y \in \mathbb{R},\ 0 \leq y \leq \dfrac{1}{2} \right\} = \left[0,\ \dfrac{1}{2} \right]$.

例題 5　函數的定義域及值域

試求函數 $f(x) = \dfrac{x}{|x|}$ 之定義域與值域.

解　因 $|x| \neq 0$, 故 $D_f = \{x \mid x \neq 0\}$.

因 $x > 0$ 時, $\dfrac{x}{|x|} = 1$; $x < 0$ 時, $\dfrac{x}{|x|} = -1$, 所以, $R_f = \{-1,\ 1\}$.

一些常在微積分課程裡出現的實函數如下：

1. 常數函數：$f(x) = c$, 其中 c 為常數.
2. 恆等函數：$f(x) = x$.
3. 多項式函數：$P(x) = a_n x^n + a_{n-1} x^{n-1} + \cdots + a_1 x + a_0$, n 為正整數.
4. 冪函數：$f(x) = cx^r$, 其中 c 為非零常數且 r 為實數.
5. 絕對值函數：$f(x) = |x|$.
6. 有理函數：$R(x) = \dfrac{P(x)}{Q(x)}$, 其中 $P(x)$ 與 $Q(x)$ 皆為多項式函數, $Q(x) \neq 0$.
7. 超越函數：三角函數、反三角函數、指數函數與對數函數.

註：若一函數僅由常數函數與恆等函數透過加法、減法、乘法、除法與開方等五種運算中的任意運算而獲得, 則稱為 代數函數. 例如, 上面 1～5 所述的函數皆為代數函數, 又 $f(x) = 3x^{2/5}$, $g(x) = \dfrac{\sqrt{x}}{x + \sqrt[3]{x^2 - 2}}$ 亦為代數函數. 非代數函數者稱為 超越函數.

習題 1-2

1-2 函數

一、基礎題

1. 若 $f(x)=\sqrt{x-1}+2x$，求 $f(1)$、$f(3)$ 與 $f(10)$.

2. 試確定下列各函數的定義域.

   (1) $f(x)=4-x^2$　　(2) $f(x)=\sqrt{x^2-4}$　　(3) $f(x)=|x-9|$

   (4) $f(x)=|x|-4$　　(5) $f(x)=\dfrac{x}{|x|}$　　(6) $f(x)=\dfrac{3x-1}{(x-1)(x-2)}$

   (7) $f(x)=\sqrt{2-x-x^2}$

3. 試判斷下列各函數是否為一對一函數？

   (1) $f(x)=2x+9$　　(2) $f(x)=\dfrac{1}{5x+9}$　　(3) $f(x)=5-3x^2$

   (4) $f(x)=2x^2-x-3$　　(5) $f(x)=|x|$

4. 判斷 (1)～(4) 題中的函數圖形是否為一對一？

   (1) 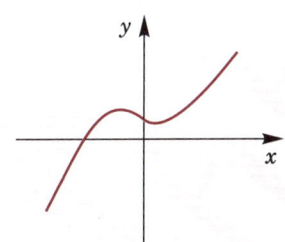　　(2)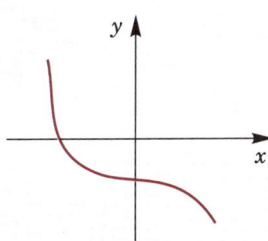

   (3) 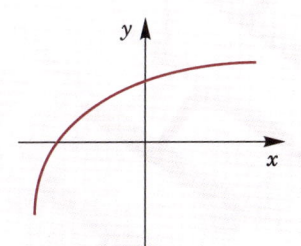　　(4)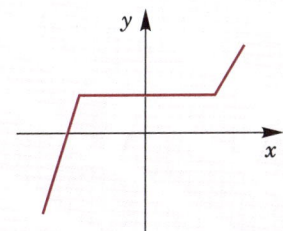

5. 設函數 $f(x)=|x|+|x-1|+|x-2|$，求 $f\left(\dfrac{1}{2}\right)$ 與 $f\left(\dfrac{3}{2}\right)$．

6. 設 $f(x)=ax^2+bx+c$，已知 $f(0)=1$，$f(-1)=2$，$f(1)=3$，求 a、b、c 的值．

7. 試判斷下列各函數為奇函數或偶函數？

   (1) $f(x)=0$　　　　(2) $f(x)=(x^3+x)^{1/3}$　　　　(3) $f(x)=x|x|$

8. 若 $g(x)=x^2-4x$，試求

   (1) $\dfrac{g(3+h)-g(3)}{h}$　　　　(2) $\dfrac{g(x+p)-g(x)}{p}$

9. 若 $f(x)=\dfrac{1}{x}$，試求 $\dfrac{f(a+h)+f(a)}{h}$．

二、進階題

1. 設函數 $f(x)=ax+b$，試證
$$f\left(\dfrac{p+q}{2}\right)=\dfrac{1}{2}[f(p)+f(q)]$$

2. 試判斷下列敘述是奇函數、偶函數，或兩者皆非？

   (1) 兩個偶函數的和　　　　(2) 兩個奇函數的和

   (3) 兩個偶函數的積　　　　(4) 兩個奇函數的積

   (5) 一個偶函數與一個奇函數的積

3. 下列式子中，哪一個決定 f 為函數？何故？並求 $f(x)$．

   (1) $x^2+y^2=4$　　　　(2) $xy+y+3x=4$

   (3) $x=\sqrt{3y+1}$　　　　(4) $3x=\dfrac{y}{y+1}$

   (5) $xy+x^3=2y$

4. 下列何者滿足 $f(x+y)=f(x)+f(y)$，$\forall\, x、y\in \mathbb{R}$？

   (1) $f(t)=2t$　　　　(2) $f(t)=t^2$

   (3) $f(t)=2t+1$　　　　(4) $f(t)=-3t$

1-3 函數的圖形

定義 1-4

設 $f: A \to B$ 為一從 $\mathbb{R}$ 的子集合 A 映到 $\mathbb{R}$ 的子集合 B 的函數，則坐標平面上一切以 $(x, f(x))$ 為坐標的點所構成的集合

$$\{(x, f(x)) \mid x \in A\}$$

稱為**函數 f 的圖形**，而函數 f 的圖形也叫作方程式 $y = f(x)$ 的圖形．

若 x 在 f 的定義域中，我們稱 f 在 x 有定義，或稱 $f(x)$ 存在；反之，"f 在 x 無定義"意指 x 不在 f 的定義域中．如以 $(x, f(x))$ 作為一有序數對，即可在坐標平面上描出若干點 $P(x, f(x))$，然後再適當地連接之，則可得函數的概略圖形．

◎ 函數圖形之判斷

根據函數與函數圖形之定義，設一函數 $f(x)$，其定義域為 A，$f(x)$ 之圖形為集合 $\{(x, f(x)) \mid x \in A\}$，若 $a \in A$，則有序數對 $(a, f(a))$ 是 $f(x)$ 圖形上的一點，換句話說，如果我們在 x-軸上一點 $(a, 0)$ 作一條垂直線 L，則此垂直線 L 必與 $f(x)$ 之圖形相交於

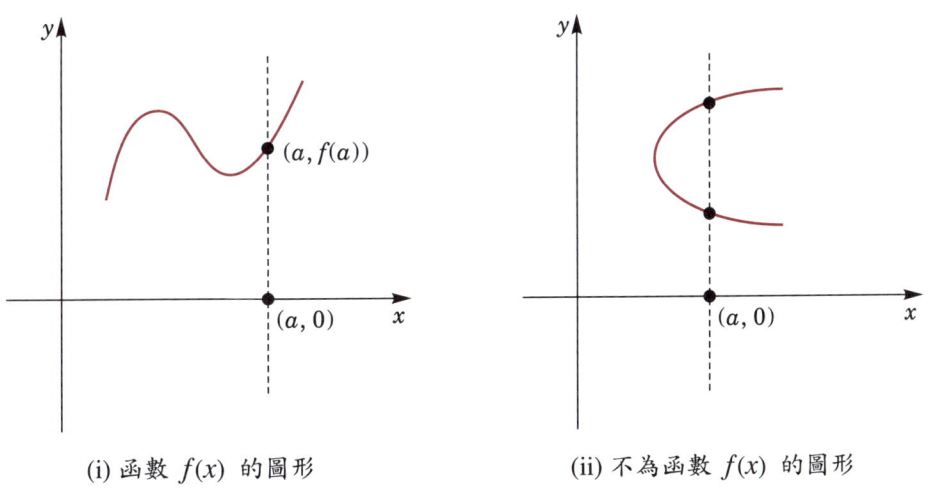

(i) 函數 $f(x)$ 的圖形　　(ii) 不為函數 $f(x)$ 的圖形

圖 1-5

14 商用微積分

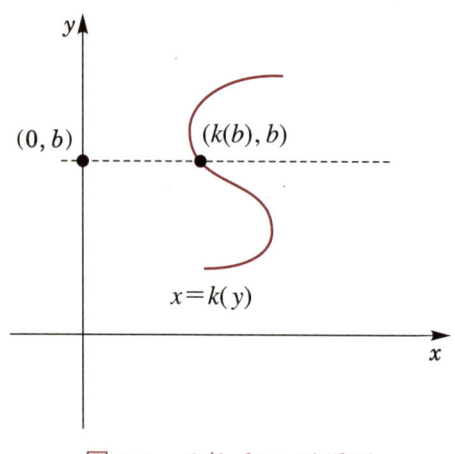

圖 **1-6** 函數 $k(y)$ 的圖形

一點，此交點的縱坐標為 $f(a)$，如圖 1-5(i) 所示。但如果在點 $(a, 0)$ 所作之垂直線 L 與 $f(x)$ 之圖形的交點超過一點，此時即不為函數 $f(x)$ 的圖形，如圖 1-5(ii) 所示.

讀者應注意：如果 x 是 y 的函數，即 $x=k(y)$，若在函數定義域內，隨便作一條垂直 y-軸的直線必與圖形相交於一點，否則不為 $x=k(y)$ 的函數圖形。如圖 1-6 所示.

例題 1 函數的定義

下列之圖形何者是函數圖形？

(1)　　　　　　　(2)　　　　　　　(3)

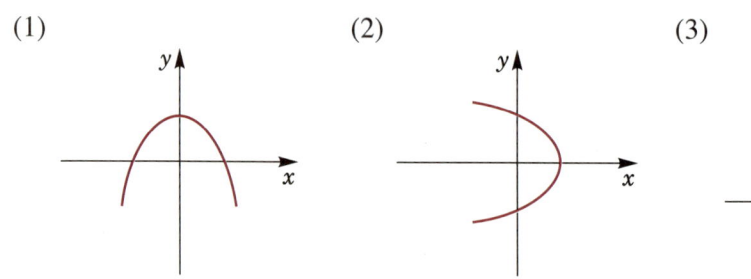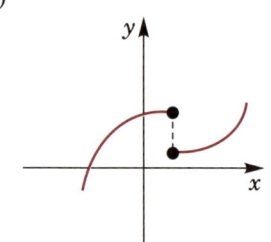

解　(1) 為函數 $f(x)$ 圖形.
(2) 不為函數 $f(x)$ 圖形，但為 $x=k(y)$ 之函數圖形.
(3) 不為函數 $f(x)$ 圖形，也不為 $x=k(y)$ 之函數圖形.

例題 2　利用描點法

試繪 $f(x)=x^2$ 與 $f(x)=x^4$ 之圖形.

解　圖形如圖 1-7 所示.

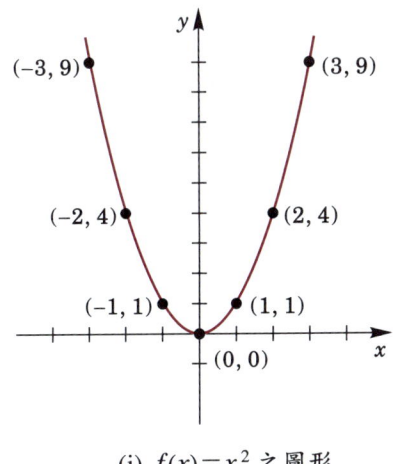 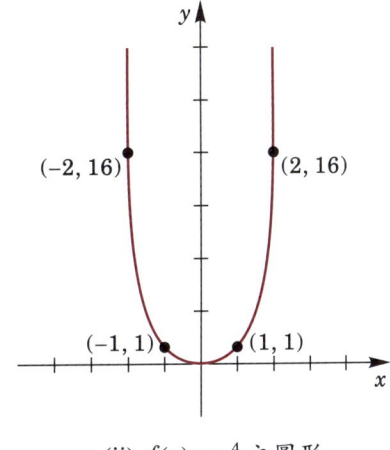

(i) $f(x)=x^2$ 之圖形　　(ii) $f(x)=x^4$ 之圖形

圖 1-7

例題 3　利用描點法

試繪 $f(x)=x^3$ 與 $f(x)=x^5$ 之圖形.

解　圖形如圖 1-8 所示.

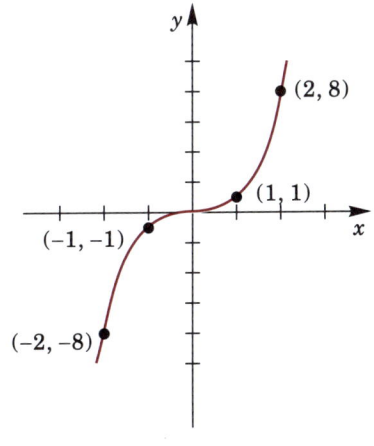 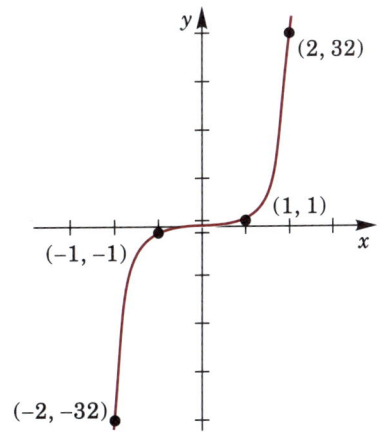

(i) $f(x)=x^3$ 之圖形　　(ii) $f(x)=x^5$ 之圖形

圖 1-8

例題 4　絕對值函數的圖形

作絕對值函數 $f(x)=|x|$ 的圖形.

解

$$f(x)=\begin{cases} x, & \text{若 } x\geq 0 \\ -x, & \text{若 } x<0 \end{cases}$$

先作 $y=x$ 的圖形, 再作 $y=-x$ 的圖形, 則得 f 之圖形, 如圖 1-9 所示.

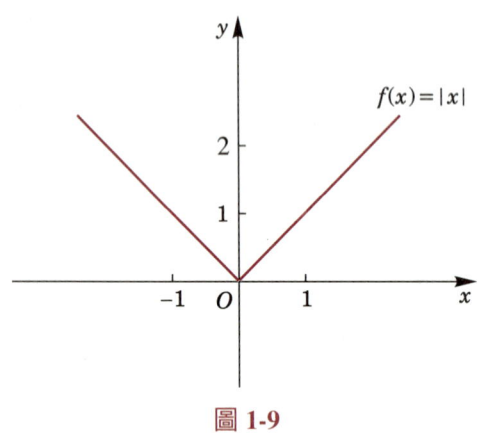

圖 1-9

例題 5　符號函數 (The Signum Function) 的圖形

符號函數 (簡寫 Sgn) 即為定義如下之函數：

$$\text{Sgn}(x)=\begin{cases} \dfrac{|x|}{x}, & \text{若 } x\neq 0 \\ 0, & \text{若 } x=0 \end{cases}$$

(1) 描繪符號函數 Sgn 之圖形.

(2) 計算 $\text{Sgn}(-3)$, $\text{Sgn}(0)$, $\text{Sgn}(2)$ 之值.

(3) 證明：$\forall x\in \mathbb{R}$, $|x|=x\,\text{Sgn}(x)$.

解　(1) $y=\text{Sgn}(x)$ 之圖形如圖 1-10 所示.

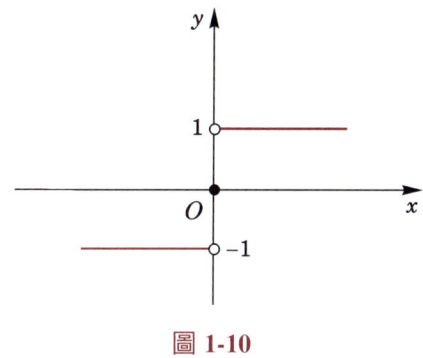

圖 1-10

(2) $\text{Sgn}(-3)=-1$，$\text{Sgn}(0)=0$，$\text{Sgn}(2)=1$

(3) $\text{Sgn}(x)=\begin{cases} -1, & \text{若 } x<0 \\ 0, & \text{若 } x=0, \\ 1, & \text{若 } x>0 \end{cases} \Rightarrow x\,\text{Sgn}(x)=\begin{cases} -x, & \text{若 } x<0 \\ 0, & \text{若 } x=0 \\ x, & \text{若 } x>0 \end{cases}$

$\Rightarrow \forall\, x \in \mathbb{R},\ |x|=x\,\text{Sgn}(x)$.

例題 6　**高斯函數的圖形**

作高斯函數 $f(x)=[\![x]\!]$ 的圖形.

解

$$f(x)=[\![x]\!]=\begin{cases} n-1, & \text{若 } n-1\leqslant x<n \\ n, & \text{若 } n\leqslant x<n+1 \end{cases}$$

其中 n 為整數.

圖形上一些點的橫坐標與縱坐標可列表如下：

x	$f(x)$
……	……
$-3\leqslant x<-2$	-3
$-2\leqslant x<-1$	-2
$-1\leqslant x<0$	-1
$0\leqslant x<1$	0
$1\leqslant x<2$	1
$2\leqslant x<3$	2
$3\leqslant x<4$	3
……	……

高斯函數 $f(x) = [\![x]\!]$ 的圖形為階梯狀，如圖 1-11 所示.

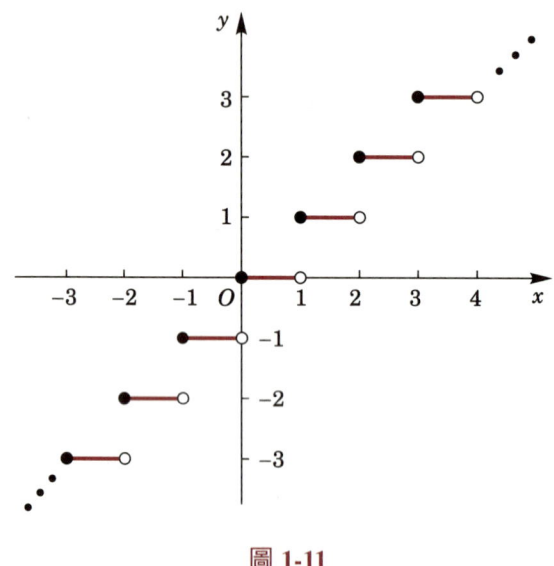

圖 1-11

高斯函數之重要性質如下：

1. 高斯不等式

(1) 任意 $x \in \mathbb{R}$，$[\![x]\!] \leq x < [\![x]\!] + 1$.

(2) 任意 $x \in \mathbb{R}$，$x - 1 < [\![x]\!] \leq x$.

(3) $0 \leq x - [\![x]\!] < 1$ 且 $[\![x - [\![x]\!]]\!] = 0$

2. 高斯等式

(1) 任意 $x \in \mathbb{R}$，$m \in \mathbb{Z}$，$[\![x + m]\!] = [\![x]\!] + m$.

(2) 任意 $x \in \mathbb{R}$，$m \in \mathbb{Z}$，$[\![x - m]\!] = [\![x]\!] - m$.

下面的例題是關於分段可定義函數之圖形的描繪.

例題 7　分段可定義函數的圖形

作函數

$$f(x) = \begin{cases} x - 1, & \text{若 } -2 < x \leq 1 \\ 2, & \text{若 } 1 < x < 2 \\ -x + 2, & \text{若 } 2 \leq x \leq 4 \end{cases}$$

的圖形.

解 函數 f 之定義域為 $\{x \mid -2 < x \leq 4\}$，其圖形由三部分所組成：

在 $-2 < x \leq 1$ 之部分，與直線 $y = x - 1$ 相同；

在 $1 < x < 2$ 之部分，與直線 $y = 2$ 相同；

在 $2 \leq x \leq 4$ 之部分，與直線 $y = -x + 2$ 相同．

其圖形如圖 1-12 所示．

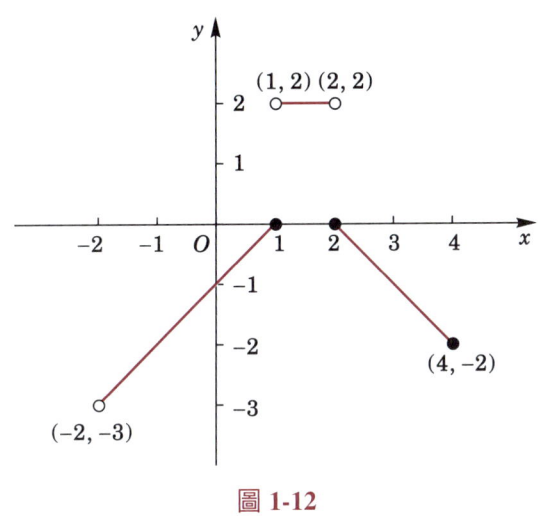

圖 1-12

◎ 函數圖形的平移

某些較複雜的函數圖形可由較簡單的函數圖形利用平移 (translation) 的方法而得之. 例如，對相同的 x 值，$y = x^2 + 2$ 的 y 值較 $y = x^2$ 的 y 值多 2，故 $y = x^2 + 2$ 之圖形在形狀上與 $y = x^2$ 之圖形相同，但位於 $y = x^2$ 圖形上方 2 個單位，如圖 1-13 所示．

一般而言，垂直平移 ($c > 0$) 敘述如下：

$y = f(x) + c$ 的圖形位於 $y = f(x)$ 的圖形上方 c 個單位．

$y = f(x) - c$ 的圖形位於 $y = f(x)$ 的圖形下方 c 個單位．

同理，我們考慮水平平移，例如，平方根函數 $f(x) = \sqrt{x}$ 的定義域為 $\{x \mid x \geq 0\}$. 圖形 "開始" 處在 $x = 0$，如圖 1-14 所示．

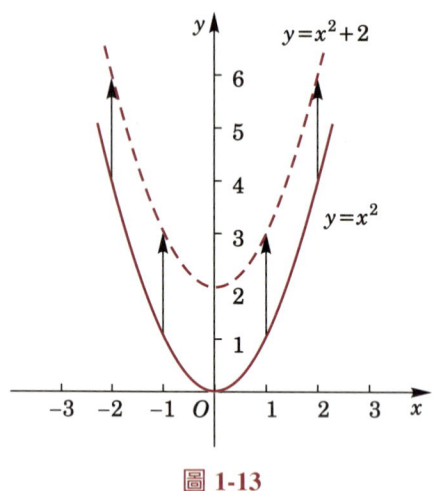

圖 1-13

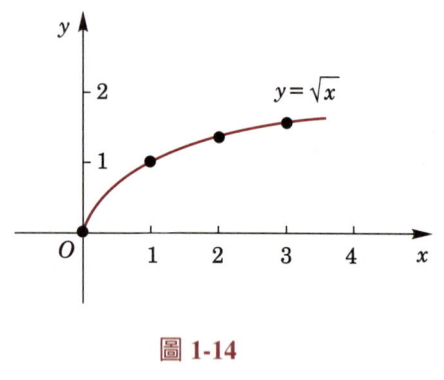

圖 1-14

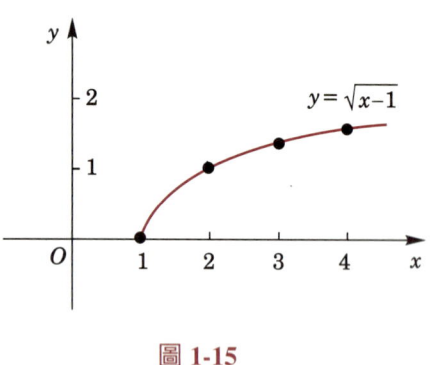

圖 1-15

考慮函數 $f(x)=\sqrt{x-1}$，其定義域為 $\{x|x\geq 1\}$，圖形的"開始"處在 $x=1$，如圖 1-15 所示. $y=\sqrt{x-1}$ 之圖形是將 $y=\sqrt{x}$ 之圖形向右平移一個單位而得.

一般而言，水平平移 $(c>0)$ 敘述如下：

$y=f(x-c)$ 之圖形是在 $y=f(x)$ 之圖形右邊 c 個單位.
$y=f(x+c)$ 之圖形是在 $y=f(x)$ 之圖形左邊 c 個單位.

如圖 1-16 所示.

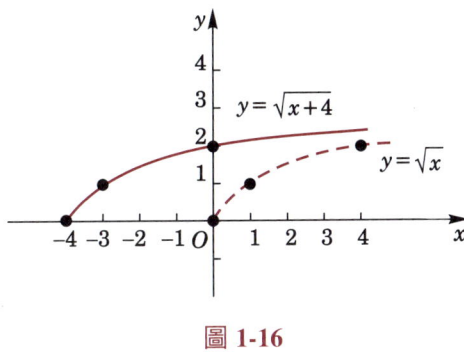

圖 1-16

例題 8　利用平移

試繪出 $y = 2 + \dfrac{1}{x+1}$ 的圖形.

解　首先將 $y = \dfrac{1}{x}$ 的圖形向左平移 1 個單位，然後再向上平移 2 個單位，可得 $y = 2 + \dfrac{1}{x+1}$ 的圖形，如圖 1-17 所示.

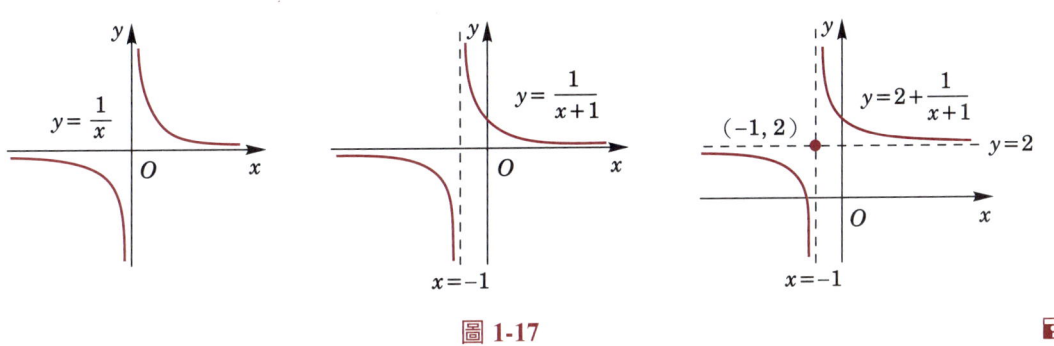

圖 1-17

例題 9　利用平移

試利用平移繪圖的方法作 $f(x) = x^2 + 4x + 6$ 的圖形.

解　因

$$f(x) = x^2 + 4x + 6 = x^2 + 4x + 4 + 2 = (x+2)^2 + 2$$

首先將 $y = x^2$ 的圖形向左平移 2 個單位，然後再向上平移 2 個單位，則得 $y = x^2 + 4x + 6$ 的圖形. 如圖 1-18 所示.

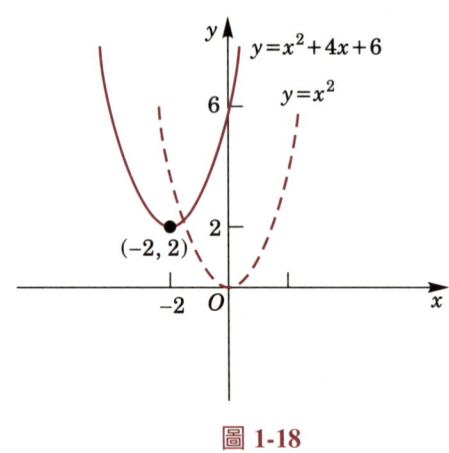

圖 1-18

習題 1-3

✎ 1-3 函數的圖形 ✎

一、基礎題

1. 下列之圖形何者是函數圖形？

   (1) 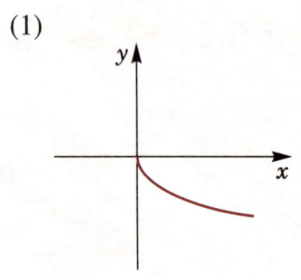　　(2) 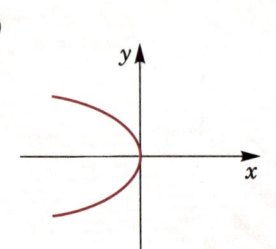　　(3)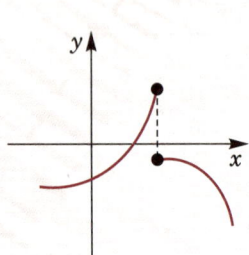

試作下列各函數之圖形.

2. $f(x)=\begin{cases} -x, & \text{若 } x<0 \\ 2, & \text{若 } 0\leqslant x<1 \\ x^2, & \text{若 } x\geqslant 1 \end{cases}$

3. $f(x)=\begin{cases} x, & \text{若 } x\leqslant 1 \\ -x^2, & \text{若 } 1<x<2 \\ x, & \text{若 } x\geqslant 2 \end{cases}$

4. $f(x)=\begin{cases} 2x-4, & \text{若 } x\geqslant 3 \\ |x|, & \text{若 } -5<x<3 \\ 1+x, & \text{若 } x\leqslant -5 \end{cases}$

5. $f(x)=\begin{cases} x^2, & \text{若 } x\leqslant 0 \\ 2x+1, & \text{若 } x>0 \end{cases}$

6. $f(x)=\begin{cases} x^2 & ,\text{若 } x<-1 \\ 2 & ,\text{若 } x=-1 \\ -3x+2 & ,\text{若 } x>-1 \end{cases}$

7. $f(x)=\begin{cases} |x-1|, & \text{若 } x\neq 1 \\ 1 & ,\text{若 } x=1 \end{cases}$

8. 先作 $g(x)=\sqrt{x}$ 之圖形後，再利用平移方法作出 $f(x)=\sqrt{x-2}-3$ 之圖形.

9. 先作 $h(x)=|x|$ 之圖形後，再利用平移方法作出 $g(x)=|x+3|-4$ 之圖形.

10. 用平移之方法作 $f(x)=(x-2)^2+4$ 之圖形.

二、進階題

1. 試作下列函數的圖形.

    (1) $f(x)=x-[\![x]\!]$

    (2) $f(x)=\sqrt{x-[\![x]\!]}$, $0\leq x<4$

    (3) $f(x)=\dfrac{[\![x]\!]}{2}+x$

    (4) $f(x)=\begin{cases} \dfrac{[\![x]\!]}{2} & ,\text{若 } 0\leq x<5 \\ \sqrt{x-1} & ,\text{若 } x\geq 5 \end{cases}$

    (5) $[\![x]\!]^2+[\![y]\!]^2=1$

1-4 函數的運算

兩函數 f 與 g 的和、差、積、商函數，分別記作 $f+g$、$f-g$、fg、$\dfrac{f}{g}$，其意義如下：

設 f 是由 $\mathbb{R}$ 的子集 A 映至 $\mathbb{R}$ 的子集 C，g 是由 $\mathbb{R}$ 的子集 B 映至 $\mathbb{R}$ 的子集 D，且 $A\cap B\neq\phi$，則

$$(f+g)(x)=f(x)+g(x), \quad x\in A\cap B$$
$$(f-g)(x)=f(x)-g(x), \quad x\in A\cap B$$
$$(fg)(x)=f(x)g(x), \quad x\in A\cap B$$
$$\left(\dfrac{f}{g}\right)(x)=\dfrac{f(x)}{g(x)}, \quad x\in A\cap B,\ g(x)\neq 0$$

例題 1　函數的四則運算

若 $f(x)=\sqrt{x}$，$g(x)=\sqrt{9-x^2}$，求 $f+g$、$f-g$、fg 與 $\dfrac{f}{g}$．

解　函數 f 的定義域為 $[0, \infty)$，函數 g 的定義域為 $[-3, 3]$．故 f 與 g 的定義域的交集為

$$[0, \infty) \cap [-3, 3] = [0, 3]$$

於是，

$$(f+g)(x)=\sqrt{x}+\sqrt{9-x^2}, \quad 0 \leqslant x \leqslant 3$$

$$(f-g)(x)=\sqrt{x}-\sqrt{9-x^2}, \quad 0 \leqslant x \leqslant 3$$

$$(fg)(x)=\sqrt{x}\sqrt{9-x^2}, \quad 0 \leqslant x \leqslant 3$$

$$\left(\dfrac{f}{g}\right)(x)=\dfrac{\sqrt{x}}{9-x^2}, \quad 0 \leqslant x < 3.$$

讀者應注意 $\dfrac{f}{g}$ 的定義域為 $[0, 3)$，因 $g(x) \neq 0$．

二實函數除了可作上述的結合外，二者亦可作一種很有用的結合，稱其為合成．現在我們考慮函數 $y=f(x)=(x^2+1)^3$，如果我們將它寫成下列的形式

$$y=f(u)=u^3$$

其中

$$u=g(x)=x^2+1$$

則依取代的過程，我們可得到原來的函數，亦即，

$$y=f(u)=f(g(x))=(x^2+1)^3$$

此一過程稱為合成，故原來的函數可視為一合成函數．

一般而言，如果有二函數 $g: A \to B$，$f: B \to C$，且假設 x 為 g 函數定義域中之一

元素，則可找到 x 在 g 之下的像 $g(x)$. 若 $g(x)$ 在 f 的定義域內，我們又可在 f 之下找到 C 中的像 $f(g(x))$. 因此，就存在一個從 A 到 C 的函數：

$$f \circ g : A \to C$$

其對應於 $x \in A$ 的像為

$$(f \circ g)(x) = f(g(x))$$

此一函數稱為 g 與 f 的合成函數.

定義 1-5

給予二函數 f 與 g，則合成函數 $f \circ g$（讀作 "f circle g"）定義為

$$(f \circ g)(x) = f(g(x)), \quad x \in D_g, \quad g(x) \in D_f$$

此處 $f \circ g$ 的定義域是由 $g(x)$ 在 f 的定義域中的所有 x 所組成.

合成函數 $f \circ g$ 的對應可示於圖 1-19 中.

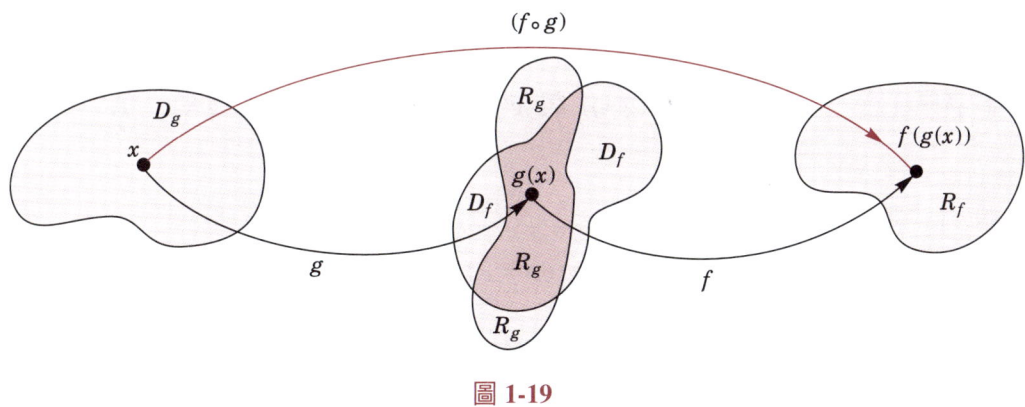

圖 1-19

例題 2　求函數的合成

若 $f(x) = \dfrac{6x}{x^2 - 9}$，且 $g(x) = \sqrt{3x}$，求 $(f \circ g)(4)$，並求 $(f \circ g)(x)$ 及其定義域.

解 $(f \circ g)(4) = f(g(4)) = f(\sqrt{12}) = \dfrac{6\sqrt{12}}{(\sqrt{12})^2 - 9} = \dfrac{6\sqrt{12}}{3} = 2\sqrt{12} = 4\sqrt{3}$

$(f \circ g)(x) = f(g(x)) = f(\sqrt{3x}) = \dfrac{6\sqrt{3x}}{(\sqrt{3x})^2 - 9} = \dfrac{6\sqrt{3x}}{3x - 9} = \dfrac{2\sqrt{3x}}{x - 3}$

$(f \circ g)(x)$ 的定義域為 $[0, 3) \cup (3, \infty)$，定義域中須除去 3，以避免分母為 0。

讀者應注意，任何兩個函數的合成不一定有意義。例如，$f(x) = \sqrt{9 - x^2}$，$D_f = [-3, 3]$，$R_f = [0, 3]$；$g(x) = x^2 + 4$，$D_g = (-\infty, \infty)$，$R_g = [4, \infty)$。由於 $R_g \cap D_f = \phi$，故 $f(g(x)) = \sqrt{9 - (x^2 + 4)^2}$ 無意義。

例題 3 求函數的合成

若 $f(x) = x^2 - 2$，$g(x) = 3x + 4$，求 $(f \circ g)(x)$ 與 $(g \circ f)(x)$。

解 $(f \circ g)(x) = f(g(x)) = f(3x + 4) = (3x + 4)^2 - 2 = 9x^2 + 24x + 14$
$(g \circ f)(x) = g(f(x)) = g(x^2 - 2) = 3(x^2 - 2) + 4 = 3x^2 - 2$。

讀者應注意，在例題 3 中，$f(g(x))$ 與 $g(f(x))$ 不同，亦即，$f \circ g \neq g \circ f$。

例題 4 利用函數的合成

若 $f(x) = x^2$，求一函數 g 使得 $f(g(x)) = x$；並問 $g(f(x)) = x$ 是否也成立？

解 因 $f(g(x)) = [g(x)]^2 = x \geq 0$，故 $g(x) = \sqrt{x}$，$x \geq 0$。

$$g(f(x)) = g(x^2) = \sqrt{x^2} = |x|$$

因此，$g(f(x)) = x$ 不恆成立。

習題 1-4

1-4 函數的運算

一、基礎題

1. 設 $f(x)=\dfrac{x-3}{2}$，$g(x)=\sqrt{x}$，求 $(f+g)(x)$、$(f-g)(x)$、$(f \cdot g)(x)$、$\left(\dfrac{f}{g}\right)(x)$。

2. 已知 $f(x)=x+3$ 且 $g(x)=x^2$，試求

    (1) $(f \circ g)(1)$ 　　(2) $(g \circ f)(1)$ 　　(3) $(f \circ g)(0)$

3. 已知 $f(x)$ 與 $g(x)$ 的函數值如下

x	1	2	3	4
$f(x)$	2	3	1	4

x	1	2	3	4
$g(x)$	4	3	2	1

    求 $(f \circ g)(2)$，$(f \circ g)(4)$，$(g \circ f)(1)$，$(g \circ f)(3)$。

4. 在下列各函數中，求 $(f \circ g)(x)$ 與 $(g \circ f)(x)$。

    (1) $f(x)=\sqrt{x^2+4}$，$g(x)=\sqrt{7x^2+1}$

    (2) $f(x)=3x^2+2$，$g(x)=\dfrac{1}{3x^2+2}$

    (3) $f(x)=x^3-1$，$g(x)=\sqrt[3]{x+1}$

5. 設 $f(x)=x^2+1$ 且 $g(x)=x+1$，試證明 $(f \circ g)(x) \neq (g \circ f)(x)$。

6. 在下列各小題中，求 f 與 g 使得 $(f \circ g)(x)=H(x)$。

    (1) $H(x)=\sqrt{x^2+x-1}$ 　　(2) $H(x)=\left(1-\dfrac{1}{x^2}\right)^2$

7. 已知 $F(x)=\dfrac{(x+3)^{10}}{(x+3)^{10}+1}$，試求函數 f、g 與 h，使得 $F=f \circ g \circ h$。

二、進階題

1. 若 $f\left(\dfrac{1+x}{1-x}\right)=\dfrac{2+x}{2-x}$，求 $f\left(\dfrac{1}{2}\right)$。

2. 若 $f(x)=x^2$，$g(x)=x^2+1$，試證：$f(g(x))=g(f(x))+2f(x)$。

3. 設函數 $g(x)=x+\dfrac{1}{x}$，$F(x)=x^2+\dfrac{1}{x^2}$，其中 $x\neq 0$，試求一函數 $f(x)$ 使 $F(x)=f(g(x))$。

4. 設 $f(x)=2x+1$，$g(x)=x^2$，$h(x)=5x+2$，試求
   (1) $((g\circ f)\circ h)(1)$ (2) $((h\circ f)\circ g)(0)$

5. 設 $f(x)=\dfrac{x+|x|}{2}$，$x\in\mathbb{R}$，$g(x)=\begin{cases} x^2, & \text{若 } x\geq 0 \\ x, & \text{若 } x<0 \end{cases}$，試求 $f\circ g$ 及 $g\circ f$，並問 $f\circ g$ 和 $g\circ f$ 是否相等？

6. 若 $f(x)=3x+2$，$g(x)=2x-p$，試求 p 使得 $(f\circ g)(x)=(g\circ f)(x)$。

7. 令 $f(x)=\dfrac{ax+b}{cx-a}$，試證當 $a^2+bc\neq 0$ 且 $x\neq\dfrac{a}{c}$ 時，$f(f(x))=x$。

1-5 線性函數

定義 1-6

函數 $f(x)=ax+b$ 稱為**線性函數**。

假定一直線決定於 P、Q 兩點，其坐標分別為 (x_1, y_1) 及 (x_2, y_2)，如圖 1-20 所示。使 x_2-x_1 表橫軸增量，y_2-y_1 表縱軸增量，則直線的**斜率** (slope) 可以下述公式表之

$$m\ (\text{斜率})=\dfrac{y_2-y_1}{x_2-x_1}$$

故斜率為因變數增量與自變數增量之比。以 Δy 表 y 的增量，Δx 表 x 的增量，則

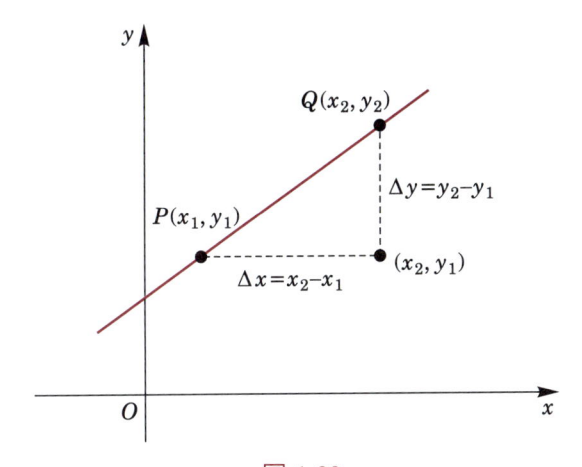

圖 1-20

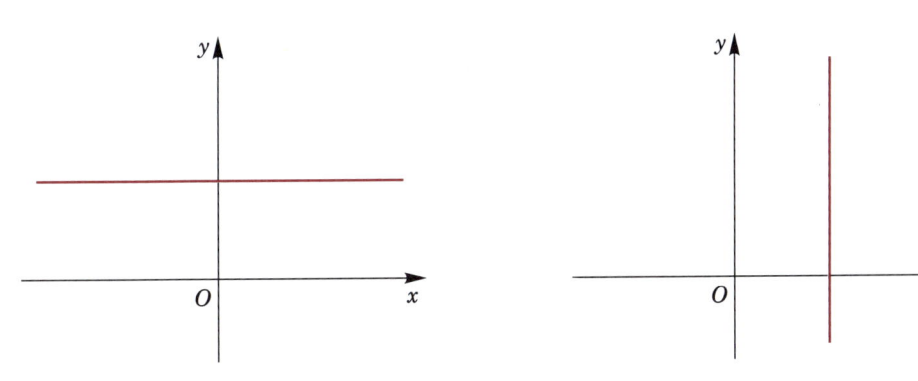

(i) 水平線斜率為零

(ii) 垂直線斜率為無限大

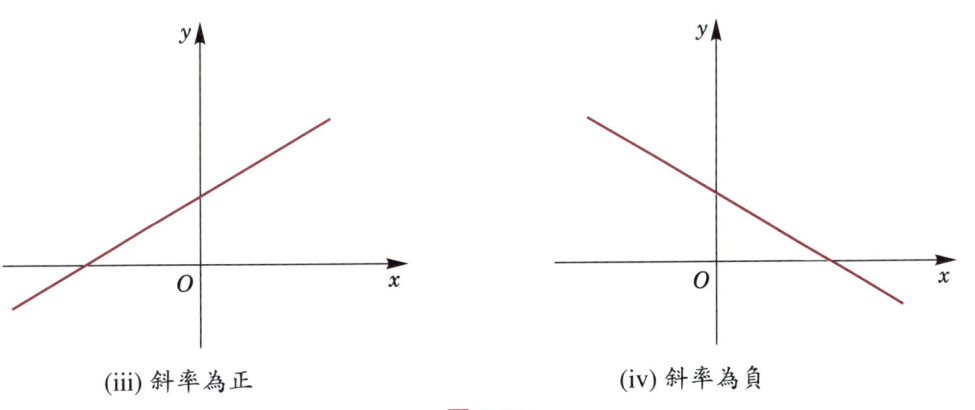

(iii) 斜率為正

(iv) 斜率為負

圖 1-21

$$m = \frac{\Delta y}{\Delta x} = \frac{y_2 - y_1}{x_2 - x_1}$$

如果 $y_1 = y_2$，且 $x_1 \neq x_2$，則通過 (x_1, y_1) 及 (x_2, y_2) 之直線與 x-軸平行，其斜率為

零. 如果 $x_1 = x_2$，且 $y_1 \neq y_2$，則通過 (x_1, y_1) 及 (x_2, y_2) 之直線與 y-軸平行，其斜率為無限大. 如直線向右上方傾斜，則其斜率為正. 如直線向左上方傾斜，則其斜率為負. 如圖 1-21 所示.

例題 1　過兩點直線之斜率

試求通過兩點 $A(-4, 8)$ 與 $B(2, -3)$ 之直線的斜率.

解　選擇 $x_1 = -4$、$y_1 = 8$、$x_2 = 2$ 與 $y_2 = -3$，得 $\Delta y = -3 - 8 = -11$ 與 $\Delta x = 2 - (-4) = 6$，故斜率為

$$m = \frac{\Delta y}{\Delta x} = -\frac{11}{6}.$$

已知直線之斜率 m，以及通過坐標平面上一點，則可利用下列方法求出直線之方程式.

◎ 點斜式

已知一直線之斜率 m 且通過點 (x_1, y_1)，則其方程式為

$$y - y_1 = m(x - x_1)$$

此方程式稱為直線之點斜式.

◎ 斜截式

已知一直線之斜率為 m 且通過點 $(0, b)$，則其方程式為

$$y = mx + b$$

此處 b 稱為直線之 y-截距. 此方程式稱為直線之斜截式. 如圖 1-22 所示.

直線方程式的一般式為

$$ax + by + c = 0$$

圖 1-22

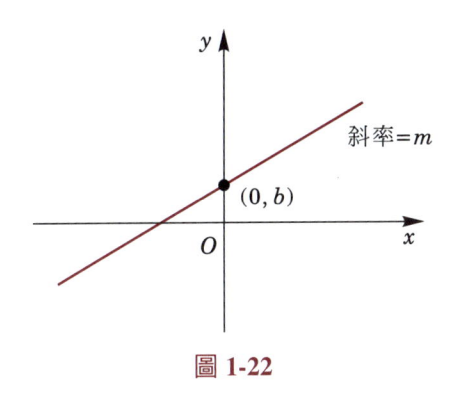

其中 a、b、c 均為常數，a、b 不均為零. 如 $b=0$，則 $ax+c=0$，$x=-\dfrac{c}{a}$，此為與 y-軸平行的直線. 如 $a=0$，則 $by+c=0$，$y=-\dfrac{c}{b}$，此為與 x-軸平行的直線. 如 $a\neq 0$，$b\neq 0$，則 $y=-\dfrac{a}{b}x-\dfrac{c}{b}$，此表示斜率為 $-\dfrac{a}{b}$ 且 y-截距為 $-\dfrac{c}{b}$ 的直線方程式.

例題 2 **利用直線之斜截式決定斜率**

已知一直線通過點 $(3, -3)$ 且垂直於直線 $2x+3y=6$，試求其方程式.

解 因 $2x+3y=6$，可得 $y=-\dfrac{2}{3}x+2$，故所求直線之斜率為 $m=\dfrac{3}{2}$. 所求直線之方程式為

$$y-(-3)=\dfrac{3}{2}(x-3)$$

即

$$y=\dfrac{3}{2}x-\dfrac{15}{2}.$$

例題 3 **利用點斜式**

已知一直線通過點 $(3, -3)$ 且平行於通過兩點 $(-1, 2)$ 及 $(3, -1)$ 的直線，試求其方程式.

解 所求直線之斜率為

$$m = \frac{(-1)-2}{3-(-1)} = -\frac{3}{4}$$

故所求之直線方程式為

$$y-(-3) = -\frac{3}{4}(x-3)$$

即

$$y = -\frac{3}{4}x - \frac{3}{4}.$$

習題 1-5

1-5 線性函數

一、基礎題

1. 一直線通過點 $(2, 3)$ 且斜率為 4，試求其方程式.

2. 一直線的 y-截距為 4 且斜率為 -2，試求其方程式.

3. 一直線通過兩點 $(2, 3)$ 與 $(4, 8)$，試求其方程式.

4. 一直線通過點 $(3, -3)$ 且平行於直線 $2x+3y=6$，試求其方程式.

5. 試求直線 $4x+5y=4$ 的斜率與 y-截距.

二、進階題

1. 一直線平分兩點 $(-2, 1)$ 與 $(4, -7)$ 之間所連線段且垂直於此線段，試求此直線的方程式.

1-6 經濟學上實用的函數

◎ 成本與損益分析

若以 x 表生產某貨品 (或銷售某貨品) 之單位數，p 表每單位貨品之價格，$C(x)$ 表生產 x 單位貨品之**總成本** (total cost). 則

$$C(x) = 固定成本 + (平均可變成本) \cdot (產量) \tag{1-3}$$

$$R(x) = px \tag{1-4}$$

$R(x)$ 表銷售 x 單位貨品之**總收益** (total revenue)，又

$$P(x) = R(x) - C(x) \tag{1-5}$$

$P(x)$ 表銷售 x 單位貨品之**總利潤** (total profit).

而利潤為零之銷售水準 (即 $R(x) = C(x)$) 稱之為**損益平衡點** (break-evenpoint)，如圖 1-23 所示.

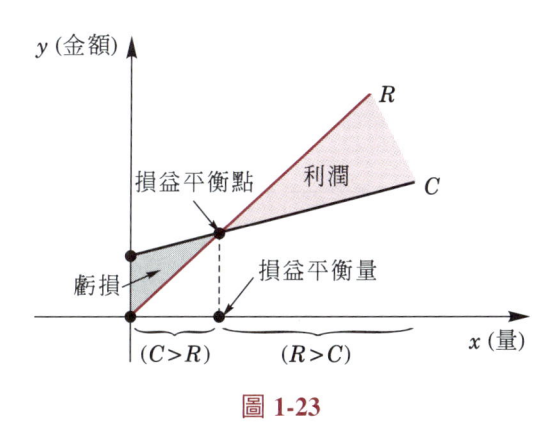

圖 1-23

在 (1-5) 式中，當

1. $R(x) > C(x)$ 時，$P(x) > 0$，我們稱之為**獲利**.
2. $R(x) < C(x)$ 時，$P(x) < 0$，我們稱之為**虧損**.
3. $R(x) = C(x)$ 時，$P(x) = 0$，公司之營運呈現損益平衡狀態. 此時，使 $R(x) = C(x)$ 之 x

值，就稱之為**損益平衡量**.

例題 1 利用 $P(x) = R(x) - C(x)$，求 x.

某公司生產且銷售 x 台 (以千為單位) 電腦，其每月之收益與成本 (以千元為單位) 分別為

$$R(x) = 32x - 0.21x^2 \text{ 元}$$
$$C(x) = 195 + 12x \text{ 元}$$

試決定該公司之損益平衡點.

解 令 $P(x)$ 為利潤函數，則

$$\begin{aligned} P(x) &= R(x) - C(x) \\ &= (32x - 0.21x^2) - (195 + 12x) \\ &= -0.21x^2 + 20x - 195 \end{aligned}$$

損益平衡點發生於 $R(x) = 0$ 時，故必須解

$$-0.21x^2 + 20x - 195 = 0$$

由一元二次方程式根的公式知，

$$x = \frac{-20 \pm \sqrt{(20)^2 - 4(-0.21)(-195)}}{2 \times (-0.21)} = \frac{-20 \pm \sqrt{236.2}}{-0.42}$$

$$\approx 47.62 \pm 36.59 = 11.03 \text{ 或 } 84.21$$

損益平衡點發生於公司每月的生產水準達 11,030 台或 84,210 台電腦，方可使公司之營運維持損益平衡，如圖 1-24 所示.

若 $0 < x < 11,030$ 台，則成本大於收益. 若 $11,030$ 台 $< x < 84,210$ 台，則收益大於成本. 若 $x > 84,210$ 台，則成本大於收益.

第一章　函數與圖形　35

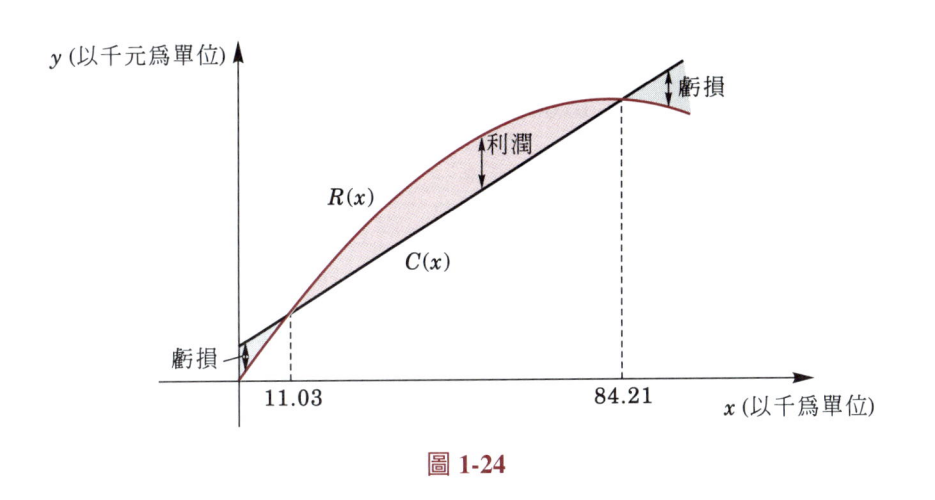

圖 1-24

例題 2　**總成本＝固定成本＋變動成本**

某公司生產且銷售個人電腦，每台電腦的成本為 25 元，且公司每月之固定成本為 10,000 元．試將公司每月之總成本表為銷售 x 台電腦的函數，且計算當 $x=500$ 台的成本．

解　每月的變動成本為 $25x$ 元，於是

$$C(x)＝固定成本＋變動成本$$

即

$$C(x)=10{,}000+25x$$

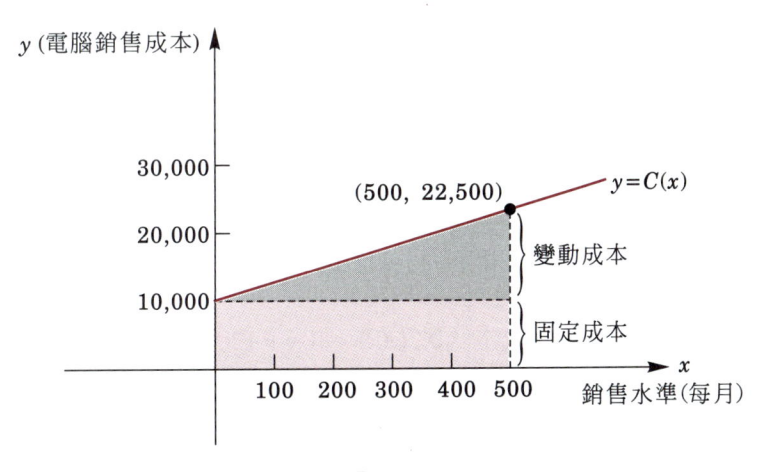

圖 1-25

當每月銷售 500 台電腦時，則總成本為

$$C(500) = 10,000 + 25(500) = 22,500 \text{ 元}$$

如圖 1-25 所示.

例題 3 **邊際成本**

假設某公司生產印表機之總成本可近似於

$$C(x) = 10x + 120$$

此處 $C(x)$ 為生產 x 台印表機之成本，以元為單位. 試求生產 0 台印表機之成本與生產第 251 台印表機之實際成本各為多少？

解 (1) 生產 0 台印表機之成本為

$$C(0) = 10(0) + 120 = 120 \text{ 元}$$

120 元即為固定成本.

(2) 生產第 251 台印表機的實際成本，也就等於生產前 251 台印表機之總成本，與生產前 250 台印表機之總成本的差額. 因此，實際的成本為

$$C(251) - C(250) = (10 \cdot 251 + 120) - (10 \cdot 250 + 120) = 10 \text{ 元}$$

由上題同理可推得，生產第 501 台印表機的實際成本為

$$C(501) - C(500) = (10 \cdot 501 + 120) - (10 \cdot 500 + 120) = 10 \text{ 元}$$

事實上，第 $(n+1)$ 台印表機的實際成本亦為

$$C(n+1) - C(n) = [10(n+1) + 120] - (10n + 120) = 10 \text{ 元}$$

讀者應注意數字 10 亦為線性成本函數 $C(x) = 10x + 120$ 的圖形之斜率.

但在經濟學上，數字 10 稱之為 **邊際成本** (marginal cost)，對直線型的成本函數而

言，產量為 x 單位之邊際成本是再多生產一個單位產品之額外成本. 但就非直線型的成本函數而言，所謂的邊際成本大約是再多生產一個單位產品的成本，此留待第三章導函數中再予以介紹.

定理 1-2

在型如 $C(x)=mx+b$ 之成本函數中，m 表每個產品之邊際成本且 b 為固定成本. 反之，若生產一個產品之固定成本為 b 且邊際成本為 m，則生產 x 個產品之線性成本函數 $C(x)$ 為 $C(x)=mx+b$.

定義 1-7

若 $C(x)$ 為製造 x 個產品之總成本，則每個產品之平均成本 (average cost) 定義為

$$\overline{C}(x)=\frac{C(x)}{x}$$

在例題 3 中，製造 x 台印表機之平均成本為每台印表機

$$\overline{C}(x)=\frac{C(x)}{x}=\frac{10x+120}{x}=10+\frac{120}{x} \ 元$$

當生產水準增加，製造每台印表機之固定成本以 $\dfrac{120}{x}$ 表示之，此時平均成本應趨近於生產之固定單位成本每台印表機 10 元.

例題 4 利用線性成本函數 $C(x)=mx+b$

某工廠生產腳踏車每台之邊際成本為 12 元，而生產 100 台腳踏車之成本為 1,500 元.

(1) 試求成本函數 $C(x)$ (已知其為線性).
(2) 試求生產 50 台與 300 台之平均成本.

解 (1) 因為成本函數為線性，故可以表示為 $C(x)=mx+b$ 之形式，由於每台腳踏車之邊際成本為 12 元，即 $m=12$，故得 $C(x)=12x+b$. 欲求 b 之值，可利用生產 100 台腳踏車之成本為 1,500 元或 $C(100)=1,500$，將 $x=100$ 代入 $C(x)=12x+b$ 中，

$$C(100)=12(100)+b$$
$$1,500=12(100)+b$$

得

$$b=300$$

故生產腳踏車之成本函數為 $C(x)=12x+300$，其中固定成本為 300 元.

(2) 生產 x 台腳踏車之平均成本為

$$\overline{C}(x)=\frac{C(x)}{x}=\frac{12x+300}{x}=12+\frac{300}{x}$$

若生產 50 台，則平均成本為

$$\overline{C}(50)=12+\frac{300}{50}=18$$

即每台腳踏車 18 元.

若生產 300 台，則平均成本為

$$\overline{C}(300)=12+\frac{300}{300}=13$$

即每台腳踏車 13 元.

◎ 銷售分析

若已知兩家公司在連續兩個年度內之銷售金額，我們可藉由銷售變動之變化率來比較兩家公司在銷售上的變化情形。

定義 1-8

對函數 $y=f(x)$，當 x 由 x 變至 $x+\Delta x$ 時，y 對於 x 之**平均變化率**定義為

$$\frac{y \text{ 之變化量}}{x \text{ 之變化量}} = \frac{f(x+\Delta x)-f(x)}{(x+\Delta x)-x} = \frac{f(x+\Delta x)-f(x)}{\Delta x} = \frac{\Delta y}{\Delta x}$$

註　線性函數之平均變化率為一常數，該常數恰為直線 $y=mx+b$ 之斜率。

例題 5　直線方程式點斜式之應用

下表係說明甲、乙兩家公司在不同年度內之銷售金額。

公司	88 年銷售金額	91 年銷售金額
甲	10,000 元	16,000 元
乙	5,000 元	14,000 元

依公司管理部門之研究報告顯示，兩家公司之銷售金額均呈線性遞增 (亦即，銷售可完全用一線性函數去近似模擬).

(1) 試求甲、乙兩家公司銷售之趨勢線方程式並繪其圖形.

(2) 預估甲、乙兩家公司在 92 年之銷售金額.

(3) 甲、乙兩家公司銷售金額之平均變化率 (即成長率) 為何？

解　(1) 欲求甲、乙兩家公司銷售之趨勢線方程式，我們可令 $x=0$ 代表 88 年，所以 91年對應於 $x=3$. 則依上表所示，通過點 $(0, 10{,}000)$ 與 $(3, 16{,}000)$ 之直線，就代表甲公司銷售之趨勢線.

該直線之斜率為

$$\frac{16{,}000-10{,}000}{3-0}=2{,}000$$

利用點斜式，則可求得甲公司銷售之趨勢線方程式為

$$y-10{,}000=2{,}000(x-0)$$

即 $$y = 2{,}000x + 10{,}000 \quad \text{①}$$

如圖 1-26 所示.

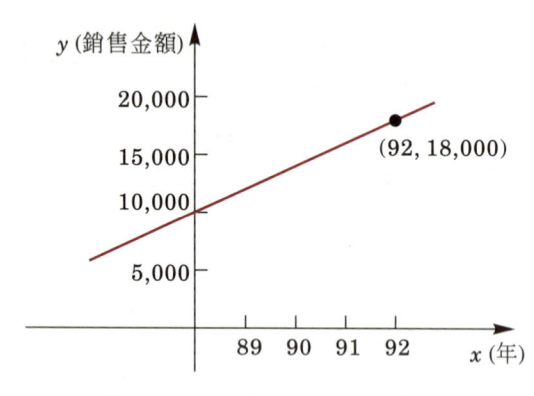

圖 1-26　甲公司銷售之趨勢線

同理，依上表所示，通過點 (0，5,000) 與 (3，14,000) 之直線就代表乙公司銷售之趨勢線.

利用點斜式，則可求得乙公司銷售之趨勢線方程式為

$$y - 5{,}000 = 3{,}000(x - 0)$$

即 $$y = 3{,}000x + 5{,}000 \quad \text{②}$$

如圖 1-27 所示.

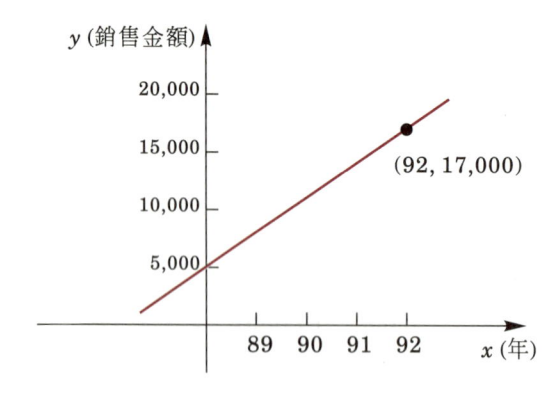

圖 1-27　乙公司銷售之趨勢線

(2) 預估甲、乙兩家公司在 92 年之銷售金額，我們以 $x=4$ 分別代入 ① 與 ② 式中，則可求得甲、乙兩公司在 92 年之銷售金額分別為

$$y=18,000$$

與

$$y=17,000$$

即甲公司之銷售金額為 18,000 元，而乙公司之銷售金額為 17,000 元.

(3) 甲公司之銷售金額在 88 年至 91 年的期間中由 10,000 元增至 16,000 元，這表示在 3 年中全部增加 6,000 元. 故甲公司銷售金額之平均變化率 $=\dfrac{6,000 \text{ 元}}{3}$ $=2,000$ 元/年，此恰與甲公司銷售之趨勢線的斜率相同. 同理，乙公司銷售金額之平均變化率 $=\dfrac{9,000 \text{ 元}}{3}=3,000$ 元/年，此恰與乙公司銷售之趨勢線的斜率相同.

習題 1-6

1-6 經濟學上實用的函數

一、基礎題

1. 設某一製造商的固定成本為 50,000 元，而且每增加一單位產品需 500 元，試求此製造商的總成本函數及平均總成本函數.

2. 某公司之固定生產成本為 5,000 元，用以生產每單位成本 $\dfrac{22}{9}$ 元且售價 8 元的產品.
   (1) 求生產之總成本函數.
   (2) 求收益函數.
   (3) 求利潤函數.
   (4) 試分別計算在 1,800、900 及 450 單位的生產水準之損益情形.

3. 某製造商生產印表機 x 台之總成本為

$$C(x)=500,000+4.75x \quad \text{(以元計)}$$

 (1) 試求生產 100,000 台印表機之總成本.
 (2) 試求第 100,001 台印表機之邊際成本.

4. 某工廠生產 x 台腳踏車之總成本為

$$C(x)=800+20x \quad \text{(以元計)}$$

 試求：(1) $x=10$，(2) $x=50$，(3) $x=200$ 之平均成本.

5. 已知某品牌 CD 片之需求方程式為 $p=80-0.2x$，試導出收益函數並求銷售 90 片 CD 所得之總收益.

6. 某公司的成本函數及收益函數分別為 $C(x)=12x+20,000$ 與 $R(x)=20x$，試求該公司之損益平衡點.

7. 某公司之固定生產成本為 30,000 元，用以生產每單位成本 6 元且售價 10 元的產品，試求該公司之損益平衡點.

8. 某公司銷售電視機數量滿足下列之關係式

$$S(x)=300x+2,000$$

此處 $S(x)$ 代表在 x 年銷售電視機之數量，以台為單位，令 $x=0$ 代表 92 年.
 (1) 試求下列各年之銷售數量：① 92 年，② 95 年，③ 96 年.
 (2) 試求電視機銷售之每年變化率.

9. 利台公司之管理部門對該公司生產之電冰箱的銷售情況進行一項研究，按以往的銷售情形可近似於一線性函數. 依記錄顯示，81 年銷售金額為 850,000元，而 86 年之銷售金額為 1,262,500 元. 令 $x=0$ 代表 81 年.
 (1) 試求利台公司銷售電冰箱之趨勢線方程式並繪其圖形.
 (2) 預估 93 年利台公司之銷售金額.
 (3) 若想銷售金額超過 2,170,000 元，預期會發生於何年？

二、進階題

1. 某公司所購買之設備依照下列的方程式線性折舊

$$y = C - \frac{C-S}{n} t$$

其中 t 為時間 (以年計)，y 為 t 年後的價值 (以元計)，n 為所購買設備使用年限 (以年計)，C 為原來的成本 (以元計)，S 為報廢的價值 (以元計).

(1) 公司以 4,000 元購買電腦，報廢時的價值為 1,000 元，使用年限為 20 年. 試求代表電腦在任何時間價值的直線方程式，並以 $y = mt + k$ 之形式表示.

(2) 10 年後電腦的價值為多少？

2. 金葉公司每月銷售家電用品 200 項，每項售價 500 元，若售價每降低 40 元，則每月銷售量可增加 50 單位. 試求需求函數與總收益函數.

3. 大維公司在機票售價為 x 元時，每個月的利潤為 $P(x) = 0.1x - 500$ (以元計).

(1) 若當月機票售價為 6,000 元，則利潤為多少？

(2) 若只銷售 3,000 元時，則損失為多少？

(3) 為收支平衡，每個月的售價應為多少？

第二章　函數的極限與連續

本章學習目標

- 瞭解函數極限之意義
- 熟悉極限之性質
- 能夠利用夾擠定理求函數之極限
- 瞭解單邊極限之意義及極限存在定理
- 瞭解函數連續之意義及勘根定理
- 瞭解無窮極限與在無限大處極限之意義
- 瞭解函數圖形漸近線之求法

2-1 極限

函數極限的概念為學習微積分的基本觀念之一，但它並不是很容易就能熟悉的．的確，初學者必須由各種不同的角度，多次研習其定義，始可明瞭其意義．

首先，我們用直觀的方式來介紹極限的觀念．

設 $f(x)=x+2$，$x\in\mathbb{R}$ (實數系)．當 x 趨近 2 時，看看函數 f 的變化如何？我們選取 x 為接近 2 的數值，作成下表：

	x 自 2 的左邊趨近 2					x 自 2 的右邊趨近 2			
x	1.8	1.9	1.99	1.999	2	2.001	2.01	2.1	2.2
$f(x)$	3.8	3.9	3.99	3.999	4	4.001	4.01	4.1	4.2
			$f(x)$ 趨近 4				$f(x)$ 趨近 4		

函數 f 的圖形如圖 2-1 所示．

由上表與圖 2-1 可以看出，若 x 愈接近 2，則函數值 $f(x)$ 愈接近 4．此時，我們說，"當 x 趨近 2 時，$f(x)$ 的極限為 4"，記為

$$當\ x\to 2\ 時,\ f(x)\to 4$$

或

$$\lim_{x\to 2} f(x)=4$$

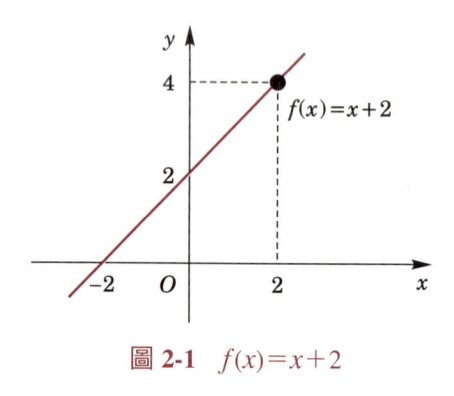

圖 2-1　$f(x)=x+2$

其次，考慮函數 $g(x)=\dfrac{x^2-4}{x-2}$，$x\neq 2$．因為 2 不在 g 的定義域內，所以 $g(2)$ 不存在，但 g 在 $x=2$ 之近旁的值皆存在．若 $x\neq 2$，則

$$g(x)=\frac{x^2-4}{x-2}=\frac{(x+2)(x-2)}{x-2}=x+2$$

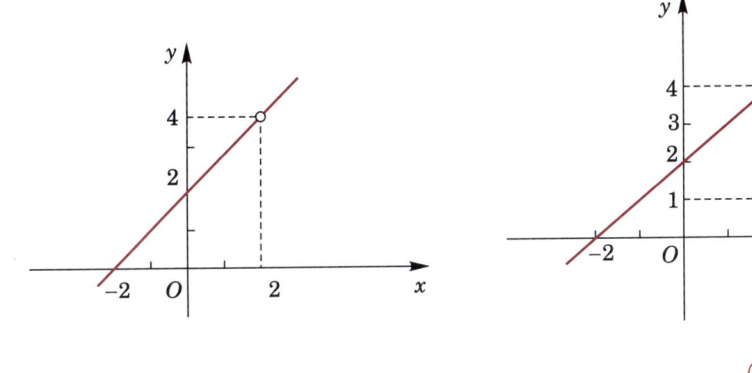

圖 2-2　$g(x)=\dfrac{x^2-4}{x-2}$, $x\neq 2$

圖 2-3　$h(x)=\begin{cases}\dfrac{x^2-4}{x-2}, & x\neq 2 \\ 1, & x=2\end{cases}$

故 g 的圖形除了在 $x=2$ 外，與 f 的圖形相同．g 的圖形如圖 2-2 所示．

當 x 趨近 2 ($x\neq 2$) 時，$g(x)$ 的極限為 4，即

$$\lim_{x\to 2} g(x)=4$$

最後，定義函數 h 如下

$$h(x)=\begin{cases}\dfrac{x^2-4}{x-2}, & x\neq 2 \\ 1, & x=2\end{cases}$$

函數 h 的圖形如圖 2-3 所示．

由上面的討論，f、g 與 h 除了在 $x=2$ 處有所不同外，在其他地方皆完全相同，即

$$f(x)=g(x)=h(x)=x+2,\ x\neq 2$$

當 x 趨近 2 時，這三個函數的極限皆為 4，因此，我們可以給出下面的重要結論

在 x 趨近 2 時，函數的極限僅與函數在 $x=2$ 之近旁的定義有關，至於 2 是否屬於函數的定義域，或者其函數值為何，完全沒有關係．

在一般函數的極限裡，此結論依然成立，它是函數極限裡一個非常重要的觀念．

定義 2-1　直觀的定義

設函數 f 定義在包含 a 的某開區間，但可能在 a 除外，且 L 為一實數．當 x 趨近 a 時，$f(x)$ 的**極限**(或稱**雙邊極限**)為 L，記為

$$\lim_{x \to a} f(x) = L$$

其意義為：當 x 充分靠近 a (但不等於 a) 時，$f(x)$ 的值充分靠近 L．如圖 2-4．

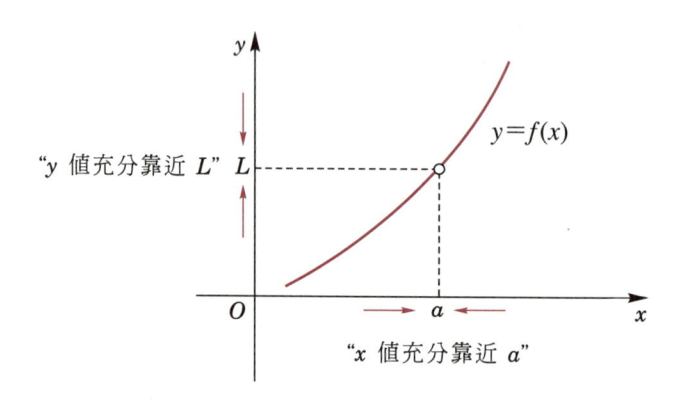

圖 2-4　$\lim\limits_{x \to a} f(x) = L$

讀者應注意，若有一個定實數 L 存在，使 $\lim\limits_{x \to a} f(x) = L$，則稱為：當 x 趨近 a 時，$f(x)$ 的極限存在，或稱 f 在 a 的極限為 L，或 $\lim\limits_{x \to a} f(x)$ 存在．否則，稱 $\lim\limits_{x \to a} f(x)$ 不存在．圖 2-5 的兩個圖形代表 $\lim\limits_{x \to a} f(x)$ 不存在之情形．

現在，我們看看幾個以直觀的方式來計算函數極限的例子．

例題 1　函數在某一點附近的變化

求 $\lim\limits_{x \to 1} \dfrac{x^3 - 1}{x - 1}$．

解　$f(x) = \dfrac{x^3 - 1}{x - 1}$ 在 $x = 1$ 無定義，現在我們來看看當 x 趨近 1 時，函數 f 的變化

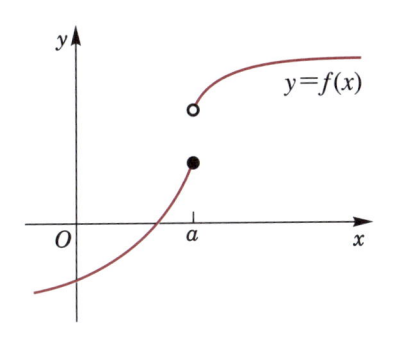

（ⅰ）f 在 $x=a$ 之左右邊 趨近不同點

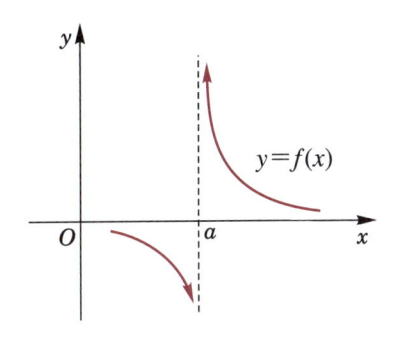

（ⅱ）f 在 $x=a$ 之左右兩邊無法趨近一固定點

圖 2-5

如何？我們選取 x 為接近 1 的數值，作成下表：

x 自 1 的左邊趨近 1						x 自 1 的右邊趨近 1			
x	⋯	0.75	0.9	0.99	0.999	① 1.001	1.01	1.1	1.25
$f(x)$	⋯	2.313	2.710	2.970	2.997	③ 3.003	3.030	3.310	3.813

$f(x)$ 趨近 3　　　　　　　　　$f(x)$ 趨近 3

如圖 2-6 所示．

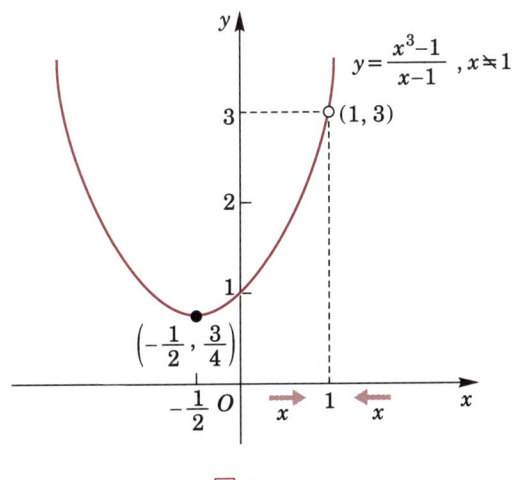

圖 2-6

故
$$\lim_{x \to 1} \frac{x^3-1}{x-1} = 3.$$

例題 2 有理化分母

設 $f(x) = \dfrac{x}{\sqrt{1+3x}-1}$，求 $\lim\limits_{x \to 0} f(x)$。

解 若 $x \neq 0$，則

$$f(x) = \frac{x}{\sqrt{1+3x}-1} = \frac{x(\sqrt{1+3x}+1)}{(\sqrt{1+3x}-1)(\sqrt{1+3x}+1)} = \frac{x(\sqrt{1+3x}+1)}{(1+3x)-1}$$

$$= \frac{x(\sqrt{1+3x}+1)}{3x} = \frac{\sqrt{1+3x}+1}{3}$$

當 $x \to 0$ 時，$\sqrt{1+3x} \to 1$。所以，

$$\lim_{x \to 0} f(x) = \lim_{x \to 0} \frac{\sqrt{1+3x}+1}{3} = \frac{1+1}{3} = \frac{2}{3}.$$

例題 3 通分，不可寫成 $\lim\limits_{x \to 1}\left(\dfrac{1}{x-1}-\dfrac{2}{x^2-1}\right) = \lim\limits_{x \to 1}\dfrac{1}{x-1} - \lim\limits_{x \to 1}\dfrac{2}{x^2-1}$

求 $\lim\limits_{x \to 1}\left(\dfrac{1}{x-1}-\dfrac{2}{x^2-1}\right)$。

解 $x \neq 1$，則

$$\frac{1}{x-1} - \frac{2}{x^2-1} = \frac{(x+1)-2}{(x-1)(x+1)} = \frac{x-1}{(x-1)(x+1)} = \frac{1}{x+1}$$

當 $x \to 1$ 時，$x+1 \to 2$。所以，

$$\lim_{x \to 1}\left(\frac{1}{x-1}-\frac{2}{x^2-1}\right) = \frac{1}{2}.$$

◎ 有關極限的一些定理

以下將介紹一些極限的定理，用來求出函數的極限．

定理 2-1　唯一性

若 $\lim\limits_{x \to a} f(x) = L_1$，$\lim\limits_{x \to a} f(x) = L_2$，$L_1$ 與 L_2 皆為某實數，則 $L_1 = L_2$．

定理 2-2

若 m 與 b 皆為常數，則

$$\lim_{x \to a}(mx+b) = ma+b$$

下面是定理 2-2 的特例

$$\lim_{x \to a} b = b, \ b\ 為常數$$

$$\lim_{x \to a} x = a$$

定理 2-3

若 $\lim\limits_{x \to a} f(x) = L$ 且 $\lim\limits_{x \to a} g(x) = M$，則

(1) $\lim\limits_{x \to a}[cf(x)] = c\lim\limits_{x \to a} f(x) = cL$，$c$ 為常數

(2) $\lim\limits_{x \to a}[f(x) \pm g(x)] = \lim\limits_{x \to a} f(x) \pm \lim\limits_{x \to a} g(x) = L \pm M$

(3) $\lim\limits_{x \to a}[f(x)g(x)] = [\lim\limits_{x \to a} f(x)][\lim\limits_{x \to a} g(x)] = LM$

(4) $\lim\limits_{x \to a} \dfrac{f(x)}{g(x)} = \dfrac{\lim\limits_{x \to a} f(x)}{\lim\limits_{x \to a} g(x)} = \dfrac{L}{M}$　$(M \neq 0)$

定理 2-3 可以推廣為：若 $\lim_{x \to a} f_i(x)$ 存在，$i=1, 2, \cdots, n$，則

1. $\lim_{x \to a} [c_1 f_1(x) + c_2 f_2(x) + \cdots + c_n f_n(x)]$

   $= c_1 \lim_{x \to a} f_1(x) + c_2 \lim_{x \to a} f_2(x) + \cdots + c_n \lim_{x \to a} f_n(x)$

   其中 $c_1, c_2, \cdots, c_n$ 皆為任意常數.

2. $\lim_{x \to a} [f_1(x) \cdot f_2(x) \cdots f_n(x)]$

   $= [\lim_{x \to a} f_1(x)][\lim_{x \to a} f_2(x)] \cdots [\lim_{x \to a} f_n(x)]$

定理 2-4

設 $P(x)$ 為 n 次多項式函數，則對任意實數 a，

$$\lim_{x \to a} P(x) = P(a)$$

證 設 $P(x) = c_0 + c_1 x + c_2 x^2 + \cdots + c_n x^n$，$c_n \neq 0$，依定理 2-2 的推廣，可得

$$\lim_{x \to a} x^n = (\lim_{x \to a} x)^n = a^n$$

故 $\lim_{x \to a} P(x) = \lim_{x \to a} (c_0 + c_1 x + c_2 x^2 + \cdots + c_n x^n)$

$= c_0 + c_1 \lim_{x \to a} x + c_2 \lim_{x \to a} x^2 + \cdots + c_n \lim_{x \to a} x^n$

$= c_0 + c_1 a + c_2 a^2 + \cdots + c_n a^n$

$= P(a).$

定理 2-5

設 $R(x)$ 為有理函數，且 a 在 $R(x)$ 的定義域內，則

$$\lim_{x \to a} R(x) = R(a)$$

證 令 $R(x) = \dfrac{P(x)}{Q(x)}$，$Q(x) \neq 0$，其中 $P(x)$ 與 $Q(x)$ 皆為多項式.

因 a 在 $R(x)$ 的定義域內，故 $Q(a) \neq 0$. 依定理 2-3(4) 與定理 2-4，

$$\lim_{x \to a} R(x) = \lim_{x \to a} \dfrac{P(x)}{Q(x)} = \dfrac{\lim\limits_{x \to a} P(x)}{\lim\limits_{x \to a} Q(x)} = \dfrac{P(a)}{Q(a)} = R(a).$$

例題 4 消去公因式 $(x-3)$

求 $\lim\limits_{x \to 3} \dfrac{x^3 - 27}{x^2 - 2x - 3}$.

解
$$\lim_{x \to 3} \dfrac{x^3 - 27}{x^2 - 2x - 3} = \lim_{x \to 3} \dfrac{(x-3)(x^2+3x+9)}{(x-3)(x+1)}$$
$$= \lim_{x \to 3} \dfrac{x^2+3x+9}{x+1} = \dfrac{27}{4}.$$

例題 5 消去公因式 $x-3$

若 $h(x) = \begin{cases} \dfrac{x^2+x-12}{x-3}, & \text{若 } x \neq 3 \\ 4, & \text{若 } x = 3 \end{cases}$，試求 $\lim\limits_{x \to 3} h(x)$.

解 函數 $h(x)$ 如圖 2-7 所示，$h(3) = 4$，但

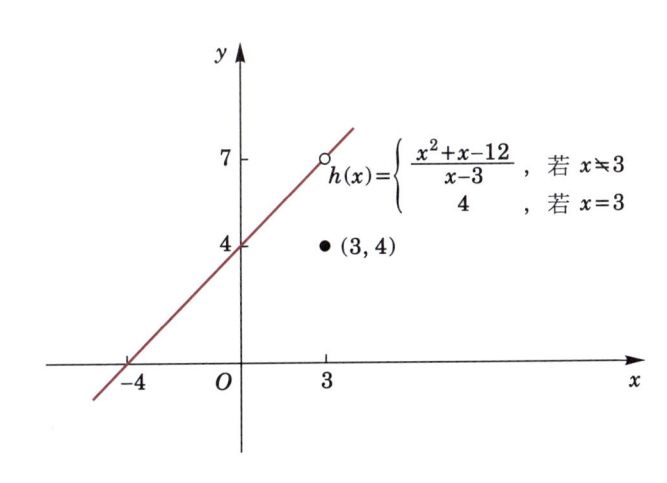

圖 2-7

$$\lim_{x\to 3} h(x) = \lim_{x\to 3} \frac{(x-3)(x+4)}{x-3} = \lim_{x\to 3} (x+4) = 7.$$

例題 6 作代換再消去公因式 $t-1$

求 $\displaystyle\lim_{x\to 1} \frac{\sqrt[3]{x}-1}{\sqrt{x}-1}$.

解 令 $t = \sqrt[6]{x}$，當 $x \to 1$ 時，$t \to 1$，

故
$$\lim_{x\to 1} \frac{\sqrt[3]{x}-1}{\sqrt{x}-1} = \lim_{t\to 1} \frac{t^2-1}{t^3-1} = \lim_{t\to 1} \frac{(t-1)(t+1)}{(t-1)(t^2+t+1)}$$
$$= \lim_{t\to 1} \frac{t+1}{t^2+t+1} = \frac{2}{3}.$$

例題 7 分子與分母同時趨近 0

是否有一實數 a 使得 $\displaystyle\lim_{x\to -2} \frac{3x^2+ax+a+3}{x^2+x-2}$ 存在？若有的話，試求 a 值及此極限值.

解
$$\lim_{x\to -2}(x^2+x-2)=(-2)^2+(-2)-2=0$$

若此極限存在，則分子之極限也應等於 0，

即
$$\lim_{x\to -2}(3x^2+ax+a+3)=0$$

故 $\quad 3(-2)^2+a(-2)+a+3=0$

得 $\quad a=15$

$$\lim_{x\to -2} \frac{3x^2+15x+15+3}{x^2+x-2} = \lim_{x\to -2} \frac{3(x^2+5x+6)}{x^2+x-2} = 3\lim_{x\to -2} \frac{(x+2)(x+3)}{(x+2)(x-1)}$$
$$= 3\lim_{x\to -2} \frac{x+3}{x-1} = -1.$$

定理 2-6　合成函數之極限

若兩函數 f 與 g 的合成函數 $f(g(x))$ 存在，且

(1) $\lim\limits_{x \to a} g(x) = b$ 　　　　(2) $\lim\limits_{y \to b} f(y) = f(b)$

則
$$\lim\limits_{x \to a} f(g(x)) = f(\lim\limits_{x \to a} g(x)) = f(b).$$

例題 8　利用定理 2-6

設 $g(x) = \sqrt{\dfrac{x}{x^2+1}}$，$f(x) = \sqrt{x^2+2}$，求 $\lim\limits_{x \to 1} f(g(x))$。

解　因 $\lim\limits_{x \to 1} g(x) = \lim\limits_{x \to 1} \sqrt{\dfrac{x}{x^2+1}} = \sqrt{\dfrac{1}{2}}$，故

$$\lim\limits_{x \to 1} f(g(x)) = f(\lim\limits_{x \to 1} g(x)) = f\left(\sqrt{\dfrac{1}{2}}\right) = \sqrt{\left(\sqrt{\dfrac{1}{2}}\right)^2 + 2} = \sqrt{\dfrac{5}{2}}$$

如果，先求 $f(g(x))$，再求 $\lim\limits_{x \to 1} f(g(x))$ 的值，則得

$$f(g(x)) = \sqrt{(g(x))^2 + 2} = \sqrt{\left(\sqrt{\dfrac{x}{x^2+1}}\right)^2 + 2}$$

$$= \sqrt{\dfrac{x}{x^2+1} + 2} = \sqrt{\dfrac{2x^2+x+2}{x^2+1}}$$

$$\lim\limits_{x \to 1} f(g(x)) = \lim\limits_{x \to 1} \sqrt{\dfrac{2x^2+x+2}{x^2+1}} = \sqrt{\dfrac{5}{2}}.$$

定理 2-7

(1) 若 n 為正奇數，則 $\lim_{x \to a} \sqrt[n]{x} = \sqrt[n]{a}$.

(2) 若 n 為正偶數，且 $a > 0$，則 $\lim_{x \to a} \sqrt[n]{x} = \sqrt[n]{a}$.

若 m 與 n 皆為正整數，且 $a > 0$，則可得

$$\lim_{x \to a} (\sqrt[n]{x})^m = (\lim_{x \to a} \sqrt[n]{x})^m = (\sqrt[n]{a})^m$$

利用分數指數，上式可表示成

$$\lim_{x \to a} x^{m/n} = a^{m/n}$$

定理 2-7 的結果可推廣到負指數.

例題 9 消去公因式 $1-\sqrt{x}$

求 $\lim_{x \to 1} \dfrac{\sqrt{x} - x^2}{1 - \sqrt{x}}$.

解

$$\lim_{x \to 1} \frac{\sqrt{x} - x^2}{1 - \sqrt{x}} = \lim_{x \to 1} \frac{\sqrt{x}(1 - x^{3/2})}{1 - \sqrt{x}} = \lim_{x \to 1} \frac{\sqrt{x}(1 - \sqrt{x})(1 + \sqrt{x} + x)}{1 - \sqrt{x}}$$

$$= \lim_{x \to 1} [\sqrt{x}\,(1 + \sqrt{x} + x)] = \lim_{x \to 1} [1(1 + 1 + 1)] = 3.$$

定理 2-8

(1) 若 n 為正奇數，則 $\lim_{x \to a} \sqrt[n]{f(x)} = \sqrt[n]{\lim_{x \to a} f(x)}$.

(2) 若 n 為正偶數，且 $\lim_{x \to a} f(x) > 0$，則 $\lim_{x \to a} \sqrt[n]{f(x)} = \sqrt[n]{\lim_{x \to a} f(x)}$.

第二章　函數的極限與連續　57

例題 10　**利用根式函數的極限**

求 $\lim\limits_{x \to 7} \dfrac{\sqrt[5]{3-5x}}{(x-5)^3}$.

解

$$\lim_{x \to 7} \frac{\sqrt[5]{3-5x}}{(x-5)^3} = \frac{\lim\limits_{x \to 7} \sqrt[5]{3-5x}}{\lim\limits_{x \to 7} (x-5)^3} = \frac{\sqrt[5]{\lim\limits_{x \to 7}(3-5x)}}{(\lim\limits_{x \to 7}(x-5))^3}$$

$$= \frac{\sqrt[5]{3-35}}{(7-5)^3} = \frac{-2}{8} = -\frac{1}{4}.$$

例題 11　**有理化分子與分母**

求 $\lim\limits_{x \to 2} \dfrac{\sqrt{6-x}-2}{\sqrt{3-x}-1}$.

解　極限具有不定式 $\dfrac{0}{0}$，有理化分子與分母，得

$$\lim_{x \to 2} \frac{\sqrt{6-x}-2}{\sqrt{3-x}-1} = \lim_{x \to 2} \left(\frac{\sqrt{6-x}-2}{\sqrt{3-x}-1} \cdot \frac{\sqrt{6-x}+2}{\sqrt{6-x}+2} \cdot \frac{\sqrt{3-x}+1}{\sqrt{3-x}+1} \right)$$

$$= \lim_{x \to 2} \frac{(2-x)(\sqrt{3-x}+1)}{(2-x)(\sqrt{6-x}+2)}$$

$$= \lim_{x \to 2} \frac{\sqrt{3-x}+1}{\sqrt{6-x}+2}$$

$$= \frac{2}{4} = \frac{1}{2}.$$

下面的定理稱為夾擠定理或三明治定理，在證明極限時常常會用到，是一個非常有用的定理.

定理 2-9　夾擠定理

設在一包含 a 的開區間中的所有 x（可能在 a 除外），恆有 $f(x) \leq h(x) \leq g(x)$，如圖 2-8 所示.

若
$$\lim_{x \to a} f(x) = \lim_{x \to a} g(x) = L$$

則
$$\lim_{x \to a} h(x) = L$$

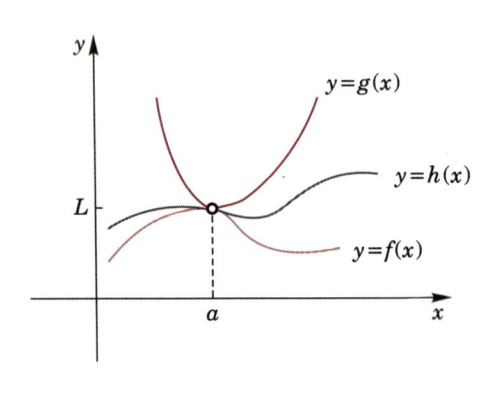

圖 2-8

例題 12　利用夾擠定理

利用夾擠定理證明
$$\lim_{x \to 0} \frac{|x|}{1+x^2} = 0.$$

解　對任意實數 x 而言，$1 + x^2 \geq 1$，可得 $0 \leq \dfrac{|x|}{1+x^2} \leq |x|$.

又 $\lim\limits_{x \to 0} 0 = 0$，$\lim\limits_{x \to 0} |x| = \lim\limits_{x \to 0} \sqrt{x^2} = \sqrt{\lim\limits_{x \to 0} x^2} = 0$

故依夾擠定理可知 $\lim\limits_{x \to 0} \dfrac{|x|}{1+x^2} = 0.$

習題 2-1

2-1 極 限

一、基礎題

試求 1～10 題中的極限.

1. $\lim\limits_{x \to -3}(x^3 + 2x^2 + 6)$

2. $\lim\limits_{x \to -1}\dfrac{x-2}{x^2+4x-3}$

3. $\lim\limits_{x \to -2}\dfrac{x^3-x^2-x+10}{x^2+3x+2}$

4. $\lim\limits_{x \to 1}\dfrac{x^4-1}{x-1}$

5. $\lim\limits_{x \to 2}\dfrac{\sqrt{x}-\sqrt{2}}{x-2}$

6. $\lim\limits_{x \to 0}\dfrac{(2+x)^3-8}{x}$

7. $\lim\limits_{h \to 0}\dfrac{\dfrac{1}{x+h}-\dfrac{1}{x}}{h}$

8. $\lim\limits_{x \to 0}\dfrac{x}{\sqrt{1+3x}-1}$

9. $\lim\limits_{x \to 1}\dfrac{4-\sqrt{x+15}}{x^2-1}$

10. $\lim\limits_{x \to 0}\dfrac{\sqrt{x+4}-2}{x}$

試利用有關極限之定理求 11～16 題中的極限.

11. $\lim\limits_{x \to 2}(x^2+1)(x^2+4x)$

12. $\lim\limits_{x \to -2}(x^2+x+1)^5$

13. $\lim\limits_{x \to 1}\dfrac{x+2}{x^2+4x+3}$

14. $\lim\limits_{x \to 64}(\sqrt[3]{x}+3\sqrt{x})$

15. $\lim\limits_{x \to -2}\sqrt[3]{\dfrac{4x+3x^3}{3x+10}}$

16. $\lim\limits_{x \to 3}\dfrac{3(8x^2-1)}{2x^2(x-1)^4}$

對下列各函數 $f(x)$，求 $\lim\limits_{h \to 0}\dfrac{f(x+h)-f(x)}{h}$.

17. $f(x) = 2x^2 + x$

18. $f(x)=ax^2+bx+c$；a、b、c 為常數.

19. $f(x)=\sqrt{x+1}$

20. 設 $f(x)=\begin{cases} \dfrac{x-9}{\sqrt{x}-3}, & \text{若 } x\neq 9 \\ 5, & \text{若 } x=9 \end{cases}$，求 $f(9)$ 與 $\lim\limits_{x\to 9} f(x)$.

二、進階題

1. $\lim\limits_{x\to 0}\left(\dfrac{1}{x\sqrt{1+x}}-\dfrac{1}{x}\right)$

2. $\lim\limits_{x\to 0}\dfrac{\sqrt[3]{1+x}-1}{x}$

3. $\lim\limits_{x\to 1}\dfrac{x+x^2+x^3+\cdots+x^n-n}{x-1}$

4. $\lim\limits_{x\to n}[\![x]\!]-x$，$n\in \mathbf{Z}$

5. 若 $\lim\limits_{x\to 2}\dfrac{f(x)-5}{x-2}=3$，求 $\lim\limits_{x\to 2}f(x)$.

6. $\lim\limits_{x\to 0}x^2\left[\!\!\left[\dfrac{1}{x}\right]\!\!\right]$

試利用夾擠定理證明 7～9 題的極限.

7. $\lim\limits_{x\to 0}\dfrac{|x|}{\sqrt{x^4+3x^2+7}}=0$

8. $\lim\limits_{x\to 0}\dfrac{x^2}{1+(1+x^4)^{5/2}}=0$

9. $\lim\limits_{x\to 0}x^2\sin\dfrac{1}{x^2}=0$

10. 求 a 與 b 的值使得 $\lim\limits_{x\to 0}\dfrac{\sqrt{ax+b}-2}{x}=1$.

2-2 單邊極限

當我們在定義 $\lim\limits_{x\to a}f(x)$ 時，我們很謹慎地將 x 限制在包含 a 之開區間內（a 可能除外），但是函數 f 在點 a 的極限存在與否，與函數 f 在點 a 兩旁之定義有關，而與函數 f 在點 a 之值無關.

如果我們找不到一個定數 L 為 $f(x)$ 所趨近者，那麼我們就稱 f 在點 a 的極限不存在，或者說當 x 趨近 a 時，f 沒有極限．

例題 1　**絕對值之定義**

已知 $f(x) = \dfrac{|x|}{x}$，求 $\lim\limits_{x \to 0} f(x)$．

解　因 (1) 若 $x > 0$，則 $|x| = x$．　　(2) 若 $x < 0$，則 $|x| = -x$．

故　　$f(x) = \dfrac{|x|}{x} = \begin{cases} 1, & x > 0 \\ -1, & x < 0 \end{cases}$

f 的圖形如圖 2-9 所示．因此，當 x 分別自 0 的右邊及 0 的左邊趨近於 0 時，$f(x)$ 不能趨近某一定數，所以 $\lim\limits_{x \to 0} f(x)$ 不存在．

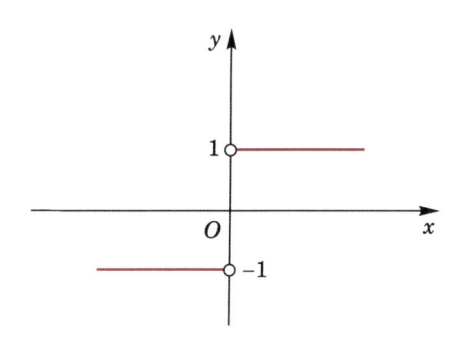

圖 2-9　$f(x) = \dfrac{|x|}{x}$，$x \neq 0$

由上面的例題，我們引進了單邊極限的觀念．

定義 2-2　直觀的定義

(1) 當 x 自 a 的右邊趨近 a 時，$f(x)$ 的**右極限**為 M，即，f 在 a 的右極限為 M，記為

$$\lim_{x \to a^+} f(x) = M$$

其意義為：當 x 自 a 的右邊充分靠近 a 時，$f(x)$ 的值充分靠近 M．

(2) 當 x 自 a 的左邊趨近 a 時，$f(x)$ 的**左極限**為 L，即，f 在 a 的左極限為 L，記為

$$\lim_{x \to a^-} f(x) = L$$

其意義為：當 x 自 a 的左邊充分靠近 a 時，$f(x)$ 的值充分靠近 L.

右極限與左極限皆稱為單邊極限.

如圖 2-10 所示. 在定義 2-2 中，符號 $x \to a^+$ 用來表示 x 的值恆比 a 大，而符號 $x \to a^-$ 用來表示 x 的值恆比 a 小.

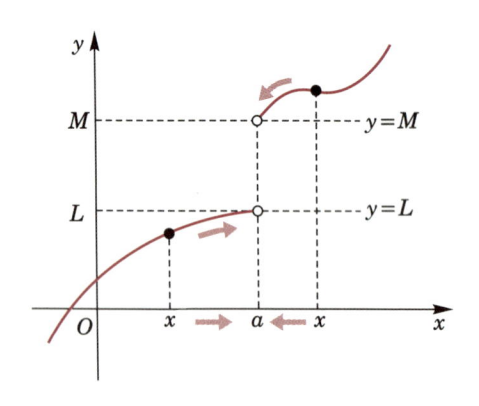

圖 2-10 $\lim\limits_{x \to a} f(x)$ 不存在，但 $\lim\limits_{x \to a^-} f(x) = L$，$\lim\limits_{x \to a^+} f(x) = M$.

依極限的定義可知，若 $\lim\limits_{x \to a} f(x)$ 存在，則右極限與左極限皆存在，且

$$\lim_{x \to a^+} f(x) = \lim_{x \to a^-} f(x) = \lim_{x \to a} f(x)$$

反之，若右極限與左極限皆存在，並不能保證極限存在.

下面定理談到單邊極限與極限 (雙邊極限) 之間的關係.

定理 2-10

$$\lim_{x \to a} f(x) = L，若且唯若 \lim_{x \to a^+} f(x) = \lim_{x \to a^-} f(x) = L.$$

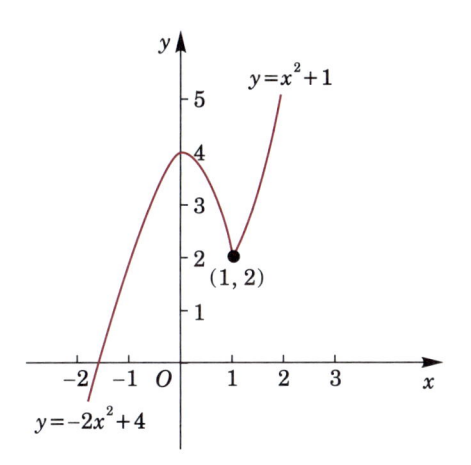

圖 2-12

(2) $x \to 1^+$，取 $f(x) = x^2 + 1$

$$\lim_{x \to 1^+} \frac{f(x) - f(1)}{x - 1} = \lim_{x \to 1^+} \frac{x^2 + 1 - 2}{x - 1} = \lim_{x \to 1^+} (x + 1) = 2.$$

例題 6 利用定理 2-10

設 $f(x)$ 與 $g(x)$ 分別定義如下：

$$f(x) = \begin{cases} x^2 + 2x, & x \leq 1 \\ 2x, & x > 1 \end{cases}, \qquad g(x) = \begin{cases} 2x^3, & x \leq 1 \\ 3, & x > 1 \end{cases}$$

試求 $\lim_{x \to 1} [f(x) \cdot g(x)]$ (倘若此極限存在).

解 由於 $\lim_{x \to 1^-} f(x) = 3$，$\lim_{x \to 1^+} f(x) = 2$；$\lim_{x \to 1^-} g(x) = 2$，$\lim_{x \to 1^+} g(x) = 3$

因此，$\lim_{x \to 1^-} [f(x) \cdot g(x)] = 3 \cdot 2 = 6$，$\lim_{x \to 1^+} [f(x) \cdot g(x)] = 2 \cdot 3 = 6$

故 $\lim_{x \to 1} [f(x) \cdot g(x)] = 6$.

例題 7 利用高斯不等式與夾擠定理

求 $\lim_{x \to 0^+} x [\![x]\!]$.

解 因 $x-1 < [\![x]\!] \leq x$，則

$$x(x-1) < x[\![x]\!] \leq x^2$$

又因 $\lim_{x \to 0^+} x(x-1) = 0$，$\lim_{x \to 0^+} x^2 = 0$

由夾擠定理知 $\lim_{x \to 0^+} x[\![x]\!] = 0$。

習題 2-2

2-2 單邊極限

一、基礎題

試求下列 1～12 題之極限.

1. $\lim_{x \to 3^-} \dfrac{|x-3|}{x-3}$

2. $\lim_{x \to -4^+} \dfrac{2x^2+5x-12}{x^2+3x-4}$

3. $\lim_{x \to 3^+} \dfrac{x-3}{\sqrt{x^2-9}}$

4. $\lim_{x \to 0} \dfrac{x}{x^2+|x|}$

5. $\lim_{x \to -10^+} \dfrac{x+10}{\sqrt{(x+10)^2}}$

6. $\lim_{x \to \frac{3}{2}} \dfrac{2x^2-3x}{|2x-3|}$

7. $\lim_{x \to 1^+} \dfrac{[\![x^2]\!]-[\![x]\!]^2}{x^2-1}$

8. $\lim_{x \to 0^-} \dfrac{x}{x^2+|x|}$

9. $\lim_{x \to 0} \dfrac{|x^3-x|}{x^2+2x}$

10. $\lim_{x \to 0^-} \dfrac{[\![x+1]\!]+|x|}{x}$

11. 設 $f(x) = \begin{cases} x^2-2x & ,\text{若 } x<2 \\ 1 & ,\text{若 } x=2 \\ x^2-6x+8 & ,\text{若 } x>2 \end{cases}$，試求 $\lim_{x \to 2} f(x)$，並繪 f 的圖形.

12. 設 $f(x) = \begin{cases} 3-x & ,\text{若 } x<2 \\ \dfrac{x}{2}+1 & ,\text{若 } x>2 \end{cases}$，試繪 f 的圖形，並求 $\lim_{x \to 2} f(x)$.

13. 若 $f(x)=\begin{cases} 3x+5, & \text{若 } x \leq 2 \\ 13-x, & \text{若 } x > 2 \end{cases}$，試求下列之極限.

(1) $\lim\limits_{x \to 2^-} \dfrac{f(x)-f(2)}{x-2}$ 　　　　(2) $\lim\limits_{x \to 2^+} \dfrac{f(x)-f(2)}{x-2}$

二、進階題

1. 求 $\lim\limits_{x \to 0} x \sqrt{1+\dfrac{1}{x^2}}$.

2. 求 $\lim\limits_{x \to a^+} \dfrac{\sqrt{x}-\sqrt{a}+\sqrt{x-a}}{\sqrt{x^2-a^2}}$.

3. 設 $f(x)=\begin{cases} x^2+4, & x \leq 2 \\ x+2, & x > 2 \end{cases}$，$g(x)=\begin{cases} x^2, & x \leq 2 \\ 8, & x > 2 \end{cases}$，則 $\lim\limits_{x \to 2} f(x)$ 與 $\lim\limits_{x \to 2} g(x)$ 是否存在？又 $\lim\limits_{x \to 2}(f(x)g(x))$ 是否存在？

在 4～5 題中，求 $\lim\limits_{x \to 2^+} f(x)$ 與 $\lim\limits_{x \to 2^-} f(x)$，並繪 f 的圖形.

4. $f(x)=\begin{cases} 3x, & x \leq 2 \\ x^2, & x > 2 \end{cases}$

5. $f(x)=\begin{cases} x^3, & x \leq 2 \\ 4-2x, & x > 2 \end{cases}$

6. 求 $\lim\limits_{x \to 0^+} x \left[\!\left[\dfrac{1}{x}\right]\!\right]$.

2-3　連續性

在介紹極限 $\lim\limits_{x \to a} f(x)$ 的定義的時候，我們強調 $x \neq a$ 的限制，而並不考慮 a 是否要在 f 的定義域內；縱使 f 在 a 沒有定義，$\lim\limits_{x \to a} f(x)$ 仍有可能存在. 若 f 在 a 有定義，且 $\lim\limits_{x \to a} f(x)$ 存在，則此極限可能等於 $f(a)$，也可能不等於 $f(a)$.

現在，我們用極限的方法來定義函數的連續.

定義 2-3

若下列條件：

(1) $f(a)$ 有定義　　(2) $\lim\limits_{x \to a} f(x)$ 存在　　(3) $\lim\limits_{x \to a} f(x) = f(a)$

皆滿足，則稱函數 f 在 a 為 連續.

若在此定義中有任何條件不成立，則稱 f 在 a 為 不連續，a 稱為 f 的 不連續點，如圖 2-13 所示.

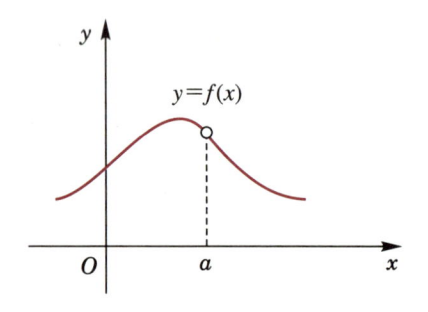

(i) $f(x)$ 在 $x=a$ 為不連續，其中 $f(a)$ 無定義.

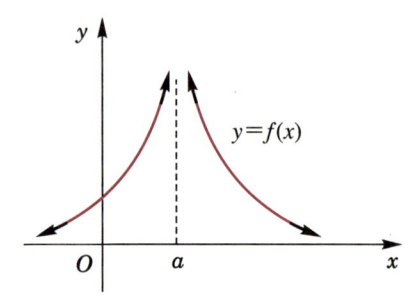

(ii) $f(x)$ 在 $x=a$ 為無窮不連續，其中 $f(a)$ 無定義.

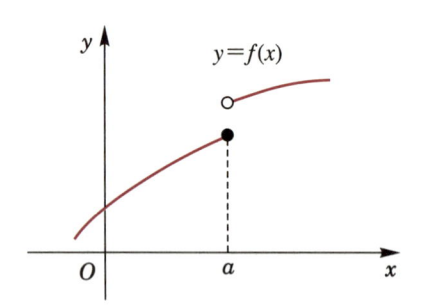

(iii) $f(x)$ 在 $x=a$ 為跳躍不連續，其中 $\lim\limits_{x \to a} f(x)$ 不存在.

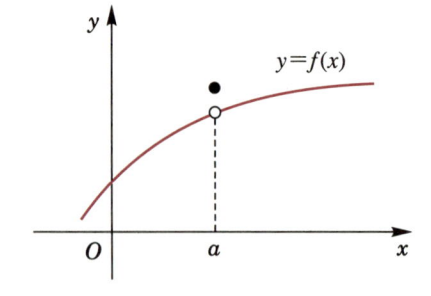

(iv) $f(x)$ 在 $x=a$ 為可移去之不連續，其中 $\lim\limits_{x \to a} f(x) \neq f(a)$.

圖 2-13

第二章　函數的極限與連續　69

如果函數 f 在開區間 (a, b) 中的所有點皆連續，則稱 f 在 (a, b) 為**連續**，在 $(-\infty, \infty)$ 為連續的函數稱為**處處連續**，或簡稱為**連續**.

對於**可移去之不連續**，若我們可重新定義 $f(a)$ 之值，使得 $\lim\limits_{x \to a} f(x) = f(a)$，因而 $f(x)$ 在 $x = a$ 為連續.

定義 2-3 中的三項通常又可歸納成一項，即

$$\lim_{x \to a} f(x) = f(a)$$

或

$$\lim_{h \to 0} f(a+h) = f(a)$$

故 $\lim\limits_{x \to a} f(x) = f(a)$ 為函數 $f(x)$ 在 a 連續之充要條件.

例題 1 　連續的定義

設 $f(x) = \dfrac{1}{x-3}$，因 $f(x)$ 在 $x=3$ 無定義，故 f 在 $x=3$ 為不連續.

例題 2 　連續的定義

設　$f(x) = \dfrac{x^2-9}{x-3}$，　$g(x) = \begin{cases} \dfrac{x^2-9}{x-3}, & x \neq 3 \\ 3, & x = 3 \end{cases}$

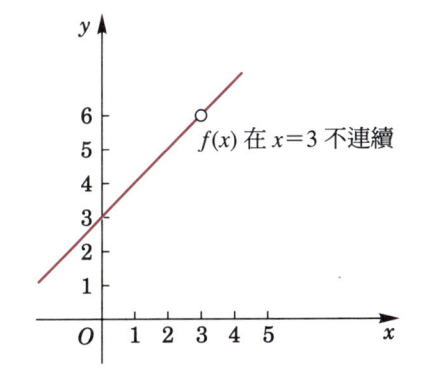

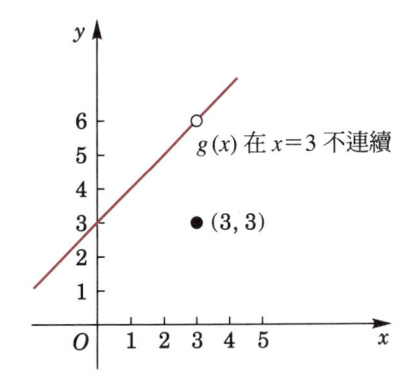

(i) $f(x) = \dfrac{x^2-9}{x-3}, \ x \neq 3$　　　　(ii) $g(x) = \dfrac{x^2-9}{x-3}, \ x \neq 3 \ ; \ g(3) = 3$

圖 2-14

因 $f(3)$ 無定義，故 f 在 $x=3$ 為不連續 (圖 2-14(i)).

又，$\lim\limits_{x\to 3} g(x) = \lim\limits_{x\to 3} \dfrac{x^2-9}{x-3} = \lim\limits_{x\to 3}(x+3) = 6 \neq g(3)$

故 g 在 $x=3$ 為不連續 (圖 2-14(ii)). 但如果我們重新定義 $g(3)=6$，則 $\lim\limits_{x\to 3} g(x) = g(3) = 6$，故 g 在 $x=3$ 為連續.

例題 3　跳躍不連續

若函數定義為 $f(x) = \begin{cases} 4x^2-2, & x \geq 0 \\ 2x+2, & x < 0 \end{cases}$，試問函數 $f(x)$ 在 $x=0$ 處是否連續？

解 $\lim\limits_{x\to 0^+} f(x) = \lim\limits_{x\to 0^+}(4x^2-2) = -2$，$\lim\limits_{x\to 0^-} f(x) = \lim\limits_{x\to 0^-}(2x+2) = 2$

由於 f 在 $x=0$ 的左、右極限不相等，故 $\lim\limits_{x\to 0} f(x)$ 不存在，由連續的定義知 f 在 $x=0$ 不連續，此種不連續稱之為<u>跳躍不連續</u>. 如圖 2-15 所示.

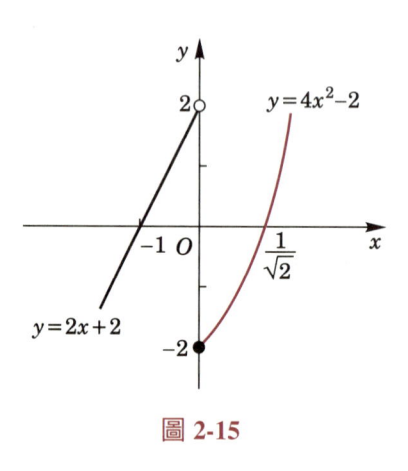

圖 2-15

例題 4　若 $\lim\limits_{x\to a} f(x) = f(a)$ 成立，則 $f(x)$ 在 a 連續.

設 $f(x) = \begin{cases} \dfrac{x-4}{\sqrt{x}-2}, & x \neq 4 \\ k, & x=4 \end{cases}$，若 $f(x)$ 在 $x=4$ 時連續，試求 k 值.

解 因 $\lim_{x \to 4} f(x) = \lim_{x \to 4} \dfrac{x-4}{\sqrt{x}-2} = \lim_{x \to 4} \dfrac{(x-4)(\sqrt{x}+2)}{(\sqrt{x}-2)(\sqrt{x}+2)}$

$= \lim_{x \to 4} \dfrac{(x-4)(\sqrt{x}+2)}{x-4} = \lim_{x \to 4} (\sqrt{x}+2) = 4$

若 $f(x)$ 在 $x=4$ 時連續，則 $\lim_{x \to 4} f(x) = f(4) = k$，所以，$k=4$.

定理 2-3 可用來建立下面的基本結果.

定理 2-11

若兩函數 f 與 g 在 a 皆為連續，則 cf、$f+g$、$f-g$、fg 與 f/g ($g(a) \neq 0$) 在 a 也為連續.

證 $\lim_{x \to a} (f+g)(x) = \lim_{x \to a} [f(x)+g(x)] = \lim_{x \to a} f(x) + \lim_{x \to a} g(x)$

$= f(a) + g(a)$

$= (f+g)(a)$

故 $f+g$ 在 a 為連續.

其餘部分的證明也可類推.

上面的定理可以推廣為：若 f_1, f_2, $\cdots$, f_n 在 a 為連續，則

1. $c_1 f_1 + c_2 f_2 + \cdots + c_n f_n$ 在 a 也為連續，其中 c_1, c_2, $\cdots$, c_n 皆為任意常數.
2. $f_1 \cdot f_2 \cdot \cdots \cdot f_n$ 在 a 也為連續.

定理 2-12

(1) 多項式函數為連續函數.
(2) 有理函數在除了使分母為零的點以外皆為連續.

例題 5　找出使有理函數連續的範圍

函數 $f(x)=\dfrac{x^2-9}{x^2-x-6}$ 在何處連續？

解　因 $x^2-x-6=(x+2)(x-3)=0$ 的解為 $x=-2$ 與 $x=3$，故 f 在這些點以外皆為連續，即 f 在 $\{x\,|\,x\neq -2,\ 3\}=(-\infty,\ -2)\cup(-2,\ 3)\cup(3,\ \infty)$ 為連續．

定理 2-13

若函數 g 在 a 為連續，且函數 f 在 $g(a)$ 為連續，則合成函數 $f\circ g$ 在 a 也為連續，即

$$\lim_{x\to a} f(g(x))=f(\lim_{x\to a} g(x))=f(g(a))$$

例題 6　絕對值函數為處處連續

設 $f(x)=|x|$，試證：f 在所有實數 a 皆為連續．

解
$$\lim_{x\to a} f(x)=\lim_{x\to a}|x|=\lim_{x\to a}\sqrt{x^2}=\sqrt{\lim_{x\to a} x^2}=\sqrt{a^2}$$
$$=|a|=f(a)$$

故 f 在 a 為連續．

我們可將例題 6 推廣如下：

若函數 f 在 a 為連續，則 $|f|$ 在 a 為連續，即，

$$\lim_{x\to a}|f(x)|=|\lim_{x\to a} f(x)|=f(a)$$

註：若 $|f|$ 在 a 為連續，則 f 在 a 不一定連續．例如，設 $f(x)=\begin{cases}\dfrac{|x|}{x},&x\neq 0\\ 1,&x=0\end{cases}$，則 $|f(x)|=1$，可知 $|f|$ 在 $x=0$ 為連續．然而 $\lim_{x\to 0} f(x)=\lim_{x\to 0}\dfrac{|x|}{x}$ 不存在 (見 2-2 節例題 1)．

所以 f 在 $x=0$ 為不連續.

例題 7　利用連續函數的合成

試證 $h(x)=|x^2-3x+2|$ 在每一實數皆為連續.

解　令 $f(x)=|x|$ 且 $g(x)=x^2-3x+2$. 因為 $f(x)$ 與 $g(x)$ 在每一實數皆連續，所以此兩函數之合成函數

$$h(x)=f(g(x))=|x^2-3x+2|$$

在每一實數也連續.

函數的連續觀念由函數的極限而得，我們現在利用函數<u>單邊極限</u>的觀念來討論函數的<u>單邊連續</u>.

定義 2-4

若下列條件：

(1) $f(a)$ 有定義　　(2) $\lim\limits_{x\to a^+} f(x)$ 存在　　(3) $\lim\limits_{x\to a^+} f(x)=f(a)$

皆滿足，則稱函數 f 在 a 為<u>右連續</u>.

若下列條件：

(1) $f(a)$ 有定義　　(2) $\lim\limits_{x\to a^-} f(x)$ 存在　　(3) $\lim\limits_{x\to a^-} f(x)=f(a)$

皆滿足，則稱函數 f 在 a 為<u>左連續</u>.
右連續與左連續皆稱為<u>單邊連續</u>.

例題 8　高斯函數為右連續而非左連續

對每一整數 n，高斯函數 $f(x)=[\![x]\!]$ 為右連續但非左連續. 因為

$$\lim_{x\to n^+} f(x)=\lim_{x\to n^+} [\![x]\!]=n=f(n)$$

但 $$\lim_{x \to n^-} f(x) = \lim_{x \to n^-} [\![x]\!] = n-1 \neq f(n)$$

如同定理 2-10，我們可得到下面的定理.

定理 2-14

函數 f 在 a 為連續，若且唯若 $\lim_{x \to a^+} f(x) = \lim_{x \to a^-} f(x) = f(a)$.

例題 9 利用定理 2-14

試決定 a 與 b 的值，使得函數

$$f(x) = \begin{cases} ax - b, & x < 1 \\ 5, & x = 1 \\ 2ax + b, & x > 1 \end{cases}$$

在 $x = 1$ 為連續.

解 依題意，$\lim_{x \to 1^+} (2ax + b) = \lim_{x \to 1^-} (ax - b) = 5$

可得 $2a + b = 5$，$a - b = 5$.

由方程組 $\begin{cases} 2a + b = 5 \\ a - b = 5 \end{cases}$，解得 $a = \dfrac{10}{3}$，$b = -\dfrac{5}{3}$. 所以，

當 $a = \dfrac{10}{3}$，$b = -\dfrac{5}{3}$ 時，f 在 $x = 1$ 為連續.

由函數在一點上之連續，可利用<u>單邊連續</u>定義函數在區間上之連續.

定義 2-5

若下列條件：

(1) f 在 (a, b) 為連續　　(2) f 在 a 為右連續　　(3) f 在 b 為左連續

皆滿足，則稱函數 f 在閉區間 $[a, b]$ 為連續.

例題 10 利用定義 2-5

試證函數 $f(x) = 1 - \sqrt{1-x^2}$ 在閉區間 $[-1, 1]$ 中為連續.

解 (i) 若 $-1 < a < 1$,利用極限定理,得

$$\lim_{x \to a} f(x) = \lim_{x \to a} [1 - \sqrt{1-x^2}] = \lim_{x \to a} 1 - \lim_{x \to a} \sqrt{1-x^2}$$
$$= 1 - \sqrt{1-a^2} = f(a)$$

故 $f(x)$ 於 $(-1, 1)$ 中連續.

(ii) $\lim_{x \to -1^+} f(x) = \lim_{x \to -1^+} [1 - \sqrt{1-x^2}] = 1 = f(-1)$

故 $f(x)$ 在 $x = -1$ 為右連續.

(iii) $\lim_{x \to 1^-} f(x) = \lim_{x \to 1^-} [1 - \sqrt{1-x^2}] = 1 = f(1)$

故 $f(x)$ 在 $x = 1$ 為左連續.

依定義 2-5 知 $f(x)$ 在 $[-1, 1]$ 中連續.

定理 2-15 介值定理

若函數 f 在閉區間 $[a, b]$ 為連續,且 k 為介於 $f(a)$ 與 $f(b)$ 之間的一數,則在開區間 (a, b) 中至少存在一數 c,使得 $f(c) = k$.

此定理又稱為**中間值定理**,雖然直觀上很顯然,但是不太容易證明,其證明在高等微積分書本中可找到.

設函數 f 在閉區間 $[a, b]$ 為連續,即 f 的圖形在 $[a, b]$ 中沒有斷點. 若 $f(a) < f(b)$,則定理 2-15 告訴我們,在 $f(a)$ 與 $f(b)$ 之間任取一數 k,應有一條 y-截距為 k 的水平線,它與 f 的圖形至少相交於一點 P,而 P 點的 x-坐標 c 就是使 $f(c) = k$ 的實數,如圖 2-16 所示.

圖 2-16

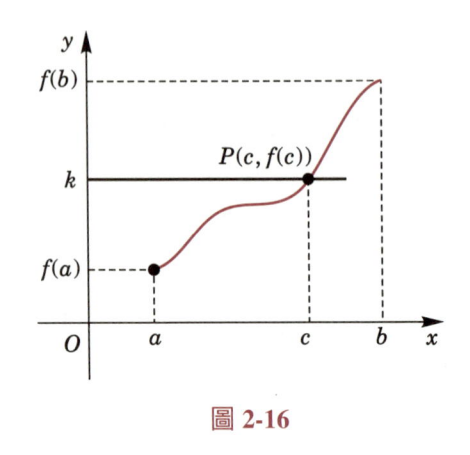

下面的定理是介值定理的直接結果.

定理 2-16　勘根定理

若函數 f 在閉區間 $[a, b]$ 為連續，且 $f(a)f(b) < 0$，則方程式 $f(x)=0$ 在開區間 (a, b) 中至少有一解.

證　由於 $f(a) \cdot f(b) < 0$，因此 0 是介於 $f(a)$ 與 $f(b)$ 之間，由定理 2-15 可知至少存在介於 a 與 b 之間的一數 c，使得

$$f(c)=0$$

故定理得證.

例題 11　利用勘根定理

試證：方程式 $x^3+3x-1=0$ 在開區間 $(0, 1)$ 中有解.

解　令 $f(x)=x^3+3x-1$，則 f 在閉區間 $[0, 1]$ 為連續.

又 $f(0) \cdot f(1) = (-1) \cdot 3 = -3 < 0$，故依定理 2-16，方程式 $f(x)=0$ 在開區間 $(0, 1)$ 中有解，即方程式 $x^3+3x-1=0$ 中有解.

習題 2-3

2-3 連續性

一、基礎題

1~9 題中的函數在何處不連續？並說明其理由．

1. $f(x) = \dfrac{x^2-1}{x+1}$

2. $f(x) = \dfrac{3x^2-5x-2}{x-2}$

3. $f(x) = -\dfrac{1}{(x-1)^2}$

4. $f(x) = \begin{cases} \dfrac{x^2-1}{x+1}, & \text{若 } x \neq -1 \\ 6, & \text{若 } x = -1 \end{cases}$

5. $f(x) = x - [\![x]\!]$

6. $f(x) = \dfrac{x^2-x-2}{x-2}$

7. $f(x) = \begin{cases} \dfrac{x^2-x-2}{x-2}, & \text{若 } x \neq 2 \\ 2, & \text{若 } x = 2 \end{cases}$

8. $f(x) = \begin{cases} \dfrac{1}{x^2}, & \text{若 } x \neq 0 \\ 2, & \text{若 } x = 0 \end{cases}$

9. $f(x) = \begin{cases} 2x+2, & \text{若 } x \leq -1 \\ x^2, & \text{若 } x > -1 \end{cases}$

10. 設函數 $f(x) = \begin{cases} \dfrac{x^2-1}{x+1}, & \text{若 } x \neq -1 \\ 2, & \text{若 } x = -1 \end{cases}$

    (1) 試問 $f(x)$ 在 $x = -1$ 是否連續？

    (2) 若 $f(x)$ 在 $x = -1$ 不連續，我們應該如何重新定義 $f(x)$ 在 $x = -1$ 之值，才能使得 $f(x)$ 在 $x = -1$ 為連續？

11. 設函數 h 定義為 $h(x) = \dfrac{9x^2-4}{3x+2}$，$x \neq -\dfrac{2}{3}$，若要使 h 在 $x = -\dfrac{2}{3}$ 為連續，則 $h\left(-\dfrac{2}{3}\right)$ 應為何值？

12. 試證：方程式 $x^5-3x^4-2x^3-x+1=0$ 有一根介於 0 與 1 之間.

二、進階題

1. 設 $g(x)=\begin{cases} kx+1, & x\leq 3 \\ 2-kx, & x>3 \end{cases}$ 於 $x=3$ 為連續，求 k 之值.

2. 試決定 a 與 b 的值使得函數

$$f(x)=\begin{cases} 4x & , x\leq -1 \\ ax+b & , -1<x\leq 2 \\ -5x & , x\geq 2 \end{cases}$$

為處處連續.

3. 試決定 b 與 c 之值使下列函數在實數系中連續

$$f(x)=\begin{cases} x+1 & , \text{若 } 1<x<3 \\ x^2+bx+c & , \text{若 } |x-2|\geq 1 \end{cases}$$

在 4～7 題中，證明 f 在所予實數 a 為連續.

4. $f(x)=\sqrt{2x-5}+3x$; $a=4$

5. $f(x)=\dfrac{\sqrt[3]{x}}{2x+1}$; $a=8$

6. $f(x)=\begin{cases} 4-3x^2 & , x<0 \\ 4 & , x=0 \\ \sqrt{16-x^2} & , 0<x<4 \end{cases}$; $a=0$

7. $f(x)=\begin{cases} 5-x, & -1\leq x\leq 2 \\ x^2-1, & 2<x\leq 3 \end{cases}$; $a=2$

2-4 無窮極限，漸近線

在微積分中，除了所涉及的數是實數之外，常採用兩個符號 ∞ 與 $-\infty$，分別讀作 (正) 無限大與負無限大，但它們並不是數.

首先，我們考慮函數 $f(x)=\dfrac{1}{(x-1)^2}$，如圖 2-17 所示. 若 x 趨近 1 (但 $x\neq 1$)，則分

第二章　函數的極限與連續

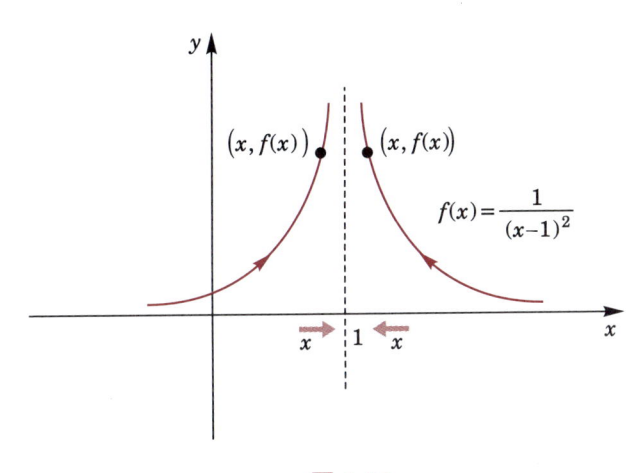

圖 2-17

母 $(x-1)^2$ 趨近 0，故 $f(x)$ 會變得非常大. 的確，藉選取充分接近 1 的 x，可使 $f(x)$ 大到所需的程度，$f(x)$ 的這種變化以符號記為

$$\lim_{x \to 1} \frac{1}{(x-1)^2} = \infty$$

此種極限稱之為**無窮極限**.

◎ 無窮極限

定義 2-6　直觀的定義

設函數 f 定義在包含 a 的某開區間，但可能在 a 除外. 敘述

$$\lim_{x \to a} f(x) = \infty$$

的意義為：當 x 充分趨近 a 時，$f(x)$ 的值變成**任意大**.

$\lim_{x \to a} f(x) = \infty$ 可讀作："當 x 趨近 a 時，$f(x)$ 的極限為無限大."或"當 x 趨近 a 時，$f(x)$ 的值變成無限大."或"當 x 趨近 a 時，$f(x)$ 的值無限遞增."

此定義的幾何說明如圖 2-18 所示.

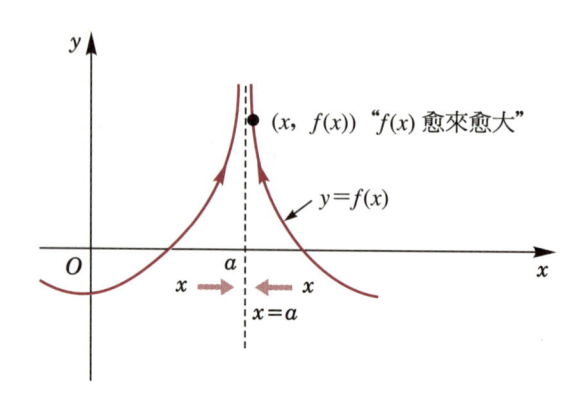

圖 2-18　$\lim_{x \to a} f(x) = \infty$

定義 2-7　直觀的定義

設函數 f 定義在包含 a 的某開區間，但可能在 a 除外．敘述

$$\lim_{x \to a} f(x) = -\infty$$

的意義為：當 x 充分靠近 a 時，$f(x)$ 的值變成**任意小**．

$\lim_{x \to a} f(x) = -\infty$ 可讀作："當 x 趨近 a 時，$f(x)$ 的極限為負無限大．"或"當 x 趨近 a 時，$f(x)$ 的值變成負無限大．"或"當 x 趨近 a 時，$f(x)$ 的值無限遞減．"

此定義的幾何說明如圖 2-19 所示．

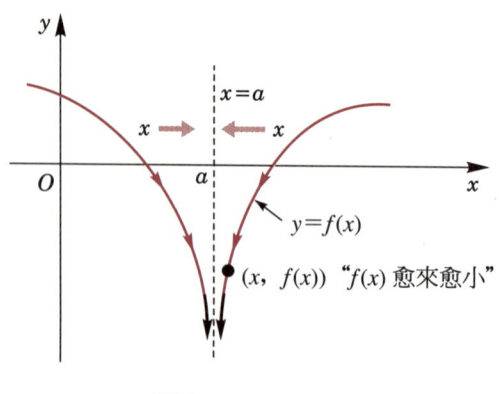

圖 2-19　$\lim_{x \to a} f(x) = -\infty$

第二章　函數的極限與連續　81

仿照單邊極限的直觀定義，讀者可試著將下列單邊極限的定義寫出來．

$$\lim_{x \to a^+} f(x) = \infty, \quad \lim_{x \to a^+} f(x) = -\infty$$

$$\lim_{x \to a^-} f(x) = \infty, \quad \lim_{x \to a^-} f(x) = -\infty$$

下面定理在探求某些極限時相當好用，我們僅敘述而不加以證明．

定理 2-17

(1) 若 n 為正偶數，則

$$\lim_{x \to a} \frac{1}{(x-a)^n} = \infty$$

(2) 若 n 為正奇數，則

$$\lim_{x \to a^+} \frac{1}{(x-a)^n} = \infty, \quad \lim_{x \to a^-} \frac{1}{(x-a)^n} = -\infty$$

讀者應特別注意，由於 ∞ 與 $-\infty$ 並非是數，因此，當 $\lim_{x \to a} f(x) = \infty$ 或 $\lim_{x \to a} f(x) = -\infty$ 時，我們稱 $\lim_{x \to a} f(x) = \infty$ 不存在．

例題 1　利用定理 2-17

求 $\lim_{x \to 2^-} \dfrac{4}{(x-2)^5}$．

解　$\lim_{x \to 2^-} \dfrac{4}{(x-2)^5} = \dfrac{4}{0^-} = -\infty$．

定理 2-18

若 $\lim\limits_{x \to a} f(x) = \infty$ 且 $\lim\limits_{x \to a} g(x) = M$，則

(1) $\lim\limits_{x \to a} [f(x) \pm g(x)] = \infty$

(2) $\lim\limits_{x \to a} [f(x) g(x)] = \infty$，$\lim\limits_{x \to a} \dfrac{f(x)}{g(x)} = \infty$ (若 $M > 0$)

(3) $\lim\limits_{x \to a} [f(x) g(x)] = -\infty$，$\lim\limits_{x \to a} \dfrac{f(x)}{g(x)} = -\infty$ (若 $M < 0$)

(4) $\lim\limits_{x \to a} \dfrac{g(x)}{f(x)} = 0$

上面定理中的 $x \to a$ 改成 $x \to a^+$ 或 $x \to a^-$ 時，仍可成立．對於 $\lim\limits_{x \to a} f(x) = -\infty$，也可得出類似的定理．

例題 2 利用定理 2-18

求 $\lim\limits_{x \to 1^-} \dfrac{|x^2 - 1| + 1}{x^2 - 1}$．

解 當 $x \to 1^-$ 時，$|x^2 - 1| + 1 \to 1$ 且 $x^2 - 1 \to 0^-$，

故 $\lim\limits_{x \to 1^-} \dfrac{|x^2 - 1| + 1}{x^2 - 1} = -\infty$．

例題 3 利用定理 2-18

設 $f(x) = \dfrac{x + 3}{x^2 - 4}$，試討論 $\lim\limits_{x \to 2^+} f(x)$ 與 $\lim\limits_{x \to 2^-} f(x)$．

解 首先將 $f(x)$ 寫成

$$f(x) = \frac{x+3}{(x-2)(x+2)} = \frac{1}{x-2} \cdot \frac{x+3}{x+2}$$

因

$$\lim_{x \to 2^+} \frac{1}{x-2} = \infty, \quad \lim_{x \to 2^+} \frac{x+3}{x+2} = \frac{5}{4}$$

故由定理 2-18(2) 可知

$$\lim_{x \to 2^+} f(x) = \lim_{x \to 2^+} \left(\frac{1}{x-2} \cdot \frac{x+3}{x+2} \right) = \infty$$

因

$$\lim_{x \to 2^-} \frac{1}{x-2} = -\infty, \quad \lim_{x \to 2^-} \frac{x+3}{x+2} = \frac{5}{4}$$

故

$$\lim_{x \to 2^-} f(x) = \lim_{x \to 2^-} \left(\frac{1}{x-2} \cdot \frac{x+3}{x+2} \right) = -\infty.$$

定義 2-8 函數圖形的垂直漸近線

若下列四極限

(1) $\lim\limits_{x \to a^+} f(x) = \infty$　　(2) $\lim\limits_{x \to a^-} f(x) = \infty$

(3) $\lim\limits_{x \to a^+} f(x) = -\infty$　　(4) $\lim\limits_{x \to a^-} f(x) = -\infty$

中有一者成立，則稱直線 $x = a$ 為函數 f 之圖形的垂直漸近線.

函數 $f(x) = \dfrac{x}{x-2}$ 的圖形如圖 2-20 所示. 在該圖形中，直線 $x = 2$ 為垂直漸近線，f 在 $x = 2$ 處為不連續.

例題 4　找垂直漸近線

試求下列函數圖形之所有垂直漸近線.

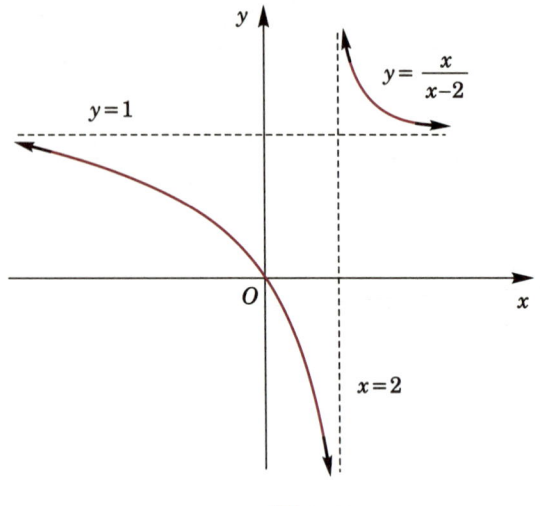

圖 2-20

$$f(x)=\frac{x^2}{9-x^2}$$

解 (i) 因 $\lim\limits_{x\to 3^+} f(x)=\lim\limits_{x\to 3^+}\frac{x^2}{9-x^2}=\lim\limits_{x\to 3^+}\frac{x^2}{3+x}\cdot\lim\limits_{x\to 3^+}\frac{1}{3-x}$

$$=\frac{9}{6}\cdot(-\infty)=-\infty$$

$\lim\limits_{x\to 3^-} f(x)=\lim\limits_{x\to 3^-}\frac{x^2}{9-x^2}=\lim\limits_{x\to 3^-}\frac{x^2}{3+x}\cdot\lim\limits_{x\to 3^-}\frac{1}{3-x}$

$$=\frac{9}{6}\cdot(\infty)=\infty$$

故 $x=3$ 為垂直漸近線.

(ii) 因 $\lim\limits_{x\to -3^+} f(x)=\lim\limits_{x\to -3^+}\frac{x^2}{9-x^2}=\lim\limits_{x\to -3^+}\frac{x^2}{3-x}\cdot\lim\limits_{x\to -3^+}\frac{1}{3+x}$

$$=\frac{9}{6}\cdot(\infty)=\infty$$

$\lim\limits_{x\to -3^-} f(x)=\lim\limits_{x\to -3^-}\frac{x^2}{9-x^2}=\lim\limits_{x\to -3^-}\frac{x^2}{3-x}\cdot\lim\limits_{x\to -3^-}\frac{1}{3+x}$

$$= \frac{9}{6} \cdot (-\infty) = -\infty$$

故 $x = -3$ 為垂直漸近線.

例題 5 找垂直漸近線

試求下列函數圖形之垂直漸近線

$$f(x) = \frac{x+4}{x+2}.$$

解 因為
$$\lim_{x \to -2^+} f(x) = \lim_{x \to -2^+} \frac{x+4}{x+2} = \frac{2}{0^+} = \infty$$

$$\lim_{x \to -2^-} f(x) = \lim_{x \to -2^-} \frac{x+4}{x+2} = \frac{2}{0^-} = -\infty$$

故 $x = -2$ 為垂直漸近線，其圖形如圖 2-21 所示.

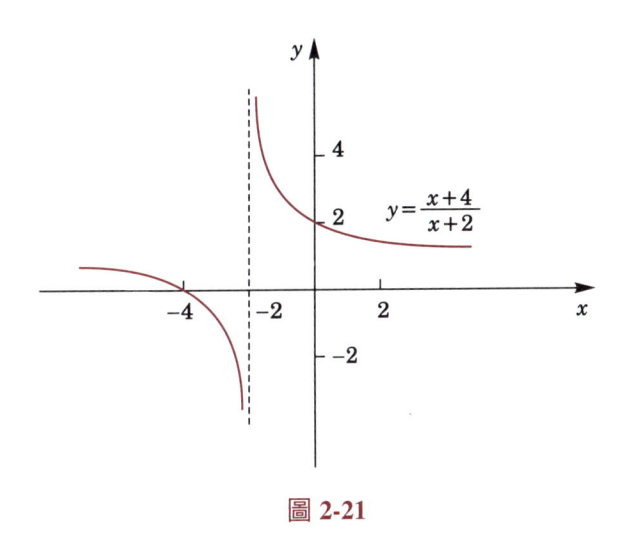

圖 2-21

◎ 在正無限大處或負無限大處之極限

現在，考慮 $f(x) = 1 + \dfrac{1}{x}$，可知

$$f(100) = 1.01$$
$$f(1000) = 1.001$$
$$f(10000) = 1.0001$$
$$f(100000) = 1.00001$$
....

換句話說，當 x 為正且夠大時，$f(x)$ 趨近 1，記為

$$\lim_{x \to \infty} \left(1 + \frac{1}{x}\right) = 1$$

同理，

$$f(-100) = 0.99$$
$$f(-1000) = 0.999$$
$$f(-10000) = 0.9999$$
$$f(-100000) = 0.99999$$
....

當 x 為負且 $|x|$ 夠大時，$f(x)$ 趨近 1，記為

$$\lim_{x \to -\infty} \left(1 + \frac{1}{x}\right) = 1$$

定義 2-9　直觀的定義

設函數 f 定義在開區間 (a, ∞)，且令 L 為一實數，

$$\lim_{x \to \infty} f(x) = L$$

的意義為：當 x 充分大時，$f(x)$ 的值可任意靠近 L.

$\lim_{x \to -\infty} f(x) = L$ 可讀作："當 x 趨近無限大時，$f(x)$ 的極限為 L."或"當 x 變成無限大時，$f(x)$ 的極限為 L."或"當 x 無限遞增時，$f(x)$ 的極限為 L."

此定義的幾何說明如圖 2-22 所示．

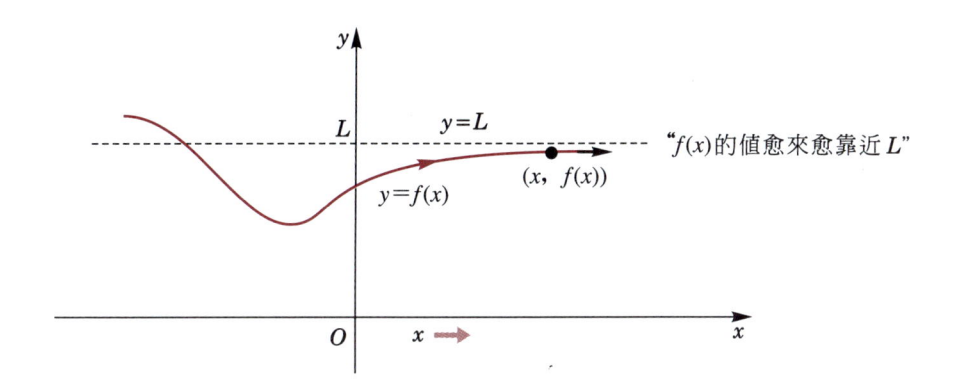

圖 2-22　$\lim\limits_{x \to \infty} f(x) = L$

定義 2-10　直觀的定義

設函數 f 定義在開區間 $(-\infty, a)$，且令 L 為一實數，

$$\lim_{x \to -\infty} f(x) = L$$

的意義為：當 x 充分小時，$f(x)$ 的值可任意趨近 L.

$\lim\limits_{x \to -\infty} f(x) = L$ 可讀作："當 x 趨近負無限大時，$f(x)$ 的極限為 L." 或 "當 x 變成負無限大時，$f(x)$ 的極限為 L." 或 "當 x 無限遞減時，$f(x)$ 的極限為 L."

此定義的幾何說明如圖 2-23 所示.

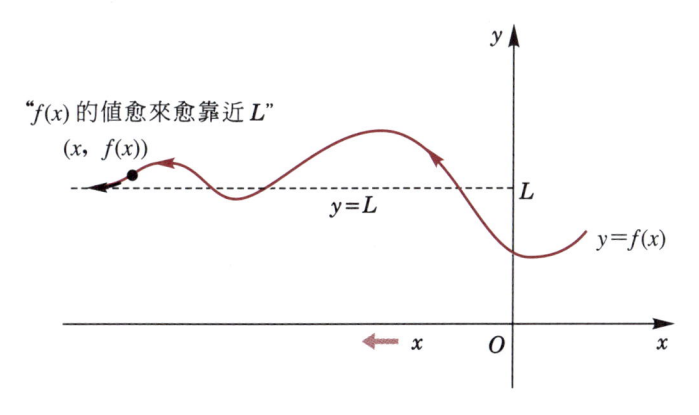

圖 2-23　$\lim\limits_{x \to -\infty} f(x) = L$

定理 2-3 對 $x \to \infty$ 或 $x \to -\infty$ 的情形仍然成立. 同理, 定理 2-8 與夾擠定理對 $x \to \infty$ 或 $x \to -\infty$ 的情形也成立, 我們不用證明也可得知

$$\lim_{x \to \infty} c = c, \quad \lim_{x \to -\infty} c = c$$

此處 c 為常數.

定理 2-19

若 r 為正有理數, c 為任意實數, 則

(1) $\displaystyle\lim_{x \to \infty} \frac{c}{x^r} = 0$ \qquad (2) $\displaystyle\lim_{x \to -\infty} \frac{c}{x^r} = 0$

此處假設 x^r 有定義.

下面的定理可求有理函數在正無限大處或負無限大處之極限.

定理 2-20

設 $R(x) = \dfrac{f(x)}{g(x)}$ 為有理函數, 其中

$$f(x) = a_n x^n + a_{n-1} x^{n-1} + a_{n-2} x^{n-2} + \cdots + a_1 x + a_0 \quad (a_n \neq 0)$$

$$g(x) = b_m x^m + b_{m-1} x^{m-1} + b_{m-2} x^{m-2} + \cdots + b_1 x + b_0 \quad (b_m \neq 0)$$

則 $\displaystyle\lim_{x \to \pm\infty} \frac{f(x)}{g(x)} = \begin{cases} \pm\infty, & \text{若 } n > m \\ \dfrac{a_n}{b_m}, & \text{若 } n = m \\ 0, & \text{若 } n < m \end{cases}$

第二章　函數的極限與連續　89

例題 6　**分子與分母同次**

求 $\lim\limits_{x\to\infty}\dfrac{x^2+x+1}{3x^2-4x+5}$.

解

$$\lim_{x\to\infty}\frac{x^2+x+1}{3x^2-4x+5}=\lim_{x\to\infty}\frac{1+\dfrac{1}{x}+\dfrac{1}{x^2}}{3-\dfrac{4}{x}+\dfrac{5}{x^2}}=\frac{\lim\limits_{x\to\infty}\left(1+\dfrac{1}{x}+\dfrac{1}{x^2}\right)}{\lim\limits_{x\to\infty}\left(3-\dfrac{4}{x}+\dfrac{5}{x^2}\right)}$$

$$=\frac{\lim\limits_{x\to\infty}1+\lim\limits_{x\to\infty}\dfrac{1}{x}+\lim\limits_{x\to\infty}\dfrac{1}{x^2}}{\lim\limits_{x\to\infty}3-\lim\limits_{x\to\infty}\dfrac{4}{x}+\lim\limits_{x\to\infty}\dfrac{5}{x^2}}=\frac{1}{3}.$$

註：若直接利用定理 2-20，極限值亦為 $\dfrac{1}{3}$.

例題 7　**以 x 同時除分子與分母**

求 $\lim\limits_{x\to-\infty}\dfrac{\sqrt{x^2+2}}{3x-5}$.

解　方法 1：

我們以 x 同時除分子與分母，但在分子中，我們將 x 寫成 $x=-\sqrt{x^2}$（因 x 為負值，故 $\sqrt{x^2}=|x|=-x$），於是，

$$\lim_{x\to-\infty}\frac{\sqrt{x^2+2}}{3x-5}=\lim_{x\to-\infty}\frac{\sqrt{x^2+2}/(-\sqrt{x^2})}{3-5/x}=\lim_{x\to-\infty}\frac{-\sqrt{1+2/x^2}}{3-5/x}=-\frac{1}{3}.$$

方法 2：

令 $u=-x$，當 $x\to-\infty$ 時，則 $u\to\infty$

$$\lim_{x\to-\infty}\frac{\sqrt{x^2+2}}{3x-5}=\lim_{u\to\infty}\frac{\sqrt{u^2+2}}{-3u-5}=-\lim_{u\to\infty}\frac{\sqrt{u^2+2}}{3u+5}$$

$$=-\lim_{u\to\infty}\frac{\sqrt{1+\frac{2}{u^2}}}{3+\frac{5}{u}}=-\frac{1}{3}.$$

例題 8 有理化分子

求 $\lim\limits_{x\to\infty}(\sqrt{x^2+1}-\sqrt{x^2-1})$.

解 $\lim\limits_{x\to\infty}(\sqrt{x^2+1}-\sqrt{x^2-1})=\lim\limits_{x\to\infty}\frac{(\sqrt{x^2+1}-\sqrt{x^2-1})(\sqrt{x^2+1}+\sqrt{x^2-1})}{\sqrt{x^2+1}+\sqrt{x^2-1}}$

$$=\lim_{x\to\infty}\frac{(x^2+1)-(x^2-1)}{\sqrt{x^2+1}+\sqrt{x^2-1}}$$

$$=\lim_{x\to\infty}\frac{2}{\sqrt{x^2+1}+\sqrt{x^2-1}}$$

$$=\lim_{x\to\infty}\frac{\frac{2}{x}}{\sqrt{1+\frac{1}{x^2}}+\sqrt{1-\frac{1}{x^2}}}$$

$$=\frac{0}{1+1}=0.$$

例題 9 利用夾擠定理

求 $\lim\limits_{x\to\infty}\frac{[\![x]\!]}{x}$.

解 $x-1<[\![x]\!]\leq x$，$\forall x\in\mathbb{R}$ 高斯不等式

因 $x\to\infty$，故 $x>0$. 所以，

$$1 - \frac{1}{x} < \frac{[\![x]\!]}{x} \leq 1 \qquad \text{不等式同除以 } x\,(x>0)$$

由於 $\displaystyle\lim_{x\to\infty}\left(1-\frac{1}{x}\right)=1, \quad \lim_{x\to\infty} 1 = 1$

故依夾擠定理知 $\displaystyle\lim_{x\to\infty}\frac{[\![x]\!]}{x}=1.$

定義 2-11　函數圖形之水平漸近線

若下列二極限

(1) $\displaystyle\lim_{x\to\infty} f(x)=L$ 　　　(2) $\displaystyle\lim_{x\to -\infty} f(x)=L$

中有一者成立，則稱直線 $y=L$ 為函數 f 之圖形的**水平漸近線**.

例題 10　求水平漸近線

求 $f(x)=\dfrac{2x^2}{x^2+1}$ 之圖形的水平漸近線.

解　因 $\displaystyle\lim_{x\to\infty} f(x)=\lim_{x\to\infty}\frac{2x^2}{x^2+1}=\lim_{x\to\infty}\frac{2}{1+\dfrac{1}{x^2}}=2$

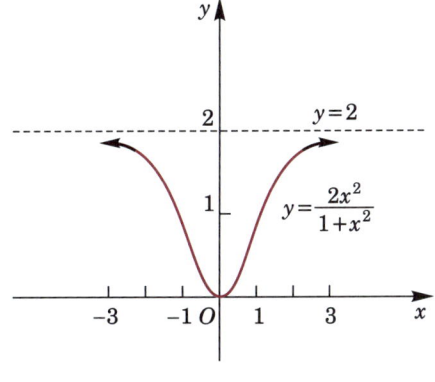

圖 2-24

故直線 $y=2$ 為 f 之圖形的水平漸近線，如圖 2-24 所示.

例題 11 找垂直與水平漸近線

求函數 $f(x)=\dfrac{x^2+2x-8}{x^2-4}$ 之圖形的垂直漸近線與水平漸近線.

解
$$f(x)=\dfrac{x^2+2x-8}{x^2-4}=\dfrac{(x-2)(x+4)}{(x-2)(x+2)}=\dfrac{x+4}{x+2},\ x\neq 2.$$

對所有異於 $x=2$ 之 x 值，f 之圖形與 $g(x)=\dfrac{x+4}{x+2}$ 之圖形一致. 因

$$\lim_{x\to -2^-}\dfrac{x^2+2x-8}{x^2-4}=-\infty \qquad \lim_{x\to -2^+}\dfrac{x^2+2x-8}{x^2-4}=\infty$$

故 $x=-2$ 為 f 之圖形的垂直漸近線，但 $x=2$ 並非垂直漸近線. 又

$$\lim_{x\to\infty}f(x)=\lim_{x\to\infty}\dfrac{x^2+2x-8}{x^2-4}=1 \quad 且 \quad \lim_{x\to -\infty}f(x)=\lim_{x\to -\infty}\dfrac{x^2+2x-8}{x^2-4}=1$$

故 $y=1$ 為圖形之水平漸近線，如圖 2-25 所示.

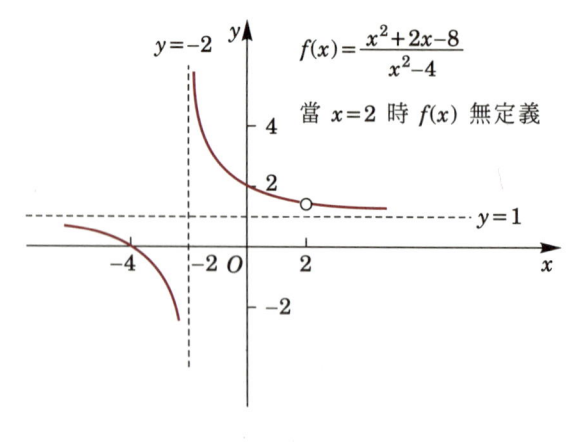

圖 2-25

例題 12 求 $\lim\limits_{x\to\infty} \overline{C}(x)$

利台公司製造電動打字機，預估製造 x 台打字機之總成本為每年 $C(x)=100x+200{,}000$ 元，已知每台打字機之平均成本為

$$\overline{C}(x)=\frac{C(x)}{x}=\frac{100x+200{,}000}{x}=100+\frac{200{,}000}{x} \text{ 元}$$

試計算 $\lim\limits_{x\to\infty} \overline{C}(x)$ 並說明其結果．

解 $\lim\limits_{x\to\infty} \overline{C}(x)=\lim\limits_{x\to\infty}\left(100+\frac{200{,}000}{x}\right)=\lim\limits_{x\to\infty} 100+\lim\limits_{x\to\infty}\frac{200{,}000}{x}=100$

$\overline{C}(x)$ 之圖形如圖 2-26 所示．

我們若考慮其經濟含義，當生產水準增加時，每台電動打字機之固定成本以 $\dfrac{200{,}000}{x}$ 元表示之，平均成本下降且趨近於每台電動打字機之固定單位成本 100 元．

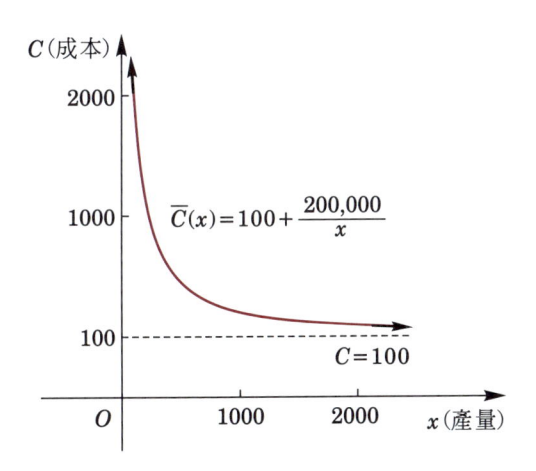

圖 2-26 當生產水準增加，平均成本趨近於每台電動打字機 100 元．

例題 13 求 $\lim\limits_{x\to\infty} P(x)$

假設銷售 x 台電冰箱的利潤為 $P(x) = 2000 - \dfrac{300}{x}$ 元，$x \geq 1$．

(1) 求 $\lim\limits_{x\to\infty} P(x)$．

(2) 試繪圖說明之．

解 (1) $\lim\limits_{x\to\infty} P(x) = \lim\limits_{x\to\infty} \left(2000 - \dfrac{300}{x}\right)$

$= 2000 - 0$

$= 2000$

(2) 如圖 2-27 所示．函數 P 的圖形指出起始 $x = 1$ 時的利潤為 1700 元，且當 x 無限制地增加時會趨近於 2000 元．

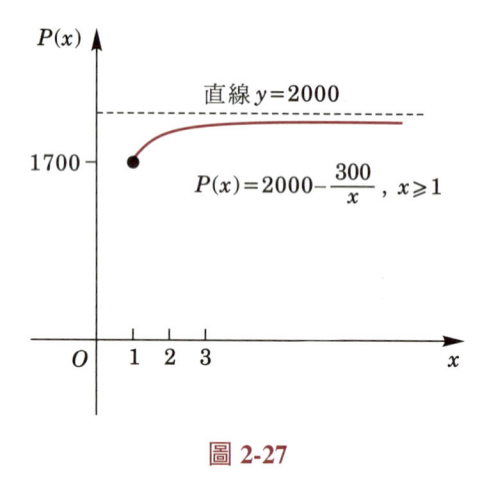

圖 2-27

定義 2-12　函數圖形之斜漸近線

若下列二極限

(1) $\lim\limits_{x\to\infty}[f(x)-(mx+b)]$　　(2) $\lim\limits_{x\to-\infty}[f(x)-(mx+b)]$ $(m \neq 0)$

中有一者成立，則稱直線 $y = mx + b$ 為函數 f 之圖形的斜漸近線．

圖 2-28 $\lim\limits_{x\to\infty} d(x)=0$

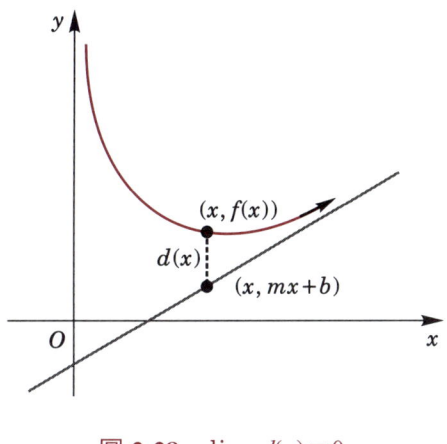

　　此定義的幾何意義，即當 $x\to\infty$ 或 $x\to-\infty$ 時，介於圖形上點 $(x, f(x))$ 與直線上點 $(x, mx+b)$ 之間的垂直距離趨近於零，如圖 2-28 所示.

　　若 $f(x)=\dfrac{P(x)}{Q(x)}$ 為一有理函數，且 $P(x)$ 的次數較 $Q(x)$ 的次數多 1，則 f 之圖形有一條斜漸近線. 欲知理由，我們可利用長除法，得到

$$f(x)=\dfrac{P(x)}{Q(x)}=mx+b+\dfrac{R(x)}{Q(x)}$$

此處餘式 $R(x)$ 的次數小於 $Q(x)$ 的次數. 又

$$\lim\limits_{x\to\infty}\dfrac{R(x)}{Q(x)}=0,\quad \lim\limits_{x\to-\infty}\dfrac{R(x)}{Q(x)}=0$$

此告訴我們，當 $x\to\infty$ 或 $x\to-\infty$ 時，$f(x)=\dfrac{P(x)}{Q(x)}$ 的圖形接近於斜率為 m 之直線 $y=mx+b$，此一直線就稱為有理函數 $f(x)$ 圖形之斜漸近線.

　　我們亦可利用下列二式求得 m 與 b 之值，以決定函數圖形之斜漸近線.

1. 先求 $m=\lim\limits_{x\to\pm\infty}\dfrac{f(x)}{x}$.

2. 再求 $b=\lim\limits_{x\to\pm\infty}[f(x)-mx]$

例題 14 求斜漸近線

求 $f(x) = \dfrac{x^2 + x - 1}{x - 1}$ 之圖形的斜漸近線.

解 首先將 $f(x)$ 化成

$$f(x) = x + 2 + \dfrac{1}{x-1}$$

則

$$\lim_{x \to \infty} [f(x) - (x+2)] = \lim_{x \to \infty} \dfrac{1}{x-1} = 0$$

故直線 $y = x + 2$ 為斜漸近線.

例題 15 斜漸近線的另一求法

求曲線 $f(x) = \sqrt{x^2 - x + 6}$ 的斜漸近線.

解 因

$$\lim_{x \to \pm\infty} f(x) = \lim_{x \to \pm\infty} \sqrt{x^2 - x + 6} = \infty$$

故無水平漸近線.

設 $y = mx + b$ 為曲線之斜漸近線, 則

$$m = \lim_{x \to \infty} \dfrac{f(x)}{x} = \lim_{x \to \infty} \dfrac{\sqrt{x^2 - x + 6}}{x} = 1$$

$$b = \lim_{x \to \infty} (f(x) - mx) = \lim_{x \to \infty} (\sqrt{x^2 - x + 6} - x) = \lim_{x \to \infty} \dfrac{x^2 - x + 6 - x^2}{\sqrt{x^2 - x + 6} + x}$$

$$= \lim_{x \to \infty} \dfrac{-x + 6}{\sqrt{x^2 - x + 6} + x} = \lim_{x \to \infty} \dfrac{-1 + \dfrac{6}{x}}{\sqrt{1 - \dfrac{1}{x} + \dfrac{6}{x^2}} + 1} = -\dfrac{1}{2}$$

故曲線的斜漸近線為 $y = x - \dfrac{1}{2}$.

◎ 在正無限大或負無限大處的無窮極限

符號 $\lim\limits_{x \to \infty} f(x) = \infty$ 的意義為：當 x 充分大時，$f(x)$ 的值變成任意大。其他的符號還有

$$\lim_{x \to -\infty} f(x) = \infty, \quad \lim_{x \to \infty} f(x) = -\infty, \quad \lim_{x \to -\infty} f(x) = -\infty$$

例如，

$$\lim_{x \to \infty} x^3 = \infty, \quad \lim_{x \to -\infty} x^3 = -\infty, \quad \lim_{x \to \infty} \sqrt{x} = \infty,$$

$$\lim_{x \to \infty} (x + \sqrt{x}) = \infty, \quad \lim_{x \to -\infty} \sqrt[3]{x} = -\infty.$$

例題 16　在正無限大處的無窮極限

求 (1) $\lim\limits_{x \to \infty} (x^2 - x)$　(2) $\lim\limits_{x \to \infty} (x - \sqrt{x})$

解 (1) 注意，我們不可寫成

$$\lim_{x \to \infty} (x^2 - x) = \lim_{x \to \infty} x^2 - \lim_{x \to \infty} x = \infty - \infty$$

極限定理無法適用於無窮極限，因為 ∞ 不是一個數（$\infty - \infty$ 無法定義）。但是，我們可以寫成

$$\lim_{x \to \infty} (x^2 - x) = \lim_{x \to \infty} x(x - 1) = \infty$$

(2) $\lim\limits_{x \to \infty} (x - \sqrt{x}) = \lim\limits_{x \to \infty} \sqrt{x}(\sqrt{x} - 1) = \infty.$

習題 2-4

2-4 無窮極限，漸近線

一、基礎題

求 1～10 題中的極限.

1. $\lim\limits_{x \to \infty} \dfrac{3x^3-x+1}{6x^3+2x^2-7}$

2. $\lim\limits_{x \to \infty} \dfrac{2x^2-x+3}{x^3+1}$

3. $\lim\limits_{x \to -\infty} \dfrac{4x-3}{\sqrt{x^2+1}}$

4. $\lim\limits_{x \to \infty} (x-\sqrt{x^2-3x})$

5. $\lim\limits_{x \to -\infty} \dfrac{1+\sqrt[5]{x}}{1-\sqrt[5]{x}}$

6. $\lim\limits_{x \to 0} \left(\dfrac{1}{x^2}+\dfrac{1}{x^4}\right)$

7. $\lim\limits_{x \to 0} \left(\dfrac{1}{x^2}-\dfrac{1}{x^4}\right)$

8. $\lim\limits_{x \to \infty} \dfrac{x^2+x}{3-x}$

9. $\lim\limits_{x \to \infty} (x^3-x^2)$

10. $\lim\limits_{x \to \infty} (x^{1/3}-x)$

11. $f(x)=\begin{cases} \dfrac{1}{x}, & \text{若 } x>0 \\ -x^2, & \text{若 } x \leqslant 0 \end{cases}$，求 $\lim\limits_{x \to 0} f(x)$.

求 12～17 題中各函數圖形的所有漸近線.

12. $f(x)=\dfrac{3x+2}{2x+4}$

13. $f(x)=\dfrac{2x^2}{9-x^2}$

14. $f(x)=\dfrac{3x^2}{(2x-9)^2}$

15. $f(x)=\dfrac{x}{x-2}$

16. $f(x) = \dfrac{2x^2-x-1}{x-2}$ 17. $f(x) = \dfrac{8-x^3}{2x^2}$

二、進階題

求下列 1～5 題中之極限.

1. $\lim\limits_{x\to\infty} \dfrac{x^{1/3}}{x^3+1}$ 2. $\lim\limits_{x\to-\infty} \dfrac{(2x-5)(3x+1)}{(x+7)(4x-9)}$

3. $\lim\limits_{x\to-\infty} \dfrac{-5x^2+6x+3}{\sqrt{x^4+x^2+1}}$ 4. $\lim\limits_{x\to\infty} x(\sqrt{x+1}-\sqrt{x})$

5. $\lim\limits_{x\to\infty} \dfrac{4x+5}{[\![x]\!]+6}$

6. 設 $f(x) = \dfrac{a\sqrt{x^2+5}-b}{x-2}$，若 $\lim\limits_{x\to\infty} f(x)=1$，且 $\lim\limits_{x\to 2} f(x)$ 存在，試求 a 與 b 之值，並求 $\lim\limits_{x\to 2} f(x)$.

求 7～9 題中各函數圖形的所有漸近線.

7. $f(x) = \dfrac{x^2+3x+2}{x^2+2x-3}$ 8. $f(x) = \dfrac{x}{\sqrt{x^2-4}}$

9. $y = \dfrac{\sqrt{x^3+1}}{\sqrt{x+3}}$

10. 一冰箱製造商每月之固定成本為 28,000 元，且預估每台冰箱之勞動及材料成本為 300 元. 假設每月可製造 x 台冰箱且每台以 475 元銷售，試求 x 愈來愈大時，每台冰箱平均利潤的極限值為何？

11. 若銷售 x 單位產品之利潤為

$$P(x) = \dfrac{1500x-400}{x} \text{ (元)}, \text{ 且 } x \geq 1$$

當銷售量趨近於無限大時，利潤的極限為多少？

12. 某電腦製造商製造 x 台電腦後，每台電腦的平均成本 $\overline{C}(x)$ 為

$$\overline{C}(x) = \frac{2500+14x}{x} \text{ (元)}, \text{ 且 } x \geq 1$$

當生產 1000 台後，每台電腦的平均成本為 $\overline{C}(1000)$ 或 16.5 元．又生產 2000 台後，每台的平均成本為 15.25 元．生產更多台的電腦，平均成本會更降低，且趨近某一值，試求此值．

13. 某公司的固定成本為 25,000 元，其產品為電冰箱，每台的生產成本為 100 元．

(1) 求生產 x 台電冰箱的總成本 $C(x)$．

(2) 求每台電冰箱的平均成本 $\overline{C}(x)$．

(3) 當生產的台數無限的增加時，每台電冰箱平均成本的極限為多少？

第三章　微　分

本章學習目標

瞭解導數的意義

瞭解單邊導數的觀念

瞭解可微分與連續的關係

熟悉求導函數的基本公式

熟悉高階導函數之求法

熟悉連鎖法則

瞭解變化率之意義以及邊際分析

瞭解隱函數微分法

瞭解增量與微分

3-1 導數與導函數

在介紹過極限與連續的觀念之後，從本章開始，正式進入微分學的範疇. 我們先探討下面兩大主題，那就是曲線上一點 P 之切線的斜率與邊際成本的觀念.

◎ 問題 1

如何求曲線 C 上一點 P 之切線的斜率.

若 $P(a, f(a))$ 與 $Q(x, f(x))$ 為函數 f 之圖形上的相異兩點，則連接 P 與 Q 之割線的斜率為

$$m_{\overleftrightarrow{PQ}} = \frac{f(x)-f(a)}{x-a} \tag{3-1}$$

如圖 3-1(i) 所示. 若令 x 趨近 a，則 Q 將沿著 f 的圖形趨近 P，且通過 P 與 Q 的割線將趨近在 P 的切線 L. 於是，當 x 趨近 a 時，割線的斜率將趨近切線的斜率 m. 所以，由式 (3-1)，得

$$m = \lim_{x \to a} \frac{f(x)-f(a)}{x-a} \tag{3-2}$$

另外，若令 $h = x - a$，則 $x = a + h$，而當 $x \to a$ 時，$h \to 0$，於是，式 (3-2) 又可寫

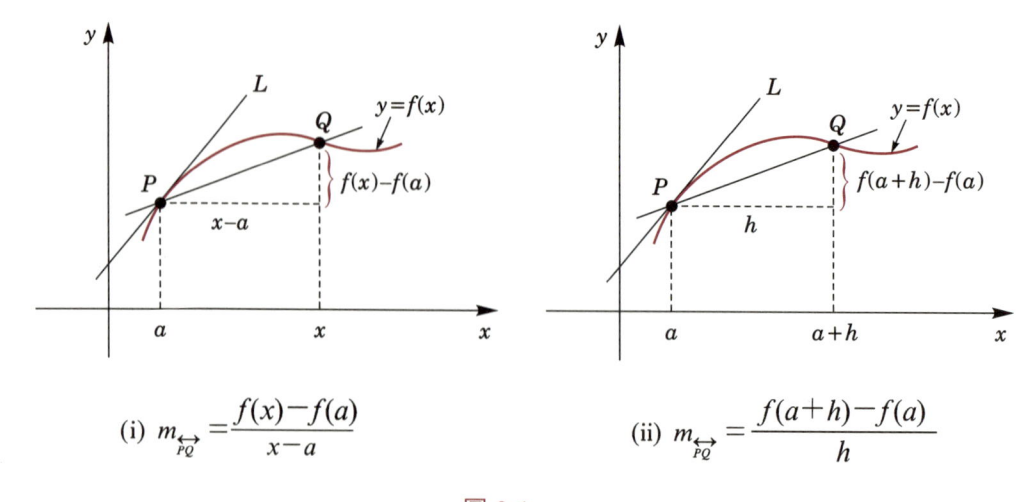

(i) $m_{\overleftrightarrow{PQ}} = \dfrac{f(x)-f(a)}{x-a}$ (ii) $m_{\overleftrightarrow{PQ}} = \dfrac{f(a+h)-f(a)}{h}$

圖 3-1

成

$$m = \lim_{h \to 0} \frac{f(a+h)-f(a)}{h} \tag{3-3}$$

如圖 3-1(ii) 所示.

定義 3-1　曲線上一點 P 之切線的斜率

若 $P(a, f(a))$ 為函數 f 的圖形上一點，則在點 P 之切線的斜率為

$$m = \lim_{h \to 0} \frac{f(a+h)-f(a)}{h}$$

倘若此極限存在.

由點斜式知，曲線 $y=f(x)$ 在點 $(a, f(a))$ 的切線方程式為

$$y - f(a) = m(x-a)$$

或

$$y = f(a) + m(x-a) \tag{3-4}$$

而法線方程式為

$$y = f(a) - \frac{1}{m}(x-a) \tag{3-5}$$

例題 1　求切線方程式

設 $f(x)=x^2$，試求在 f 的圖形上點 $(2, 4)$ 之切線方程式.

解　利用定義 3-1，可得

$$m = \lim_{h \to 0} \frac{f(2+h)-f(2)}{h} = \lim_{h \to 0} \frac{(2+h)^2 - 4}{h}$$

$$= \lim_{h \to 0} \frac{4h+h^2}{h} = \lim_{h \to 0} (4+h) = 4$$

利用點斜式可得切線方程式為

$$y-4=4(x-2)$$

即
$$4x-y-4=0.$$

◎ 問題 2

設生產總成本為 $C(x)$，x 為產品數量，求其產品在某一產量的**邊際成本** (marginal cost)。

例題 2 求邊際成本

設某公司生產印表機的總成本為 $C(x)=0.3x^2+1.2x+3$，以元為單位，印表機之數量 x 以台為單位，試求生產 2 台印表機之邊際成本．

解 由生產 2 台印表機增加到生產 $(2+\Delta x)$ 台印表機，其總成本改變之平均變化率為

$$\frac{\Delta C}{\Delta x}=\frac{C(2+\Delta x)-C(2)}{\Delta x}$$

微增 Δx 值，列出表 3-1．

表 3-1

Δx	$[2, 2+\Delta x]$	$\Delta C/\Delta x$
0.1	[2, 2.1]	$\frac{C(2.1)-C(2)}{0.1}=2.43$
0.01	[2, 2.01]	$\frac{C(2.01)-C(2)}{0.01}=2.403$
0.001	[2, 2.001]	$\frac{C(2.001)-C(2)}{0.001}=2.4003$

由表知，當 $\Delta x \to 0$ 時 (即產量為 2 台印表機)，其總成本變化的平均變化率為每台印表機 2.4003 元，故為邊際成本

$$\lim_{\Delta x \to 0}\frac{\Delta C}{\Delta x}=\lim_{\Delta x \to 0}\frac{C(2+\Delta x)-C(2)}{\Delta x}=2.4.$$

定義 3-2　導　數

函數 f 在 a 的**導數** (derivative) 記為 $f'(a)$，定義如下

$$f'(a) = \lim_{h \to 0} \frac{f(a+h)-f(a)}{h}$$

或

$$f'(a) = \lim_{x \to a} \frac{f(x)-f(a)}{x-a}$$

倘若上述之極限存在.

定義 3-3　可微分

若 $f'(a)$ 存在則稱**函數 f 在 a 可微分或有導數**. 若在開區間 (a, b) 或 (a, ∞) 或 $(-\infty, a)$ 或 $(-\infty, \infty)$ 中之每一點皆為可微分，則稱在該區間為**可微分**.

特別注意，若函數 f 在 a 為可微分，則由定義 3-1 與定義 3-2 可知

$$f'(a) = \lim_{h \to 0} \frac{f(a+h)-f(a)}{h} = m$$

換句話說，$f'(a)$ 為曲線 $y=f(x)$ 在點 $(a, f(a))$ 的切線的斜率.

例題 3　利用導數的定義

設 $f(x) = \sqrt{x}$，求 $f'(4)$.

解
$$f'(4) = \lim_{h \to 0} \frac{f(4+h)-f(4)}{h} = \lim_{h \to 0} \frac{\sqrt{4+h}-\sqrt{4}}{h}$$
$$= \lim_{h \to 0} \frac{4+h-4}{h(\sqrt{4+h}+\sqrt{4})} = \lim_{h \to 0} \frac{1}{\sqrt{4+h}+\sqrt{4}}$$
$$= \frac{1}{4}.$$

例題 4 利用導數的定義 $f'(a)=\lim\limits_{x\to a}\dfrac{f(x)-f(a)}{x-a}$

若 $f(x)=\dfrac{x(1+x)(2+x)(3+x)}{(1-x)(2-x)(3-x)}$，求 $f'(0)$.

解 利用定義 3-2，

$$f'(0)=\lim_{x\to 0}\frac{f(x)-f(0)}{x-0}=\lim_{x\to 0}\frac{\dfrac{x(1+x)(2+x)(3+x)}{(1-x)(2-x)(3-x)}}{x}$$

$$=\lim_{x\to 0}\frac{(1+x)(2+x)(3+x)}{(1-x)(2-x)(3-x)}=\frac{1\cdot 2\cdot 3}{1\cdot 2\cdot 3}$$

$$=1.$$

例題 5 利用導數的定義

若 $f'(a)$ 存在，求

(1) $\lim\limits_{h\to 0}\dfrac{f(a+2h)-f(a)}{h}$ (2) $\lim\limits_{h\to 0}\dfrac{f(a-h)-f(a)}{h}$

解

(1) $\lim\limits_{h\to 0}\dfrac{f(a+2h)-f(a)}{h}=2\lim\limits_{h\to 0}\dfrac{f(a+2h)-f(a)}{2h}$

$$=2\lim_{t\to 0}\frac{f(a+t)-f(a)}{t}$$

$$=2f'(a)$$

(2) $\lim\limits_{h\to 0}\dfrac{f(a-h)-f(a)}{h}=-\lim\limits_{h\to 0}\dfrac{f(a-h)-f(a)}{-h}$ （令 $t=-h$）

$$=-\lim_{t\to 0}\frac{f(a+2h)-f(a)}{t}$$

$$=-f'(a).$$

定義 3-4　導函數

函數 f' 稱為函數 f 的**導函數**，定義如下

$$f'(x) = \lim_{h \to 0} \frac{f(x+h) - f(x)}{h}$$

倘若上面的極限存在.

在定義 3-4 中，f' 的定義域是由使得該極限存在之所有 x 所組成的集合，但與 f 之定義域不一定相同．

由上述之定義可知求**導函數**之步驟如下：

步驟 1：計算 $f(x+h)$.

步驟 2：計算 $f(x+h) - f(x)$.

步驟 3：計算商式 $\dfrac{f(x+h) - f(x)}{h}$.

步驟 4：計算 $f'(x) = \lim\limits_{h \to 0} \dfrac{f(x+h) - f(x)}{h}$.

例題 6　求導函數之四大步驟

已知 $f(x) = \dfrac{1}{x}$，求 $f'(x)$.

解

步驟 1：$f(x+h) = \dfrac{1}{x+h}$

步驟 2：$f(x+h) - f(x) = \dfrac{1}{x+h} - \dfrac{1}{x} = \dfrac{-h}{x(x+h)}$

步驟 3：$\dfrac{f(x+h) - f(x)}{h} = \dfrac{-\dfrac{h}{x(x+h)}}{h} = \dfrac{-1}{x(x+h)}$

步驟 4：$f'(x) = \lim\limits_{h \to 0} \dfrac{f(x+h) - f(x)}{h} = \lim\limits_{h \to 0} \dfrac{-1}{x(x+h)} = -\dfrac{1}{x^2}$.

例題 7 比較函數與其導函數的定義域

若 $f(x)=\sqrt{x-1}$,求 $f'(x)$,並比較 f 與 f' 的定義域.

解
$$f'(x)=\lim_{h\to 0}\frac{f(x+h)-f(x)}{h}=\lim_{h\to 0}\frac{\sqrt{x+h-1}-\sqrt{x-1}}{h}$$

$$=\lim_{h\to 0}\frac{(\sqrt{x+h-1}-\sqrt{x-1})(\sqrt{x+h-1}+\sqrt{x-1})}{h(\sqrt{x+h-1}+\sqrt{x-1})}$$

$$=\lim_{h\to 0}\frac{x+h-1-(x-1)}{h(\sqrt{x+h-1}+\sqrt{x-1})}=\lim_{h\to 0}\frac{1}{\sqrt{x+h-1}+\sqrt{x-1}}$$

$$=\frac{1}{2\sqrt{x-1}}$$

f 的定義域為 $D_f=\{x\,|\,x\geq 1\}$,而 f' 的定義域為 $D_{f'}=\{x\,|\,x>1\}$.

求導函數的過程稱為**微分**,其方法稱為**微分法**. 通常,在自變數為 x 的情形下,常用的**微分算子**有 D_x 與 $\dfrac{d}{dx}$,當它作用到函數 f 上時,就產生了新函數 f'. 若 $y=f(x)$,常用的導函數符號如下

$$f'(x)=y'=\frac{dy}{dx}=\frac{df(x)}{dx}=\frac{d}{dx}f(x)=D\,f(x)=D_x\,f(x)$$

$D_x f(x)$ 或 $\dfrac{d}{dx}f(x)$ 唸成 "f 對 x 的導函數" 或 "f 對 x 微分",上面例題 7 中的 $f'(x)$ 若用符號 D_x 與 $\dfrac{d}{dx}$ 來表示,則可寫成

$$D_x\sqrt{x-1}=\frac{1}{2\sqrt{x-1}} \quad \text{或} \quad \frac{d}{dx}\sqrt{x-1}=\frac{1}{2\sqrt{x-1}}$$

又,我們對函數 f 在 a 的導函數 $f'(a)$ 常常寫成如下

$$f'(a)=f'(x)|_{x=a}=D_x\,f(x)|_{x=a}=\frac{d}{dx}f(x)|_{x=a}$$

故依定義 3-4，函數 f 在 a 的導函數 $f'(a)$ 可視為導函數 f' 在 a 的值.

註：符號 $\dfrac{dy}{dx}$ 是由 萊布尼茲所提出.

例題 8 **利用導函數的定義**

試求一函數 f 及實數 a 使得

$$\lim_{h \to 0} \frac{(2+h)^6 - 64}{h} = f'(a).$$

解 令 $f(x) = x^6$，則

$$\lim_{h \to 0} \frac{f(2+h) - f(2)}{h} = \lim_{h \to 0} \frac{(2+h)^6 - 64}{h} = f'(2)$$

故 $f(x) = x^6$，$a = 2$.

例題 9 **求導函數在 $x=1$ 的值 $\dfrac{dy}{dx}\bigg|_{x=1}$.**

若 $y = 4x^2 - 3$，求 $\dfrac{dy}{dx}\bigg|_{x=1}$.

解
$$\begin{aligned}
\frac{dy}{dx} &= \lim_{h \to 0} \frac{[4(x+h)^2 - 3] - (4x^2 - 3)}{h} \\
&= \lim_{h \to 0} \frac{4x^2 + 8xh + 4h^2 - 3 - 4x^2 + 3}{h} \\
&= \lim_{h \to 0} \frac{8xh + 4h^2}{h} = \lim_{h \to 0} (8x + 4h) \\
&= 8x
\end{aligned}$$

故 $$\dfrac{dy}{dx}\bigg|_{x=1} = 8.$$

◎ 可微分與單邊導數

由幾何的觀念我們得知一條平滑曲線上的任一點若有斜率，則 $f'(a)$ 必存在. 我們在前面曾討論到，若 $\lim\limits_{h \to 0} \dfrac{f(a+h)-f(a)}{h}$ 存在，則定義此極限為 $f'(a)$. 如果我們只限制 $h \to 0^+$ 或 $h \to 0^-$，此時就產生**單邊導數**的觀念了.

定義 3-5　單邊導數

(1) 若 $\lim\limits_{h \to 0^+} \dfrac{f(a+h)-f(a)}{h}$ 或 $\lim\limits_{x \to a^+} \dfrac{f(x)-f(a)}{x-a}$ 存在，則稱此極限為 f 在 a 的**右導數**，記為

$$f'_+(a) = \lim_{h \to 0^+} \dfrac{f(a+h)-f(a)}{h}$$

或

$$f'_+(a) = \lim_{x \to a^+} \dfrac{f(x)-f(a)}{x-a}$$

(2) 若 $\lim\limits_{h \to 0^-} \dfrac{f(a+h)-f(a)}{h}$ 或 $\lim\limits_{x \to a^-} \dfrac{f(x)-f(a)}{x-a}$ 存在，則稱此極限為 f 在 a 的**左導數**，記為

$$f'_-(a) = \lim_{h \to 0^-} \dfrac{f(a+h)-f(a)}{h}$$

或

$$f'_-(a) = \lim_{x \to a^-} \dfrac{f(x)-f(a)}{x-a}$$

由定義 3-5，讀者應注意到，若函數 f 在 (a, ∞) 為可微分且 $f'_+(a)$ 存在，則稱函數 f 在 $[a, \infty)$ 為可微分. 同理，函數 f 在 $(-\infty, a)$ 為可微分且 $f'_-(a)$ 存在，則稱函數 f 在 $(-\infty, a]$ 為可微分. 又，若函數 f 在 (a, b) 為可微分，且 $f'_+(a)$ 與 $f'_-(a)$ 皆存在，則稱 f 在 $[a, b]$ 為可微分. 很明顯地，

$f'(c)$ 存在 $\Leftrightarrow f'_+(c)$ 與 $f'_-(c)$ 皆存在且 $f'_+(c) = f'_-(c)$.

一般，我們所遇到的不可微分點有三類 (見圖 3-2)：

1. 尖點 (含折角)
2. 具有垂直切線的點
3. 不連續點

(i) 折角

(ii) 具有垂直切線的點

(iii) 具有垂直切線的點

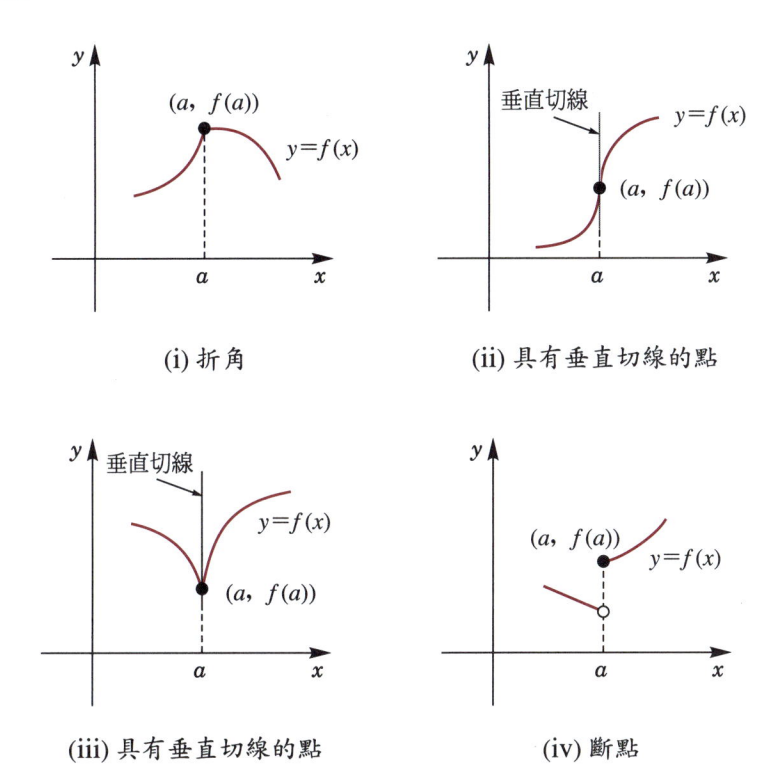

(iv) 斷點

圖 3-2

定義 3-6　垂直切線

若函數 f 在 a 為連續，且 $\lim\limits_{x \to a} |f'(x)| = \infty$，則曲線 $y = f(x)$ 在點 $(a, f(a))$ 具有一條垂直切線，如圖 3-3 所示.

圖 3-3

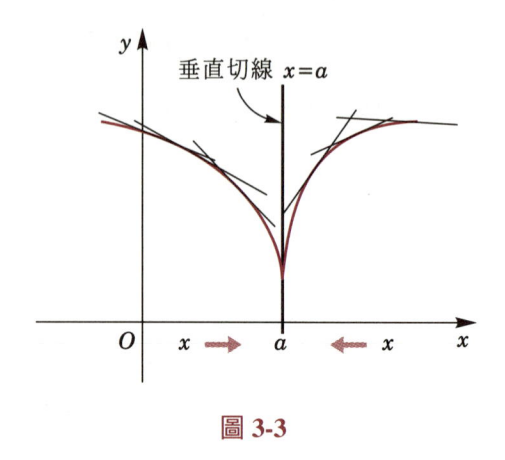

例題 10　垂直切線

試證 $f(x)=x^{1/3}$ 在 $x=0$ 處不可微分，並說明其幾何意義.

解　依定義，
$$f'(a)=\lim_{h\to 0}\frac{f(a+h)-f(a)}{h}$$

可得
$$f'(0)=\lim_{h\to 0}\frac{h^{1/3}}{h}=\lim_{h\to 0}h^{-2/3}=\infty$$

因為 $f'(0)$ 不存在，所以 $f(x)=x^{1/3}$ 在 $x=0$ 不可微分. 其幾何意義說明 $f(x)=x^{1/3}$ 的圖形在 $x=0$ 處之切線的斜率為無限大，因此，曲線在原點有一條垂直切線，即 $x=0$ (y-軸)，如圖 3-4 所示.

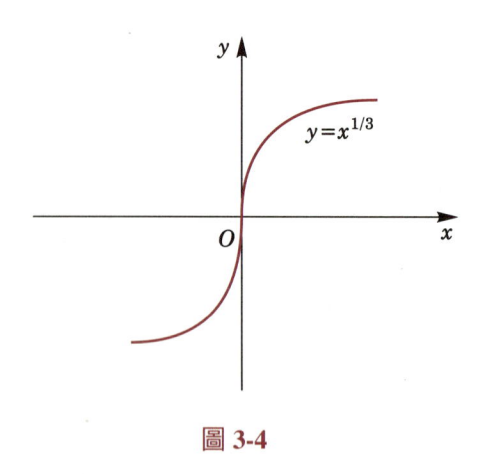

圖 3-4

例題 11　右導數不等於左導數

設函數 f 定義如下

$$f(x)=\begin{cases}-2x^2+4, & \text{若 } x<1 \\ x^2+1, & \text{若 } x\geq 1\end{cases}$$

求 $f'_-(1)$ 與 $f'_+(1)$. f 在 $x=1$ 是否可微分？

解

$$f'_-(1)=\lim_{x\to 1^-}\frac{f(x)-f(1)}{x-1}=\lim_{x\to 1^-}\frac{-2x^2+4-2}{x-1}=\lim_{x\to 1^-}\frac{-2(x^2-1)}{x-1}=-4$$

$$f'_+(1)=\lim_{x\to 1^+}\frac{f(x)-f(1)}{x-1}=\lim_{x\to 1^+}\frac{x^2+1-2}{x-1}=\lim_{x\to 1^+}(x+1)=2$$

由於 $f'_-(1)\neq f'_+(1)$，故 $f'(1)$ 不存在，亦即，f 在 $x=1$ 不可微分. 但 f 在 $x=1$ 為連續，如圖 3-5 所示.

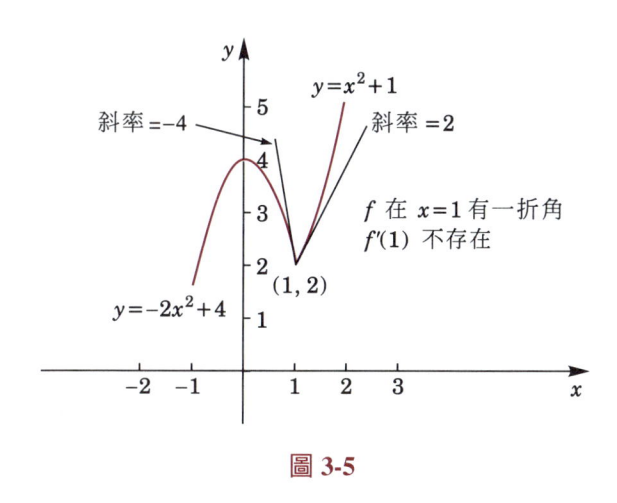

圖 3-5

下面定理說明連續性與可微分性的關係.

定理 3-1

若函數 f 在 a 為可微分，則 f 在 a 為連續.

證 設 $x \neq a$，則

$$f(x) = \frac{f(x)-f(a)}{x-a}(x-a) + f(a)$$

對上式等號兩邊取極限，可得

$$\lim_{x \to a} f(x) = \left[\lim_{x \to a} \frac{f(x)-f(a)}{x-a}\right][\lim_{x \to a}(x-a)] + \lim_{x \to a} f(a)$$

$$= f'(a) \cdot 0 + f(a)$$

$$= f(a) \qquad \text{導數的定義}$$

故 f 在 a 為連續. ∎

定理 3-1 之逆敘述不一定成立，即，雖然函數 f 在 a 為連續，但不能保證 f 在 a 為可微分. 例如，函數 $f(x)=|x|$ 在 $x=0$ 為連續但不可微分.

讀者應注意下列的敘述：

$$\text{函數 } f \text{ 在 } a \text{ 為可微分} \Rightarrow f \text{ 在 } a \text{ 為連續} \Rightarrow \lim_{x \to a} f(x) \text{ 存在.}$$

例題 12　可微分蘊涵連續

設 $f(x) = \begin{cases} x^2, & \text{若 } x \leq 1 \\ ax-1, & \text{若 } x > 1 \end{cases}$，試求 a 之值使得 $f'(1)$ 存在.

解 若 $f'(1)$ 存在，則 $f(x)$ 在 $x=1$ 必連續，故 $\lim_{x \to 1} f(x)$ 存在.

$$\lim_{x \to 1^-} f(x) = \lim_{x \to 1^-} x^2 = 1$$

$$\lim_{x \to 1^+} f(x) = \lim_{x \to 1^+} (ax-1) = a-1$$

$$1 = a-1, \therefore a = 2$$

當 $a=2$ 時，由於

$$f'_-(1) = \lim_{x \to 1^-} \frac{f(x)-f(1)}{x-1} = \lim_{x \to 1^-} \frac{x^2-1}{x-1} = \lim_{x \to 1^-}(x+1) = 2$$

$$f'_+(1)=\lim_{x\to 1^+}\frac{f(x)-f(1)}{x-1}=\lim_{x\to 1^+}\frac{2x-1-1}{x-1}=\lim_{x\to 1^+}2=2$$

故 $f'(1)=2$ (存在).

習題 3-1

3-1 導數與導函數

一、基礎題

1. 求 $f(x)=\sqrt{x}$ 的圖形在點 $(4, 2)$ 之切線的斜率.

2. 求 $f(x)=\dfrac{2}{x-2}$ 的圖形在點 $(0, -1)$ 之切線的斜率.

3. 求拋物線 $y=2x^2-3x$ 在點 $(2, 2)$ 之切線與法線的方程式.

4. 求曲線 $y=\dfrac{1}{2x}$ 在點 $\left(\dfrac{1}{2}, 1\right)$ 之切線與法線的方程式.

5. 求 $f(x)=\dfrac{2}{x-2}$ 的圖形在點 $(0, -1)$ 之切線與法線的方程式.

6. 已知拋物線 $y=-x^2+5x-6$ 交 x-軸於兩點,試求在該兩點之切線的斜率.

依據導數之定義寫出 7～10 題中之極限為什麼函數 $f(x)$ 在哪一點之導數?

7. $\lim\limits_{h\to 0}\dfrac{\sqrt{1+h}-1}{h}$

8. $\lim\limits_{h\to 0}\dfrac{(2+h)^3-8}{h}$

9. $\lim\limits_{x\to 1}\dfrac{x^9-1}{x-1}$

10. $\lim\limits_{h\to 0}\dfrac{\sqrt[3]{8+h}-\sqrt[3]{8}}{h}$

11. 若 $f'(a)$ 存在,求 $\lim\limits_{h\to 0}\dfrac{f(a+h)-f(a)}{h}$.

12. 若 $f(x)=\begin{cases} x^2+2, & x\leqslant 1 \\ 3x, & x>1 \end{cases}$,則 f 在 $x=1$ 是否可微分?

13. 令 $f(x)=\begin{cases} \dfrac{x^2-x-6}{x-3}, & x\neq 3 \\ 4, & x=3 \end{cases}$

   (1) $f(x)$ 於 $x=3$ 是否連續？

   (2) $f(x)$ 於 $x=3$ 是否可微分？

14. 絕對值函數 $f(x)=|x-1|$ 在 $x=1$ 是否可以微分，並說明理由．

在 15～17 題中，利用導函數之定義求各函數的導函數．

15. $f(x)=7x^2-5$

16. $f(x)=\dfrac{1}{x-2}$

17. $f(x)=\dfrac{7}{\sqrt{x}}$

二、進階題

1. 求曲線 $y=\sqrt{x-1}$ 上切線斜角為 $\dfrac{\pi}{4}$ 之點的坐標．

2. 在曲線 $y=x^2-2x+5$ 上哪一點之切線垂直於直線 $y=x$？

3. 試判斷函數 $f(x)=|x^2-4|$ 在 $x=2$ 是否可微分？

4. 設函數 f 定義如下

$$f(x)=\begin{cases} -2x^2+4, & \text{若 } x<1 \\ x^2+1, & \text{若 } x\geq 1 \end{cases}$$

   試證明 $f(x)$ 在 $x=1$ 連續但不可微分．

5. 試決定 m 與 b 之值使函數

$$f(x)=\begin{cases} mx+b, & \text{若 } x<a \\ x^2, & \text{若 } x\geq a \end{cases}$$

   在 $x=a$ 處可微分．

6. 試證 $f(x)=\begin{cases} x[\![x]\!], & \text{若 } x<2 \\ 2x-2, & \text{若 } x\geq 2 \end{cases}$，在 $x=2$ 處不可微分．

7. 若 $f(x) = \dfrac{x(1+x)(2+x)\cdots(n+x)}{(1-x)(2-x)\cdots(n-x)}$，求 $f'(0)$.

8. 若 $f(x) = [\![|x|]\!]$，求 $f'\left(\dfrac{3}{2}\right)$.

9. 設函數 f 在 $x=1$ 為可微分且 $\lim\limits_{h \to 0} \dfrac{f(1+h)}{h} = 5$，求 $f(1)$ 與 $f'(1)$.

10. 若 $f'(a)$ 存在，試求 $\lim\limits_{h \to 0} \dfrac{f(a+2h) - f(a-h)}{h}$.

11. 若 f 為可微分函數，$f(x+y) = f(x) + f(y) + 5xy$ 且 $\lim\limits_{h \to 0} \dfrac{f(h)}{h} = 3$，試求 $f(0)$ 與 $f'(x)$.

12. 若函數 $f(x) = \begin{cases} x^3, & 若\ x \leq 1 \\ x^2 + ax + b, & 若\ x > 1 \end{cases}$，在 $x=1$ 處可微分，試求 a 與 b 的值.

13. 某公司銷售 x 台電冰箱之收益 (以元計) 為

$$R(x) = 20x - 0.02x^2, \quad 0 \leq x \leq 1{,}000$$

   (1) 試繪 $R(x)$ 之圖形.
   (2) 若生產電冰箱由 100 台增至 400 台，則收益之變化如何？
   (3) 對此一生產的變動，收益之平均變化率為何？
   (4) 試求銷售 100 台電冰箱之邊際收益為何？

14. 某公司生產 x 台電視機每週之總成本為 $C(x) = 4x^2 + 3$ (以元計)，試求每週生產 100 台電視機之邊際成本.

3-2 求導函數的法則

在求一個函數的導函數時，若依導函數的定義去做，則相當繁雜。在本節中，我們要導出一些法則，而利用這些法則，可以很容易地將導函數求出來。

定理 3-2 常數法則

若 f 為常數函數，即 $f(x)=k$，則

$$\frac{d}{dx}f(x)=\frac{d}{dx}k=0$$

證 依導函數的定義，

$$\frac{d}{dx}k=\lim_{h\to 0}\frac{f(x+h)-f(x)}{h}=\lim_{h\to 0}\frac{k-k}{h}=\lim_{h\to 0}0=0.$$

定理 3-3 冪法則

若 n 為正整數，則

$$\frac{d}{dx}x^n=nx^{n-1}$$

證 依定義 3-4，

$$\frac{d}{dx}x^n=\lim_{h\to 0}\frac{(x+h)^n-x^n}{h}$$

利用二項式定理展開 $(x+h)^n$，可得

$$\frac{d}{dx}x^n=\lim_{h\to 0}\frac{x^n+nx^{n-1}h+\frac{n(n-1)}{2!}x^{n-2}h^2+\cdots+nxh^{n-1}+h^n-x^n}{h}$$

$$=\lim_{h\to 0}\frac{nx^{n-1}h+\frac{n(n-1)}{2!}x^{n-2}h^2+\cdots+nxh^{n-1}+h^n}{h}$$

$$=\lim_{h\to 0}\left[nx^{n-1}+\frac{n(n-1)}{2!}x^{n-2}h+\cdots+nxh^{n-2}+h^{n-1}\right]$$

$$=nx^{n-1}.$$

在定理 3-3 中，若 n 為任意實數時，結論仍可成立，即

$$\frac{d}{dx} x^n = nx^{n-1}, \quad n \in \mathbb{R}$$

定理 3-4　常數積的導數

令 c 為一常數，若 f 為可微分函數，則 cf 也為可微分函數，且

$$\frac{d}{dx}[c f(x)] = c \frac{d}{dx} f(x)$$

證　$\dfrac{d}{dx}[c f(x)] = \lim\limits_{h \to 0} \dfrac{c f(x+h) - c f(x)}{h} = c \lim\limits_{h \to 0} \dfrac{f(x+h) - f(x)}{h} = c \dfrac{d}{dx} f(x)$.

定理 3-5　兩函數和的導數

若 f 與 g 皆為可微分函數，則 $f+g$ 也為可微分函數，且

$$\frac{d}{dx}[f(x) + g(x)] = \frac{d}{dx} f(x) + \frac{d}{dx} g(x)$$

證　$\dfrac{d}{dx}[f(x) + g(x)] = \lim\limits_{h \to 0} \dfrac{[f(x+h) + g(x+h)] - [f(x) + g(x)]}{h}$

$\qquad = \lim\limits_{h \to 0} \dfrac{[f(x+h) - f(x)] + [g(x+h) - g(x)]}{h}$

$\qquad = \lim\limits_{h \to 0} \dfrac{f(x+h) - f(x)}{h} + \lim\limits_{h \to 0} \dfrac{g(x+h) - g(x)}{h}$

$\qquad = \dfrac{d}{dx} f(x) + \dfrac{d}{dx} g(x)$

利用定理 3-4 與定理 3-5 可得下列的結果：

1. 若 f 與 g 皆為可微分函數，則 $f-g$ 也為可微分函數，且

$$\frac{d}{dx}[f(x)-g(x)] = \frac{d}{dx}f(x) - \frac{d}{dx}g(x)$$

2. 若 f_1, f_2, $\cdots$, f_n 皆為可微分函數，c_1, c_2, $\cdots$, c_n 皆為常數，則 $c_1f_1 + c_2f_2 + \cdots + c_nf_n$ 也為可微分函數，且

$$\frac{d}{dx}[c_1f_1(x) + c_2f_2(x) + \cdots + c_nf_n(x)]$$

$$= c_1\frac{d}{dx}f_1(x) + c_2\frac{d}{dx}f_2(x) + \cdots + c_n\frac{d}{dx}f_n(x)$$

例題 1　去掉絕對值符號

若 $f(x) = |x^3|$，求 $f'(x)$.

解

(i) 當 $x > 0$ 時，$f(x) = |x^3| = x^3$，$f'(x) = 3x^2$.

(ii) 當 $x < 0$ 時，$f(x) = |x^3| = -x^3$，$f'(x) = -3x^2$.

(iii) 當 $x = 0$ 時，依定義，

$$\lim_{x \to 0^+} \frac{f(x)-f(0)}{x-0} = \lim_{x \to 0^+} \frac{x^3}{x} = \lim_{x \to 0^+} x^2 = 0$$

$$\lim_{x \to 0^-} \frac{f(x)-f(0)}{x-0} = \lim_{x \to 0^-} \frac{-x^3}{x} = \lim_{x \to 0^-} (-x^2) = 0$$

可得 $f'(0) = 0$.

所以，$f'(x) = \begin{cases} -3x^2, & \text{若 } x < 0 \\ 0, & \text{若 } x = 0 \\ 3x^2, & \text{若 } x > 0 \end{cases}$

例題 2　去掉絕對值符號

若 $f(x) = |x-1| + |x+2|$，求 $f'(x)$.

解　若 $x \geq 1$，則 $f(x) = |x-1| + |x+2| = (x-1) + (x+2) = 2x+1$

若 $-2 < x < 1$，則 $f(x)=|x-1|+|x+2|=-(x-1)+x+2=3$

若 $x \leqslant -2$，則 $f(x)=|x-1|+|x+2|=-(x-1)-(x+2)=-2x-1$

綜合以上討論，

$$f(x)=\begin{cases} -2x-1, & \text{若 } x \leqslant -2 \\ 3, & \text{若 } -2 < x < 1 \\ 2x+1, & \text{若 } x \geqslant 1 \end{cases}$$

所以，

$$f'(x)=\begin{cases} -2, & \text{若 } x < -2 \\ 0, & \text{若 } -2 < x < 1 \\ 2, & \text{若 } x > 1 \end{cases}$$

$f'(1)$ 與 $f'(-2)$ 皆不存在. (何故？)

定理 3-6　兩函數乘積的導函數

若 f 與 g 皆為可微分函數，則 fg 也為可微分函數，且

$$\frac{d}{dx}[f(x)g(x)]=f(x)\frac{d}{dx}g(x)+g(x)\frac{d}{dx}f(x)$$

證
$$\begin{aligned}
\frac{d}{dx}[f(x)g(x)] &= \lim_{h \to 0} \frac{f(x+h)g(x+h)-f(x)g(x)}{h} \\
&= \lim_{h \to 0} \frac{f(x+h)g(x+h)-f(x+h)g(x)+f(x+h)g(x)-f(x)g(x)}{h} \\
&= \lim_{h \to 0} \left[f(x+h)\frac{g(x+h)-g(x)}{h}+g(x)\frac{f(x+h)-f(x)}{h} \right] \\
&= \left[\lim_{h \to 0} f(x+h) \right]\left[\lim_{h \to 0} \frac{g(x+h)-g(x)}{h} \right] \\
&\quad + \left[\lim_{h \to 0} g(x) \right]\left[\lim_{h \to 0} \frac{f(x+h)-f(x)}{h} \right] \\
&= f(x)\frac{d}{dx}g(x)+g(x)\frac{d}{dx}f(x).
\end{aligned}$$

定理 3-6 可以推廣到 n 個函數之乘積的微分. 若 $f_1, f_2, \cdots, f_n$ 皆為可微分函數, 則 $f_1 f_2 \cdots f_n$ 也為可微分函數, 且

$$\frac{d}{dx}(f_1 f_2 \cdots f_n) = \left(\frac{d}{dx} f_1\right) f_2 \cdots f_n + f_1 \left(\frac{d}{dx} f_2\right) f_3 \cdots f_n + \cdots + f_1 f_2 \cdots \left(\frac{d}{dx} f_n\right)$$

$$= f_1 f_2 \cdots f_n \left(\frac{\frac{d}{dx} f_1}{f_1} + \frac{\frac{d}{dx} f_2}{f_2} + \cdots + \frac{\frac{d}{dx} f_n}{f_n}\right)$$

$$= f_1 f_2 \cdots f_n \left(\frac{f_1'}{f_1} + \frac{f_2'}{f_2} + \cdots + \frac{f_n'}{f_n}\right). \tag{3-6}$$

例題 3　利用兩函數積的導函數公式

若 $f(x) = (5x+6)(4x^3 - 3x + 2)$, 求 $f'(x)$.

解　$f'(x) = \dfrac{d}{dx}[(5x+6)(4x^3 - 3x + 2)]$

$= (5x+6) \dfrac{d}{dx}(4x^3 - 3x + 2) + (4x^3 - 3x + 2) \dfrac{d}{dx}(5x+6)$

$= (5x+6)(12x^2 - 3) + 5(4x^3 - 3x + 2)$

$= 80x^3 + 72x^2 - 30x - 8.$

例題 4　利用式 (3-6)

若 $f(x) = (x^2 + 2)(2x+3)(3x+4)(4x^3 + 5)$, 求 $f'(x)$.

解　$f'(x) = \dfrac{d}{dx}[(x^2+2)(2x+3)(3x+4)(4x^3+5)]$

$= (x^2+2)(2x+3)(3x+4)(4x^3+5)$

$\quad \cdot \left(\dfrac{2x}{x^2+2} + \dfrac{2}{2x+3} + \dfrac{3}{3x+4} + \dfrac{12x^2}{4x^3+5}\right).$

定理 3-7　導數的一般乘冪公式

若 f 為可微分函數，n 為正整數，則 f^n 也為可微分函數，且

$$\frac{d}{dx}[f(x)]^n = n[f(x)]^{n-1}\frac{d}{dx}f(x)$$

或

$$(f^n)' = nf^{n-1}f'$$

本定理在 n 為實數時仍可成立.

證
$$\frac{d}{dx}[f(x)]^n = \frac{d}{dx}\overbrace{f(x)\cdot f(x)\cdots f(x)}^{n\,個}$$

$$= \overbrace{f(x)\cdot f(x)\cdots f(x)}^{n\,個}\cdot\left(\overbrace{\frac{f'(x)}{f(x)}+\frac{f'(x)}{f(x)}+\cdots+\frac{f'(x)}{f(x)}}^{n\,個}\right) \quad (由式\ (3\text{-}6))$$

$$= [f(x)]^n\left(n\cdot\frac{f'(x)}{f(x)}\right) = n[f(x)]^{n-1}f'(x).$$

例題 5　利用導數的一般乘冪公式

若 $f(x) = (x^2 - 2x + 5)^{20}$，求 $f'(x)$.

解
$$f'(x) = \frac{d}{dx}(x^2-2x+5)^{20} = 20(x^2-2x+5)^{19}\frac{d}{dx}(x^2-2x+5)$$
$$= 40(x^2-2x+5)^{19}(x-1).$$

例題 6　利用導數的一般乘冪公式

若 $y = \sqrt{x+\sqrt{x}}$，求 $\dfrac{dy}{dx}$.

解 $\dfrac{dy}{dx} = \dfrac{d}{dx}\sqrt{x+\sqrt{x}} = \dfrac{1}{2}(x+\sqrt{x})^{-1/2}\dfrac{d}{dx}(x+\sqrt{x})$

$= \dfrac{1}{2\sqrt{x+\sqrt{x}}}\left(1+\dfrac{d}{dx}\sqrt{x}\right)$

$= \dfrac{1}{2\sqrt{x+\sqrt{x}}}\left(1+\dfrac{1}{2\sqrt{x}}\right)$

$= \dfrac{2\sqrt{x}+1}{4\sqrt{x}\sqrt{x+\sqrt{x}}}.$

例題 7　利用兩函數乘積的導函數公式

若 $y = x^2\sqrt{1-x^2}$，求 $\dfrac{dy}{dx}$。

解 $\dfrac{dy}{dx} = \dfrac{d}{dx}[x^2\sqrt{1-x^2}]$

$= x^2\dfrac{d}{dx}[(1-x^2)^{1/2}] + (1-x^2)^{1/2}\dfrac{d}{dx}x^2$　　　兩函數乘積的導函數公式

$= x^2\left[\dfrac{1}{2}(1-x^2)^{-1/2}(-2x)\right] + (1-x^2)^{1/2}(2x)$　　　導數的一般乘冪公式

$= -x^3(1-x^2)^{-1/2} + 2x(1-x^2)^{1/2}$

$= x(1-x^2)^{-1/2}[-x^2+2(1-x^2)]$

$= x(1-x^2)^{-1/2}(2-3x^2)$　　　提出公因式

$= \dfrac{x(2-3x^2)}{\sqrt{1-x^2}}.$

定理 3-8　函數 $\dfrac{1}{g(x)}$ 的導函數公式

若 g 為一可微分函數，則 $\dfrac{1}{g}$ 也為可微分函數，且

$$\dfrac{d}{dx}\left[\dfrac{1}{g(x)}\right]=\dfrac{-\dfrac{d}{dx}g(x)}{[g(x)]^2}$$

證　$\dfrac{d}{dx}\left[\dfrac{1}{g(x)}\right]=\lim\limits_{h\to 0}\dfrac{\dfrac{1}{g(x+h)}-\dfrac{1}{g(x)}}{h}$　　　　導函數的定義

$=\lim\limits_{h\to 0}\dfrac{\dfrac{g(x)-g(x+h)}{g(x+h)\,g(x)}}{h}$　　　　通分

$=\lim\limits_{h\to 0}\left[\dfrac{1}{g(x+h)\,g(x)}\right]\left[-\dfrac{g(x+h)-g(x)}{h}\right]$　　　　化成乘積形式

$=\dfrac{1}{[g(x)]^2}\left[-\lim\limits_{h\to 0}\dfrac{g(x+h)-g(x)}{h}\right]$　　　　極限的性質

$=-\dfrac{\dfrac{d}{dx}g(x)}{[g(x)]^2}.$　　　　導函數的定義

例題 8　利用定理 3-8

若 $y=\dfrac{4}{x^3}$，求 $\dfrac{dy}{dx}$。

解　$\dfrac{dy}{dx}=\dfrac{d}{dx}\left(\dfrac{4}{x^3}\right)=4\underbrace{\dfrac{d}{dx}\left(\dfrac{1}{x^3}\right)}_{\text{常數積的導數}}=4\cdot\underbrace{\dfrac{-\dfrac{d}{dx}(x^3)}{(x^3)^2}}_{\text{利用定理 3-8}}$

$=4\cdot\dfrac{-3x^2}{x^6}=-\dfrac{12}{x^4}$

例題 9　利用定理 3-8

若 $y=\dfrac{3}{\sqrt{x^2+1}}$，求 $\dfrac{dy}{dx}$。

解　$\dfrac{dy}{dx}=\dfrac{d}{dx}\left(\dfrac{3}{\sqrt{x^2+1}}\right)$

$=3\underbrace{\dfrac{d}{dx}\left(\dfrac{1}{\sqrt{x^2+1}}\right)}_{\text{常數積的導數}}=3\cdot\underbrace{\dfrac{-\dfrac{d}{dx}(\sqrt{x^2+1})}{(\sqrt{x^2+1})^2}}_{\text{利用定理 3-8}}$

$\qquad\qquad\underbrace{\phantom{\dfrac{d}{dx}\left(\dfrac{1}{\sqrt{x^2+1}}\right)}}_{\text{導數的一般乘冪公式}}$

$=3\cdot\dfrac{-\dfrac{2x}{2\sqrt{x^2+1}}}{x^2+1}=\dfrac{-3x}{(x^2+1)^{3/2}}$

定理 3-9　兩函數商的導函數

若 f 與 g 皆為可微分函數，且 $g(x)\ne 0$，則 $\dfrac{f}{g}$ 也為可微分函數，且

$$\dfrac{d}{dx}\left[\dfrac{f(x)}{g(x)}\right]=\dfrac{g(x)\dfrac{d}{dx}f(x)-f(x)\dfrac{d}{dx}g(x)}{[g(x)]^2}$$

證 利用定理 3-8，請讀者自證之.

例題 10　利用定理 3-9

若 $y=\left(\dfrac{1-x}{1+x^2}\right)^3$，求 $\dfrac{dy}{dx}$.

解
$$\dfrac{dy}{dx}=\dfrac{d}{dx}\left(\dfrac{1-x}{1+x^2}\right)^3$$

$$=3\underbrace{\left(\dfrac{1-x}{1+x^2}\right)^2}_{f^{n-1}}\underbrace{\dfrac{d}{dx}\left(\dfrac{1-x}{1+x^2}\right)}_{f'}$$

（其中 n 標示於 3 上）

$$=3\left(\dfrac{1-x}{1+x^2}\right)^2\overbrace{\dfrac{(1+x^2)\dfrac{d}{dx}(1-x)-(1-x)\dfrac{d}{dx}(1+x^2)}{(1+x^2)^2}}^{\text{定理 3-9}}$$

$$=3\left(\dfrac{1-x}{1+x^2}\right)^2\dfrac{(1+x^2)(-1)-(1-x)(2x)}{(1+x^2)^2}$$

$$=3\left(\dfrac{1-x}{1+x^2}\right)^2\dfrac{-1-x^2-2x+2x^2}{(1+x^2)^2}$$

$$=3\left(\dfrac{1-x}{1+x^2}\right)^2\dfrac{x^2-2x-1}{(1+x^2)^2}$$

利用定理 3-9 可證明，若 n 為負整數且 $x\neq 0$，則

$$\dfrac{d}{dx}(x^n)=nx^{n-1} \tag{3-7}$$

證 令 $n=-m$，此處 m 為一正整數．因此 $x^n=x^{-m}=\dfrac{1}{x^m}$，且

$$\dfrac{d}{dx}(x^n)=\dfrac{d}{dx}\left(\dfrac{1}{x^m}\right)=\dfrac{x^m\cdot\dfrac{d}{dx}(1)-1\cdot\dfrac{d}{dx}(x^m)}{(x^m)^2}$$

$$= \frac{0 - mx^{m-1}}{x^{2m}} \quad \left(因\ m > 0,\ \frac{d}{dx}(x^m) = mx^{m-1}\right)$$

$$= -mx^{-m-1}$$

$$= nx^{n-1}.$$

例題 11 利用式 (3-7)

若 $\dfrac{2}{x^5}$，求 $\dfrac{dy}{dx}$．

解 $\dfrac{dy}{dx} = \dfrac{d}{dx}\left(\dfrac{2}{x^5}\right) = 2\dfrac{d}{dx}\left(\dfrac{1}{x^5}\right) = 2\dfrac{d}{dx}(x^{-5}) = -10x^{-6}.$

若函數 f 的導函數 f' 為可微分，則 f' 的導函數記為 f''，稱為 f 的**二階導函數**．只要有可微分性，我們就可以將導函數的微分過程繼續下去而求得 f 的三、四、五、甚至更高階的導函數．f 之依次的導函數記為

$$
\begin{array}{ll}
f' & (f\ 的一階導函數) \\
f'' = (f')' & (f\ 的二階導函數) \\
f''' = (f'')' & (f\ 的三階導函數) \\
f^{(4)} = (f''')' & (f\ 的四階導函數) \\
f^{(5)} = (f^{(4)})' & (f\ 的五階導函數) \\
\quad\vdots & \quad\vdots \\
f^{(n)} = (f^{(n-1)})' & (f\ 的\ n\ 階導函數)
\end{array}
$$

在 f 為 x 之函數的情形下，若利用算子 D_x 與 $\dfrac{d}{dx}$ 來表示，則

$$f'(x) = D_x f(x) = \frac{d}{dx} f(x)$$

第三章 微分 129

$$f''(x)=D_x(D_xf(x))=D_x^2f(x)=\frac{d}{dx}\left(\frac{d}{dx}f(x)\right)=\frac{d^2}{dx^2}f(x)$$

$$f'''(x)=D_x(D_x^2f(x))=D_x^3f(x)=\frac{d}{dx}\left(\frac{d^2}{dx^2}f(x)\right)=\frac{d^3}{dx^3}f(x)$$

$$\vdots \qquad \vdots$$

$$f^{(n)}(x)=D_x^nf(x)=\frac{d^n}{dx^n}f(x)，此唸成 "f 對 x 的 n 階導函數".$$

在論及函數 f 的高階導函數時，為方便起見，通常規定 $f^{(0)}=f$，即，f 的零階導函數為其本身．

例題 12　求二階導數

若 $f(3)=-4$，$f'(3)=2$，且 $f''(3)=5$，求 $\left.\dfrac{d^2}{dx^2}[f(x)]^2\right|_{x=3}$．

解　因 $\dfrac{d^2}{dx^2}[f(x)]^2=\dfrac{d}{dx}\left(\dfrac{d}{dx}[f(x)]^2\right)$

$$=\frac{d}{dx}[2f(x)f'(x)] \qquad \text{導數的一般乘冪公式}$$

$$=2\left[f(x)\frac{d}{dx}f'(x)+f'(x)\frac{d}{dx}f(x)\right] \qquad \text{兩函數乘積的導函數公式}$$

$$=2[f(x)f''(x)+(f'(x))^2]$$

所以 $\left.\dfrac{d^2}{dx^2}[f(x)]^2\right|_{x=3}=2[f(3)f''(3)+(f'(3))^2]$

$$=2[(-4)5+2^2]$$
$$=-32.$$

例題 13　求高階導數

設 $f(x)=\dfrac{1-x}{1+x}$，求 $f^{(100)}(2)$．

解

$$f(x) = \frac{1-x}{1+x} = \frac{2-(1+x)}{1+x} = 2(1+x)^{-1} - 1$$

$$f'(x) = -2(1+x)^{-2}$$
$$f''(x) = (-2)(-2)(1+x)^{-3}$$
$$f'''(x) = (-2)(-2)(-3)(1+x)^{-4}$$
$$\vdots$$
$$f^{(n)}(x) = (-2)(-2)(-3)(-4)\cdots(1+x)^{-(n+1)}$$
$$= 2(-1)^n n! (1+x)^{-(n+1)}, \ n \in \mathbf{N}$$

故 $f^{(100)}(2) = 2(-1)^{100} 100! (1+2)^{-101} = 2 \cdot 100! (3)^{-101}$.

習題 3-2

☞ 3-2 求導函數的法則 ☜

一、基礎題

在 1～12 題中求 $\dfrac{dy}{dx}$.

1. $y = 3x^6 + 2x^3 + 5$

2. $y = (3x^2 + 5)\left(2x - \dfrac{1}{2}\right)$

3. $y = (2 - x - 3x^3)(7 + x^5)$

4. $y = (x^2 + 1)(x - 1)(x + 5)$

5. $y = \dfrac{1-2x}{1+2x}$

6. $y = (x^5 + 2x)^3$

7. $y = \dfrac{1}{(x^2 + x)^2}$

8. $y = (x^2 - 3)^3 (3x^4 + 1)^2$

9. $y = \left(\dfrac{x^3 + 4}{x^2 - 1}\right)^3$

10. $y = \sqrt[3]{x^4 + x^2 + 5}$

11. $y = \dfrac{x^2 - 1}{\sqrt{x^2 + 1}}$

12. $y = \dfrac{x^2 + 1}{3x}$

13. 若 $f(3)=4$，$g(3)=2$，$f'(3)=-6$，$g'(3)=5$，試求下列各值．
    (1) $(f+g)'(3)$ (2) $(fg)'(3)$
    (3) $\left(\dfrac{f}{g}\right)'(3)$ (4) $\left(\dfrac{f}{f-g}\right)'(3)$

14. 若直線 $y=2x$ 與拋物線 $y=x^2+k$ 相切，求 k 值．

15. 在 $y=\dfrac{1}{3}x^3-\dfrac{3}{2}x^2+2x$ 的圖形上何處有水平切線？

16. 當 x 為何值時，$f(x)=x^3-x^2-x+1$ 的圖形有水平切線？並求切點．

在 17～20 題中求 $\dfrac{d^2y}{dx^2}$．

17. $y=\dfrac{x}{1+x^2}$ 18. $y=\sqrt{x^2+1}$

19. $y=x-\sqrt{x}$ 20. $y=(3x-2)^{4/3}$

二、進階題

1. 試利用導數之定義求 $\lim\limits_{h\to 0}\dfrac{(16+h)^{3/4}-2(16+h)^2-[16^{3/4}-2(16)^2]}{h}$ 之值．

2. 求切於拋物線 $y=4x-x^2$ 且通過點 $(2,5)$ 之切線的方程式．

3. 令 $f(x)=x^5-2x+3$，求 $\lim\limits_{h\to 0}\dfrac{f'(2+h)-f'(2)}{h}$．

4. 求一個二次函數 $f(x)$ 使得 $f(1)=5$，$f'(1)=3$，$f''(1)=-4$．

5. 假設 $f(x)=\begin{cases} x^2-1, & x\leq 1 \\ k(x-1), & x>1 \end{cases}$，則對什麼 k 值，f 為可微分？

6. 試證：方程式 $y=\dfrac{1}{x}$ 之圖形的切線被兩坐標軸截斷的線段是被切點二等分．

7. 找出 a、b、c 與 d 的關係使得三次函數 $f(x)=ax^3+bx^2+cx+d$ 的圖形．
   (1) 恰有兩條水平切線

(2) 恰有一條水平切線

(3) 無水平切線

8. 設 $g(x)=\sqrt[3]{x+|x|}$，試求 $g'(x)$．

9. 若 $y=\dfrac{\sqrt{x+1}-\sqrt{x}}{\sqrt{x+1}+\sqrt{x}}$，求 $\dfrac{dy}{dx}$．

10. 試求在 $f(x)=\sqrt[3]{(x^2-1)^2}$ 的圖形上使 $f'(x)=0$ 與 $f'(x)$ 不存在之所有點的 x-坐標．

11. 令 $P(a, b)$ 為第一象限中曲線 $y=\dfrac{1}{x}$ 上的一點，且在 P 的切線交 x-軸於 A，試證三角形 AOP 為等腰三角形，並求其面積．

在 12～13 題中求 $f^{(n)}(x)$．

12. $f(x)=\dfrac{1}{(1-x)^2}$

13. $f(x)=\dfrac{1}{3x^3}$

3-3 連鎖法則

我們已討論了有關函數之和、差、積及商的導函數．在本節中，我們要利用**連鎖法則**來討論如何求得兩個 (或兩個以上) 可微分函數之合成函數的導函數．例如，下列的函數在求導函數時無須使用連鎖法則．

$$y=x^2+1$$
$$y=(x^2+x)(x^3-1)$$
$$y=\dfrac{x-1}{x^2+1}$$

但是，下列之函數在求導函數時就必須使用連鎖法則．

$$y=\sqrt{x^2+x+1}$$
$$y=(x+5)^{-1/6}$$
$$y=(2x^2+x+1)^5$$
$$y=\frac{x+2}{\sqrt{x^2+1}}$$

由定理 3-7 知，若 $u=f(x)$ 為可微分函數，則 $y=u^n$ 也為可微分函數，且

$$\frac{dy}{dx}=nu^{n-1}\frac{du}{dx}$$

其中 n 為實數. 在上式中，$nu^{n-1}=\dfrac{dy}{du}$，故

$$\frac{dy}{dx}=\frac{dy}{du}\frac{du}{dx}$$

這個規則稱為**連鎖法則**，對一般合成函數的微分非常有用.

定理 3-10　連鎖法則

若 $y=f(u)$ 與 $u=g(x)$，g 在 x 處可微分，而 f 在 $u=g(x)$ 處可微分，則合成函數 $y=(f\circ g)(x)=f(g(x))$ 在 x 處可微分，且

$$\frac{d}{dx}f(g(x))=f'(g(x))\,g'(x) \tag{3-8}$$

（外函數 / 內函數 標示）

上式亦可用**萊布尼茲**符號表為

$$\frac{dy}{dx}=\frac{dy}{du}\frac{du}{dx} \tag{3-9}$$

在公式 (3-8) 中，$f(g(x))$ 的導函數為外函數在內函數的導函數乘以內函數的導函數.

式 (3-9) 很容易記憶，因為，若我們"消去"右邊的 du，則恰好得到左邊的結果. 如果使用 x、y 與 u 以外的變數時，此"消去"方式提供一個很好的記憶方法.

例如，若 $y=(x^2+6x+1)^4$，我們令 $f(x)=x^4$，$g(x)=x^2+6x+1$，則 $y=f(g(x))$. 於是，

$$\frac{dy}{dx}=4\underbrace{(x^2+6x+1)^3}_{f'(g(x))}\underbrace{(2x+6)}_{g'(x)}$$

例題 1 利用式 (3-9)

若 $y=u^3+1$, $u=\dfrac{1}{x^2}$, 求 $\dfrac{dy}{dx}$.

解

$$\frac{dy}{dx}=\frac{dy}{du}\cdot\frac{du}{dx}=\frac{d}{du}(u^3+1)\frac{d}{dx}\left(\frac{1}{x^2}\right)$$

$$=(3u^2)\left(-\frac{2}{x^3}\right)=3\left(\frac{1}{x^2}\right)^2\left(-\frac{2}{x^3}\right)$$

$$=-\frac{6}{x^7}.$$

例題 2 利用式 (3-8)

若 $f'(x)=x^2$, 且 $y=f\left(\dfrac{2x-1}{x+1}\right)$, 求 $\dfrac{dy}{dx}$.

解

$$\frac{dy}{dx}=\frac{d}{dx}f\left(\frac{2x-1}{x+1}\right)=\underbrace{f'\left(\frac{2x-1}{x+1}\right)}_{f'(g(x))}\underbrace{\frac{d}{dx}\left(\frac{2x-1}{x+1}\right)}_{g'(x)}$$

$$=f'\left(\frac{2x-1}{x+1}\right)\frac{(x+1)(2)-(2x-1)}{(x+1)^2}=f'\left(\frac{2x-1}{x+1}\right)\frac{3}{(x+1)^2}$$

$$=\left(\frac{2x-1}{x+1}\right)^2 \frac{3}{(x+1)^2}$$

$$=\frac{3(2x-1)^2}{(x+1)^4}.$$

因 $f'(x)=x^2$

例題 3 利用式 (3-9)

(1) 若 u 為 x 的可微分函數，試證 $\dfrac{d}{dx}|u|=\dfrac{u}{|u|}\dfrac{du}{dx}$，$u\neq 0$。

(2) 利用 (1) 的結果求 $\dfrac{d}{dx}|x^2-4|$。

解

(1) $\dfrac{d}{dx}|u|=\dfrac{d}{dx}\sqrt{u^2}=\dfrac{d}{du}\sqrt{u^2}\cdot\dfrac{du}{dx}=\dfrac{1}{2}(u^2)^{1/2-1}\dfrac{d}{du}u^2\cdot\dfrac{du}{dx}$

$=\dfrac{1}{2}\dfrac{1}{\sqrt{u^2}}\cdot 2u\cdot\dfrac{du}{dx}=\dfrac{u}{|u|}\dfrac{du}{dx}$，$u\neq 0$

(2) $\dfrac{d}{dx}|x^2-4|=\dfrac{x^2-4}{|x^2-4|}\dfrac{d}{dx}(x^2-4)=\dfrac{2x(x^2-4)}{|x^2-4|}$，$x\neq\pm 2$。

連鎖法則可以推廣如下：

若 y 為 u 的可微分函數，u 為 v 的可微分函數，v 為 x 的可微分函數，則 y 為 x 的可微分函數，且

$$\frac{dy}{dx}=\frac{dy}{du}\frac{du}{dv}\frac{dv}{dx} \tag{3-10}$$

例題 4 利用式 (3-10)

若 $y=u^3-1$，$u=-\dfrac{2}{v}$，$v=x^3$，求 $\dfrac{dy}{dx}$。

解 $\dfrac{dy}{dx}=\dfrac{dy}{du}\dfrac{du}{dv}\dfrac{dv}{dx}=(3u^2)(2v^{-2})(3x^2)$

$=3\left(-\dfrac{2}{v}\right)^2(2)(x^3)^{-2}(3x^2)=3\left(-\dfrac{2}{x^3}\right)^2(6x^{-4})$

$=72x^{-10}.$

例題 5 利用連鎖法則

已知 $f(0)=0$，$f'(0)=2$，求 $f(f(f(x)))$ 在 $x=0$ 的導數.

解 $\dfrac{d}{dx}[f(f(f(x)))]=f'(f(f(x)))\,f'(f(x))\,f'(x)$

故 $\dfrac{d}{dx}[f(f(f(x)))]\bigg|_{x=0}=f'(f(f(0)))\,f'(f(0))\,f'(0)=f'(f(0))\,f'(0)(2)$

$=f'(0)(2)(2)=(2)(2)(2)$

$=8.$

習題 3-3

3-3 連鎖法則

一、基礎題

1. 若 $y=\dfrac{1}{u+1}$，$u=x^3$，求 $\dfrac{dy}{dx}$.

2. 若 $y=\sqrt{1+u^2}$，$u=\dfrac{1}{x}$，求 $\dfrac{dy}{dx}$.

3. 若 $y=(u^2+4)^4$，$u=x^{-2}$，求 $\dfrac{dy}{dx}$.

4. 假設 f 為可微分函數且 $f'(x)=\dfrac{1}{x^2+1}$. 令 $g(x)=f(x^3+2)$，求 $g'(x)$.

5. 假設 $F(x)=f(g(x))$，$g(3)=6$，$g'(3)=4$，$f'(6)=7$，求 $F'(3)$.

6. 已知 $y=|x^2+1|$，求 $\dfrac{dy}{dx}$.

7. 求 $\dfrac{d}{dx}\sqrt[3]{1+\sqrt{x}}$.

8. 若 $g(x)=f(a+nx)+f(a-nx)$，此處 f 在 a 為可微分，求 $g'(0)$.

9. 若 $f(x)=1-\dfrac{1}{x}$，$g(x)=\dfrac{1}{1-x}$，求 $(f\circ g)'(-1)$.

二、進階題

1. 求 $\dfrac{d}{dx}\left[f\!\left(\dfrac{x-1}{x+1}\right)\right]$.

2. 若 f 為可微分函數，且 $f\!\left(\dfrac{x-1}{x+1}\right)=x$，求 $f'(0)$.

3. 令 $x=5t+2$，$y=t^2$，分別使用下列兩種方法：
   (1) 利用連鎖法則
   (2) 以 x 表 y 而直接微分

   求 $\dfrac{dy}{dx}$.

4. 試證 $\dfrac{d}{dx}|x|=\dfrac{x}{|x|}=\dfrac{|x|}{x}$ $(x\neq 0)$.

5. (1) 若 f 為 x 的可微分函數，試證明 $\dfrac{d}{dx}(|f(x)|)=\dfrac{f(x)}{|f(x)|}f'(x)$，$f(x)\neq 0$.

   (2) 利用 (1) 的結果，求 $\dfrac{d}{dx}|x^2-x|$.

6. 若 f 為可微分函數，試利用連鎖法則證明：
   (1) 若 f 為偶函數，則 f' 為奇函數.
   (2) 若 f 為奇函數，則 f' 為偶函數.

7. 求 $\dfrac{d}{dx}f(g(h(x)))$ 的公式.

8. 若 $y=\sqrt{x+\sqrt{x+\sqrt{x}}}$，求 $\dfrac{dy}{dx}$。

9. 若 $\dfrac{d}{dx}f(2x)=x^2$，求 $f'(x)$。

3-4 視導數為變化率

我們已瞭解函數之導數為函數圖形上切線之斜率。現在我們將開始介紹函數之導數可視為對於自變數之變化率。假設 Δx 表自變數之**增量**，則當自變數由 x 增加至 $x+\Delta x$ 時，函數 $y=f(x)$ 之變化量記為 Δy，定義為

$$\Delta y = f(x+\Delta x) - f(x)$$

故函數 f 在區間 $[x, x+\Delta x]$ 內之**平均變化率**為

$$\frac{\Delta y}{\Delta x} = \frac{f(x+\Delta x) - f(x)}{\Delta x}$$

我們將此平均變化率在 $\Delta x \to 0$ 時之極限值定義為函數 $f(x)$ 之**瞬時變化率** (instantaneous rate of change)，簡稱為**變化率**，如下所述

$$\lim_{\Delta x \to 0} \frac{\Delta y}{\Delta x} = \lim_{\Delta x \to 0} \frac{f(x+\Delta x) - f(x)}{\Delta x} \tag{3-11}$$

此一瞬時變化率顯然為導數 $f'(x)$，故 $y=f(x)$ 之瞬時變化率為

$$\frac{dy}{dx} = f'(x)$$

$$f(x) \text{ 之相對變化率} = \frac{f'(x)}{f(x)} = \frac{\dfrac{dy}{dx}}{y} \tag{3-12}$$

而 y 對於 x 之百分變化率如下式所述

$$\text{百分變化率} = 100\% \frac{f'(x)}{f(x)} = 100\% \frac{\frac{dy}{dx}}{y} \tag{3-13}$$

在應用上，瞬時變化率在不同的場合可代表不同的意義，如表 3-2 所述．

表 3-2

x 代表	y 代表	$\dfrac{f(x+\Delta x)-f(x)}{\Delta x}$ 表示	$\lim\limits_{\Delta x \to 0} \dfrac{f(x+\Delta x)-f(x)}{\Delta x}$ 表示
時間	銀行帳戶存款之數目 (視作本金)	在時間區間 $[x, x+\Delta x]$ 中本金之平均變化率	在時間為 x 時本金之瞬時變化率，即利率
銷售商品之數量	銷售 x 單位商品之收益	當銷售水準介於 x 與 $x+\Delta x$ 時收益之平均變化率	當銷售水準為 x 單位時，收益之瞬時變化率，即邊際收益
時間	在時間為 x 之銷售量	在時間區間 $[x, x+\Delta x]$ 中銷售量之平均變化率	在時間為 x 時銷售量之瞬時變化率

例題 1 變化率

設有一圓球之半徑由零開始作每秒 5 公分等速度增加，試求 4 秒後其體積增加之變化率．

解 半徑 r 的圓球之體積為 $V = \dfrac{4}{3}\pi r^3$

故 $$\frac{dV}{dt} = \frac{d}{dt}\left(\frac{4}{3}\pi r^3\right) = \frac{4}{3}\pi \cdot 3r^2 \frac{dr}{dt} = 4\pi r^2 \frac{dr}{dt}$$

因球體半徑之變化率為 $\dfrac{dr}{dt} = 5$ 公分/秒，且 $t=4$ 秒時，$r = 4 \cdot 5 = 20$ 公分，代入上式得

$$\frac{dV}{dt} = 4\pi(20)^2 \cdot 5 = 8{,}000\pi \text{ 立方公分/秒．}$$

例題 2　百分變化率

某一國家在 1990 年後 t 年之國民總生產毛額 (GNP) 為 $N(t) = t^2 + 5t + 106$ (以十億元為單位). 試問

(1) 在 1998 年 GNP 對於時間之變動的變化率為何？

(2) 在 1998 年 GNP 對於時間之變動的百分變化率為何？

解　(1) GNP 之變化率為 $N'(t) = 2t + 5$. 在 1998 年 (即 $t = 8$) 之變化率為

$$N'(8) = 2(8) + 5 = 21 \text{ (十億元／年)} = 210 \text{ 億／年}$$

(2) 在 1998 年 GNP 之百分變化率為

$$100\% \cdot \frac{N'(8)}{N(8)} = 100\% \cdot \frac{21}{210} = 10\%／年.$$

例題 3　變化率

大偉電腦公司從民國 80 年到民國 89 年的每股收入 R (以元計) 可表為 $R = (0.03t^2 + 0.2t + 3.2)^2$ 元，$1 \leq t \leq 10$，其中 $t = 1$ 代表民國 80 年. 利用此一模型求民國 81 年、民國 83 年和民國 87 年每股收入的變化率之近似值. 如果你於民國 80 年至民國 89 年曾任大偉電腦公司的監察人，你對股價的表現滿意抑或不滿意？

解　R 的變化率為 $\dfrac{dR}{dt}$，故

$$\frac{dR}{dt} = \frac{d}{dt}(0.03t^2 + 0.2t + 3.2)^2$$

$$= 2(0.03t^2 + 0.2t + 3.2)\frac{d}{dt}(0.03t^2 + 0.2t + 3.2) \quad \text{連鎖律}$$

$$= 2(0.03t^2 + 0.2t + 3.2)(0.06t + 0.2)$$

$$= (0.03t^2 + 0.2t + 3.2)(0.12t + 0.4)$$

(i) 在民國 81 年，每股收入的變化率為

$$[0.03(2)^2 + 0.2(2) + 3.2][0.12(2) + 0.4] \approx 2.381 \text{ 元／年}$$

(ii) 在民國 83 年，每股收入的變化率為

$$[0.03(4)^2+0.2(4)+3.2][0.12(4)+0.4] \approx 3.94 \text{ 元/年}$$

(iii) 在民國 87 年，每股收入的變化率為

$$[0.03(8)^2+0.2(8)+3.2][0.12(8)+0.4] \approx 9.14 \text{ 元/年}$$

由於每股收入之變化率逐年遞增，故對股價的表現是滿意的．

◎ 經濟學上的應用 (邊際分析)

經濟學上的邊際分析主要是用來研究經濟數量之變動率，舉例來說，經濟學家不僅關心整個經濟體系在既定的期間內國民總生產毛額 (GNP) 有多少，而且也同樣地關心 GNP 的成長或下降比率，而製造業者也是如此，不僅注意某個商品在生產水準下的總成本，而且也關心在該生產水準下的總成本變動比率．這樣的例子實在不勝枚舉．

例如，在 1-5 節中我們曾討論到，若成本函數為線性函數 $C(x)=mx+b$，則 m 表每個產品之**邊際成本**，但若成本函數 $C(x)$ 非線性，則應如何去求**邊際成本**？

1. 成本函數

例題 4 **求邊際成本**

假設利台公司製造 x 台電視機所需的每週總成本為

$$C(x)=8{,}000+200x-0.2x^2, \quad 0 \leqslant x \leqslant 400 \quad \text{(以元為單位)}$$

(1) 試求製造第 251 台電視機所需之實際成本為多少？

(2) 當 $x=250$ 時，試求總成本對 x 的變動率．

(3) 比較 (1) 與 (2) 所得出的結果．

解 (1) 生產第 251 台電視機所需之實際成本，也就等於生產前 251 台電視機所需的總成本與生產前 250 台電視機所需的總成本之差額．因此，實際的成本為

$$C(251)-C(250) = [8000+200(251)-0.2(251)^2]$$
$$-[8000+200(250)-0.2(250)^2]$$

$$=45{,}599.8-45{,}500$$
$$=99.80\ (元)$$

(2) 總成本函數 C 對於 x 的變動率等於 C 的導函數，亦即 $C'(x)=200-0.4x$. 於是，當生產水準為 250 台電視機時，總成本對 x 的變動率為

$$C'(250)=200-0.4(250)=100\ (元)$$

(3) 由 (1) 之結果得知，實際生產第 251 台電視機的成本為 99.8 元，與 (2) 所求得之 100 元相差無幾，究其原因，我們觀察 $C(251)-C(250)$ 的差額可以寫成下面之形式

$$\frac{C(251)-C(250)}{1}=\frac{C(250+1)-C(250)}{1}$$
$$=\frac{C(250+h)-C(250)}{h}$$

其中 $h=1$，換言之，$C(251)-C(250)$ 的差額正是總成本函數 C 在區間 [250, 251] 的平均變動率；或，相當於經過成本曲線上兩點 (250, 45,500) 與 (251, 45,599.8) 的割線斜率. 而在另一方面，$C'(250)=100$ 乃為總成本函數 C 在 $x=250$ 之瞬時變化率，相當於成本函數 C 的圖形在 $x=250$ 切線之斜率，如圖 3-6 所示. 現在，當 h 很小時，函數 C 之平均變化率即為函數 C 之瞬時變化率的最佳近似值. 於是，

$$C(251)-C(250)=\frac{C(251)-C(250)}{1}$$
$$=\frac{C(250+h)-C(250)}{h}$$
$$\approx \lim_{h\to 0}\frac{C(250+h)-C(250)}{h}$$
$$=C'(250).$$

若廠商已於某一生產水準下生產，則再增加一單位商品的生產所需之實際成本稱為**邊際成本**. 瞭解這個成本之概念，對廠商日後的管理決策大有裨益. 在本例題中，我們

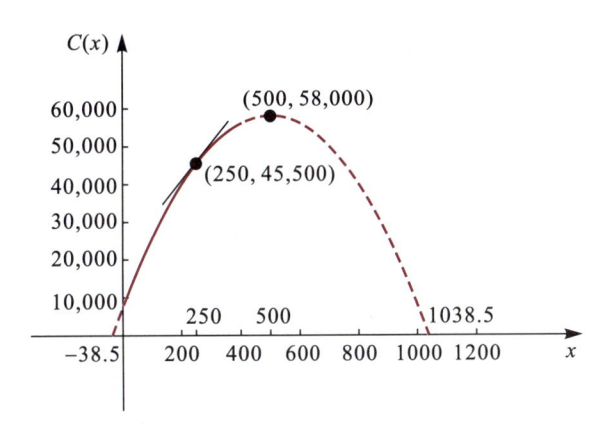

圖 3-6

利用相關的總成本函數在適當點上的瞬時變化率即可估計出該單位的邊際成本．因此，經濟學家便定義出所謂**邊際成本函數**恰為所對應之總成本函數的導函數，換言之，若 C 表總成本函數，則其邊際成本函數定義為其導函數 C'，亦即，

$$MC(x) = C'(x) \approx C(x+1) - C(x) = 多生產一單位商品之額外成本 \tag{3-14}$$

邊際成本 $C'(x)$ 與額外成本 $C(x+1) - C(x)$ 間之幾何關係如圖 3-7 所示．

邊際成本 $C'(x)$　　　　　　　　　產量由 x 增加至 $x+1$ 之額外成本 $C(x+1) - C(x)$

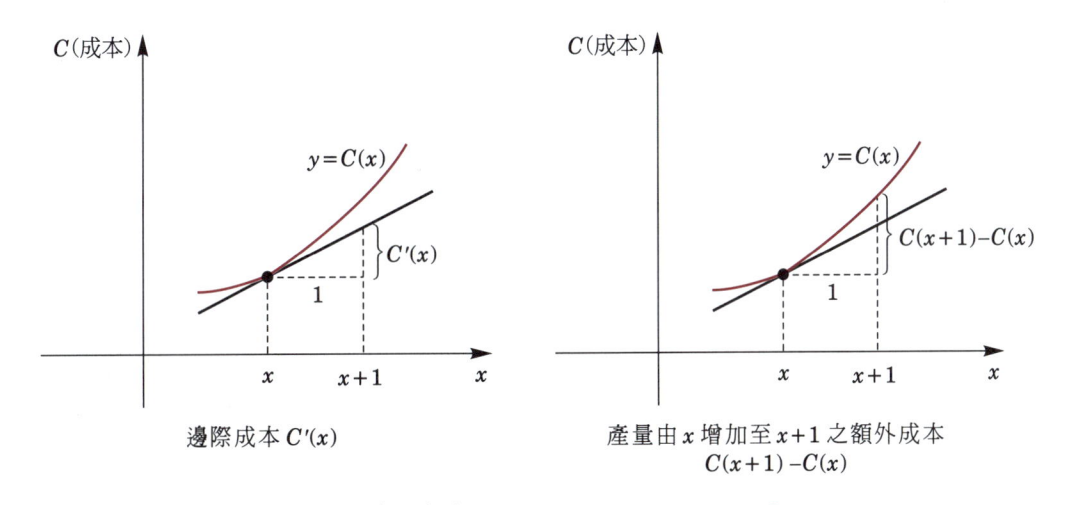

圖 3-7　邊際成本 $C'(x)$ 近似於 $C(x+1) - C(x)$

例題 5　**邊際成本**

假設某公司生產 x 單位商品的成本為 $C(x) = 500 + 30x - x^2$ 元 $(0 \leq x \leq 12)$．

(1) 試求 $x = 9$ 時的邊際成本．

(2) 解釋 $C'(9)$.

(3) 求生產第 10 個單位的真正成本，即 $C(10)-C(9)$.

解 (1) 邊際成本為

$$C'(x)=\frac{d}{dx}(500+30x-x^2)=30-2x$$

$x=9$ 時，得 $\qquad C'(9)=30-2(9)=12$

即 $x=9$ 時之邊際成本為 12 元.

(2) $x=9$ 時之邊際成本為 12 元，這表示在生產了 9 個單位之後，再生產下一個單位 (即第 10 個單位) 的成本約為 12 元.

(3) $C(10)-C(9)=500+30\cdot(10)-(10)^2-[500+30\cdot(9)-(9)^2]$

$\qquad =700-689=11$ 元

故生產第 10 個單位之真正成本為 11 元.

2. 收益函數

總收益函數定義為

$$R(x)=px$$

此處 x 表示某商品銷售的單位數量，p 為單位售價.

可解需求方程式，p 以 x 表之，我們得單位價格函數 f，為

$$p=f(x)$$

於是，$R(x)=px=xf(x)$.

邊際收益函數 (marginal revenue function) 定義為

$$MR(x)=R'(x)\approx R(x+1)-R(x)=\text{多銷售一單位商品之額外收益．} \qquad (3\text{-}15)$$

例題 6 邊際收益

金像電子公司預測其所生產磁碟片的每月需求量為

第三章 微 分 **145**

$$p = \frac{600-x}{200}$$

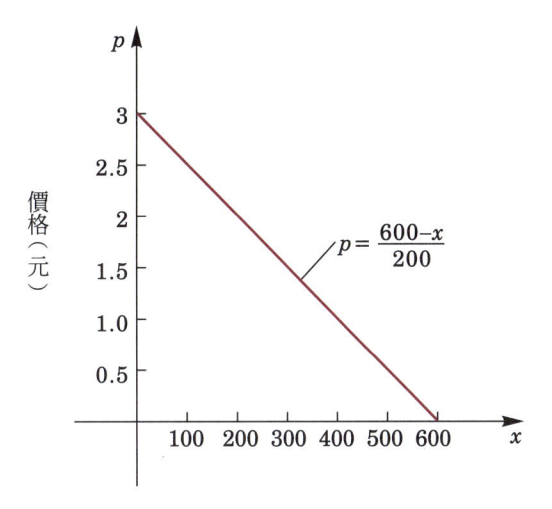

圖 3-8 磁碟片的銷售量

$$p = \frac{600-x}{200}$$

圖 3-8 告訴我們當價格遞減時，磁碟片之需求量遞增，表 3-3 列出在不同價格之下磁碟片之需求量．

表 3-3

x	600	500	400	300	200	100	0
p	0 元	0.5 元	1 元	1.5 元	2 元	2.5 元	3 元

(1) 試求總收益函數 R．
(2) 試求邊際收益函數 R'．
(3) 計算 $R'(200)$，並解釋所得之結果．

解 (1) 已知需求量為

$$p = \frac{600-x}{200} \quad (0 \leq x \leq 600)$$

又收益為 $R = xp$，故總收益函數為

$$R(x) = xp = x\left(\frac{600-x}{200}\right) = \frac{1}{200}(600x - x^2)$$

146　商用微積分

(2) 由微分，求得**邊際收益**為

$$R'(x) = \frac{d}{dx}\left[\frac{1}{200}(600x - x^2)\right] = \frac{1}{200}(600 - 2x)$$

(3) $$R'(200) = \frac{1}{200}(600 - 2(200)) = 1$$

上述之結果可解釋為，銷售第 201 片磁碟片的實際收益約為 1 元，亦即 $x=200$ 時的**邊際收益**.

註：經濟學家常將需求函數表示為 $p=f(x)$，即價格是需求量之函數。然而由消費者的觀點來看待，將需求量 x 視為價格的函數，即 $x=f(p)$ 更為合理。但是站在數學的立場來討論，這兩種論點是相同的，因為典型的需求函數是**一對一函數**，故有**反函數**存在。例如，在例題 7 中，可將需求函數寫成 $x=f(p)=600-200p$.

3. 利潤函數

總利潤函數 P 定義為

$$P(x) = R(x) - C(x) \tag{3-16}$$

此處 R 與 C 分別表示總收益函數及總成本函數，而 x 則表示該商品生產及銷售的單位數量。所謂的**邊際利潤函數** $P'(x)$ 即是用以測定利潤函數 P 的變化率，以提供我們預測銷售該商品第 $(x+1)$ 單位時的實際利潤或虧損 (假設第 x 單位商品已經售出). 故**邊際利潤函數** (marginal profit function) 定義為

$$MP(x) = P'(x) \approx P(x+1) - P(x) = \text{多銷售一單位產品之額外利潤}. \tag{3-17}$$

例題 7　邊際利潤

某公司生產個人電腦，每台電腦的成本為 150.00 (元) 且目前每天可生產 100 台. 該公司之行銷部門預估每天可以價格 $p = \dfrac{400}{\sqrt{1+0.02x}}$ 元銷售 x 台電腦. 試決定邊

際利潤，且計算在 $x=100$ 時之邊際利潤，並解釋其結果.

解 令 $C(x)$、$R(x)$ 與 $P(x)$ 分別代表生產 x 台電腦，每天的成本、收益與利潤，則

$$C(x)=150x$$

$$R(x)=px=\frac{400x}{\sqrt{1+0.02x}}$$

$$P(x)=R(x)-C(x)=\frac{400x}{\sqrt{1+0.02x}}-150x$$

於是，邊際利潤 $P'(x)$ 為

$$P'(x)=\frac{(1+0.02x)^{1/2}(400)-(400x)\left(\frac{1}{2}\right)(1+0.02x)^{-1/2}(0.02)}{1+0.02x}-150$$

$$=\frac{(1+0.02x)400-4x}{(1+0.02x)^{3/2}}-150$$

$$P'(100)=\frac{(1+2)400-400}{(3)^{3/2}}-150 \approx 153.96-150=3.96 \text{ (元)}$$

上述之結果可解釋為若增加生產一台電腦僅可增加利潤大約 3.96 元，且在 $x=100$ 時，該公司對每台電腦僅有 150.00 元的成本，就可獲得售價 $p=400/\sqrt{3} \approx 230.94$ 元，利潤大約是 80.94 元.

習題 3-4

⟨ 3-4 視導數為變化率 ⟩

一、基礎題

1. 一圓形金屬板受熱膨脹，若其半徑增加之速率為每秒 0.08 公分，試求當半徑為 8 公

分時，面積增加之速率如何？

2. 試證明球體對其半徑之變化率為其表面積.

3. 設一正圓柱體之高為 4 公尺，求其體積對底半徑之變化率.

4. 當球體之表面積增加速率與球半徑增加速率相等時，球體之半徑為若干？

5. 某一社區之人口預估距現在 t 年近似於函數 $P(t)=20-\dfrac{6}{t+1}$，$P(t)$ 以千人為單位.

 (1) 試導出該社區人口對於時間距現在 t 年人口變動之變化率的式子.

 (2) 距現在 1 年，該社區人口成長之變化率為多少？

 (3) 在第 2 年，該社區人口實際增加多少？

 (4) 距現在 9 年，該社區人口成長之變化率為多少？

 (5) 距現在 9 年，該社區人口成長之百分變化率為多少？

6. 某公司在 1987 年開業 t 年後，預估其每年獲利總額近似於函數 $A(t)=0.1t^2+10t+20$，$A(t)$ 以千元為單位.

 (1) 在 1991 年，公司每年獲利總額對於時間 t 成長之變化率為多少？

 (2) 在 1991 年，公司每年獲利總額對於時間 t 成長之百分變化率為多少？

7. 某國之國民生產毛額 (GNP) 以一固定比率成長. 在 1986 年 GNP 為 1,250 億元，且在 1988 年 GNP 為 1,550 億元. 試問在 1991 年 GNP 成長之百分率為多少？

8. 設總成本函數為固定成本 F 與一變動成本 $g(x)$ 之和，試證邊際成本與固定成本無關.

9. 設二次成本函數 $C(x)=ax^2+bx+c$，其中 $a>0$, $b\geq 0$, $c\geq 0$，求邊際平均成本.

10. 設需求函數為 $p(x)=15-2x$, $0<x<\dfrac{15}{2}$，試求其邊際收益.

11. 利台公司製造之洗衣機每週需求函數為

$$p=-0.02x+300 \quad (0\leq x\leq 15{,}000)$$

此處 p 表批發單位售價 (以元計) 且 x 表需求數量. 另外，製造這些洗衣機的每週總成本函數為

$$C(x) = 0.000003x^3 - 0.04x^2 + 200x + 70{,}000 \text{ 元}.$$

(1) 求總收益函數 R 與總利潤函數 P.
(2) 求邊際成本函數 C'、邊際收益函數 R' 及邊際利潤函數 P'.
(3) 求 $\overline{C}$ 的邊際平均成本函數 $\overline{C}'$.
(4) 計算 $C'(3000)$、$R'(3000)$ 及 $P'(3000)$，並解釋所得之結果.

12. 生產某品牌之錄音機 x 台的總生產成本為

$$C(x) = 400 + 20x \text{ 元}$$

(1) 試求平均成本函數 $\overline{C}$.
(2) 求邊際平均成本函數 $\overline{C}'$.
(3) 解釋 (1) 與 (2) 所得出之結果.

二、進階題

1. 某國家在 1997 年之後 t 年 GDP 為 $N(t) = 200 + 5t + t^2$ 億元，試預估 GDP 在 2005 年第一季之百分變化率.

2. 全能電腦公司由 1990 年到 2001 年的每股售價 R 可表為 $R = (0.008t^2 + 0.05t + 0.9)^2$ 元，$1 \leqslant t \leqslant 10$，其中 $t = 1$ 代表 1990 年. 試利用此模型求 1998 年每股售價的變化率之近似值.

3. 假設電冰箱的單位售價 p (以元計) 與其需求數量 x 間的關係為

$$p = -0.02x + 400 \ (0 \leqslant x \leqslant 20{,}000)$$

(1) 試求總收益函數 R.
(2) 試求邊際收益函數 R'.
(3) 計算 $R'(1000)$ 並解釋所得之結果.

4. 某家電冰箱製造公司已確知生產電冰箱的邊際成本經常是增加的，公司決定在邊際成本達 200 元時就停止電冰箱的生產，假設電冰箱的成本函數為

$$C(x) = 400 + 80x + 0.04x^2$$

則公司在生產多少台電冰箱後會停止電冰箱之生產？

5. 某 CD 製造商的市場調查部門宣稱公司生產並銷售 x 片 CD 的利潤為 $P(x)=0.02x^2+10x-300$ 元.

(1) 公司售出 500 片 CD 的利潤為多少？

(2) 求邊際利潤函數.

6. 某公司生產 x 台電冰箱之成本為 $C(x)=4000+70x-0.01x^2$ 元，銷售 x 台電冰箱的收益為 $R(x)=105x-0.02x^2$ 元.

(1) 求邊際成本.

(2) 求邊際收益.

(3) 求 $R'(50)$，並說明其意義.

(4) 求邊際利潤.

(5) x 為何值時邊際成本等於邊際收益？又此時之邊際利潤為多少？

7. 某一製帽工廠決定在帽子的邊際成本達到 310 元時就停止生產. 若生產 x 頂帽子的成本為 $C(x)=0.5x^2+5x+140$ 元，則製帽廠商將在生產多少頂帽子後停止生產？

8. 假設銷售 x 片 CD 的收益為 $R(x)=400x-0.01x^2$ 元，$0 \leq x \leq 20{,}000$.

(1) 求銷售 1 片、10 片及 100 片 CD 的收益.

(2) 求邊際收益.

(3) 求 $R'(1000)$ 並說明其意義.

9. 某公司銷售 x 台電腦的利潤 (以元計) 約為

$$P(x)=\frac{10x^2-50x}{x+1}, \quad x \geq 1$$

(1) 若公司只售出 1 台電腦，利潤是多少？

(2) 若銷售 5 台電腦，利潤是多少？

(3) 若銷售 10 台電腦，利潤是多少？

(4) 求邊際利潤函數.

10. 假設收入來自兩個公司，其一為銷售 x 加侖的清潔劑，每加侖價格為 180 元. 另一為 x 箱的衛生紙，每箱價格為 $x/(x-1)$ 元 $(x \geq 2)$.

(1) 求收益函數 R.

(2) 求邊際收益函數.

11. 某電腦製造商已知其生產 x 台電腦的成本為 $C(x)=800+50x-0.04x^2$ 元. 當生產 40 台電腦時, 求其邊際成本的變化率為何?

12. 廠商生產 x 台電腦的成本為 $C(x)=150+80x+x^2$, 生產多少台電腦時邊際成本等於 150 元?

13. 假設某經濟體系的消費函數為

$$C(x)=0.564x^{1.1}+20.34$$

此處 $C(x)$ 為個人消費支出且 x 為個人所得, 兩者均以百萬元為單位. 試求當 $x=10$ 時, 其邊際消費傾向 (marginal propensity to consume) 為若干?

14. 設 $C(x)$ 為個人消費支出且 x 為個人所得, 兩者均以百萬元為單位, 定義儲蓄函數為

$$S(x)=x-C(x) \text{ (所得減消費)}$$

(1) 試證明 $\dfrac{dS}{dx}=1-\dfrac{dC}{dx}$, 而數量 $\dfrac{dS}{dx}$ 稱之為邊際儲蓄傾向 (marginal propensity to save).

(2) 依照第 13 題某經濟體系之消費函數, 試求當 $x=10$ 時, 其邊際儲蓄傾向為若干?

15. 若現在以 10,000 元按 $x\%$ 之利率一年複利 12 次投資生息, 它在 10 年末之本利和 A 為

$$A=10,000\left(1+\dfrac{x}{1,200}\right)^{120}$$

(1) 試求 A 對於 x 變動之變化率.

(2) 當 $x=9$ 時, 計算 A 與 $\dfrac{dA}{dx}$.

3-5 隱函數微分法

前面所討論的函數皆由方程式 $y=f(x)$ 的形式來定義. 例如, 方程式 $y=x^2+x+1$ 定義 $f(x)=x^2+x+1$, 這種函數的導函數可以很容易求出. 但是, 並非所有的函數皆是如此定義的. 試看下面方程式

$$x^2+y^2=1 \tag{3-18}$$

x 與 y 之間顯然不是函數關係, 但是對於函數 $f(x)=\sqrt{1-x^2}$, $x\in[-1, 1]$, 其定義域內所有 x 皆可滿足式 (3-18), 即

$$x^2+(\sqrt{1-x^2})^2=1$$

此時, 我們說 f 為方程式 (3-18) 所定義的**隱函數**. 一般而言, 由方程式 $f(x, y)=0$ 所定義的函數並不唯一. 例如, $g(x)=-\sqrt{1-x^2}$, $x\in[-1, 1]$, 亦為方程式 (3-18) 所定義的隱函數.

同理, 考慮下面方程式

$$x^2-2xy+y^2=x \tag{3-19}$$

若令 $y=f(x)$, 則 $f(x)=x+\sqrt{x}$, $x\in[0, \infty)$, 滿足式 (3-19), 故 f 為方程式 (3-19) 所定義的隱函數. 同理, $g(x)=x-\sqrt{x}$, $x\in[0, \infty)$, 亦為方程式 (3-19) 所定義的隱函數.

若我們要求 f 的導函數, 依前面學過的微分方法, 勢必要先求出 f 來, 但是, 有時候要自所給的方程式解出 f 並不是一件很容易的事. 因此, 我們不必自方程式解出 f, 只要對原方程式直接微分就可求出 f 的導函數, 這種求隱函數的導函數的方法稱為**隱微分法**.

例題 1　利用隱函數微分法

若 $x^2+y^2=2xy^2$ 定義 $y=f(x)$ 之可微分函數，試求 $\dfrac{dy}{dx}$.

解

$$\dfrac{d}{dx}(x^2+y^2)=\dfrac{d}{dx}(2xy^2)$$　　　　等號兩端對 x 微分

$$2x+2y\dfrac{dy}{dx}=2x\left(2y\dfrac{dy}{dx}\right)+y^2\dfrac{d}{dx}(2x)$$　　　　隱微分

$$(2y-4xy)\dfrac{dy}{dx}=2y^2-2x$$　　　　合併 $\dfrac{dy}{dx}$ 項

$$\dfrac{dy}{dx}=\dfrac{2y^2-2x}{2y-4xy}=\dfrac{y^2-x}{y-2xy},\ 若\ y-2xy\neq 0.$$　　解出 $\dfrac{dy}{dx}$

例題 2　利用隱函數微分法

設 $\sqrt{x}+\sqrt{y}=8$ 定義 $y=f(x)$ 之可微分函數.

(1) 利用隱微分法求 $\dfrac{dy}{dx}$.

(2) 先解 y 而用 x 表之，然後求 $\dfrac{dy}{dx}$.

(3) 驗證 (1) 與 (2) 的解是一致的.

解 (1) $\sqrt{x}+\sqrt{y}=8\Rightarrow\dfrac{d}{dx}(\sqrt{x}+\sqrt{y})=\dfrac{d}{dx}(8)$

$$\Rightarrow\dfrac{1}{2\sqrt{x}}+\dfrac{1}{2\sqrt{y}}\dfrac{dy}{dx}=0$$

$$\Rightarrow\dfrac{dy}{dx}=-\dfrac{\sqrt{y}}{\sqrt{x}}\ (x>0)$$

(2) $\sqrt{x}+\sqrt{y}=8 \Rightarrow \sqrt{y}=8-\sqrt{x}$

$\Rightarrow y=(8-\sqrt{x})^2=64-16\sqrt{x}+x$

$\Rightarrow \dfrac{dy}{dx}=-\dfrac{8}{\sqrt{x}}+1$

(3) $\dfrac{dy}{dx}=-\dfrac{\sqrt{y}}{\sqrt{x}}=-\dfrac{8-\sqrt{x}}{\sqrt{x}}=-\dfrac{8}{\sqrt{x}}+1.$

例題 3 利用隱函數微分法

試求曲線 $(x^2+y^2)^2=4x^2y$ 在點 $(1, 1)$ 之切線方程式.

解 將方程式等號兩邊對 x 微分，可得

$$\dfrac{d}{dx}(x^2+y^2)^2 = \dfrac{d}{dx}(4x^2y)$$

$$2(x^2+y^2)\dfrac{d}{dx}(x^2+y^2) = 4\left(x^2\dfrac{dy}{dx}+y \cdot 2x\right)$$

$$2(x^2+y^2)\left(2x+2y\dfrac{dy}{dx}\right) = 4\left(x^2\dfrac{dy}{dx}+2xy\right)$$

故

$$\dfrac{dy}{dx}=\dfrac{8xy-4x(x^2+y^2)}{4y(x^2+y^2)-4x^2}$$

通過點 $(1, 1)$ 之切線的斜率為 $m=\dfrac{dy}{dx}\bigg|_{(1, 1)}=\dfrac{8-8}{8-4}=0$，故切線方程式為水平線 $y=1$.

例題 4 利用隱函數微分法求 $\dfrac{d^2y}{dx^2}\bigg|_{(0, -1)}$.

若 $xy+y^2=1$，求 $\dfrac{d^2y}{dx^2}\bigg|_{(0, -1)}$.

解 $xy+y^2=1 \Rightarrow x\dfrac{dy}{dx}+y+2y\dfrac{dy}{dx}=0$

$\Rightarrow (x+2y)\dfrac{dy}{dx}=-y$

$\Rightarrow \dfrac{dy}{dx}=\dfrac{-y}{x+2y}$

$\Rightarrow \dfrac{d^2y}{dx^2}=\dfrac{(x+2y)\left(-\dfrac{dy}{dx}\right)-(-y)\left(1+2\dfrac{dy}{dx}\right)}{(x+2y)^2}$

因 $\left.\dfrac{dy}{dx}\right|_{(0,-1)}=\dfrac{-(-1)}{0+2(-1)}=-\dfrac{1}{2}$

故 $\left.\dfrac{d^2y}{dx^2}\right|_{(0,-1)}=\dfrac{(0-2)\left(\dfrac{1}{2}\right)-(1)\left[1+2\left(-\dfrac{1}{2}\right)\right]}{(0-2)^2}$

$=\dfrac{-1-0}{4}$

$=-\dfrac{1}{4}.$

習題 3-5

3-5 隱函數微分法

一、基礎題

1. 設方程式 $x^2-xy+y^2=3$ 所定義的函數 $y=f(x)$ 為可微分函數，求 $\dfrac{dy}{dx}$。

2. 若 $\dfrac{6+5x}{2-3y}=\dfrac{1}{5x}$，求 $\dfrac{dy}{dx}$。

3. 若 $2\sqrt{y-1}=8x^{2/3}$，求 $\dfrac{dy}{dx}$．

4. 若 $x^2+xy=1$，求 $\left.\dfrac{d^2x}{dy^2}\right|_{(-1,\,0)}$．

5. 若 $y^3-3y^2+x=0$，求 $\left.\dfrac{d^2x}{dy^2}\right|_{(1,\,2)}$．

6. 求曲線 $x+x^2y^2-y=1$ 在點 $(1,\,1)$ 的切線與法線方程式．

7. 試證：在橢圓 $\dfrac{x^2}{a^2}+\dfrac{y^2}{b^2}=1$ 上點 $(x_0,\,y_0)$ 處的切線方程式為

$$\frac{x_0 x}{a^2}+\frac{y_0 y}{b^2}=1$$

8. 某日用品之需求函數為

$$p=\frac{500{,}000}{2x^3+400x+5{,}000}$$

此處 p 為價格（以元計）且 x 為需求量，以 10 為單位計算．試求當 $x=100$ 時，需求對於價格之變化率，並解釋其結果．

9. 某一產品之需求方程式為 $2p^2+q^2=1{,}600$，此處 p 為每單位售價（以元計）且 q 為需求數量．

   (1) 試求 $\dfrac{dq}{dp}$，並解釋其意義．

   (2) 試求 $\dfrac{dp}{dq}$，並解釋其意義．

10. 令 x 代表勞力單位，y 代表投資於某製程的資本．當生產 10,000 單位時，勞力與資本間的關係為 $100x^{0.75}y^{0.25}=10{,}000$．試求當 $x=150$ 且 $y=100$ 時，y 對 x 的變化率．

二、進階題

1. 設方程式 $x^6+2x^3y-xy^7=5$ 所定義的函數 $y=f(x)$ 為可微分函數，求 $\dfrac{dy}{dx}$．

2. 若 $\dfrac{\sqrt{x}+1}{\sqrt{y}+1}=y$，求 $\dfrac{dy}{dx}$。

3. 已知 $x^2-xy+y^2=3$，求 $\dfrac{d^2y}{dx^2}$。

4. 若 $\sqrt{x}+\sqrt{y}=3$，求 $\dfrac{d^2y}{dx^2}\bigg|_{(1,\,4)}$。

5. 試證：在拋物線 $y^2=cx$ 上點 $(x_0,\,y_0)$ 處之切線方程式為 $y_0y=\dfrac{c}{2}(x_0+x)$。

6. 求通過原點且切於圓 $x^2-4x+y^2+3=0$ 的切線方程式。

7. 曲線 $x^2y-xy^2=2$ 上哪一點之切線是垂直的 (亦即，在該點 $\dfrac{dx}{dy}=0$)？

8. 試證 $y=(x+\sqrt{x^2+1})^n$ 滿足微分方程式 $(x^2+1)y''+xy'-n^2y=0$。

9. 若 n 為有理數，試利用隱微分法證明

$$\dfrac{d}{dx}x^n=nx^{n-1}.$$

10. 設 $y=f(u)$、$u=g(x)$ 皆為二次可微分函數，試證

$$\dfrac{d^2y}{dx^2}=\dfrac{d^2y}{du^2}\left(\dfrac{du}{dx}\right)^2+\left(\dfrac{dy}{du}\right)\dfrac{d^2u}{dx^2}$$

3-6 增量與微分

若 $y=f(x)$，則

$$\Delta y=f(x+\Delta x)-f(x)$$

增量記號可以用在導函數的定義中，僅需將定義 3-4 中的 h 以 Δx 取代即可，即

$$f'(x)=\lim_{\Delta x\to 0}\dfrac{f(x+\Delta x)-f(x)}{\Delta x}=\lim_{\Delta x\to 0}\dfrac{\Delta y}{\Delta x} \qquad (3\text{-}20)$$

圖 3-9

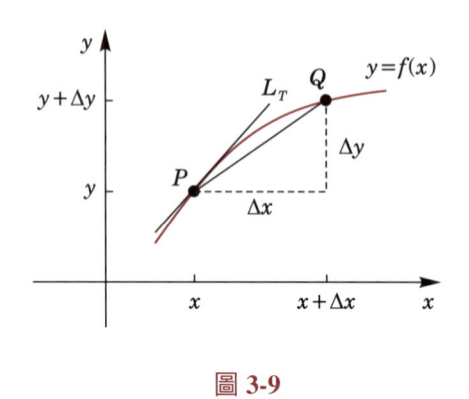

(3-20) 式可以敘述如下：f 的導函數為因變數的增量 Δy 與自變數的增量 Δx 的比值在 Δx 趨近零時的極限. 注意，在圖 3-9 中，$\dfrac{\Delta y}{\Delta x}$ 為通過 P 與 Q 之割線的斜率. 由 (3-20) 式可知，若 $f'(x)$ 存在，則

$$\frac{\Delta y}{\Delta x} \approx f'(x), \quad 當 \ \Delta x \approx 0$$

就圖形上而言，若 $\Delta x \to 0$，則通過 P 與 Q 之割線的斜率 $\dfrac{\Delta y}{\Delta x}$ 趨近在點 P 的切線之斜率 $f'(x)$，也可寫成

$$\Delta y \approx f'(x)\,\Delta x, \quad 當 \ \Delta x \approx 0$$

在下面定義中，我們給 $f'(x)\,\Delta x$ 一個特別的名稱.

定義 3-7

若 $y=f(x)$，其中 f 為可微分函數，Δx 為 x 的增量，則
(1) 自變數 x 的**微分** (differential) dx 為 $dx = \Delta x$.
(2) 因變數 y 的**微分** dy 為 $dy = f'(x)\,\Delta x = f'(x)\,dx$.

注意，dy 的值與 x 及 Δx 兩者有關. 由定義 3-7(1) 可看出，只要涉及自變數 x，則增量 Δx 與微分 dx 沒有差別.

例題 1　$\Delta y \approx dy$

令 $y=f(x)=\sqrt{x}$，若 $x=4$，$dx=\Delta x=3$，求 Δy 與 dy.

解　$\Delta y = f(x+\Delta x)-f(x) = \sqrt{x+\Delta x}-\sqrt{x}$

當 $x=4$，$\Delta x=3$ 時，

$$\Delta y = \sqrt{4+3}-\sqrt{4} = \sqrt{7}-2 \approx 0.65$$

$$dy = f'(x)\,dx = \frac{1}{2\sqrt{x}}\,dx$$

當 $x=4$，$dx=3$ 時，

$$dy = \frac{1}{2\sqrt{4}} \cdot 3 = \frac{3}{4} = 0.75.$$

若 $\Delta x \to 0$，則

$$\Delta y \approx dy = f'(x)\,dx$$

因此，若 $y=f(x)$，則對微小的變化量 Δx 而言，因變數的真正變化量 Δy 可以用 dy 來近似. 因 $\dfrac{dy}{dx}=f'(x)$ 為曲線 $y=f(x)$ 在點 $(x, f(x))$ 之切線的斜率，故微分 dy 與 dx 可解釋為該切線的對應縱距與橫距. 由圖 3-10 可以瞭解增量 Δy 與微分 dy 的區別. 假設我們給予 dx 與 Δx 同樣的值，即，$dx=\Delta x$. 當我們由 x 開始沿著曲線 $y=f(x)$ 直到在 x 方向移動 $\Delta x\,(=dx)$ 單位時，Δy 代表 y 的變化量；而若我們由 x 開始沿著切線直到在 x 方向移動 $dx\,(=\Delta x)$ 單位，則 dy 代表 y 的變化量.

例題 2　求 Δf 與 df

已知 $f(x)=x^3-x$，若 x 由 1 變化到 1.1 時，求：

(1) f 之實際變化 Δf；

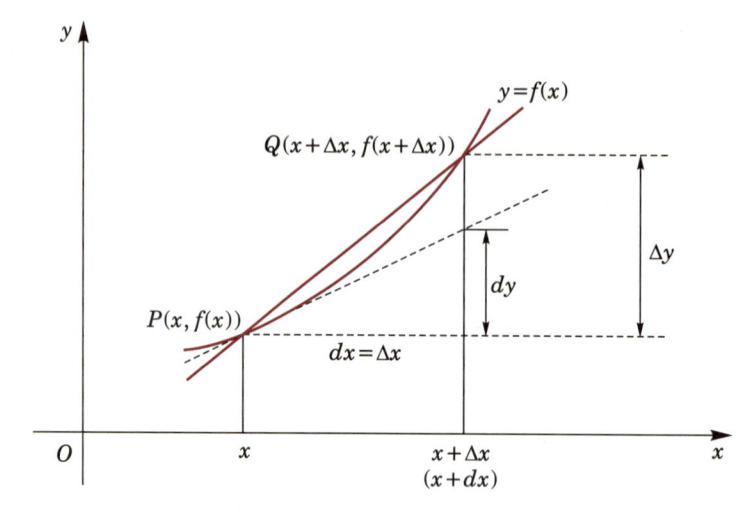

$$f(x+\Delta x) \approx f(x) + dy = f(x) + f'(x)\,dx$$

圖 3-10

(2) f 之近似變化 df；

(3) 近似誤差 $|\Delta f - df|$.

解 因 x 由 1 變化到 1.1，故 $x_0 = 1$，$\Delta x = dx = 0.1$，又 $f'(x) = 3x^2 - 1$.

(1) $\Delta f = f(x_0 + dx) - f(x_0) = f(1.1) - f(1) = 0.231$.

(2) $df = f'(x_0)\,dx = (3(1)^2 - 1)(0.1) = 0.2$.

(3) $|\Delta f - df| = |0.231 - 0.2| = 0.031$.

例題 3 如何求 dy

設 $y = (1-x^2)^{1/3}$，當 $x = 3$，$dx = 1$ 時，求 dy.

解 因

$$\frac{dy}{dx} = \frac{d}{dx}(1-x^2)^{1/3} = \frac{1}{3}(1-x^2)^{-2/3}(-2x)$$

故

$$dy = -\frac{2}{3}x(1-x^2)^{-2/3}\,dx$$

當 $x = 3$，$dx = 1$ 時，

$$dy = \left(-\frac{2}{3}\right)(3)(1-3^2)^{-2/3}(1) = -\frac{1}{2}$$

第三章 微 分

y↑
y=f(x)
切線
f(a)
在點 (a, f(a)) 附近，切線相當近似曲線
a   x

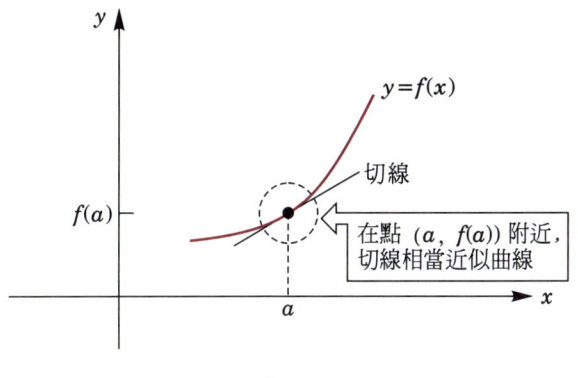

圖 3-11

　　圖 3-11 指出，若 f 在 a 為可微分，則在點 (a, f(a)) 附近，切線相當近似曲線. 因切線通過點 (a, f(a)) 且斜率為 f'(a)，故切線的方程式為

$$y - f(a) = f'(a)(x - a)$$

或

$$y = f(a) + f'(a)(x - a)$$

線性函數

$$L(x) = f(a) + f'(a)(x - a) \tag{3-21}$$

(其圖形為切線) 稱為 f 在 a 的**線性化** (linearization). 對於靠近 a 的 x 值而言，切線的高度 y 將與曲線的高度 f(x) 很接近，所以，

$$f(x) \approx f(a) + f'(a)(x - a) \tag{3-22}$$

若令 $\Delta x = x - a$，即，$x = a + \Delta x$，則 (3-22) 式可寫成另外的形式：

$$f(a + \Delta x) \approx f(a) + f'(a)\,\Delta x \tag{3-23}$$

當 $\Delta x \to 0$ 時，其為最佳近似值，此結果稱為 f 在 a 附近的**線性近似** (linear approximation) 或**切線近似** (tangent line approximation).

例題 4 利用 $L(x) = f(a) + f'(a)(x - a)$

求函數 $f(x) = \sqrt{x + 3}$ 在 $x = 1$ 的線性化，並利用它計算 $\sqrt{4.02}$ 的近似值.

[解] $f(x) = \sqrt{x+3}$ 的導函數為 $f'(x) = \dfrac{1}{2}(x+3)^{-1/2} = \dfrac{1}{2\sqrt{x+3}}$，

可得 $f(1) = 2$，$f'(1) = \dfrac{1}{4}$，故線性化為

$$L(x) = f(1) + f'(1)(x-1)$$
$$= 2 + \dfrac{1}{4}(x-1)$$
$$= \dfrac{x}{4} + \dfrac{7}{4}$$

所以，$\sqrt{x+3} \approx \dfrac{x}{4} + \dfrac{7}{4}$，如圖 3-12 所示.

故 $\sqrt{4.02} \approx \dfrac{1.02}{4} + \dfrac{7}{4} = 2.005$.

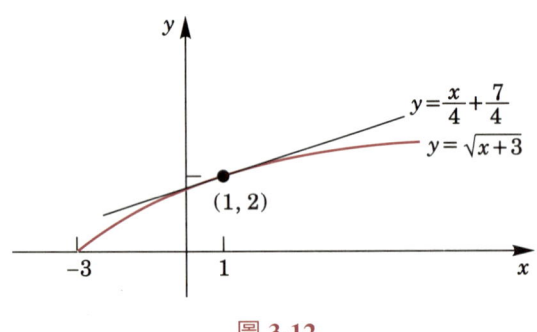

圖 3-12

例題 5 利用 $f(a+\Delta x) \approx f(a) + f'(a)\Delta x$

利用微分求 $\sqrt[6]{64.05}$ 的近似值到小數第五位.

[解] 令 $f(x) = \sqrt[6]{x}$，則 $f'(x) = \dfrac{1}{6} x^{-5/6}$.

取 $x = 64$，$dx = \Delta x = 64.05 - 64 = 0.05$，可得

$$f(64.05) \approx 2 + f'(64)(0.05)$$

即

$$\sqrt[6]{64.05} \approx 2 + \frac{1}{6(64)^{5/6}}(0.05) = 2 + \frac{1}{192}(0.05)$$

故

$$\sqrt[6]{64.05} \approx 2.00026$$

由導函數公式，我們可得下列的微分公式 (表 3-3).

表 3-3

導 函 數 公 式	微 分 公 式
$\dfrac{dk}{dx} = 0$	$dk = 0$
$\dfrac{d}{dx}(x) = 1$	$d(x) = dx$
$\dfrac{d}{dx}(x^n) = nx^{n-1}$	$d(x^n) = nx^{n-1}\,dx$
$\dfrac{d(cf)}{dx} = c\dfrac{df}{dx}$	$d(cf) = c\,df$
$\dfrac{d(f \pm g)}{dx} = \dfrac{df}{dx} \pm \dfrac{dg}{dx}$	$d(f \pm g) = df \pm dg$
$\dfrac{d(fg)}{dx} = f\dfrac{dg}{dx} + g\dfrac{df}{dx}$	$d(fg) = f\,dg + g\,df$
$\dfrac{d\left(\dfrac{f}{g}\right)}{dx} = \dfrac{g\dfrac{df}{dx} - f\dfrac{dg}{dx}}{g^2}$	$d\left(\dfrac{f}{g}\right) = \dfrac{g\,df - f\,dg}{g^2}$
$\dfrac{d(f^n)}{dx} = nf^{n-1}\dfrac{df}{dx}$	$d(f^n) = nf^{n-1}\,df$

例題 6 利用微分公式 $d\left(\dfrac{f}{g}\right) = \dfrac{g\,df - f\,dg}{g^2}$

若 $y = \dfrac{x^2}{\sqrt{x+1}}$，求 (1) dy 之值. (2) 當 $x = 1$, $dx = 0.1$ 時 dy 之值.

解 (1) $dy = d\left(\dfrac{x^2}{\sqrt{x+1}}\right)$ 等號兩邊取微分

$$= \frac{\sqrt{x+1}\ d(x^2) - x^2\ d(\sqrt{x+1})}{(\sqrt{x+1})^2}$$

$$= \frac{\sqrt{x+1}\ 2x\ dx - x^2 \dfrac{1}{2\sqrt{x+1}}\ d(x+1)}{x+1}$$

$$= \frac{2x\sqrt{x+1} - \dfrac{x^2}{2\sqrt{x+1}}}{x+1}\ dx$$

$$= \frac{4x(x+1) - x^2}{2(x+1)^{3/2}}\ dx = \frac{4x^2 + 4x - x^2}{2(x+1)^{3/2}}\ dx$$

$$= \frac{3x^2 + 4x}{2(x+1)^{3/2}}\ dx$$

(2) 當 $x=1$，$dx=0.1$ 時

$$dy = \frac{3\times(1)^2 + 4\times(1)}{2(1+1)^{3/2}} \times 0.1 = \frac{7}{2(2)^{3/2}} \times 0.1 \approx 0.124$$

例題 7　利用微分公式 $d\left(\dfrac{k}{g}\right)$　(k 為常數)

某品牌洗衣機的需求函數如下

$$p = d(x) = \frac{30}{0.02x^2 + 1}$$

此處 x 為需求量 (以千為單位)，且 p 為單價 (以元為單位). 試利用微分預估，當需求量由每星期 5,000 台增加至 5,500 台時，價格 p 的變化為何？

解　$dp = d(d(x)) = d\left(\dfrac{30}{0.02x^2 + 1}\right) = \dfrac{-30\ d(0.02x^2 + 1)}{(0.02x^2 + 1)^2}$

$$= -\frac{30(0.04x)\ dx}{(0.02x^2 + 1)^2} = -\frac{1.2x}{(0.02x^2 + 1)^2}\ dx$$

第三章 微分 **165**

以 $x=5$，$dx=\dfrac{1}{2}=0.5$ (因需求量以千為單位) 代入上式，得

$$dp = -\dfrac{6}{[0.02(5)^2+1]^2} \cdot 0.5 = -1.33$$

故洗衣機之需求量每星期增加 500 台時，價格大約減少 1.33 元。

習題 3-6

3-6 增量與微分

一、基礎題

1. 若 $y=5x^2+4x+1$，
   (1) 求 Δy 與 dy。
   (2) 當 $x=6$，$\Delta x=dx=0.02$ 時，比較 Δy 與 dy 的值。

2. 設 $s=\dfrac{1}{2-t^2}$，若 t 由 1 變到 1.02，試求 Δs 之近似值。

3. 求下列求函數的微分 dy。
   (1) $y=\sqrt[4]{x}$ (2) $y=\sqrt{x^4+x^2+1}$
   (3) $y=\dfrac{x-2}{2x+3}$ (4) $y=\sqrt{x}(x-1)$

4. 試利用微分公式求下列函數之 dy。
   (1) $y=x^3-3\sqrt{x}$ (2) $y=x\sqrt{1-x^2}$
   (3) $y=\dfrac{2x}{1+x^2}$ (4) $y=\dfrac{2\sqrt{x}}{3(1+x)}$

在 5～7 題中求 dy。

5. $3x^2y+2x=9$ 6. $x^3+y^3=3x^2y$

7. $4xy^2 + yx^2 + 2 = 0$

試利用微分求下列各近似值.

8. $\sqrt[3]{26.91}$ 　　　　　　　　9. $\sqrt[4]{82}$

二、進階題

1. 求 $f(x) = \sqrt{x^2+9}$ 在 $x = -4$ 的線性化.

2. (1) 試證：若 k 為任意實數，則函數 $f(x) = (1+x)^k$ 在 $x = 0$ 的線性化為 $L(x) = 1 + kx$.

   (2) 計算 $(1.0002)^{50}$ 與 $\sqrt[3]{1.009}$ 的近似值.

3. 利用微分求下列的近似值.

   (1) $\sqrt[3]{1.02} + \sqrt[4]{1.02}$ 　　　　(2) $\dfrac{\sqrt{4.02}}{2+\sqrt{9.02}}$

4. 利用微分求 $\dfrac{dy}{dx}$ 與 $\dfrac{dx}{dy}$.

   (1) $x^3 + y^3 = 3x^2 y$ 　　　　(2) $4xy^2 + x^2 y + 2 = 0$

5. 某公司銷售電唱機 x 台之利潤為

$$p = (500x - x^2) - \left(\frac{1}{2}x^2 - 77x + 3000\right) \quad \text{(以元計)}$$

試求當銷售量由 115 台增加至 120 台時，利潤變化之近似值與百分變化率各為多少？

6. 試求函數 $f(x) = \sqrt[3]{1+x}$ 在 $x_0 = 0$ 的線性化，並求 $\sqrt[3]{0.95}$ 的近似值.

第四章　三角函數與反三角函數

本章學習目標

瞭解三角函數之極限並能熟記三角函數之微分公式
瞭解反函數
瞭解反三角函數之意義並能熟記其微分公式

4-1 三角函數與其極限

我們以前學過的六個三角 (或圓) 函數稱為 **正弦**函數、**餘弦**函數、**正切**函數、**餘切**函數、**正割**函數與**餘割**函數，分別以符號 sin、cos、tan、cot、sec 與 csc 等記之. 若 x 為一實數，則正弦函數結合 x 所得的實數記為 $\sin x$，同理，其他五個函數亦類似. 我們假設所有的角皆以弳 (或弧度) 度量表示.

下面列出這六個三角函數的定義域與值域，函數圖形如圖 4-1 所示.

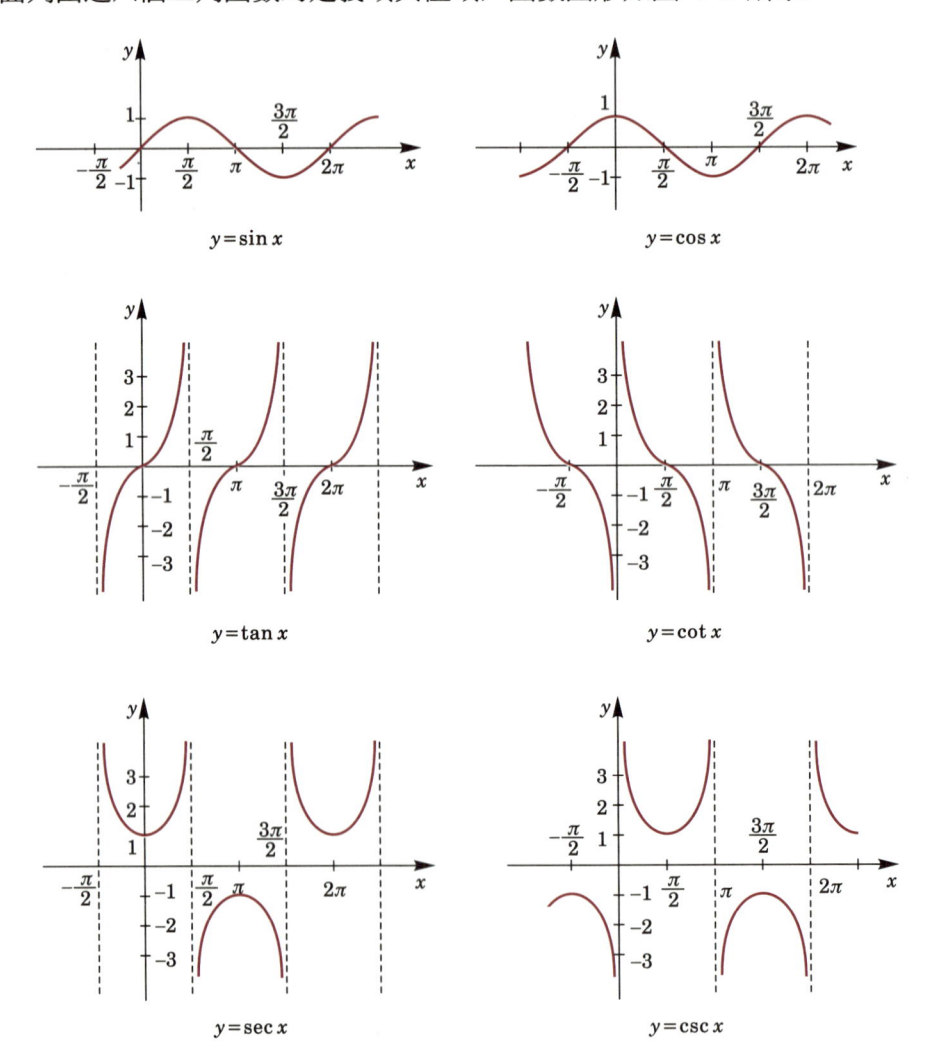

$y=\sin x$

$y=\cos x$

$y=\tan x$

$y=\cot x$

$y=\sec x$

$y=\csc x$

圖 4-1

第四章　三角函數與反三角函數

$\sin : \mathbb{R} \to [-1, 1]$

$\cos : \mathbb{R} \to [-1, 1]$

$\tan : \mathbb{R} - \left\{ x \mid x = \dfrac{2n+1}{2}\pi,\ n \in \mathbb{Z} \right\} \to \mathbb{R}$

$\cot : \mathbb{R} - \{ x \mid x = n\pi,\ n \in \mathbb{Z} \} \to \mathbb{R}$

$\sec : \mathbb{R} - \left\{ x \mid x = \dfrac{2n+1}{2}\pi,\ n \in \mathbb{Z} \right\} \to (-\infty, -1] \cup [1, \infty)$

$\csc : \mathbb{R} - \{ x \mid x = n\pi,\ n \in \mathbb{Z} \} \to (-\infty, -1] \cup [1, \infty)$

在求三角函數的導函數之前，先討論一些基本的三角函數極限．下面的結果對未來的發展很重要．

定理 4-1

若 x 表一實數，或一角的弧度量，則

(1) $\lim\limits_{x \to 0} \sin x = 0$

(2) $\lim\limits_{x \to 0} \cos x = 1$

(3) $\lim\limits_{x \to 0} \dfrac{\sin x}{x} = 1$

例題 1 利用 $\lim\limits_{\theta \to 0} \dfrac{\sin \theta}{\theta} = 1$

求 $\lim\limits_{\theta \to 0} \dfrac{1 - \cos \theta}{\theta}$．

解 $\lim\limits_{\theta \to 0} \dfrac{1-\cos\theta}{\theta} = \lim\limits_{\theta \to 0} \left(\dfrac{1-\cos\theta}{\theta} \cdot \dfrac{1+\cos\theta}{1+\cos\theta} \right) = \lim\limits_{\theta \to 0} \dfrac{1-\cos^2\theta}{\theta(1+\cos\theta)}$

$$= \lim_{\theta \to 0} \frac{\sin^2 \theta}{\theta(1+\cos \theta)} = \left(\lim_{\theta \to 0} \frac{\sin \theta}{\theta}\right)\left(\lim_{\theta \to 0} \frac{\sin \theta}{1+\cos \theta}\right)$$

$$= 1 \cdot \frac{0}{1+1} = 0.$$

例題 2 利用 $\lim_{x \to 0} \frac{\sin x}{x} = 1$

求 $\lim_{x \to 0} \frac{\tan x}{x}$.

解
$$\lim_{x \to 0} \frac{\tan x}{x} = \lim_{x \to 0} \left(\frac{1}{x} \cdot \frac{\sin x}{\cos x}\right) = \left(\lim_{x \to 0} \frac{\sin x}{x}\right)\left(\lim_{x \to 0} \frac{1}{\cos x}\right)$$

$$= 1 \cdot 1 = 1.$$

例題 3 作代換

求 $\lim_{t \to 0} \frac{\sin(1-\cos t)}{1-\cos t}$.

解 令 $\theta = 1-\cos t$，則當 $t \to 0$ 時，$\theta \to 0$，故

$$\lim_{t \to 0} \frac{\sin(1-\cos t)}{1-\cos t} = \lim_{\theta \to 0} \frac{\sin \theta}{\theta} = 1.$$

例題 4 利用夾擠定理

試求 $\lim_{x \to 0} x^2 \cos\left(\frac{1}{x}\right)$.

解 讀者可能引用定理 2-3(3)，求本題之極限，如下

$$\lim_{x \to 0} x^2 \cos\left(\frac{1}{x}\right) = \left(\lim_{x \to 0} x^2\right)\left(\lim_{x \to 0} \cos\left(\frac{1}{x}\right)\right) \quad \cdots\cdots(*)$$

第四章　三角函數與反三角函數

這是一個錯誤的作法，因為 $\cos\left(\dfrac{1}{x}\right)$ 在 -1 到 1 之間振盪. 尤其，當 x 靠近 0 時，振盪得更快速，如圖 4-2 所示，故 $\lim\limits_{x\to 0}\cos\left(\dfrac{1}{x}\right)$ 不存在. 因此，$(*)$ 式並不成立. 正確的作法如下：

由於，

$$-1 \leqslant \cos\left(\dfrac{1}{x}\right) \leqslant 1,\ \forall\, x \neq 0$$

又 $x^2 \geqslant 0$，今以 x^2 乘上述不等式，可得

$$-x^2 \leqslant x^2 \cos\left(\dfrac{1}{x}\right) \leqslant x^2,\ \forall\, x \neq 0$$

又 $\lim\limits_{x\to 0}(-x^2)=0=\lim\limits_{x\to 0}x^2=0$. 所以，利用夾擠定理得知，

$$\lim_{x\to 0} x^2 \cos\left(\dfrac{1}{x}\right) = 0.$$

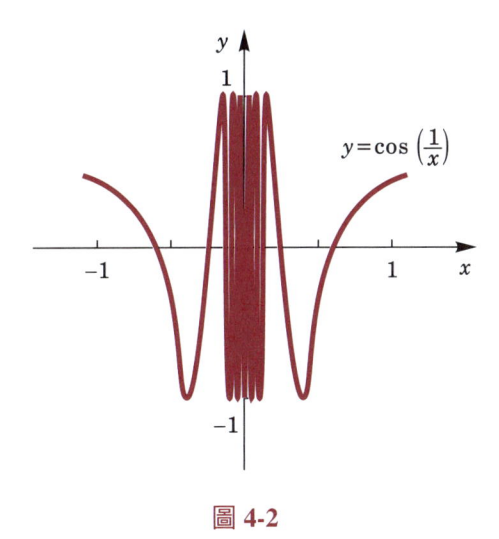

圖 4-2

例題 5　利用夾擠定理

試證 $\lim\limits_{x \to 0} x \sin \dfrac{1}{x} = 0$.

解　若 $x \neq 0$，則 $\left| \sin \dfrac{1}{x} \right| \leq 1$，所以，

$$\left| x \sin \dfrac{1}{x} \right| = |x| \left| \sin \dfrac{1}{x} \right| \leq |x|$$

$$-|x| \leq x \sin \dfrac{1}{x} \leq |x|$$

因 $\lim\limits_{x \to 0} |x| = 0$，故由夾擠定理可知

$$\lim\limits_{x \to 0} x \sin \dfrac{1}{x} = 0.$$

習題 4-1

✎ 4-1　三角函數與其極限 ✎

一、基礎題

試求 1～8 題中的極限.

1. $\lim\limits_{\theta \to 0} \dfrac{\tan \theta}{\theta}$

2. $\lim\limits_{x \to 0} \dfrac{\sin 6x}{\sin 8x}$

3. $\lim\limits_{x \to 0} \dfrac{\tan 7x}{\sin 3x}$

4. $\lim\limits_{\theta \to 0} \dfrac{\sin^2 \theta}{2\theta}$

5. $\lim\limits_{x \to 0} \dfrac{\sin^2 2x}{x^2}$

6. $\lim\limits_{x \to 1} \dfrac{\sin(x-1)}{x^2 + x - 2}$

7. $\lim\limits_{x \to 0^+} \sqrt{x}\, \csc \sqrt{x}$

8. $\lim\limits_{x \to 0} \dfrac{\cos x - 1}{x^2}$

9. 試討論 $f(x) = \begin{cases} \dfrac{\sin x}{|x|}, & x \neq 0 \\ 1, & x = 0 \end{cases}$，在 $x = 0$ 之連續性.

10. 設 $f(x) = \begin{cases} x \sin \dfrac{1}{x}, & x \neq 0 \\ 0, & x = 0 \end{cases}$，求 f 之圖形的水平漸近線.

二、進階題

求 1～7 題中的極限.

1. $\lim\limits_{\theta \to 0} \dfrac{\sin \theta}{\theta + \tan \theta}$

2. $\lim\limits_{x \to \pi} \dfrac{\tan 2x}{3(x - \pi)}$

3. $\lim\limits_{x \to a} \dfrac{\sin x - \sin a}{x - a}$

4. $\lim\limits_{x \to \infty} x \left(1 - \cos^2 \dfrac{1}{x} \right)$

5. $\lim\limits_{x \to 0} \dfrac{1 - \cos 2x}{\sin x}$

6. $\lim\limits_{x \to \infty} x \sin \dfrac{1}{x}$

7. 若函數 f 定義為 $f(x) = \begin{cases} \dfrac{\sin x + \tan x}{\tan x}, & \text{若 } -\dfrac{\pi}{2} < x < \dfrac{\pi}{2} \\ 3, & \text{若 } x = 0 \end{cases}$

   (1) 試證 f 在點 $x = 0$ 處為不連續.
   (2) 是否可重新定義 $f(0)$ 之值，使 f 為連續？

8. 計算 $\lim\limits_{x \to 0} \dfrac{\sin(2x+a) - 2\sin(x+a) + \sin a}{x^2}$.

4-2 三角函數的導函數

首先，我們先來討論正弦函數與餘弦函數的導函數．依導函數的定義，得知，

$$\frac{d}{dx}\sin x = \lim_{h \to 0} \frac{\sin(x+h) - \sin x}{h}$$

$$= \lim_{h \to 0} \left[\frac{\sin(h/2) \cos(x+h/2)}{h/2} \right]$$

因餘弦函數為處處連續，故 $\lim_{h \to 0} \cos(x+h/2) = \cos x$．又，依定理 4-1(3) 可證得

$$\lim_{h \to 0} \frac{\sin(h/2)}{h/2} = 1$$

所以，
$$\frac{d}{dx}\sin x = \cos x$$

因 $\cos x = \sin\left(\frac{\pi}{2} - x\right)$，故由連鎖法則可得

$$\frac{d}{dx}\cos x = \frac{d}{dx}\sin\left(\frac{\pi}{2} - x\right)$$

$$= \cos\left(\frac{\pi}{2} - x\right) \frac{d}{dx}\left(\frac{\pi}{2} - x\right)$$

$$= (\sin x)(-1)$$
$$= -\sin x$$

利用下列的關係式可得其餘三角函數的導函數，

$$\tan x = \frac{\sin x}{\cos x}, \quad \cot x = \frac{\cos x}{\sin x}, \quad \sec x = \frac{1}{\cos x}, \quad \csc x = \frac{1}{\sin x}$$

例如，

第四章　三角函數與反三角函數

$$\frac{d}{dx}\tan x = \frac{d}{dx}\left(\frac{\sin x}{\cos x}\right) = \frac{\cos x \dfrac{d}{dx}\sin x - \sin x \dfrac{d}{dx}\cos x}{\cos^2 x}$$

$$= \frac{\cos^2 x + \sin^2 x}{\cos^2 x} = \frac{1}{\cos^2 x}$$

$$= \sec^2 x$$

$\cot x$、$\sec x$ 與 $\csc x$ 的導函數求法皆類似，留作習題.

下面定理中列出六個三角函數的導函數公式.

定理 4-2

$$\frac{d}{dx}\sin x = \cos x \qquad\qquad \frac{d}{dx}\cos x = -\sin x$$

$$\frac{d}{dx}\tan x = \sec^2 x \qquad\qquad \frac{d}{dx}\cot x = -\csc^2 x$$

$$\frac{d}{dx}\sec x = \sec x \tan x \qquad\qquad \frac{d}{dx}\csc x = -\csc x \cot x$$

若 $u = u(x)$ 為可微分函數，則由連鎖法則可得

$$\frac{d}{dx}\sin u = \cos u \frac{du}{dx} \qquad\qquad \frac{d}{dx}\cos u = -\sin u \frac{du}{dx}$$

$$\frac{d}{dx}\tan u = \sec^2 u \frac{du}{dx} \qquad\qquad \frac{d}{dx}\cot u = -\csc^2 u \frac{du}{dx}$$

$$\frac{d}{dx}\sec u = \sec u \tan u \frac{du}{dx} \qquad\qquad \frac{d}{dx}\csc u = -\csc u \cot u \frac{du}{dx}$$

例題 1　**利用兩函數的和及乘積的導函數公式**

求 $\dfrac{d}{dx}(\sin x + x^2 \cos x)$.

解 $\dfrac{d}{dx}(\sin x + x^2 \cos x) = \dfrac{d}{dx}\sin x + \dfrac{d}{dx}(x^2 \cos x)$

$\qquad\qquad\qquad = \cos x + x^2 \dfrac{d}{dx}\cos x + \cos x \dfrac{d}{dx} x^2$

$\qquad\qquad\qquad = \cos x - x^2 \sin x + 2x \cos x.$

例題 2　利用兩函數商的導函數公式

若 $y = \dfrac{\sin x}{1+\cos x}$，求 $\dfrac{dy}{dx}$。

解 $\dfrac{dy}{dx} = \dfrac{d}{dx}\left(\dfrac{\sin x}{1+\cos x}\right)$

$\qquad = \dfrac{(1+\cos x)\dfrac{d}{dx}\sin x - \sin x \dfrac{d}{dx}(1+\cos x)}{(1+\cos x)^2}$

$\qquad = \dfrac{(1+\cos x)\cos x - \sin x(-\sin x)}{(1+\cos x)^2}$

$\qquad = \dfrac{\cos x + \cos^2 x + \sin^2 x}{(1+\cos x)^2}$

$\qquad = \dfrac{1+\cos x}{(1+\cos x)^2} = \dfrac{1}{1+\cos x}.$

例題 3　利用連鎖法則

若 $f(x) = \cos(\tan x^2)$，求 $f'(x)$。

解 $f'(x) = \dfrac{d}{dx}\cos(\tan x^2) = -\sin(\tan x^2)\dfrac{d}{dx}(\tan x^2)$

$\qquad\quad = -\sin(\tan x^2)\sec^2 x^2 \cdot 2x$

$\qquad\quad = -2x \sin(\tan x^2)\sec^2 x^2.$

第四章　三角函數與反三角函數　177

例題 4　**利用兩函數乘積之導函數公式與導數之定義**

令
$$f(x)=\begin{cases} x^2 \sin \dfrac{1}{x}, & \text{若 } x \neq 0 \\ 0, & \text{若 } x=0 \end{cases}$$

(1) 求 $f'(x)\,(x \neq 0)$　　(2) 求 $f'(0)$．

解　(1) $f'(x)=\dfrac{d}{dx}\left(x^2 \sin \dfrac{1}{x}\right)=x^2 \dfrac{d}{dx}\sin \dfrac{1}{x}+\sin \dfrac{1}{x}\cdot \dfrac{d}{dx}x^2$

$\qquad =x^2 \cos \dfrac{1}{x}\left(-\dfrac{1}{x^2}\right)+2x \cdot \sin \dfrac{1}{x}=-\cos\left(\dfrac{1}{x}\right)+2x \sin\left(\dfrac{1}{x}\right)$

$\qquad =2x \sin\left(\dfrac{1}{x}\right)-\cos\left(\dfrac{1}{x}\right)$

(2) $f'(0)=\lim\limits_{x\to 0}\dfrac{f(x)-f(0)}{x-0}=\lim\limits_{x\to 0}\dfrac{x^2 \sin \dfrac{1}{x}-0}{x}=\lim\limits_{x\to 0} x \sin \dfrac{1}{x}=0.$

例題 5　**利用隱微分法**

求曲線 $y+\sin y=x$ 在點 $(0, 0)$ 的切線方程式．

解
$$\dfrac{dy}{dx}+\dfrac{d}{dx}\sin y=\dfrac{d}{dx}x$$

$$\dfrac{dy}{dx}+\cos y \dfrac{dy}{dx}=1$$

$$\dfrac{dy}{dx}=\dfrac{1}{1+\cos y}$$

可得
$$\left.\dfrac{dy}{dx}\right|_{(0,\,0)}=\dfrac{1}{1+1}=\dfrac{1}{2}$$

故在點 $(0, 0)$ 的切線方程式為 $y-0=\dfrac{1}{2}(x-0)$，即，$x-2y=0$．

例題 6 利用 $f(a+\Delta x) \approx f(a)+f'(a)\Delta x$

利用微分求 $\cos 31°$ 的近似值。

解 設 $f(x)=\cos x$，則 $f'(x)=-\sin x$。

令 $a=30°=\dfrac{\pi}{6}$，則 $\Delta x=1°=\dfrac{\pi}{180}$。將這些值代入式 (3-23) 中，可得

$$f\left(\dfrac{\pi}{6}+\dfrac{\pi}{180}\right)=f\left(\dfrac{31\pi}{180}\right)\approx f\left(\dfrac{\pi}{6}\right)+f'\left(\dfrac{\pi}{6}\right)\left(\dfrac{\pi}{180}\right)$$

即，
$$\cos\dfrac{31\pi}{180}\approx\cos\dfrac{\pi}{6}-\left(\sin\dfrac{\pi}{6}\right)\left(\dfrac{\pi}{180}\right)$$

故，
$$\cos 31°\approx\dfrac{\sqrt{3}}{2}-\left(\dfrac{1}{2}\right)\left(\dfrac{\pi}{180}\right)\approx 0.8573。$$

習題 4-2

⌘ 4-2 三角函數的導函數 ⌘

一、基礎題

在 1～8 題中求 $f'(x)$。

1. $f(x)=2x\sin 2x+\cos 2x$

2. $f(x)=\sin\sqrt{x}+\sqrt{\sin x}$

3. $f(x)=\dfrac{1-\cos x}{1-\sin x}$

4. $f(x)=\sin^2(\cos 3x)$

5. $f(x)=\sqrt{\cos\sqrt{x}}$

6. $f(x)=\dfrac{\tan x}{1+\sec x}$

7. $f(x)=\tan(\cos x^2)$

8. $f(x)=\tan^2 x\sec^3 x$

在 9～11 題中求 $\dfrac{d^2y}{dx^2}$.

9. $y = \sin x - x \cos x$

10. $y = \sqrt{\tan x}$

11. $y = \sec^2 x$

在 12～15 題中，利用隱微分法求 $\dfrac{dy}{dx}$.

12. $\cos(x-y) = y \sin x$

13. $xy = \tan(xy)$

14. $y = x \csc y$

15. $\csc(x+y) = 2y$

16. 求曲線 $y = \dfrac{1}{8} \csc^3 x$ 在點 $\left(\dfrac{\pi}{6}, 1\right)$ 的切線方程式.

17. 利用微分求 $\sin 31°$ 的近似值.

二、進階題

1. 令 $f(x) = \begin{cases} x^2 \sin \dfrac{1}{x}, & \text{若 } x \neq 0 \\ 0, & \text{若 } x = 0 \end{cases}$，則

   (1) $f'(0)$ 為何？

   (2) f' 在 $x=0$ 是否連續？

2. 令 $f(x) = \begin{cases} \dfrac{1-\cos x}{x}, & \text{若 } x \neq 0 \\ 0, & \text{若 } x = 0 \end{cases}$，試求 $f'(0)$.

3. 若 $g(x) = \begin{cases} x^2 \sin \dfrac{1}{x}, & \text{若 } x > 0 \\ mx + b, & \text{若 } x \leq 0 \end{cases}$ 為可微分函數，試求 m 與 b 的值.

4. 求曲線 $y = x \sin \dfrac{1}{x}$ 在點 $\left(\dfrac{2}{\pi}, \dfrac{2}{\pi}\right)$ 的切線與法線方程式.

5. 試利用微分求 $\dfrac{\sin 31° + 1}{\cot 31°}$ 的近似值.

6. 計算

(1) $\dfrac{d^{99}}{dx^{99}} \sin x$ 　　　　　　(2) $\dfrac{d^{50}}{dx^{50}} \cos 2x$

4-3　反函數與反函數的導函數

◎ 反函數

依照函數的定義，若兩實數子集之間的逆對應能符合函數的關係，這就產生了**反函數**的觀念. 我們先考慮 $y=f(x)=x^3$，如圖 4-3 所示. 若在 f 的定義域 $D_f=(-\infty, \infty)$ 中取一數 $x=2$，則在 f 的值域 $R_f=(-\infty, \infty)$ 中有一單一值 $y=8$ 與其對應. 反之，如果對 f 的值域中一數 $y=8$，則可找到另一函數 $x=f^{-1}(y)=y^{1/3}$ 對應到 $x=2$, 此一函數 f^{-1} 就稱為 f 的**反函數**.

由以上之敘述讀者應注意下列之重要結論：

1. f^{-1} 的定義域 $=f$ 的值域.

　 f^{-1} 的值域 $=f$ 的定義域.

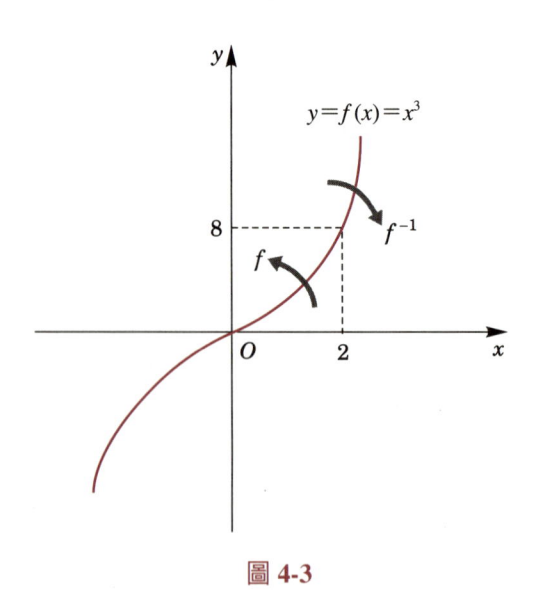

圖 4-3

2. 符號 f^{-1}（唸成"f inverse"）並不表示 $\dfrac{1}{f}$.
3. $f^{-1}(x)=y \Leftrightarrow f(y)=x$.
4. f 與 f^{-1} 可進行合成，並得一恆等函數 $f(f^{-1}(x))=x$ 與 $f^{-1}(f(x))=x$.

定義 4-1

若兩函數 f 與 g 滿足：對於 g 的定義域中的每一 x，恆有 $f(g(x))=x$，且對於 f 的定義域中的每一 x，恆有 $g(f(x))=x$，則我們稱 f 為 g 的反函數或 g 為 f 的反函數. 我們又稱 f 與 g 互為反函數.

例題 1　反函數的定義

兩函數 $f(x)=x^{1/3}$ 與 $g(x)=x^3$ 互為反函數. 因為

$$f(g(x))=f(x^3)=(x^3)^{1/3}=x$$
$$g(f(x))=g(x^{1/3})=(x^{1/3})^3=x$$

滿足定義 4-1.

已知函數 f，我們將對下面兩個問題感到興趣：

1. f 有反函數嗎？
2. 若有，我們如何求它？

欲回答第一個問題，我們必須瞭解在 f 有反函數時，f 與 f^{-1} 的圖形之間有何關係是很有用的.

定理 4-3　反函數的鏡射性質

f 的圖形包含點 (a, b) 若且唯若 f^{-1} 的圖形包含點 (b, a).

如圖 4-4 所示.

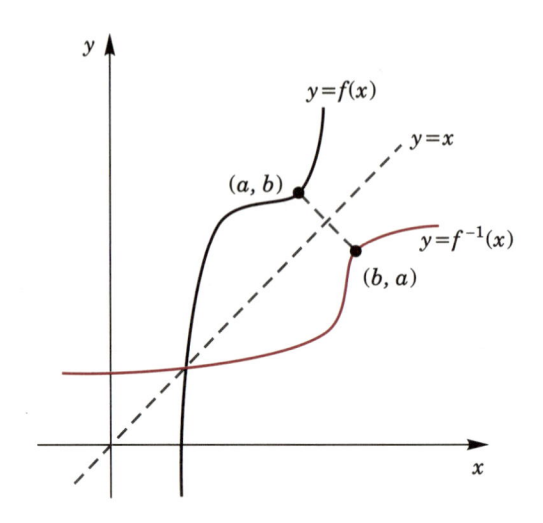

圖 4-4　f^{-1} 的圖形是 f 之圖形對直線 $y=x$ 作鏡射

定理 4-4　反函數存在定理

若 f 為一對一函數，則 f 有反函數.

例題 2　應用定理 4-4

(1) 函數 $f(x)=x^3$ 為一對一函數，故有反函數.
(2) 函數 $f(x)=x^2$ 不為一對一函數，故無反函數.
(3) 函數 $f(x)=\sin x$ 不為一對一函數，故無反函數.

我們由例題 2 可知具有反函數的函數恰為那些是一對一的函數. 設 f 為這種函數，則如何求 $f^{-1}(x)$ 呢？今列出三個步驟，如下：

步驟 1：寫成 $y=f(x)$.
步驟 2：求解方程式 $y=f(x)$ 的 x (以 y 表之).
步驟 3：x 與 y 互換，可得 $f^{-1}(x)$.

例題3 找反函數

求 $f(x)=x^3+1$ 的反函數.

解 首先寫成 $y=x^3+1$，可得

$$x=\sqrt[3]{y-1}$$

將 x 與 y 互換，因而

$$y=\sqrt[3]{x-1}$$

故

$$f^{-1}(x)=\sqrt[3]{x-1}.$$

◎ 反函數的導函數

為了要介紹反三角函數的導數公式，我們務必先討論代數函數的反函數之導函數.

已知 $f(x)=\dfrac{1}{3}x+1$，則其反函數為 $f^{-1}(x)=3x-3$，可得

$$\frac{d}{dx}f(x)=\frac{d}{dx}\left(\frac{1}{3}x+1\right)=\frac{1}{3}$$

$$\frac{d}{dx}f^{-1}(x)=\frac{d}{dx}(3x-3)=3$$

這兩個函數 $f(x)$ 與 $f^{-1}(x)$ 之導函數互為倒數. f 的圖形為直線 $y=\dfrac{1}{3}x+1$，而 f^{-1} 的圖形為直線 $y=3x-3$（圖 4-5），它們的斜率互為倒數.

這並非特殊的情形，事實上，將任一條非水平線或非垂直線關於直線 $y=x$ 作鏡射，一定會顛倒斜率. 若原直線的斜率為 m，則經由鏡射所得對稱直線的斜率為 $\dfrac{1}{m}$（圖 4-6）.

上面所述的倒數關係對其他函數而言也成立. 若 $y=f(x)$ 的圖形在點 $(a, f(a))$ 的切線斜率為 $f'(a)\neq 0$，則 $y=f^{-1}(x)$ 的圖形在對稱點 $(f(a), a)$ 的切線斜率為 $1/f'(a)$. 於是，f^{-1} 在 $f(a)$ 的導數等於 f 在 a 的導數之倒數.

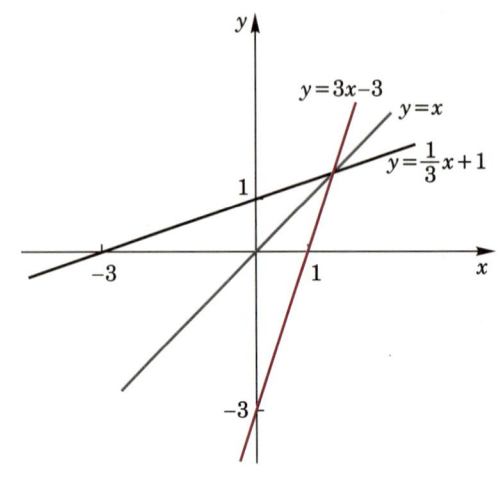

圖 4-5

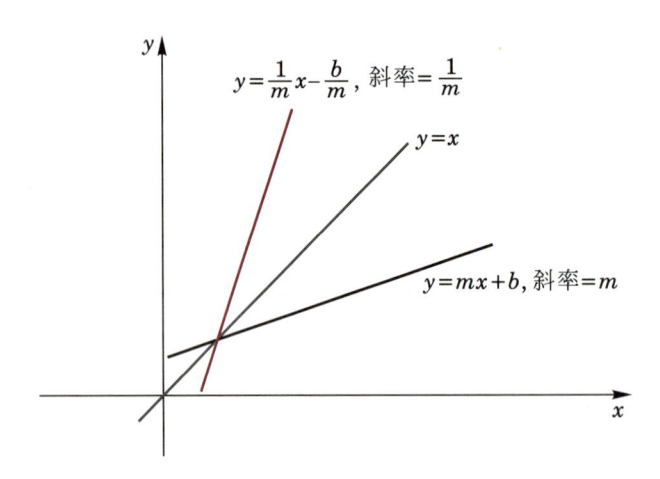

圖 4-6

定理 4-5

若一對一的可微分函數 f 的反函數為 f^{-1}，且 $f'(f^{-1}(c)) \neq 0$，則 f^{-1} 在 c 為可微分，且

$$(f^{-1})'(c) = \frac{1}{f'(f^{-1}(c))}$$

證 因 f^{-1} 為 f 的反函數，故

$$f(f^{-1}(x)) = x, \quad \forall x \in D_{f^{-1}} \qquad \text{反函數的定義}$$

$$\frac{d}{dx} f(f^{-1}(x)) = \frac{d}{dx} x \qquad \text{等號兩邊對 } x \text{ 微分}$$

$$f'(f^{-1}(x))(f^{-1})'(x) = 1 \qquad \text{連鎖法則}$$

故

$$(f^{-1})'(x) = \frac{1}{f'(f^{-1}(x))} \tag{4-1}$$

以 $x = c$ 代入上式，可得

$$(f^{-1})'(c) = \frac{1}{f'(f^{-1}(c))}$$

若我們寫成 $y = f^{-1}(x)$，則 $f(y) = x$，利用萊布尼茲符號，式 (4-1) 可變成

$$\frac{dy}{dx} = \frac{1}{\frac{dx}{dy}} \tag{4-2}$$

例題 4 利用定理 4-5

若 $f(4) = 5$ 且 $f'(4) = \frac{2}{3}$，求 $(f^{-1})'(5)$。

解 $f(4) = 5 \Rightarrow f^{-1}(5) = 4$

$$(f^{-1})'(5) = \frac{1}{f'(f^{-1}(5))} = \frac{1}{f'(4)} = \frac{1}{\frac{2}{3}} = \frac{3}{2}.$$

例題 5 求反函數圖形的切線方程式

求 $f(x) = x^3 - 5$ 的反函數圖形 $y = f^{-1}(x)$ 在 $x = 3$ 的切線方程式。

解 $f'(x) = \dfrac{d}{dx}(x^3-5) = 3x^2$. 令 $f^{-1}(3) = a$, 則 $f(a) = 3$.

因此, $a^3 - 5 = 3$, 可得 $a = 2$.

所以, 在反函數 $f^{-1}(x)$ 圖形上點 $(3, 2)$ 之切線斜率為

$$m = \dfrac{d}{dx} f^{-1}(x)\bigg|_{x=3} = \dfrac{1}{f'(f^{-1}(3))} = \dfrac{1}{f'(2)} = \dfrac{1}{12}$$

故通過反函數圖形上點 $(3, 2)$ 的切線方程式為

$$y - 2 = \dfrac{1}{12}(x - 3) \quad \text{或} \quad x - 12y + 21 = 0.$$

例題 6 $f(g(x)) = x$ 的應用

若 $f'(x) = \dfrac{1}{\sqrt{1 - [f(x)]^2}}$, $g = f^{-1}$, 求 $g'(x)$.

解 因 g 為 f 的反函數, 故 $f(g(x)) = x$.

上式等號兩端對 x 微分, 可得 $f'(g(x)) \cdot g'(x) = 1$, 所以,

$$g'(x) = \dfrac{1}{f'(g(x))} = \dfrac{1}{\dfrac{1}{\sqrt{1 - [f(g(x))]^2}}} = \sqrt{1 - x^2}.$$

習題 4-3

4-3 反函數與反函數的導函數

一、基礎題

1. 試證下列函數 f 與 g 互為反函數.

$$f(x)=x^3+1\ ;\ g(x)=\sqrt[3]{x-1}.$$

2. 試求下列各函數之反函數.

(1) $f(x)=6-x^2$，$0\leqslant x\leqslant \sqrt{6}$

(2) $f(x)=2x^3-5$

3. 設 $f(x)=x^3-x$ 的反函數為 f^{-1}，求 $(f^{-1})'(6)$.

4. 已知 $f(x)=\sqrt{2x-3}$，求 $(f^{-1})'(1)$.

5. 求 $f(x)=x^3-5$ 的反函數 f^{-1} 之圖形在點 $(3, 2)$ 的法線方程式.

二、進階題

1. 若 $f(x)=\sqrt{x^3+x^2+x+1}$ 的反函數為 f^{-1}，求 $(f^{-1})'(1)$.

2. 試利用公式 $\dfrac{dy}{dx}=\dfrac{1}{\dfrac{dx}{dy}}$ 求 $f(x)=x^3+x$ 之反函數圖形在點 $(10, 2)$ 的切線斜率.

3. 若 $f'(x)=\dfrac{1}{\sqrt{1-[f(x)]^2}}$，求 $(f^{-1})'(x)$.

4. 已知函數 $f(x)=x^5+3x^3+x+2$ 的反函數為 $f^{-1}(x)$，求 $(f^{-1})'(x)$.

5. 若 $F(x)=f(2f^{-1}(x))$，此處 $f(x)=x^4+x^3+1$，求 $F'(3)$.

4-4　反三角函數

　　由於三角函數是週期函數，不為一對一函數，故它們沒有反函數. 若想使三角函數的逆對應符合函數關係，我們須將三角函數的定義域加以限制，以使三角函數成為一對一的函數關係，如此我們的逆對應就能符合一對一. 我們在限制條件下建立三角函數的反函數，也就是**反三角函數**.

首先，我們先將限制下的三角函數列於下：

$$\sin : \left[-\frac{\pi}{2}, \frac{\pi}{2}\right] \to [-1, 1]$$

$$\cos : [0, \pi] \to [-1, 1]$$

$$\tan : \left(-\frac{\pi}{2}, \frac{\pi}{2}\right) \to \mathbb{R}$$

$$\cot : (0, \pi) \to \mathbb{R}$$

$$\sec : \left[0, \frac{\pi}{2}\right) \cup \left[\pi, \frac{3\pi}{2}\right) \to (-\infty, -1] \cup [1, \infty)$$

$$\csc : \left(0, \frac{\pi}{2}\right] \cup \left(\pi, \frac{3\pi}{2}\right] \to (-\infty, -1] \cup [1, \infty)$$

定義 4-2

反正弦函數，記為 $\sin^{-1}$，定義如下

$$\sin^{-1} x = y \Leftrightarrow \sin y = x$$

其中 $-1 \leqslant x \leqslant 1$ 且 $-\frac{\pi}{2} \leqslant y \leqslant \frac{\pi}{2}$。

如圖 4-7 所示．

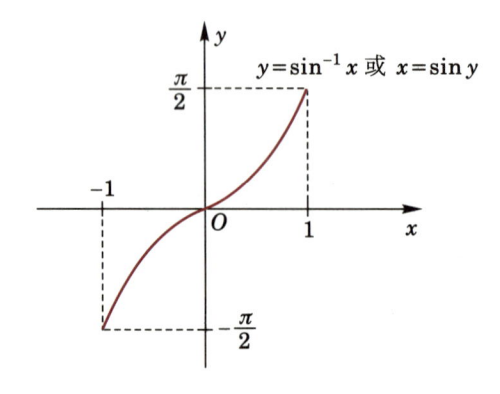

圖 4-7

我們有下列的關係

$$\begin{cases} \sin(\sin^{-1} x) = x, & \forall x \in [-1, 1] \\ \sin^{-1}(\sin x) = x, & \forall x \in \left[-\dfrac{\pi}{2}, \dfrac{\pi}{2}\right] \end{cases}$$

註：**1.** $y = \sin^{-1} x$ 意即 $x = \sin y$.

2. 符號 $\sin^{-1} x$ 決不是用來表示 $\dfrac{1}{\sin x}$，若需要，$\dfrac{1}{\sin x}$ 可寫成 $(\sin x)^{-1}$ 或 $\csc x$. $\sin^{-1}$ 唸成 "arcsine".

3. 為了定義 $\sin^{-1} x$，我們將 $\sin x$ 的定義域限制在區間 $\left[-\dfrac{\pi}{2}, \dfrac{\pi}{2}\right]$ 而得到一對一函數. 此外，有其他的方法限制 $\sin x$ 的定義域而得到一對一函數；例如，我們或許需要 $\dfrac{3\pi}{2} \leq x \leq \dfrac{5\pi}{2}$ 或 $-\dfrac{5\pi}{2} \leq x \leq -\dfrac{3\pi}{2}$. 然而，習慣上選取 $-\dfrac{\pi}{2} \leq x \leq \dfrac{\pi}{2}$.

例題 1 計算反正弦函數之值

求 $\sin^{-1}\left(-\dfrac{1}{2}\right)$.

解 $\sin^{-1}\left(-\dfrac{1}{2}\right) = -\dfrac{\pi}{6}$.

例題 2 計算合成函數之值

求 (1) $\sin^{-1}\left(\sin\dfrac{2\pi}{3}\right)$，(2) $\sin\left(\sin^{-1}\dfrac{1}{2}\right)$ 之值.

解 (1) $\sin^{-1}\left(\sin\dfrac{2\pi}{3}\right) = \sin^{-1}\left(\sin\dfrac{\pi}{3}\right) = \dfrac{\pi}{3}$

190　商用微積分

讀者應注意 $\sin^{-1}\left(\sin\dfrac{2\pi}{3}\right)\neq\dfrac{2\pi}{3}$，因為 $\dfrac{2\pi}{3}\notin\left[-\dfrac{\pi}{2},\dfrac{\pi}{2}\right]$．

(2) $\sin\left(\sin^{-1}\dfrac{1}{2}\right)=\dfrac{1}{2}$．

例題 3　將合成函數表成 x 的代數式

若 $|x|\leq 1$，試將 $\cos(\sin^{-1}x)$ 表成 x 的代數式．

解　令 $y=\sin^{-1}x$，則 $\sin y=x$．我們希望以 x 表 $\cos y$．

因 $-\dfrac{\pi}{2}\leq y\leq\dfrac{\pi}{2}$，故 $\cos y\geq 0$，因而

$$\cos y=\sqrt{1-\sin^2 y}=\sqrt{1-x^2}$$

所以　　　$\cos(\sin^{-1}x)=\sqrt{1-x^2}$．

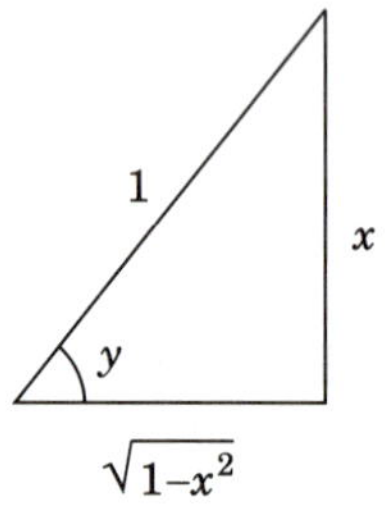

【另解】　若 $y=\sin^{-1}x$，則 $\sin y=x$．

我們作出具有銳角 y 的直角三角形，如圖 4-8 所示．於是，

$$\cos(\sin^{-1}x)=\cos y=\sqrt{1-x^2}．$$

圖 4-8

定義 4-3

反餘弦函數，記為 $\cos^{-1}$，定義如下

$$\cos^{-1}x=y\iff\cos y=x$$

其中 $-1\leq x\leq 1$ 且 $0\leq y\leq\pi$．

如圖 4-9 所示．

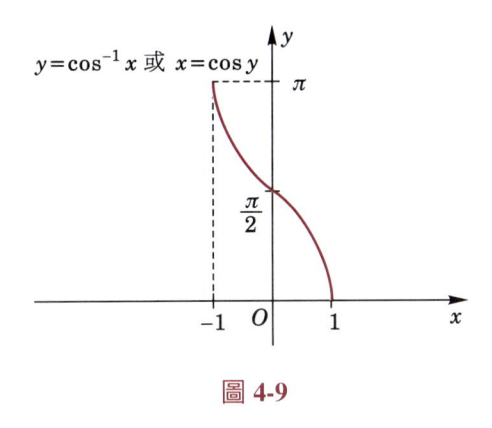

第四章　三角函數與反三角函數　191

圖 4-9

我們有下列的關係

$$\begin{cases} \cos(\cos^{-1} x) = x, \ \forall x \in [-1, 1] \\ \cos^{-1}(\cos x) = x, \ \forall x \in [0, \pi] \end{cases}$$

例題 4　**求反餘弦函數及合成函數之值**

求 (1) $\cos^{-1}\left(\dfrac{1}{2}\right)$，(2) $\cos^{-1}\left(\cos\dfrac{4\pi}{3}\right)$ 之值.

解　(1) $\cos^{-1}\left(\dfrac{1}{2}\right) = \dfrac{\pi}{3}$

(2) $\cos^{-1}\left(\cos\dfrac{4\pi}{3}\right) = \cos^{-1}\cos\left(2\pi - \dfrac{2\pi}{3}\right) = \cos^{-1}\cos\left(\dfrac{2\pi}{3}\right) = \dfrac{2\pi}{3}$.

定義 4-4

反正切函數，記為 $\tan^{-1}$，定義如下

$$\tan^{-1} x = y \Leftrightarrow \tan y = x$$

其中 $-\infty < x < \infty$ 且 $-\dfrac{\pi}{2} < y < \dfrac{\pi}{2}$.

如圖 4-10 所示.

192 商用微積分

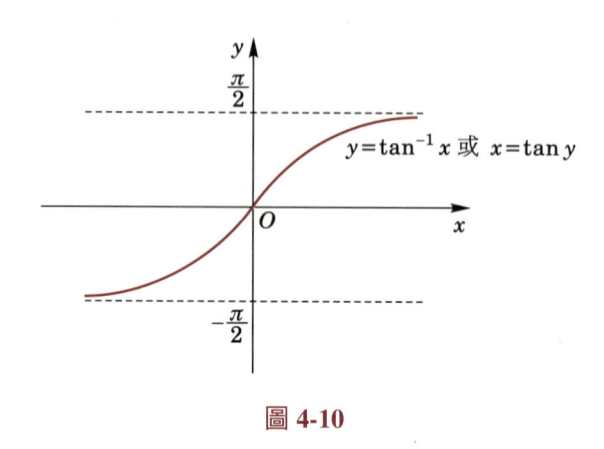

圖 4-10

我們有下列的關係

$$\begin{cases} \tan(\tan^{-1} x) = x, \; \forall x \in \mathbb{R} \\ \tan^{-1}(\tan x) = x, \; \forall x \in \left(-\dfrac{\pi}{2}, \dfrac{\pi}{2}\right) \end{cases}$$

例題 5 求反正切函數及合成函數之值

求 (1) $\tan^{-1}(-\sqrt{3})$ ，(2) $\tan(\tan^{-1} 2)$ ，(3) $\tan^{-1}\left(\tan \dfrac{5\pi}{4}\right)$ 之值.

解 (1) 令 $\tan^{-1}(-\sqrt{3}) = \theta$，則 $\tan\theta = -\sqrt{3}$，作一直角三角形如圖 4-11 所示，可得 $\theta = -\dfrac{\pi}{3}$，所以，$\tan^{-1}(-\sqrt{3}) = -\dfrac{\pi}{3}$.

(2) $\tan(\tan^{-1} 2) = 2$

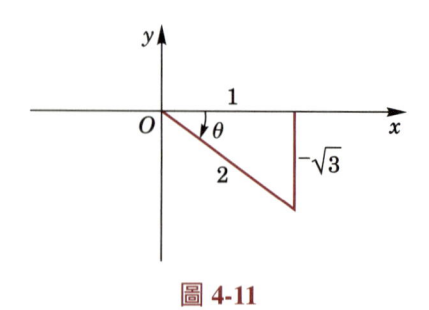

圖 4-11

(3) $\tan^{-1}\left(\tan\dfrac{5\pi}{4}\right)=\tan^{-1}\tan\left(\pi+\dfrac{\pi}{4}\right)=\tan^{-1}\tan\left(\dfrac{\pi}{4}\right)=\dfrac{\pi}{4}$.

定義 4-5

反餘切函數，記為 $\cot^{-1}$，定義如下

$$\cot^{-1} x = y \Leftrightarrow \cot y = x$$

其中 $-\infty < x < \infty$, $0 < y < \pi$.

如圖 4-12 所示.

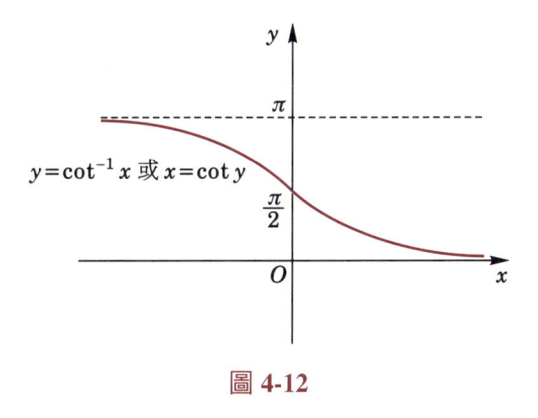

$y = \cot^{-1} x$ 或 $x = \cot y$

圖 4-12

我們有下列的關係

$$\begin{cases} \cot(\cot^{-1} x) = x, \ \forall\, x \in \mathbb{R} \\ \cot^{-1}(\cot x) = x, \ \forall\, x \in (0, \pi) \end{cases}$$

定義 4-6

反正割函數，記為 $\sec^{-1}$，定義如下

$$\sec^{-1} x = y \Leftrightarrow \sec y = x$$

$|x| \geq 1$, $0 \leq y < \dfrac{\pi}{2}$ 或 $\pi \leq y < \dfrac{3\pi}{2}$.

如圖 4-13 所示.

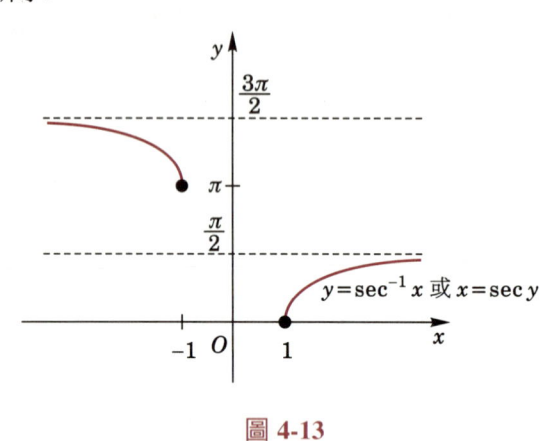

圖 4-13

我們有下列的關係

$$\begin{cases} \sec(\sec^{-1} x) = x, & \forall\, |x| \geq 1 \\ \sec^{-1}(\sec x) = x, & \forall\, x \in \left[0, \dfrac{\pi}{2}\right) \cup \left[\pi, \dfrac{3\pi}{2}\right) \end{cases}$$

定義 4-7

反餘割函數，記為 $\csc^{-1}$，定義如下

$$\csc^{-1} x = y \Leftrightarrow \csc y = x$$

$|x| \geq 1$，$0 < y \leq \dfrac{\pi}{2}$ 或 $\pi < y \leq \dfrac{3\pi}{2}$．

如圖 4-14 所示.

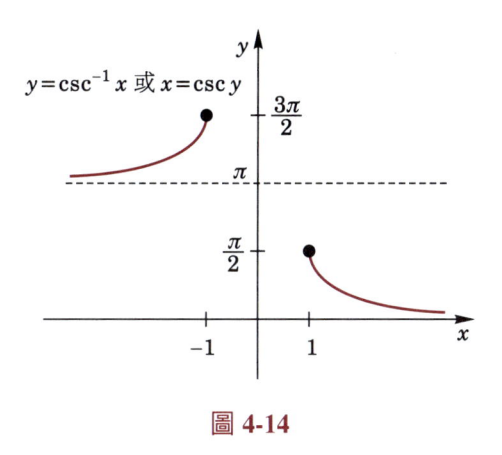

第四章　三角函數與反三角函數　195

$y = \csc^{-1} x$ 或 $x = \csc y$

圖 4-14

我們有下列的關係

$$\begin{cases} \csc(\csc^{-1} x) = x, \ \forall \ |x| \geq 1 \\ \csc^{-1}(\csc x) = x, \ \forall \ x \in \left(0, \dfrac{\pi}{2}\right] \cup \left(\pi, \dfrac{3\pi}{2}\right] \end{cases}$$

反三角函數有下列之性質：

定理 4-6

(1) $\sin^{-1} x + \cos^{-1} x = \dfrac{\pi}{2}, \ \forall \ x \in [-1, 1]$

(2) $\tan^{-1} x + \cot^{-1} x = \dfrac{\pi}{2}, \ \forall \ x \in \mathbb{R}$

(3) $\sec^{-1} x + \csc^{-1} x = \dfrac{\pi}{2}, \ \forall \ |x| \geq 1$

定理 4-7

$$\frac{d}{dx}\sin^{-1}x = \frac{1}{\sqrt{1-x^2}}, \ |x|<1 \qquad \frac{d}{dx}\cos^{-1}x = \frac{-1}{\sqrt{1-x^2}}, \ |x|<1$$

$$\frac{d}{dx}\tan^{-1}x = \frac{1}{1+x^2}, \ -\infty<x<\infty \qquad \frac{d}{dx}\cot^{-1}x = \frac{-1}{1+x^2}, \ -\infty<x<\infty$$

$$\frac{d}{dx}\sec^{-1}x = \frac{1}{x\sqrt{x^2-1}}, \ |x|>1 \qquad \frac{d}{dx}\csc^{-1}x = \frac{-1}{x\sqrt{x^2-1}}, \ |x|>1$$

證 我們僅對 $\sin^{-1}x$、$\tan^{-1}x$ 與 $\sec^{-1}x$ 等的導函數公式予以證明，其餘留給讀者去證明.

(1) 令 $y=\sin^{-1}x$，則 $\sin y=x$，可得 $\cos y \dfrac{dy}{dx}=1$，故 $\dfrac{dy}{dx}=\dfrac{1}{\cos y}$.

因 $-\dfrac{\pi}{2}<y<\dfrac{\pi}{2}$，故 $\cos y>0$，所以，$\cos y=\sqrt{1-\sin^2 y}=\sqrt{1-x^2}$.

於是，$\dfrac{d}{dx}\sin^{-1}x=\dfrac{1}{\sqrt{1-x^2}}$，$|x|<1$.

(2) 令 $y=\tan^{-1}x$，則 $\tan y=x$，可得 $\sec^2 y \dfrac{dy}{dx}=1$，

故 $\dfrac{dy}{dx}=\dfrac{d}{dx}\tan^{-1}x=\dfrac{1}{\sec^2 y}=\dfrac{1}{1+\tan^2 y}=\dfrac{1}{1+x^2}$，$-\infty<x<\infty$.

(3) 令 $y=\sec^{-1}x$，則 $\sec y=x$，可得 $\sec y \tan y \dfrac{dy}{dx}=1$，

故 $\dfrac{dy}{dx}=\dfrac{d}{dx}\sec^{-1}x=\dfrac{1}{\sec y \tan y}=\dfrac{1}{x\sqrt{x^2-1}}$.

若 $u=u(x)$ 為可微分函數，則由連鎖法則可得

第四章　三角函數與反三角函數　197

$$\frac{d}{dx}\sin^{-1} u = \frac{1}{\sqrt{1-u^2}}\frac{du}{dx},\ |u|<1$$

$$\frac{d}{dx}\cos^{-1} u = \frac{-1}{\sqrt{1-u^2}}\frac{du}{dx},\ |u|<1$$

$$\frac{d}{dx}\tan^{-1} u = \frac{1}{1+u^2}\frac{du}{dx},\ -\infty<u<\infty \qquad (4\text{-}3)$$

$$\frac{d}{dx}\cot^{-1} u = \frac{-1}{1+u^2}\frac{du}{dx},\ -\infty<u<\infty$$

$$\frac{d}{dx}\sec^{-1} u = \frac{1}{u\sqrt{u^2-1}}\frac{du}{dx},\ |u|>1$$

$$\frac{d}{dx}\csc^{-1} u = \frac{-1}{u\sqrt{u^2-1}}\frac{du}{dx},\ |u|>1$$

例題 6 利用公式 $\dfrac{d}{dx}\sin^{-1} u = \dfrac{1}{\sqrt{1-u^2}}\dfrac{du}{dx},\ |u|<1$

若 $y=\sin^{-1}(x^3)$，求 $\dfrac{dy}{dx}$。

解 $\dfrac{dy}{dx} = \dfrac{d}{dx}\sin^{-1}(x^3) = \dfrac{1}{\sqrt{1-(x^3)^2}}\dfrac{d}{dx}(x^3) = \dfrac{3x^2}{\sqrt{1-x^6}}$。

例題 7 利用 $\dfrac{d}{dx}\left(\dfrac{1}{g(x)}\right) = \dfrac{-\dfrac{d}{dx}g(x)}{(g(x))^2}$ 或 $\dfrac{d}{dx}(f(x))^n = n(f(x))^{n-1} f'(x)$

若 $f(x)=\dfrac{1}{\cos^{-1} x}$，求 $f'(x)$。

解 $f'(x) = \dfrac{d}{dx}\left(\dfrac{1}{\cos^{-1} x}\right) = \dfrac{-\dfrac{d}{dx}\cos^{-1} x}{(\cos^{-1} x)^2}$

$$= -\frac{-\frac{1}{\sqrt{1-x^2}}}{(\cos^{-1}x)^2} = \frac{1}{(\cos^{-1}x)^2\sqrt{1-x^2}}$$

【另解】 $f'(x) = \dfrac{d}{dx}\left(\dfrac{1}{\cos^{-1}x}\right) = \dfrac{d}{dx}(\cos^{-1}x)^{-1}$

$$= \underset{\underset{n}{\downarrow}}{(-1)}\overbrace{(\cos^{-1}x)^{-2}}^{f^{n-1}}\overbrace{\dfrac{d}{dx}(\cos^{-1}x)}^{f'}$$

$$= (-1)(\cos^{-1}x)^{-2}\dfrac{-1}{\sqrt{1-x^2}}$$

$$= \dfrac{1}{(\cos^{-1}x)^2\sqrt{1-x^2}}.$$

例題 8 利用公式 $\dfrac{d}{dx}\sec^{-1}u = \dfrac{1}{u\sqrt{u^2-1}}\dfrac{du}{dx}$, $|u|>1$

設 $y = \sec^{-1}\sqrt{x}$, 求 $\dfrac{dy}{dx}$.

解 $\dfrac{dy}{dx} = \dfrac{d}{dx}(\sec^{-1}\sqrt{x}) = \dfrac{1}{\underbrace{\sqrt{x}}_{u}\sqrt{\underbrace{(\sqrt{x})^2}_{u}-1}} \cdot \underbrace{\dfrac{d}{dx}\sqrt{x}}_{\frac{du}{dx}}$

$$= \dfrac{1}{\sqrt{x}\sqrt{x-1}}\dfrac{1}{2\sqrt{x}} = \dfrac{1}{2x\sqrt{x-1}}.$$

例題 9 隱函數微分法

若 $\tan^{-1}(x+y) = 2+y$ 定義一 $y = f(x)$ 之可微分函數,求 $\dfrac{dy}{dx}$.

解 $\dfrac{d}{dx}\tan^{-1}(x+y) = \dfrac{d}{dx}(2+y)$

$$\frac{1}{1+(x+y)^2}\frac{d}{dx}(x+y)=0+\frac{dy}{dx} \qquad \text{隱微分}$$

$$\frac{1}{1+(x+y)^2}\left(1+\frac{dy}{dx}\right)=\frac{dy}{dx} \qquad \text{兩函數和的微分}$$

$$\left(\frac{1}{1+(x+y)^2}-1\right)\frac{dy}{dx}=-\frac{1}{1+(x+y)^2} \qquad \text{合併}\ \frac{dy}{dx}\ \text{項}$$

$$\frac{1-1-(x+y)^2}{1+(x+y)^2}\frac{dy}{dx}=-\frac{1}{1+(x+y)^2}$$

$$\frac{dy}{dx}=\frac{1}{(x+y)^2},\ \text{倘若}\ x+y\neq 0.$$

習題 4-4

4-4 反三角函數

一、基礎題

1. 試求下列各函數值.

(1) $\sin\left(\sin^{-1}\dfrac{2}{3}\right)$

(2) $\sin\left[\sin^{-1}\left(-\dfrac{1}{2}\right)\right]$

(3) $\sin^{-1}\left(\sin\dfrac{\pi}{4}\right)$

(4) $\sin^{-1}\left(\sin\dfrac{2\pi}{3}\right)$

(5) $\tan\left(\sin^{-1}\dfrac{\sqrt{3}}{2}\right)$

(6) $\cos\left(\sin^{-1}\dfrac{4}{5}\right)$

(7) $\sin\left(2\sin^{-1}\dfrac{3}{5}\right)$

2. 試將下列各式表成 x 的代數式.

(1) $\tan(\cos^{-1} x)$ (2) $\cos(\tan^{-1} x)$

(3) $\csc(\tan^{-1} x)$ (4) $\cot(\csc^{-1} x)$

在 3～10 題中求 $\dfrac{dy}{dx}$.

3. $y = \sin^{-1} \dfrac{1}{x}$ **4.** $y = \cos^{-1}(2x+1)$

5. $y = x \tan^{-1} \sqrt{x}$ **6.** $y = \tan^{-1}\left(\dfrac{1-x}{1+x}\right)$

7. $y = \sec^{-1} \sqrt{x^2-1}$ **8.** $y = \cos^{-1}(\cos x)$

9. $y = (\cos^{-1} x)^{3/2}$ **10.** $y = \tan^{-1}(\cos x)$

試利用隱函數微分法在 11～13 題中求 $\dfrac{dy}{dx}$.

11. $\tan^{-1} y = \sin^{-1} x$ **12.** $\sin^{-1} y - \cos^{-1} x = 1$

13. $\tan^{-1} y - x^2 - y^2 = 1$

14. 求 $y = \tan^{-1} 2x$ 的圖形上一點, 使得通過該點的切線平行於直線 $2x - 13y - 5 = 0$.

二、進階題

1. 若 x 由 0.25 變到 0.26, 利用微分求 $\sin^{-1} x$ 的變化量的近似值.

2. 利用微分求 $(0.98)^2 \tan^{-1}(0.98)$ 的近似值.

3. 試證：$y = \tan^{-1} x$ 滿足方程式 $y'' = -2 \sin y \cos^3 y$.

4. 令 $f(x) = \begin{cases} x^2 \tan^{-1}\left(\dfrac{1}{x^2}\right), & \text{若 } x \neq 0 \\ 0, & \text{若 } x = 0 \end{cases}$, 試問 f 在 0 是否可以微分？

第五章　指數函數與對數函數的導函數

本章學習目標

- 瞭解指數函數與對數函數之意義及其極限
- 能熟記對數函數之微分公式
- 能熟記指數函數之微分公式
- 瞭解指數的成長律及衰變律
- 瞭解複利之計算

5-1 指數函數與對數函數

◎ 一般指數函數

定義 5-1

若 $a>0$，且 $a\neq 1$，則函數

$$y=a^x$$

稱為以 a 為**底數**且 x 為**指數**的**指數函數**.

一般指數函數具有下列的特性：

1. 定義域為 $\mathbb{R}$，值域為 $\mathbb{R}^+=(0, \infty)$.
2. 指數函數為一對一函數，且在 $\mathbb{R}$ 上為連續.
3. 指數函數的圖形必通過點 $(0, 1)$.
4. 若 $a>1$，則指數函數在 $\mathbb{R}$ 上為遞增函數，且若 $0<a<1$，則指數函數在 $\mathbb{R}$ 上為遞減函數，如圖 5-1 所示.
5. 兩指數函數 $y=a^x$ 與 $y=\left(\dfrac{1}{a}\right)^x$ 的圖形彼此對稱於 y-軸，如圖 5-2 所示.
6. 當 $a>1$ 時，$\lim\limits_{x\to\infty}a^x=\infty$，$\lim\limits_{x\to-\infty}a^x=0$（$x$-軸為水平漸近線）；當 $0<a<1$ 時，

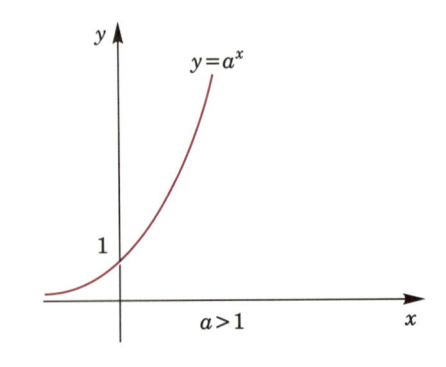

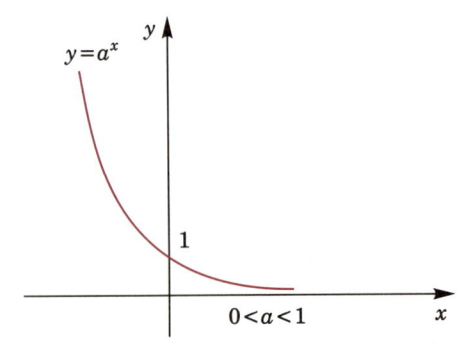

圖 5-1

第五章　指數函數與對數函數的導函數　203

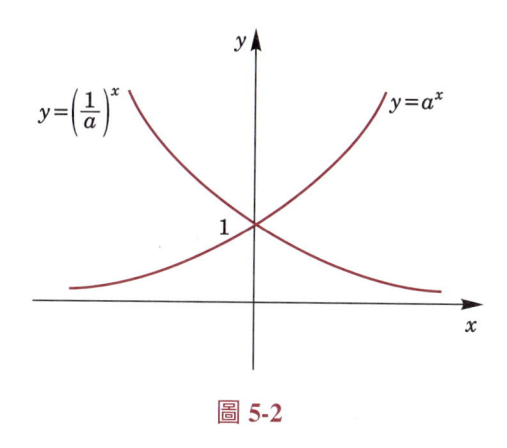

圖 5-2

$$\lim_{x \to \infty} a^x = 0 \text{ (}x\text{-軸為水平漸近線)}, \quad \lim_{x \to -\infty} a^x = \infty, \text{ 如圖 5-1 所示.}$$

例題 1　利用 $\lim\limits_{x \to \infty}(10)^{-x} = 0$

求 $\lim\limits_{x \to \infty} \dfrac{10^x}{10^x + 1}$.

解　$\lim\limits_{x \to \infty} \dfrac{10^x}{10^x + 1} = \lim\limits_{x \to \infty} \dfrac{1}{1 + 10^{-x}} = \dfrac{1}{1 + 0} = 1.$

例題 2　利用 $\lim\limits_{x \to \infty} a^x = \infty$，當 $a < 1$.

求 $\lim\limits_{x \to \infty} \dfrac{3^x}{2^x}$.

解　$\lim\limits_{x \to \infty} \dfrac{3^x}{2^x} = \lim\limits_{x \to \infty} \left(\dfrac{3}{2}\right)^x = \infty.$

◎ 自然指數函數

函數 $y = (1+x)^{1/x}$ 的圖形如圖 5-3 所示，若利用計算機計算 $(1+x)^{1/x}$ 是很有幫助的，一些近似值列於表 5-1.

表 5-1

x	$(1+x)^{1/x}$	x	$(1+x)^{1/x}$
0.1	2.593742	-0.1	2.867972
0.01	2.704814	-0.01	2.731999
0.001	2.716924	-0.001	2.719642
0.0001	2.718146	-0.0001	2.718418
0.00001	2.718268	-0.00001	2.718295
0.000001	2.718280	-0.000001	2.718283

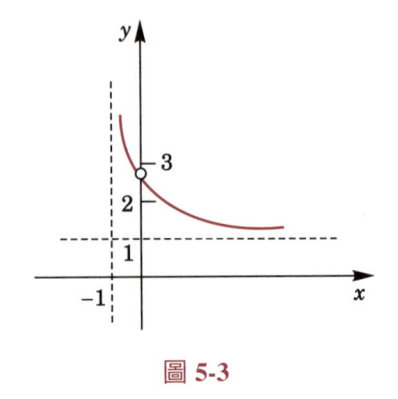

圖 5-3

由表中可以看出，當 $x \to 0$ 時，$(1+x)^{1/x}$ 趨近一個定數，這個定數是一個無理數，記為 e，其值約為 $2.71828\cdots$.

定義 5-2

$$e=\lim_{x \to 0}(1+x)^{1/x} \text{ 或 } e=\lim_{n \to \infty}\left(1+\frac{1}{n}\right)^n.$$

定義 5-3

以**無理數** e 為底數的指數函數 $y=e^x$ 稱為**自然指數函數**.

自然指數函數具有下列的特性：

1. $y=e^x$ 的定義域為 $\mathbb{R}$，值域為 $\mathbb{R}^+=(0,\infty)$.
2. 自然指數函數為一對一函數，且在 $\mathbb{R}$ 上為連續的遞增函數，如圖 5-4 所示.
3. $y=e^x$ 的圖形必通過點 $(0,1)$.
4. $y=e^x$ 與 $y=\left(\dfrac{1}{e}\right)^x=e^{-x}$ 的圖形彼此對稱於 y-軸.
5. $\lim\limits_{x \to -\infty} e^x = 0$ (x-軸為水平漸近線)；$\lim\limits_{x \to \infty} e^x = \infty$.

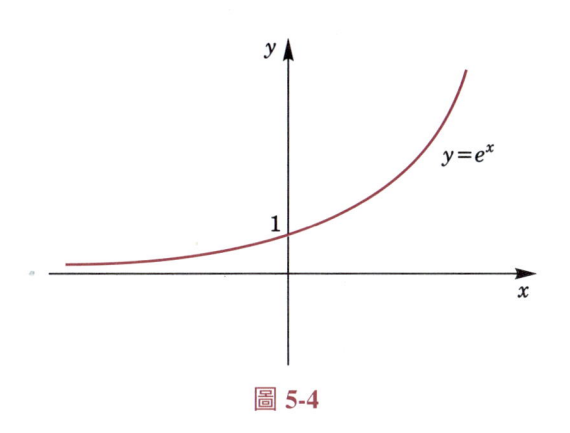

第五章　指數函數與對數函數的導函數　205

圖 5-4

例題 3　利用 $\lim\limits_{x\to\infty} f(x)=L$ 找水平漸近線

試求曲線 $y=\left(1+\dfrac{1}{x}\right)^x$ 的水平漸近線.

解　由於 $\lim\limits_{x\to\infty}\left(1+\dfrac{1}{x}\right)^x=e$，故 $y=e$ 為曲線的水平漸近線，如圖 5-5 所示.

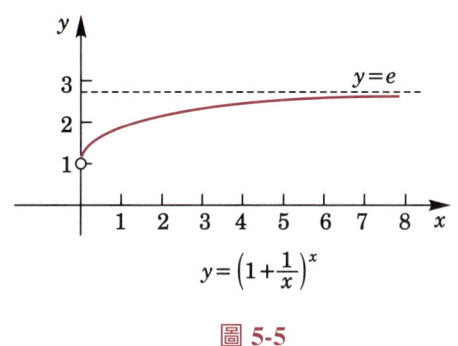

$y=\left(1+\dfrac{1}{x}\right)^x$

圖 5-5

定理 5-1　指數律

(1) $e^{x+y}=e^x e^y$　　(2) $e^{x-y}=\dfrac{e^x}{e^y}$　　(3) $(e^x)^y=e^{xy}$

◎ 一般對數函數

指數函數為一對一函數，所以其反函數存在．我們定義指數函數的反函數為對數函數．

定義 5-4

$$\log_a x = y \Leftrightarrow a^y = x, \ a > 0 \ \text{且} \ a \neq 1$$

y 稱為以 a 為底的**對數函數**．

例題 4 　找指數函數之反函數

求 $f(x) = 3^{x+2}$ 的反函數．

解　$y = f(x) = 3^{x+2} \Rightarrow x = -2 + \log_3 y$

x 與 y 互換，可得

$$y = -2 + \log_3 x$$

故 $$f^{-1}(x) = -2 + \log_3 x.$$

一般對數函數具有下列的性質：

1. 定義域為 $\mathbb{R}^+ = (0, \infty)$，值域為 $\mathbb{R}$．
2. 對數函數的圖形必通過點 $(1, 0)$．
3. 對數函數在 $\mathbb{R}^+ = (0, \infty)$ 上為連續．
4. 若 $a > 1$，則對數函數在 $\mathbb{R}^+ = (0, \infty)$ 為遞增函數；若 $0 < a < 1$，則對數函數在 $\mathbb{R}^+ = (0, \infty)$ 為遞減函數，如圖 5-6 所示．
5. 對數函數與指數函數之間的關係如下：

由於 $\begin{array}{l} f(f^{-1}(x)) = x, \ x \in D_{f^{-1}} \\ f^{-1}(f(x)) = x, \ x \in D_f \end{array}$ 　故 $\begin{array}{l} a^{\log_a x} = x, \ x > 0 \\ \log_a (a^x) = x, \ x \in \mathbb{R} \end{array}$

第五章　指數函數與對數函數的導函數　207

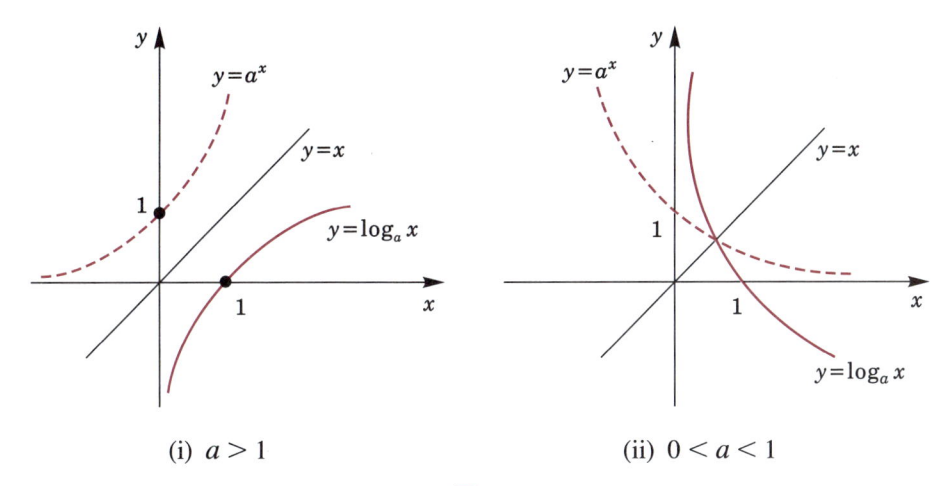

(i) $a > 1$　　　　(ii) $0 < a < 1$

圖 5-6

6. 兩對數函數 $y = \log_a x$ 與 $y = \log_{1/a} x$ 的圖形對稱於 x-軸.

7. 若 $a > 1$，則 $\lim\limits_{x \to 0^+} \log_a x = -\infty$ (y-軸為垂直漸近線)，$\lim\limits_{x \to \infty} \log_a x = \infty$；

   若 $0 < a < 1$，則 $\lim\limits_{x \to 0^+} \log_a x = \infty$ (y-軸為垂直漸近線)，$\lim\limits_{x \to \infty} \log_a x = -\infty$，

   如圖 5-6 所示.

◎ 自然對數函數

以 e 為底的對數稱為 自然對數，記為 ln. 於是，

$$\ln x = \log_e x$$

$$\ln x = y \Leftrightarrow e^y = x$$

其圖形如圖 5-7 所示，自然對數函數為自然指數函數的反函數，兩者之間的關係如下：

$$e^{\ln x} = x, \ \forall x > 0$$

$$\ln (e^x) = x, \ \forall x \in \mathbb{R}$$

若令 $x = 1$，得

$$\ln e = 1.$$

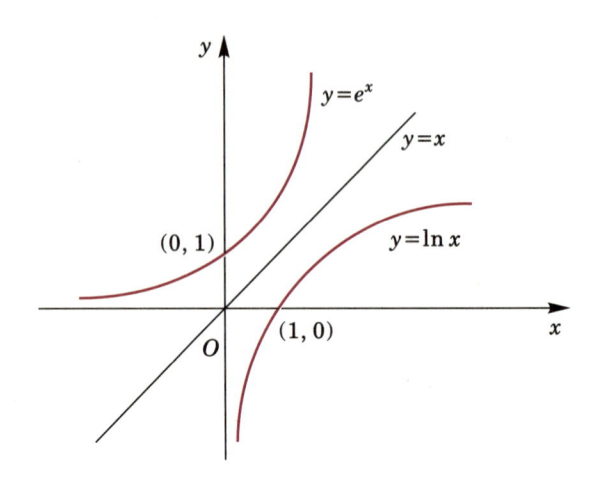

圖 5-7

定理 5-2 換底公式

設 $a > 0$, $a \neq 1$, 則 $\log_a x = \dfrac{\ln x}{\ln a}$, $a^x = e^{x \ln a}$.

定理 5-3

(1) $\lim\limits_{x \to \infty} \ln x = \infty$
(2) $\lim\limits_{x \to 0^+} \ln x = -\infty$

$y = \ln x$ 的圖形交 x-軸於點 $(1, 0)$, y-軸為其垂直漸近線, 圖形如圖 5-7 所示.

定理 5-4

設 $x > 0$ 且 $y > 0$, 則

(1) $\ln(xy) = \ln x + \ln y$

(2) $\ln\left(\dfrac{x}{y}\right) = \ln x - \ln y$

(3) $\ln(x^r) = r \ln x$, $r \in \mathbb{R}$.

為了瞭解前述自然指數函數的圖形，我們應介紹下列的極限.

定理 5-5

(1) $\lim\limits_{x\to\infty} e^x = \infty$ (2) $\lim\limits_{x\to-\infty} e^x = 0$

(3) $\lim\limits_{x\to\infty} e^{-x} = \lim\limits_{x\to\infty} \dfrac{1}{e^x} = 0$ (4) $\lim\limits_{x\to-\infty} e^{-x} = \lim\limits_{x\to-\infty} \dfrac{1}{e^x} = \infty$

證 (1) 與 (2)，

$$y = e^x \Leftrightarrow x = \ln y$$

由定理 5-3 知

$$\lim_{y\to\infty} \ln y = \infty, \quad \lim_{y\to 0^+} \ln y = -\infty$$

故

$$\lim_{x\to\infty} e^x = \infty, \quad \lim_{x\to-\infty} e^x = 0$$

(3) 與 (4)，

$$\lim_{x\to\infty} e^{-x} = \lim_{x\to\infty} \dfrac{1}{e^x} = 0$$

$$\lim_{x\to-\infty} e^{-x} = \lim_{x\to-\infty} \dfrac{1}{e^x} = \infty.$$

因此，我們得到下面的結論：

1. 自然指數函數 $f(x) = e^x$ 的圖形向右上方上升，且 x-軸為其水平漸近線.
2. 自然指數函數 $f(x) = e^{-x}$ 的圖形向右下方下降，且 x-軸為其水平漸近線. 圖形如圖 5-8 所示.

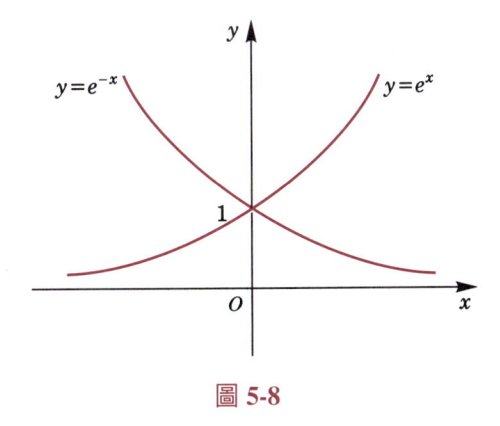

圖 5-8

例題 5 利用定理 5-4(2) 與定理 2-13，不可寫成 $\lim\limits_{x\to\infty} \ln(2+x) - \lim\limits_{x\to\infty} \ln(1+x)$
求 $\lim\limits_{x\to\infty} [\ln(2+x) - \ln(1+x)]$.

解
$$\lim_{x\to\infty} [\ln(2+x) - \ln(1+x)] = \lim_{x\to\infty} \ln\left(\frac{2+x}{1+x}\right)$$

$$= \ln\left(\lim_{x\to\infty} \frac{2+x}{1+x}\right) \quad \text{合成函數之極限定理}$$

$$= \ln\left(\lim_{x\to\infty} \frac{\frac{2}{x}+1}{\frac{1}{x}+1}\right) = \ln 1 = 0.$$

例題 6 利用定理 5-5(3)

求 $\lim\limits_{x\to\infty} \dfrac{e^x + e^{-x}}{e^x - e^{-x}}$.

解 因 $\lim\limits_{x\to\infty} \dfrac{e^x + e^{-x}}{e^x - e^{-x}} = \dfrac{\infty}{\infty}$ 　　　　$\leftarrow \lim\limits_{x\to\infty}(e^x + e^{-x}) = \infty$
$\leftarrow \lim\limits_{x\to\infty}(e^x - e^{-x}) = \infty$

所以 $\lim\limits_{x\to\infty} \dfrac{e^x + e^{-x}}{e^x - e^{-x}} = \lim\limits_{x\to\infty} \dfrac{e^x(1+e^{-2x})}{e^x(1-e^{-2x})}$　　分子與分母提出 e^x

$\qquad\qquad\qquad\qquad = \lim\limits_{x\to\infty} \dfrac{1+e^{-2x}}{1-e^{-2x}}$　　消去 e^x

$\qquad\qquad\qquad\qquad = 1.$　　$\lim\limits_{x\to\infty} e^{-2x} = 0$

例題 7 利用定理 5-5(1)、(3)

求 $\lim\limits_{x\to\infty} \dfrac{e^x}{e^{2x} + e^{-x}}$.

解 因 $\lim\limits_{x\to\infty}\dfrac{e^x}{e^{2x}+e^{-x}}=\dfrac{\infty}{\infty}$ ← $\lim\limits_{x\to\infty}e^x=\infty$
 ← $\lim\limits_{x\to\infty}(e^{2x}+e^{-x})=\infty$

所以 $\lim\limits_{x\to\infty}\dfrac{e^x}{e^{2x}+e^{-x}}=\lim\limits_{x\to\infty}\dfrac{1}{e^x+e^{-2x}}$ 分子與分母同除以 e^x

$=\dfrac{1}{\infty}=0.$ $\lim\limits_{x\to\infty}e^{-2x}=0,\ \lim\limits_{x\to\infty}e^x=\infty$

例題 8 利用定理 5-3(1)

求 $\lim\limits_{x\to\infty}\dfrac{\ln x}{1+\ln x}.$

解 因 $\lim\limits_{x\to\infty}\dfrac{\ln x}{1+\ln x}=\dfrac{\infty}{\infty}$ ← $\lim\limits_{x\to\infty}\ln x=\infty$
 ← $\lim\limits_{x\to\infty}(1+\ln x)=\infty$

所以 $\lim\limits_{x\to\infty}\dfrac{\ln x}{1+\ln x}=\lim\limits_{x\to\infty}\dfrac{1}{\dfrac{1}{\ln x}+1}$ 分子與分母同除以 $\ln x$

$=\dfrac{\lim\limits_{x\to\infty}1}{\lim\limits_{x\to\infty}\left(\dfrac{1}{\ln x}+1\right)}$ 極限性質

$=1.$ $\lim\limits_{x\to\infty}\dfrac{1}{\ln x}=0$

例題 9 利用 $\lim\limits_{x\to 0}(1+x)^{1/x}=e$

求 $\lim\limits_{x\to 0}(1+10x)^{1/x}.$

解 $\lim\limits_{x\to 0}(1+10x)^{1/x}=\lim\limits_{x\to 0}[(1+10x)^{1/10x}]^{10}=[\lim\limits_{x\to 0}(1+10x)^{1/10x}]^{10}$

$=e^{10}.$

習題 5-1

5-1 指數函數與對數函數

一、基礎題

1. 確定下列各函數的定義域與值域.

    (1) $f(x) = \log_{10}(1-x)$
    (2) $g(x) = \ln(4-x^2)$
    (3) $F(x) = \sqrt{x}\,\ln(x^2-1)$
    (4) $G(x) = \ln(x^3-x)$

2. 求下列各函數的反函數.

    (1) $y = \ln(x+3)$
    (2) $y = 2^{10^x}$
    (3) $y = \dfrac{1+e^x}{1-e^x}$

3. 求下列各極限.

    (1) $\lim\limits_{x \to \infty} \dfrac{e^{2x}}{e^{2x}+1}$
    (2) $\lim\limits_{x \to -\infty} \dfrac{e^{3x}-e^{-3x}}{e^{3x}+e^{-3x}}$
    (3) $\lim\limits_{x \to 0} (1+5x)^{1/x}$
    (4) $\lim\limits_{x \to \infty} \dfrac{\ln x}{1+(\ln x)^2}$
    (5) $\lim\limits_{x \to \infty} \ln(1+e^{-x^2})$

二、進階題

1. 試求下列各極限.

    (1) $\lim\limits_{n \to \infty} \left(\dfrac{n+3}{n}\right)^n$
    (2) $\lim\limits_{n \to \infty} \left(1+\dfrac{3}{n}\right)^{2n}$
    (3) $\lim\limits_{x \to 0^+} \sin^{-1}\left(\dfrac{1+\ln^2 x}{1-\ln^2 x}\right)$

5-2 對數函數的導函數

定理 5-6

$$\frac{d}{dx}\ln x = \frac{1}{x}, \quad x>0$$

證 $\displaystyle\frac{d}{dx}\ln x = \lim_{h\to 0}\frac{\ln(x+h)-\ln x}{h} = \lim_{h\to 0}\frac{1}{h}\ln\left(\frac{x+h}{x}\right)$ 導函數的定義與對數性質

$\displaystyle = \lim_{h\to 0}\left[\frac{1}{x}\cdot\frac{x}{h}\ln\left(\frac{x+h}{x}\right)\right] = \frac{1}{x}\lim_{h\to 0}\ln\left(1+\frac{h}{x}\right)^{x/h}$

$\displaystyle = \frac{1}{x}\ln\left[\lim_{h\to 0}\left(1+\frac{h}{x}\right)^{x/h}\right]$ 依自然對數函數的連續性

$\displaystyle = \frac{1}{x}\ln e$ e 的定義

$\displaystyle = \frac{1}{x}.$

若 $u=u(x)$ 為可微分函數，則由連鎖法則可得

$$\frac{d}{dx}\ln u = \frac{1}{u}\frac{du}{dx} \tag{5-1}$$

定理 5-7

若 $u=u(x)$ 為可微分函數，則

$$\frac{d}{dx}\ln|u| = \frac{1}{u}\frac{du}{dx}$$

證 若 $u > 0$，則 $\ln |u| = \ln u$，故

$$\frac{d}{dx} \ln |u| = \frac{d}{dx} \ln u = \frac{1}{u} \frac{du}{dx}$$

若 $u < 0$，則 $\ln |u| = \ln (-u)$，故

$$\frac{d}{dx} \ln |u| = \frac{d}{dx} \ln (-u) = \frac{1}{-u} \frac{d}{dx} (-u) = \frac{1}{u} \frac{du}{dx}.$$

例題 1 利用式 (5-1)

若 $f(x) = \ln (\ln x)$，求 $f'(6)$ 之值.

解 $f'(x) = \dfrac{d}{dx} \ln (\ln x) = \underbrace{\dfrac{1}{\ln x}}_{u} \cdot \underbrace{\dfrac{d}{dx} \ln x}_{\frac{du}{dx}} = \dfrac{1}{\ln x} \cdot \dfrac{1}{x} = \dfrac{1}{x \ln x}$

故
$$f'(6) = \frac{1}{6 \ln 6} \approx 0.093.$$

例題 2 利用定理 5-7

求 $\dfrac{d}{dx} \ln |x^3 - 1|$.

解 $\dfrac{d}{dx} \ln |x^3 - 1| = \underbrace{\dfrac{1}{x^3 - 1}}_{u} \underbrace{\dfrac{d}{dx} (x^3 - 1)}_{\frac{du}{dx}} = \dfrac{3x^2}{x^3 - 1}.$

例題 3 利用導數的一般乘冪公式

設 $y = \ln^3 (x^2 + x + 1)$，求 $\dfrac{dy}{dx}$.

解 $\dfrac{dy}{dx} = \dfrac{d}{dx} \ln^3 (x^2+x+1)$

$$= 3 \underset{f^{n-1}}{\ln^2 (x^2+x+1)} \underset{f'}{\dfrac{d}{dx} \ln (x^2+x+1)}$$

$$= 3 \ln^2 (x^2+x+1) \underset{u}{\dfrac{1}{x^2+x+1}} \underset{\frac{du}{dx}}{\dfrac{d}{dx} (x^2+x+1)}$$

$$= 3 \ln^2 (x^2+x+1) \dfrac{2x+1}{x^2+x+1}.$$

例題 4　隱函數微分法

若 $y = \ln (x+y^2)$ 定義 $y = f(x)$ 的可微分函數，求 $\dfrac{dy}{dx}$。

解 等號兩端對 x 微分，得

$$\dfrac{dy}{dx} = \dfrac{d}{dx} \ln (x+y^2)$$

$$\Rightarrow \dfrac{dy}{dx} = \dfrac{1}{x+y^2} \dfrac{d}{dx} (x+y^2)$$

$$\Rightarrow \dfrac{dy}{dx} = \dfrac{1}{x+y^2} \left(1 + 2y \dfrac{dy}{dx}\right)$$

$$\Rightarrow \dfrac{dy}{dx} = \dfrac{1}{x+y^2} + \dfrac{2y}{x+y^2} \dfrac{dy}{dx}$$

$$\Rightarrow \left(1 - \dfrac{2y}{x+y^2}\right) \dfrac{dy}{dx} = \dfrac{1}{x+y^2}$$

$$\Rightarrow \dfrac{dy}{dx} = \dfrac{\dfrac{1}{x+y^2}}{1 - \dfrac{2y}{x+y^2}} = \dfrac{1}{x+y^2-2y}.$$

定理 5-8

$$\frac{d}{dx}\log_a x = \frac{1}{x \ln a}, \quad x > 0$$

證　$\displaystyle\frac{d}{dx}\log_a x = \frac{d}{dx}\left(\frac{\ln x}{\ln a}\right)$　　　　　對數換底公式　$\log_a x = \dfrac{\ln x}{\ln a}$

　　$\displaystyle= \frac{1}{\ln a}\frac{d}{dx}\ln x = \frac{1}{x \ln a}$

若 $u = u(x)$ 為可微分函數，則

$$\frac{d}{dx}\log_a u = \frac{1}{u \ln a}\frac{du}{dx}. \tag{5-2}$$

定理 5-9

若 $u = u(x)$ 為可微分函數，則

$$\frac{d}{dx}\log_a |u| = \frac{1}{u \ln a}\frac{du}{dx}$$

例題 5　利用定理 5-8

求 $\dfrac{d}{dx}\log_{10}(3x^2+2)^5$.

解　$\dfrac{d}{dx}\log_{10}(3x^2+2)^5 = \dfrac{d}{dx}[5\log_{10}(3x^2+2)]$　　　　對數性質

$\log_a x^r = r \log_a x$

　　　$= \dfrac{5}{(3x^2+2)\ln 10}\dfrac{d}{dx}(3x^2+2)$

　　　$= \dfrac{5(6x)}{(3x^2+2)\ln 10} = \dfrac{30x}{(3x^2+2)\ln 10}.$

已知 $y=f(x)$，有時我們利用所謂的**對數微分法**求 $\dfrac{dy}{dx}$ 是很方便的．若 $f(x)$ 牽涉到複雜的積、商或乘冪，則此方法特別有用．

◎ 對數微分法的步驟

1. $\ln|y|=\ln|f(x)|$
2. $\dfrac{d}{dx}\ln|y|=\dfrac{d}{dx}\ln|f(x)|$
3. $\dfrac{1}{y}\dfrac{dy}{dx}=\dfrac{d}{dx}\ln|f(x)|$
4. $\dfrac{dy}{dx}=f(x)\dfrac{d}{dx}\ln|f(x)|$

例題 6　利用對數微分法

設 $y=x(x-1)(x^2+1)^3$，求 $\dfrac{dy}{dx}$．

解　我們首先寫成

$$\ln|y|=\ln|x(x-1)(x^2+1)^3|=\ln|x|+\ln|x-1|+\ln|(x^2+1)^3|$$

將上式等號兩邊對 x 微分，可得

$$\dfrac{d}{dx}\ln|y|=\dfrac{d}{dx}\ln|x|+\dfrac{d}{dx}\ln|x-1|+\dfrac{d}{dx}\ln|(x^2+1)^3|$$

$$\dfrac{1}{y}\dfrac{dy}{dx}=\dfrac{1}{x}+\dfrac{1}{x-1}+\dfrac{6x}{x^2+1}$$

$$=\dfrac{(x-1)(x^2+1)+x(x^2+1)+6x(x)(x-1)}{x(x-1)(x^2+1)}=\dfrac{8x^3-7x^2+2x-1}{x(x-1)(x^2+1)}$$

故

$$\dfrac{dy}{dx}=x(x-1)(x^2+1)^3\cdot\dfrac{8x^3-7x^2+2x-1}{x(x-1)(x^2+1)}$$

$$=(x^2+1)^2(8x^3-7x^2+2x-1)$$

例題 7 利用對數微分法

若 $y = x^x$, $x > 0$, 求 $\dfrac{dy}{dx}$.

解 $\ln y = \ln x^x = x \ln x$

兩端對 x 微分可得

$$\frac{1}{y}\frac{dy}{dx} = x \cdot \frac{1}{x} + \ln x = 1 + \ln x$$

故

$$\frac{dy}{dx} = x^x(1 + \ln x).$$

對數微分法也可證明

$$\frac{d}{dx}u^r = ru^{r-1}\frac{du}{dx} \tag{5-3}$$

其中 r 為實數，$u = u(x)$ 為可微分函數.

證明如下：令 $y = u^r$，則 $\ln y = \ln u^r = r \ln u$，可得

$$\frac{d}{dx}\ln y = \frac{d}{dx}(r \ln u)$$

$$\frac{1}{y}\frac{dy}{dx} = \frac{r}{u}\frac{du}{dx}$$

$$\frac{dy}{dx} = u^r \cdot \frac{r}{u} \cdot \frac{du}{dx}$$

$$= ru^{r-1}\frac{du}{dx}$$

故

$$\frac{d}{dx}u^r = ru^{r-1}\frac{du}{dx}.$$

習題 5-2

5-2 對數函數的導函數

一、基礎題

1. 若 $g(x)$ 為 $f(x) = 2x + \ln x$ 的反函數，求 $g'(2)$.

在 2～10 題中求 $\dfrac{dy}{dx}$.

2. $y = \ln(5x^2 + 1)^3$

3. $y = \ln(\cos x)$

4. $y = \dfrac{\ln x}{2 + \ln x}$

5. $y = \ln(x + \sqrt{x^2 - 1})$

6. $y = \sqrt{\ln \sqrt{x}}$

7. $y = \ln \dfrac{x}{1 + x^2}$

8. $y = \ln|\csc x - \cot x|$

9. $y = \log_5 |x^3 - x|$

10. $y = \ln(\ln(\ln x))$

在 11～12 題中，以隱函數微分法求 $\dfrac{dy}{dx}$.

11. $x \sin y = 1 + y \ln x$

12. $\ln(x^2 + y^2) = x + y$

13. 若 $y = \sqrt{\dfrac{(2x+1)(3x+2)}{4x+3}}$，利用對數微分法求 $\dfrac{dy}{dx}$.

14. 假設 x 單位 ($x > 1$) 可銷售的價格 p 是由下列的需求方程式而定：

$$p = 60 + \dfrac{10}{\ln x}$$

 (1) 試求收益函數.

 (2) 試求邊際收益函數.

15. 假設生產 x 單位時的價格是由下列的供給方程式而定：

$$p = 5\ln(x+1)$$

 (1) 試求成本函數.

(2) 試求邊際成本函數.

二、進階題

1. 若 $y=x^{x^x}$, $x>0$, 求 $\dfrac{dy}{dx}$.

2. 若 $y=\cos\left(x^{\sqrt{x}}\right)$, $x>0$, 求 $\dfrac{dy}{dx}$.

3. 試求方程式 $x^3-x\ln y+y^3=2x+5$ 的圖形在點 $(2, 1)$ 的切線方程式與法線方程式.

4. 若 $y=\dfrac{1+2\cos x}{x^3(2x+1)^7}$, 利用對數微分法求 $\dfrac{dy}{dx}$.

5. 若 $\ln(2.00)\approx 0.6932$, 試利用微分求 $\ln(2.01)$ 的近似值.

6. 求 $\displaystyle\lim_{h\to 0}\dfrac{\ln\tan(\dfrac{\pi}{4}+h)}{h}$.

7. 試證：$\displaystyle\lim_{x\to 0}(1+x)^{1/x}=e$.

5-3 指數函數的導函數

因指數函數與對數函數互為反函數，故可以利用對數函數的導函數公式去求指數函數的導函數公式.

定理 5-10

$$\dfrac{d}{dx}e^x=e^x$$

證 令 $y=e^x$，則

$$x=\ln y \qquad \text{寫成對數式}$$

第五章　指數函數與對數函數的導函數　221

$$\frac{dx}{dy} = \frac{d}{dy}\ln y = \frac{1}{y}$$ 等號兩端對 y 微分

因 $$\frac{dy}{dx} = \frac{1}{\frac{dx}{dy}}$$ 反函數的導函數 (4-2) 式

故 $$\frac{dy}{dx} = \frac{1}{\frac{1}{y}} = y$$

即 $$\frac{d}{dx}e^x = e^x.$$ ∎

若 $u=u(x)$ 為可微分函數，則由連鎖法則可得

$$\frac{d}{dx}e^u = e^u\frac{du}{dx} \tag{5-4}$$

對以正數 a ($a \neq 1$) 為底的指數函數 a^x 微分時，可先予以換底，即

$$a^x = e^{\ln a^x} = e^{x \ln a}$$

再將它微分，可得到下面的定理.

定理 5-11

$$\frac{d}{dx}a^x = a^x \ln a$$

若 $u=u(x)$ 為可微分函數，則由連鎖法則可得

$$\frac{d}{dx}a^u = a^u (\ln a)\frac{du}{dx} \tag{5-5}$$

例題 1　利用式 (5-4)

求 $\dfrac{d}{dx}(e^{x^2\ln x})$.

解

$$\dfrac{d}{dx}\underbrace{e^{x^2\ln x}}_{e^u}=e^{x^2\ln x}\underbrace{\dfrac{d}{dx}(x^2\ln x)}_{\frac{du}{dx}}=e^{x^2\ln x}\left(x^2\dfrac{d}{dx}\ln x+\ln x\cdot\dfrac{d}{dx}x^2\right)$$

$$=e^{x^2\ln x}\left(x^2\cdot\dfrac{1}{x}+\ln x\cdot 2x\right)$$

$$=xe^{x^2\ln x}(1+2\ln x).$$

例題 2　利用式 (5-5)

求 $\dfrac{d}{dx}7^{\sqrt{x^4+9}}$.

解

$$\dfrac{d}{dx}\underbrace{7^{\sqrt{x^4+9}}}_{a^u}=7^{\sqrt{x^4+9}}\underbrace{(\ln 7)}_{\ln a}\underbrace{\dfrac{d}{dx}\sqrt{x^4+9}}_{\frac{du}{dx}}$$

視 $u=\sqrt{x^4+9}$

$$=7^{\sqrt{x^4+9}}(\ln 7)\dfrac{4x^3}{2\sqrt{x^4+9}}$$

$$=\dfrac{2x^3(\ln 7)\,7^{\sqrt{x^4+9}}}{\sqrt{x^4+9}}.$$

例題 3　利用導數的一般乘冪公式 $\dfrac{d}{dx}(f(x))^n=n(f(x))^{n-1}f'(x)$

求 $\dfrac{d}{dx}(10^x+10^{-x})^{10}$.

解 $\dfrac{d}{dx}(10^x+10^{-x})^{10}=10(10^x+10^{-x})^9\dfrac{d}{dx}(10^x+10^{-x})$

$\qquad\qquad\qquad\quad\downarrow\qquad\underbrace{\qquad}_{f^{n-1}}\;\underbrace{\qquad\qquad}_{f'}$
$\qquad\qquad\quad\;\, n$

$\qquad\qquad\qquad\qquad\qquad =10(10^x+10^{-x})^9(10^x\ln 10-10^{-x}\ln 10)$
$\qquad\qquad\qquad\qquad\qquad =10\ln 10(10^x+10^{-x})^9(10^x-10^{-x}).$

例題 4 利用公式 $\dfrac{d}{dx}e^u=e^u\dfrac{du}{dx}$ 或對數微分法

若 $y=x^{2x}\,(x>0)$，求 $\dfrac{dy}{dx}$.

解 因 x^{2x} 的指數為一變數，故不可利用冪法則；同理，因底數不為常數，故無法利用式 (5-5)。

方法 1：$y=x^{2x}=e^{2x\ln x}$ $\qquad\qquad\qquad\qquad\qquad\qquad x^{2x}=e^{\ln x^{2x}}=e^{2x\ln x}$

$\Rightarrow\dfrac{dy}{dx}=\dfrac{d}{dx}e^{2x\ln x}=e^{2x\ln x}\dfrac{d}{dx}(2x\ln x)$

$\qquad\;\;=e^{2x\ln x}\left(2x\dfrac{d}{dx}\ln x+2\ln x\dfrac{d}{dx}x\right)$

$\qquad\;\;=x^{2x}(2+2\ln x)=2x^{2x}(1+\ln x)$

方法 2：$y=x^{2x}$

$\qquad\qquad\qquad\ln y=\ln x^{2x}=2x\ln x$ $\qquad\qquad$ 等號兩端取對數

$\qquad\dfrac{d}{dx}\ln y=\dfrac{d}{dx}(2x\ln x)$ $\qquad\qquad\qquad$ 等號兩端對 x 微分

$\qquad\dfrac{1}{y}\dfrac{dy}{dx}=2x\dfrac{d}{dx}\ln x+2\ln x\dfrac{d}{dx}(x)$

$\qquad\dfrac{1}{y}\dfrac{dy}{dx}=2x\cdot\dfrac{1}{x}+2\ln x=2(1+\ln x)$

$\qquad\quad\dfrac{dy}{dx}=2y(1+\ln x)=2x^{2x}(1+\ln x).$

例題 5　隱函數微分法

若 $xe^y + 2x - \ln y = 4$ 定義一 $y=f(x)$ 之可微分函數，求 $\dfrac{dy}{dx}$.

解

$$\frac{d}{dx}(xe^y + 2x - \ln y) = \frac{d}{dx}(4) \qquad \text{等號兩端對 } x \text{ 微分}$$

可得，

$$x\frac{d}{dx}e^y + e^y + 2 - \frac{1}{y}\frac{dy}{dx} = 0 \qquad \text{隱微分}$$

$$xe^y \frac{dy}{dx} + e^y + 2 - \frac{1}{y}\frac{dy}{dx} = 0$$

$$\left(xe^y - \frac{1}{y}\right)\frac{dy}{dx} = -(2+e^y) \qquad \text{合併 } \frac{dy}{dx} \text{ 項}$$

所以，

$$\frac{dy}{dx} = -\frac{2+e^y}{xe^y - \dfrac{1}{y}}.$$

例題 6　利用導數之定義求極限

求 $\lim\limits_{x \to 0} \dfrac{e^{2x} - e^x}{x}$.

解

$$\lim_{x \to 0} \frac{e^{2x} - e^x}{x} = \lim_{x \to 0} \frac{(e^{2x} - e^x) - (e^0 - e^0)}{x-0}$$

$$= \lim_{x \to 0}\left(\frac{e^{2x} - e^0}{x-0} - \frac{e^x - e^0}{x-0}\right) = \frac{d}{dx}e^{2x}\bigg|_{x=0} - \frac{d}{dx}e^x\bigg|_{x=0}$$

$$= \frac{d}{dx}(e^{2x} - e^x)\bigg|_{x=0} = (2e^{2x} - e^x)\bigg|_{x=0}$$

$$= 2 - 1 = 1.$$

習題 5-3

5-3 指數函數的導函數

一、基礎題

在 1～9 題中求 $\dfrac{dy}{dx}$.

1. $y=\sqrt{1+e^{2x}}$
2. $y=\ln\sqrt{e^{2x}+e^{-2x}}$
3. $y=\dfrac{e^x-e^{-x}}{e^x+e^{-x}}$
4. $y=\dfrac{e^x}{\ln x}$
5. $y=\ln\cos(e^x)$
6. $y=x^\pi \pi^x$
7. $y=(\sqrt{2})^{x\ln x}$
8. $y=x^{\sin x}\ (x>0)$
9. $y=x^{\ln x}$

在 10～13 題中，以隱函數微分法求 $\dfrac{dy}{dx}$.

10. $2^y=xy$
11. $xe^y+ye^x=x$
12. $xe^y+2x-\ln y=4$
13. $x^y=y^x\ (x>0,\ y>0)$
14. 試求切曲線 $y=x-e^{-x}$ 且又平行於直線 $6x-2y=7$ 之切線的方程式.

二、進階題

1. 試求切曲線 $y=(x-1)e^x+3\ln x+2$ 於點 $(1, 2)$ 之切線的方程式.

2. 若 $u=u(x)$ 與 $v=v(x)$ 皆為可微分函數 $(u(x)>0)$，試證

$$\dfrac{d}{dx}u^v=vu^{v-1}\dfrac{du}{dx}+u^v(\ln u)\dfrac{dv}{dx}.$$

3. 設 $f(x)=xe^{x^2}$，若 x 由 1.00 變到 1.01，試利用微分求 f 的變化量的近似值. $f(1.01)$ 的近似值為何？

4. (1) 試證：$\lim_{h\to 0}\dfrac{e^h-1}{h}=1$.

   (2) 利用 (1) 的結果求 $\lim_{x\to\infty} x(e^{1/x}-1)$.

在 5～6 題中，利用導數的定義求極限.

5. $\lim_{x\to 0}\dfrac{1-e^{-x}}{x}$

6. $\lim_{x\to 0}\dfrac{a^x-1}{x}$ ($a>0$, $a\neq 1$)

7. 求切曲線 $y=e^{3x}$ 且通過原點的切線.

8. 若 $f(x)=x+x^2+e^x$ 且 $g(x)=f^{-1}(x)$，求 $g'(1)$.

5-4 指數函數與對數函數在商學與經濟學上之應用

◎ 複利法

複利法者，在資金借貸期間，規定以一定期間 (如一年、半年、一季、一月等) 為一期，於每期之末，將該期所生利息，併入該期本金，作為下期之新本金再行生利之方法.

複利法中原始之本金稱為複利現值 (present value of compound interest)，通常以 P 表示；最後一期末之本利和稱為複利終值 (final value of compound interest)，通常以 S 表示. 今假設本金為 P，每期利率為 i，則在第一期之末，其複利終值 (即該期末之本利和) 為

$$P+Pi=P(1+i)$$

第二期末之複利終值為

第五章　指數函數與對數函數的導函數　227

$$P(1+i)+P(1+i)i=P(1+i)^2$$

第三期末之複利終值為

$$P(1+i)^2+P(1+i)^2 i=P(1+i)^3$$

依此類推，可得第 n 期末之複利終值為

$$S=P(1+i)^n. \tag{5-6}$$

例題 1　**利用公式 (5-6)**

本金 1,000 元，年利率 6%，每年複利一次，求二年後之複利終值與複利利息．

解　利用式 (5-6)，求得

$$S=1,000(1+0.06)^2=1,123.6\ (元)$$

故複利利息為　　　　　$1,123.6-1,000=123.6\ (元).$

於例題 1 中的利息為每年複利一次．然而，實際上利息通常一年複利超過一次以上．故複利法中，每年計息次數愈多，則所得利息亦愈多．如果年利率為 r，其計息為一年複利 m 次，本金為 P 元，此時每一計息期間的每期利率為

$$i=\frac{r}{m}\left(\frac{年利率}{每年的期數}\right).$$

註：在相鄰兩計息日間之時期稱為計息期間．

如果利息之計算採複利 t 年，則計息期間共計為 mt 期．將式 (5-6) 中的 n 以 mt 取代，且 i 以 $i=\dfrac{r}{m}$ （每期利率）取代，我們將可導出下列的複利公式

$$S=P\left(1+\frac{r}{m}\right)^{mt} \tag{5-7}$$

此處　$P=$ 本金之金額 (即複利現值)

　　　$r=$ 年利率

　　　$m=$ 每年計息期間的期數

　　　$t=$ 年數

　　　$S=t$ 年末的複利終值

例題 2　利用公式 (5-7)

若將 1,000 元以每年 8% 之利率，複利投資生息，試求 3 年後之複利終值.
(1) 每年複利一次；(2) 每半年複利一次；(3) 每季複利一次；(4) 每月複利一次.

解　(1) 此處 $P=1,000$，$r=8\%=0.08$，$m=1$，$t=3$ 代入式 (5-7) 中，可得

$$S=1,000\left(1+\frac{0.08}{1}\right)^3 \approx 1,259.71 \text{ (元)}$$

(2) 此處 $P=1,000$，$r=8\%=0.08$，$m=2$，$t=3$ 代入式 (5-7) 中，可得

$$S=1,000\left(1+\frac{0.08}{2}\right)^6 \approx 1,265.32 \text{ (元)}$$

(3) 此處 $P=1,000$，$r=8\%=0.08$，$m=4$，$t=3$ 代入式 (5-7) 中，可得

$$S=1,000\left(1+\frac{0.08}{4}\right)^{12} \approx 1,268.24 \text{ (元)}$$

(4) 此處 $P=1,000$，$r=8\%=0.08$，$m=12$，$t=3$ 代入式 (5-7) 中，可得

$$S=1,000\left(1+\frac{0.08}{12}\right)^{36} \approx 1,270.24 \text{ (元)}.$$

例題 3　利用導數之一般乘冪公式

若總額為 P_0 的資金以年利率 $100r\%$ 投資，按月計息，則在一年後的本金為

$$P=P_0\left(1+\frac{r}{12}\right)^{12}$$

當 $P_0=1000$ 元，$r=0.12$ 時，求 P 對 r 的變化率.

解

$$P'(r)=12P_0\left(1+\frac{r}{12}\right)^{11}\frac{d}{dr}\left(1+\frac{r}{12}\right)$$

其中 $n\downarrow$，P^{n-1}，P'

$$=12P_0\left(1+\frac{r}{12}\right)^{11}\frac{1}{12}=P_0\left(1+\frac{r}{12}\right)^{11}$$

當 $P_0=1000$ 元，$r=0.12$ 時，

$$P'(0.12)=1000\left(1+\frac{0.12}{12}\right)^{11}\approx 1115.67$$

故 P 對 r 的變化率為 1115.67 元.

◎ 複利現值

如果我們想預期在若干年之後獲得複利終值 S 元，而估計現在應該投資之金額 P 元，則此 P 元即為若干年後 S 元之**複利現值**.

由式 (5-7) 解 P，得

$$P=S\left(1+\frac{r}{m}\right)^{-mt} \tag{5-8}$$

例題 4 利用公式 (5-8)

某君想於三年後獲得一筆 200,000 元之金額出國進修，若已知銀行每月複利一次，年利率為 6%，試問某君現應一次存入該銀行多少錢？

解 以 $r=6\%=0.06$，$m=12$，$t=3$，$S=200{,}000$ 代入式 (5-8) 中，得

$$P=200{,}000\left(1+\frac{0.06}{12}\right)^{-36}$$

$$=200{,}000\,(1+0.005)^{-36}\approx 167{,}128$$

故某君應一次存入 167,128 元.

◎ 連續複利

我們已知對同一**虛利率**（或**名目利率**），若每年複利次數愈多（即複利期間愈短），則**實利率**愈大. 若複利次數無窮增加，則此種複利之方法稱為**連續複利**. 至於如何求連續複利呢？

首先我們將 $S = P\left(1 + \dfrac{r}{m}\right)^{mt}$ 改寫成下列之形式

$$S = P\left[\left(1 + \dfrac{r}{m}\right)^m\right]^t$$

可得

$$\lim_{m \to \infty}\left[P\left(1 + \dfrac{r}{m}\right)^m\right]^t = P\left[\lim_{m \to \infty}\left(1 + \dfrac{r}{m}\right)^m\right]^t$$

令 $v = \dfrac{m}{r}$，則

$$P\left[\lim_{v \to \infty}\left(1 + \dfrac{1}{v}\right)^{vr}\right]^t = P\left[\lim_{v \to \infty}\left(1 + \dfrac{1}{v}\right)^v\right]^{rt} = Pe^{rt} \qquad \text{\textit{e} 的定義}$$

由此計算方法得知，當複利次數無限制增加時，複利終值會趨近於 Pe^{rt}. 即

$$S = Pe^{rt} \tag{5-9}$$

此處 P ＝本金
r ＝連續複利的年利率
t ＝年數
S ＝ t 年末的複利終值

如果我們解式 (5-9) 中之 P，則求得複利現值為

$$P = Se^{-rt} \tag{5-10}$$

例題 5 利用公式 (5-9)

如果投資 5,000 元，年利率為 8%，(1) 每日複利（一年為 360 天），及 (2) 連續複利；求三年後的複利終值.

解 (1) 利用式 (5-7)，$P=5{,}000$，$r=0.08$，$m=360$，$t=3$，可得

$$S=5{,}000\left(1+\frac{0.08}{360}\right)^{1080}\approx 6{,}356.08\ (元)$$

(2) 利用式 (5-9)，$P=5{,}000$，$r=0.08$，$t=3$，可得

$$S=5{,}000e^{0.24}\approx 6{,}356.25\ (元).$$

由本題得知每日複利與連續複利，可知其複利終值之差異極微小，連續複利公式在財務分析的理論上極為重要.

例題 6 利用公式 (5-10)

某人目前 50 歲，為某銀行之職員，該銀行同意其於 65 歲時，每年給予養老金 50,000 元，如果未來十五年的通貨膨脹為 6% 且假設通貨膨脹是連續複利，試問其第一年的養老金之現值為若干？

解 利用式 (5-10)，$S=50{,}000$，$r=0.06$，$t=15$，可得

$$P=50{,}000e^{-0.9}\approx 20{,}328.5$$

故某人第一年養老金之現值約為 20,328.5 元.

◎ 相對變化率或成長率

相對變化率在經濟學上應用甚廣. 我們都知道導數可視為變化率. 例如，若 $f(t)$ 表一台電腦在時間 t 年的成本，則 $f'(t)$ 為成本的變化率（每年以元計）. 亦即，若 $f'=2$，其意義為電腦的價格以每年 2 元的比率遞增. 同理，若 $g(t)$ 表一部汽車在時間 t 年的價格，則 $g'=200$ 其意義為汽車的價格以每年 200 元的比率遞增. 又假設電腦的價格以每年 2 元的比率遞增，且電腦現行的價格為 40 元，則遞增的相對比率為 $2/40=0.05$，其意義為電腦的價格以每年 5% 之相對比率遞增. 一般而言，若 $f(t)$ 為產品在時間 t 的價格，則變化率為 $f'(t)$，且相對變化率為 $\dfrac{f'(t)}{f(t)}$，即，邊際函數除以原

函數. 我們有時稱導數 $f'(x)$ 為 "絕對" 變化率有別於相對變化率 $\dfrac{f'(x)}{f(x)}$.

定義 5-5

若 $y=f(t)>0$ 為一可微分函數，則 y 的相對變化率 (或瞬間成長率) 定義為

$$G_y = \frac{\frac{dy}{dt}}{y} = \frac{f'(t)}{f(t)} = \frac{d}{dt}\ln f(t) \tag{5-11}$$

相對變化率為一比率或百分數，與函數所使用的單位無關.

例題 7 利用公式 (5-11)

若某一開發中國家距現在 t 年之國民生產毛額可近似於函數 $G(t)=1.2e^{\sqrt{t}}$ 億元，試求距現在 25 年的相對變化率.

解 方法 1：$G(t)=1.2e^{\sqrt{t}}$，則

$$\ln G(t) = \ln 1.2e^{\sqrt{t}} = \ln 1.2 + \ln e^{\sqrt{t}} = \ln 1.2 + \sqrt{t}$$

故

$$\frac{d}{dt}\ln G(t) = \frac{d}{dt}(\ln 1.2 + \sqrt{t}) = \frac{1}{2}t^{-1/2}$$

最後，將 $t=25$ 代入上式得：

$$\left.\frac{d}{dt}\ln G(t)\right|_{t=25} = \frac{1}{2}(25)^{-1/2} = \frac{1}{2}\cdot\frac{1}{5} = 0.10$$

所以，距現在 25 年時，國民生產毛額以每年 0.10 或 10% 的相對變化率 (或成長率) 增加.

方法 2：$G(t)=1.2e^{\sqrt{t}}$，則

$$G'(t) = \frac{d}{dt}(1.2e^{\sqrt{t}}) = 1.2e^{\sqrt{t}}\frac{1}{2\sqrt{t}}$$

所以，相對變化率 $\dfrac{G'(t)}{G(t)}$ 為

$$\dfrac{G'(t)}{G(t)} = \dfrac{1.2e^{\sqrt{t}}\left(\dfrac{1}{2}t^{-1/2}\right)}{1.2e^{\sqrt{t}}} = \dfrac{1}{2}t^{-1/2}$$

在 $t=25$ 時，

$$\left.\dfrac{G'(t)}{G(t)}\right|_{t=25} = \dfrac{1}{2}(25)^{-1/2} = \dfrac{1}{2}\cdot\dfrac{1}{5} = 0.10$$

所以，相對變化率為 10%，與方法 1 所求結果相同．

◎ 彈 性

在尚未定義什麼叫<u>彈性</u>之前，首先應該讓讀者瞭解在經濟分析中，何以使用彈性來代替<u>斜率</u>．因為在平面坐標圖中，若因兩坐標軸所取之單位距離不一致，則不易由圖形之陡直或平坦，來判斷縱軸變數與橫軸變數彼此間之敏感度．

例題 8　**商品之單位價格不同，則需求曲線之斜率就不同．**

假設其他條件不變時，對商品 x 之需求函數為

$$Q_x = Q_x(p_x) = 100 - 2p_x$$

符號 p_x 表商品 x 之單位價格，以元為單位，若縱軸表價格，橫軸表數量，則上式改寫成

$$p_x = 50 - \dfrac{1}{2}Q_x$$

此一需求曲線為直線，其斜率為 $m = -\dfrac{1}{2}$．

如果單價改以角計算，則

$$Q_x = Q_x(p_x) = 100 - 2p_x = 100 - 2\left(\dfrac{p_x}{10}\right) = 100 - \dfrac{1}{5}p_x$$

或
$$p_x = 500 - 5Q_x$$

此一需求曲線為直線，其斜率為 $m = -5$.

故同樣的一條需求曲線，由於商品 x 之單位價格不同，而導致需求曲線之斜率不等，這就是斜率數值受坐標軸單位距離所影響之缺點。因而在經濟分析中所涉及之有關變數，由於缺乏固定之測度單位，為了避免計算單位之不同所引起斜率之不正確性，故採**彈性**以代替斜率。

定義 5-6

函數 $y = f(x)$ 對 x 的**彈性** (elasticity) 定義為

$$E = \frac{Ey}{Ex} = \lim_{\Delta x \to 0} \frac{\frac{\Delta y}{y}}{\frac{\Delta x}{x}} = \left(\frac{x}{y}\right)\left(\frac{dy}{dx}\right) \tag{5-12}$$

上式中　　Δx = 自變數之絕對變量

x = 自變數在變動前之數量

$\dfrac{\Delta x}{x}$ = 自變數之相對變化率 (即變動之百分率)

Δy = 因變數之絕對變量

y = 因變數在變動前之數量

$\dfrac{\Delta y}{y}$ = 因變數之相對變化率 (即變動之百分率)

顯然地，彈性為 x 的增量趨近於零時，因變數 y 的相對變化率與自變數 x 的相對變化率之比的極限值。E 代表當 x 平均發生 1% 的變動時對 y 所引起的變動的百分率。

第五章　指數函數與對數函數的導函數

例題 9　**利用公式 (5-12)**

設 $y=3x-6$，(1) 求 y 對 x 的彈性，(2) $x=10$ 時，求 y 對 x 的彈性.

解　(1) 由定義 5-6 知

$$E = \frac{Ey}{Ex} = \left(\frac{x}{y}\right)\left(\frac{dy}{dx}\right) = \frac{3x}{3x-6} = \frac{x}{x-2}$$

(2) $E = \dfrac{x}{x-2}$

將 $x=10$ 代入上式，得

$$E = \frac{10}{10-2} = \frac{10}{8} = \frac{5}{4}$$

表示 x 增加 1% 時，y 將增加 $\dfrac{5}{4}$%.

一函數的導數與函數本身之比，為函數之對數導數，亦即如果 $y=f(x)$，則

$$\frac{\frac{dy}{dx}}{y} = \frac{1}{y}\frac{dy}{dx} = \frac{f'(x)}{f(x)} = \frac{d}{dx}(\ln y)$$

上式為 $f(x)$ 的對數導數. 因此，函數 $y=f(x)$ 在 x 點的彈性，為 y 的對數導數與 x 的對數導數之比值，

$$E = \frac{Ey}{Ex} = \frac{\dfrac{d}{dx}\ln y}{\dfrac{d}{dx}\ln x} = \frac{\dfrac{1}{y}\dfrac{dy}{dx}}{\dfrac{1}{x}\dfrac{dx}{dx}} = \frac{x}{y}\frac{dy}{dx} = \frac{d(\ln y)}{d(\ln x)}$$

上述即一般所謂的 點彈性 (point elasticity).

◎ 需求彈性

設某商品的需求函數 $x=f(p)$，當價格由 p 變到 $p+\Delta p$ 時，需求量隨之由 x 變

化到 $x+\Delta x$，故價格的相對變化率為 $\dfrac{\Delta p}{p}$，需求量的相對變化率為 $\dfrac{\Delta x}{x}$．此兩者的比值為

$$\frac{\dfrac{\Delta x}{x}}{\dfrac{\Delta p}{p}}$$

稱為**平均需求彈性** (或稱**弧彈性**)．上述之比值為負數，Δx 與 Δp 異號，因價格上漲造成需求減少．

當價格之變化趨近零時，得

$$\lim_{\Delta p\to 0}\frac{\dfrac{\Delta x}{x}}{\dfrac{\Delta p}{p}}=\lim_{\Delta p\to 0}\frac{p\dfrac{\Delta x}{\Delta p}}{x}=\frac{p}{x}\lim_{\Delta p\to 0}\frac{\Delta x}{\Delta p}$$

$$=\left(\frac{p}{x}\right)\left(\frac{dx}{dp}\right)=\frac{p\,f'(p)}{f(p)}=\frac{d(\ln x)}{d(\ln p)}$$

由於 $f'(p)$ 為負值，p 與 x 皆為正，故上式之值為負．但由於經濟學家喜歡以正值數量來研究，因此將負號置於其前，故定義**需求彈性** E_p (elasticity of demand) 如下：

定義 5-7

令 $x=f(p)$ 為需求函數，亦即 x 表每單位價格 p 之需求量，則**需求彈性** E_p 定義為

$$E_p=-\frac{p}{x}\,\frac{dx}{dp}=-\frac{p\,f'(p)}{f(p)} \tag{5-13}$$

此為價格 p 時之**點彈性**．

註 在經濟學教科書中，點彈性常以 $E_p=\left|\dfrac{p}{x}\,\dfrac{dx}{dp}\right|$ 表之．

一般而言，x 對 p 之彈性，亦即價格 p 增加 1% 時，需求量 x 減少的百分比.故 E_p 被稱為**彈性係數**，它是一個純數，與其度量之單位無關.

在經濟理論中，需求彈性之臨界數為 1. 若 $0 < E_p < 1$，則需求之相對變化小於價格之相對變化，則需求稱之為**不富於彈性** (inelastic). 若 $1 < E_p < \infty$，則需求之相對變化大於價格之相對變化，則需求稱為**富於彈性** (elastic). 若 $E_p = 1$，則價格與需求變化之百分比相等，則需求稱為**單一彈性** (unit elasticity).

例題 10 利用公式 (5-13)

設需求方程式

$$p = -0.02x + 400, \quad 0 \leqslant x \leqslant 20{,}000$$

表示電視機的單位價格 (以元計) 與其需求數量 x 間之關係.

(1) 試求需求彈性 E_p.

(2) 計算 $p = 100$ 時之 E_p 值並解釋其結果.

(3) 計算 $p = 300$ 時之 E_p 值並解釋其結果.

解 (1) 解已知之需求方程式，以 p 表 x，可得

$$x = f(p) = -50p + 20{,}000$$

$$\frac{dx}{dp} = f'(p) = -50$$

所以 $E_p = -\dfrac{p f'(p)}{f(p)} = -\dfrac{p(-50)}{-50p + 20{,}000} = \dfrac{p}{400 - p}$

(2) 當 $p = 100$ 時，$E_p = \dfrac{100}{400 - 100} = \dfrac{1}{3}$，此即為 $p = 100$ 時之需求彈性，此結果的解釋為：電視機之單位售價定在 100 元時，則每增加 1% 的單位售價，將導致需求數量減少大約 0.33%.

(3) 當 $p = 300$ 時，$E_p = \dfrac{300}{400 - 300} = 3$，此即為 $p = 300$ 時之需求彈性，此結果的解釋為：電視機之單位售價定在 300 元時，則每增加 1% 之單位售價，將

引起需求量減少 3%.

由此一例題得知，當需求富於彈性時，單位售價微小的變動將導致需求數量較大幅度的變動，而當需求不富於彈性時，單位售價微小的變動只會導致更小幅度之需求數量的變動。最後，若需求為單一彈性時，單位售價微小的變動將導致需求數量做同幅度的變動.

例題 11　利用公式 (5-13)

假設價格-需求方程式 $x=f(p)=2,700-3p$，$0<p<900$ 元，試問：

(1) p 為何值時需求富於彈性？

(2) p 為何值時需求不富於彈性？

解 因 $E_p = -\dfrac{p f'(p)}{f(p)} = -\dfrac{p(-3)}{2,700-3p} = \dfrac{3p}{2,700-3p} = \dfrac{p}{900-p}$

(1) 當需求富於彈性時，$E_p > 1$. 則

$$\frac{p}{900-p} > 1$$

$$\frac{p}{900-p} - 1 > 0$$

$$\frac{p-900+p}{900-p} = \frac{2p-900}{900-p} > 0$$

所以，　　　　　　　　450 元 $< p < 900$ 元.

(2) 當需求不富於彈性時，$E_p < 1$. 則

$$\frac{p}{900-p} < 1$$

$$\frac{p}{900-p} - 1 < 0$$

$$\frac{p-900+p}{900-p} = \frac{2p-900}{900-p} < 0$$

所以，$0 < p < 450$ 元.

習題 5-4

5-4 指數函數與對數函數在商學與經濟學上之應用

一、基礎題

1. 投資 450 元，年利率 6%，每年複利 12 次，試求四年後之複利終值.

2. 投資 5,000 元，年利率 6%，連續複利六年，試求其複利終值.

3. 年利率 5%，連續複利，十年後得複利終值 8,000 元，求複利現值.

4. 某人在其投資決策中，若以 100,000 元投資於一年期定存，年利率 11.6%，每日複利；如果以 100,000 元投資於另一個一年期定存，年利率為 9.2%，連續複利. 試問在此投資決策中，其每年所得淨遞減額為若干？

5. 試求下列各函數在已知 t 值時的相對變化率.
   (1) $f(t) = 100e^{0.2t}$，$t = 5$.
   (2) $f(t) = e^{-t^2}$，$t = 10$.
   (3) $f(t) = 25\sqrt{t-1}$，$t = 6$.

6. 一投資機構預測，若一塊土地的價格可維持 t 年，其價值將為 $f(t) = 300 + t^2$ 萬元，試求在時間 $t = 10$ 年時的相對變化率.

7. 假設某商業投資之款項價值在時間 t 年時，由經驗得知可近似於函數 $f(t) = 750,000 e^{0.6\sqrt{t}}$（以元計），試求當 $t = 5$ 年時，投資之價值增加得有多快？

8. 某城市距現在 t 年之人口數近似於函數 $P(t) = 4 + 1.3e^{0.04t}$（以百萬計）.
   (1) 試求距現在 8 年人口之相對變化率.
   (2) 相對變化率何時會達到 1.5%？

9. 已知需求函數 $d(p)=4000e^{-0.01p}$.

    (1) 試求需求彈性 E_p.

    (2) 計算 $p=200$ 時之 E_p 值並解釋其結果.

10. 已知需求函數 $x=300-3p$, $0 \leq p \leq 100$.

    (1) 計算並解釋當 $p=25$ 與 $p=75$ 的需求彈性.

    (2) 試決定需求具單一彈性之價格, 此價格之意義為何?

11. 假設某產品之需求方程式為 $x=216-2p^2$, 此處 p 為價格, 試求價格區間. 需求在何區間是富於彈性? 在何區間不富於彈性?

12. 假設某日用品之價格 p 與銷售量 x 之關係為 $p=p(x)=\sqrt{\dfrac{100-x}{x}}$ 元.

    (1) 試求需求彈性.

    (2) 對什麼樣的價格, 需求是富於彈性? 不富於彈性? 單一彈性?

二、進階題

1. 某房地產投資公司擁有辦公大樓一棟, 預估該大樓之市場價值為

$$V(t)=300{,}000e^{\sqrt{t/2}}$$

此處 $V(t)$ 以元為單位, 且 t 為從現在起以年為單位的時間. 如果未來十年的預期通貨膨脹率為 6% 且為連續複利, 試求未來十年, 此大樓市場價值之現值 $P(t)$ 為若干? 又七年後此大樓之預期市場價值為若干?

2. 設 $y=u(t)+v(t)$, u 與 v 皆為 t 的可微分函數. 若 G_u、G_v 分別表 u、v 之成長率, 試證明

$$G_{(u+v)}=\dfrac{u}{u+v}G_u+\dfrac{v}{u+v}G_v$$

即兩數和之成長率等於兩數成長率之加權平均數.

第六章　微分的應用

本章學習目標

能瞭解極大值與極小值的求法
能瞭解洛爾定理與均值定理的幾何意義及兩者間之關係
能瞭解遞增函數與遞減函數及單調性定理
能夠求函數的相對極值
能瞭解圖形之凹性及反曲點
能瞭解函數圖形的描繪步驟
能瞭解極值之應用
能瞭解相關變化率之意義
能夠利用羅必達法則求極限
能夠將導數應用於個體經濟學中

6-1 函數的極值

在日常生活中，我們對一些問題必須以尋求最佳決策的方法處理之。例如，某人開一家成衣工廠，希望工資愈低而產品價格愈高，以便獲得更多利潤。但這是行不通的，因為工資低，工人可能怠工，而產品價格過高，則產品會賣不出去，造成庫存過多。如何在可能的狀況下，使工資與價格恰到好處，而又達到利潤最多的目標。這些都是最佳化問題。

最佳化問題可簡化為求函數的最大值與最小值，並判斷此值發生於何處。在本節中，我們將對求解這種問題的某些數學觀念作詳細說明。往後，我們將使用這些觀念去求解一些應用問題。

定義 6-1

令函數 f 定義在區間 I，且 $c \in I$。
(1) 若對 I 中的所有 x，恆有 $f(c) \geq f(x)$，則稱 f 在 c 處有極大值或絕對極大值，$f(c)$ 為 f 在 I 上的極大值或絕對極大值。
(2) 若對 I 中的所有 x，恆有 $f(c) \leq f(x)$，則稱 f 在 c 處有極小值或絕對極小值，$f(c)$ 為 f 在 I 上的極小值或絕對極小值。

上述的 $f(c)$ 稱為 f 的極值或絕對極值。

若只討論在 c 點的附近，函數值以 $f(c)$ 為最大，如此的 c 稱為相對極大點 (或局部極大點)，而 $f(c)$ 稱為相對極大值 (或局部極大值)。

同理，在 c 點的附近，函數值以 $f(c)$ 為最小，如此的 c 稱為相對極小點 (或局部極小點)，而 $f(c)$ 稱為相對極小值 (或局部極小值)。

極大點與極小點合稱為極點，而極大值與極小值合稱為極值，如圖 6-1 所示。

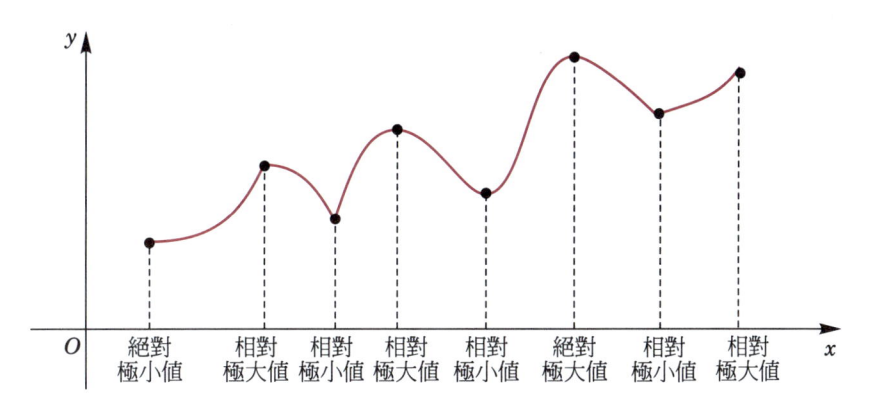

圖 6-1

定義 6-2

令函數 f 定義在某區間，且 c 在該區間內．
(1) 若存在包含 c 的開區間 I，使得 $f(c) \geq f(x)$ 對 I 中的所有 x 皆成立，則稱 f 在 c 處有相對極大值 (或局部極大值)．
(2) 若存在包含 c 的開區間 I，使得 $f(c) \leq f(x)$ 對 I 中的所有 x 皆成立，則稱 f 在 c 處有相對極小值 (或局部極小值)．
上述的 $f(c)$ 稱為 f 的相對極值 (或局部極值)．

由定義及圖 6-1 中可得知：

1. 相對極大值中最大者為絕對極大值．
2. 相對極小值中最小者為絕對極小值．

例題 1　$x=0$ 為拋物線 $y=x^2$ 之最低點

若 $f(x)=x^2$，則 $f(x) \geq f(0)$，故 $f(0)=0$ 為 f 的絕對極小值．這表示原點為拋物線 $y=x^2$ 上的最低點．然而，在此拋物線上無最高點，故此函數無極大值．

例題 2 無極值的函數

若 $f(x)=x^3$，則此函數無絕對極大值也無絕對極小值.

我們已看出有些函數有極值，而有些則沒有. 下面定理給出保證函數有極大值與極小值存在的條件.

定理 6-1 極值存在定理

若函數 f 在閉區間 $[a, b]$ 為連續，則 f 在 $[a, b]$ 上不但有極大值且有極小值.

本定理的證明從略. 然而，若我們想像成質點沿著連續函數在閉區間 $[a, b]$ 的圖形移動，則結果在直觀上是很顯然的；在整個歷程中，質點必須通過最高點與最低點.

在極值存在定理中，f 為連續與閉區間的假設是絕對必要的. 若任一假設不滿足，則不能保證有極大值或極小值存在.

例題 3 不滿足極值存在定理的函數

若函數 $f(x)=\begin{cases} x^2, & 0 \leqslant x < 1 \\ \dfrac{1}{2}, & 1 \leqslant x \leqslant 2 \end{cases}$ 定義在閉區間 $[0, 2]$，則它有極小值 0，但無極大值. 事實上，f 在 $x=1$ 有不連續點 (見圖 6-2).

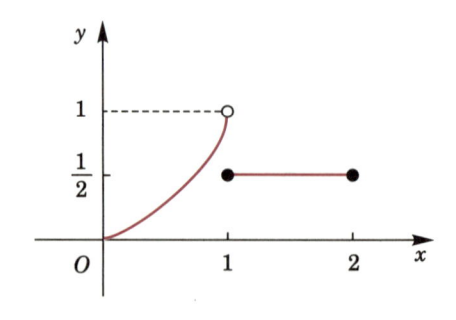

圖 6-2

例題 4　在開區間中連續的函數

函數 $f(x) = x^2$ $(0 < x < 1)$ 在開區間 $(0, 1)$ 為連續，但無極大值也無極小值.

如圖 6-3 所示，函數 f 的相對極值發生於 f 之圖形的水平切線所在的點或 f 之圖形的折角處，此為下面定理的要旨.

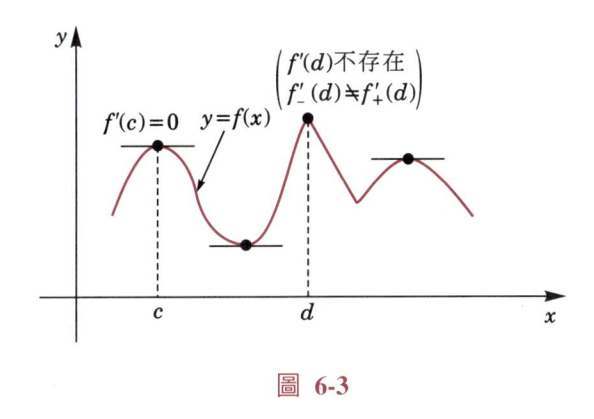

圖 6-3

定理 6-2

若函數 f 在 c 處有相對極值，則 $f'(c) = 0$ 抑或 $f'(c)$ 不存在.

例題 5　$f'(c)$ 不存在的情況

函數 $f(x) = |x-1|$ 在 $x = 1$ 處有 (相對且絕對) 極小值，但 $f'(1)$ 不存在，如圖 6-4 所示.

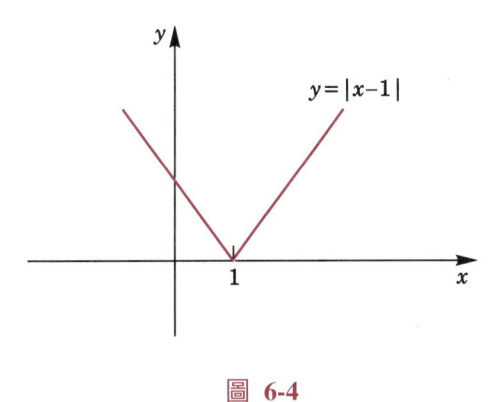

圖 6-4

例題 6　$f'(c)=0$ 成立但函數在 $x=c$ 不一定有相對極值

若 $f(x)=x^3$，則 $f'(x)=3x^2$，故 $f'(0)=0$. 但是，f 在 $x=0$ 處無相對極大值或相對極小值. $f'(0)=0$ 僅表示曲線 $y=x^3$ 在點 $(0, 0)$ 有一條水平切線.

例題 7　函數在 $x=0$ 無相對極值

$f(x)=x^{1/3}$ 在 $x=0$ 就沒有相對極值，即使 $f'(x)=\dfrac{1}{3}x^{-2/3}$ 在 $x=0$ 無定義，如圖 6-5 所示.

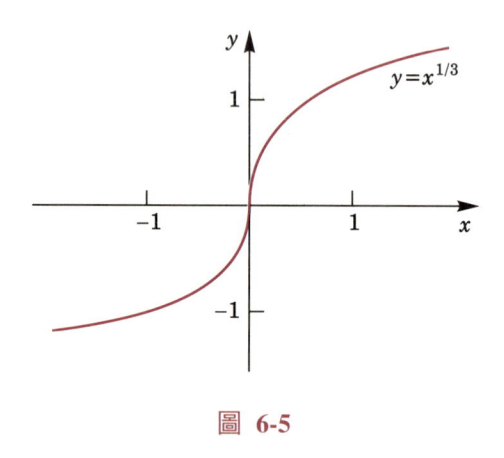

圖 6-5

定義 6-3

設 c 為函數 f 之定義域中的一數，若 $f'(c)=0$ 抑或 $f'(c)$ 不存在，則稱 c 為 f 的臨界數 (或稱臨界值、臨界點).

依定理 6-2，若函數有相對極值，則相對極值發生於臨界數處；但是，並非在每一個臨界數處皆有相對極值，如例題 6 所示.

例題 8　求臨界數

求函數 $f(x)=x^{3/5}(4-x)$ 的臨界數.

解 $f'(x) = \dfrac{d}{dx}[x^{3/5}(4-x)] = \dfrac{3}{5}x^{-2/5}(4-x) + x^{3/5}(-1)$

$\qquad\qquad = \dfrac{3(4-x)-5x}{5x^{2/5}} = \dfrac{12-8x}{5x^{2/5}}$.

兩函數乘積的導數

令 $f'(x)=0$，即 $12-8x=0$，可得 $x=\dfrac{3}{2}$；又 $f'(0)$ 不存在，但 $f(x)$ 在 $x=0$ 有定義. 所以，f 的臨界數為 $\dfrac{3}{2}$ 與 0.

◎ 如何求函數 f 之絕對極值

若函數 f 在閉區間 $[a, b]$ 為連續，則求 f 之極值的步驟如下：

1. 在 (a, b) 中，求 f 的所有臨界數，並計算 f 在這些臨界數的值.
2. 計算 $f(a)$ 與 $f(b)$.
3. 從步驟 1 與 2 中所計算的最大值即為極大值，最小值即為極小值.

在步驟 2 中，若 $f(a)$ 與 $f(b)$ 為極大值或極小值，則稱為**端點極值**.

例題 9　求函數的極大值與極小值

求函數 $f(x)=(x-2)\sqrt{x}$ 在 $[0, 4]$ 上的極大值與極小值.

解　$f'(x) = \sqrt{x} + (x-2)\dfrac{1}{2\sqrt{x}} = \dfrac{3x-2}{2\sqrt{x}}$

於是，在 $(0, 4)$ 中，f 的臨界數為 $\dfrac{2}{3}$.

因 $f(0)=0$, $f\left(\dfrac{2}{3}\right)=-\dfrac{4\sqrt{6}}{9}$, $f(4)=4$,

故 $f(4) > f(0) > f\left(\dfrac{2}{3}\right)$.

所以，極大值為 4，極小值為 $-\dfrac{4\sqrt{6}}{9}$.

例題 10 求函數的極大值與極小值

求 $f(x)=\sqrt{|x-4|}$ 在 $[2, 5]$ 上的極大值與極小值.

解 因

$$f(x)=\sqrt{|x-4|}=\begin{cases}\sqrt{x-4}, & \text{若 } x\geqslant 4\\ \sqrt{4-x}, & \text{若 } x<4\end{cases}$$

故

$$f'(x)=\begin{cases}\dfrac{1}{2\sqrt{x-4}}, & \text{若 } x>4\\ \dfrac{-1}{2\sqrt{4-x}}, & \text{若 } x<4\end{cases}$$

由於 $f'(4)$ 不存在．可知 f 在 $(2, 5)$ 中的唯一臨界數為 4，$f(4)=0$.

又 $f(2)=\sqrt{2}$，$f(5)=1$，

故極大值為 $\sqrt{2}$，極小值為 0.

例題 11 求函數的極大值與極小值

求 $f(x)=x\ln 2x-x$ 在 $\left[\dfrac{1}{2e}, \dfrac{e}{2}\right]$ 上的極大值與極小值.

解

$$f'(x)=\dfrac{d}{dx}(x\ln 2x-x)=x\dfrac{d}{dx}\ln 2x+\ln 2x-1$$
$$=1+\ln 2x-1=\ln 2x$$

令 $f'(x)=0$，即 $\ln 2x=0$，可得 $x=\dfrac{1}{2}$.

在區間 $\left(\dfrac{1}{2e}, \dfrac{e}{2}\right)$ 中，f 僅有的臨界數為 $\dfrac{1}{2}$.

故
$$f\left(\dfrac{1}{2}\right)=\dfrac{1}{2}\ln 1-\dfrac{1}{2}=-\dfrac{1}{2}$$

f 在兩端點的函數值分別為

$$f\left(\dfrac{1}{2e}\right)=\dfrac{1}{2e}\ln\dfrac{1}{e}-\dfrac{1}{2e}=-\dfrac{1}{2e}-\dfrac{1}{2e}=-\dfrac{1}{e}$$

與

$$f\left(\dfrac{e}{2}\right)=\dfrac{e}{2}\ln e-\dfrac{e}{2}=0$$

故 f 的極大值為 0，f 的極小值為 $-\dfrac{1}{2}$.

習題 6-1

6-1　函數的極值

一、基礎題

在 1～9 題中，求 f 在所予閉區間上的絕對極大值與絕對極小值.

1. $f(x)=x^3-6x^2+9x+2$；$[0, 2]$
2. $f(x)=x^3-3x^2+2$；$[-1, 3]$
3. $f(x)=\dfrac{x}{x^2+2}$；$[-1, 4]$
4. $f(x)=(x^2+x)^{2/3}$；$[-2, 3]$
5. $f(x)=\dfrac{(x-2)^{2/3}}{x}$；$[1, 10]$
6. $f(x)=x-2\sin x$；$[0, 2\pi]$
7. $f(x)=\sin x-\cos x$；$[0, \pi]$
8. $f(x)=xe^{-x}$；$[0, 2]$

9. $f(x) = \dfrac{\ln x}{x}$；$[1, 3]$

10. 令 $f(x) = x^2 + ax + b$，求 a 與 b 的值使得 $f(1) = 3$ 為 f 在 $[0, 2]$ 上的絕對極值。它是極大值或極小值？

二、進階題

在 1～4 題中，求 f 在所予閉區間上的極大值與極小值。

1. $f(x) = 1 + |9 - x^2|$；$[-5, 1]$

2. $f(x) = |6 - 4x|$；$[-3, 3]$

3. $f(x) = \begin{cases} 4x - 2, & x < 1 \\ (x-2)(x-3), & x \geq 1 \end{cases}$；$\left[\dfrac{1}{2}, \dfrac{7}{2}\right]$.

4. $f(x) = e^{x^3 - x}$；$[-1, 0]$

5. 試證：$\sin x \leq x$ 對區間 $[0, 2\pi]$ 中所有 x 均成立。

6-2 均值定理

在本節中，我們將討論一個結果，稱為**均值定理**。此定理非常有用，被視為微積分學裡的最重要結果之一。我們先著手於均值定理的特例，稱為**洛爾定理**，是由法國大數學家<u>洛爾</u> (1652～1719) 所提出，它提供了臨界數存在的充分條件。此定理是對在閉區間 $[a, b]$ 為連續，在開區間 (a, b) 為可微分且 $f(a) = f(b)$ 的函數 f 來討論的，這種函數的一些代表性的圖形如圖 6-6 所示。

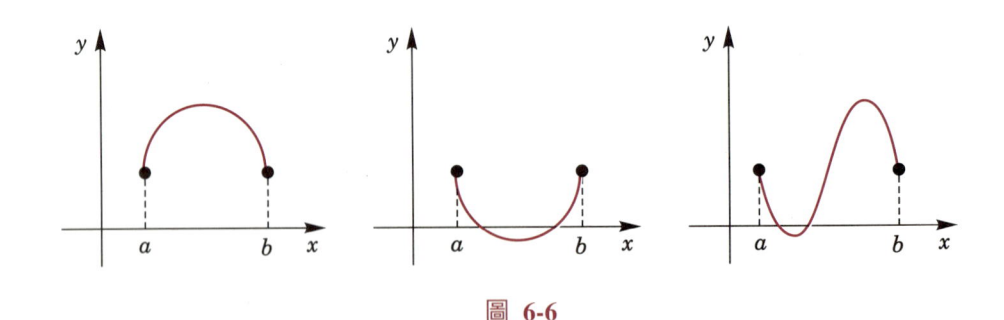

圖 6-6

參照圖 6-6 中的圖形，可知至少存在一數 c 介於 a 與 b 之間，使得在點 $(c, f(c))$ 處的切線為水平，或者，$f'(c)=0$.

定理 6-3　洛爾定理

若函數 f 在 $[a, b]$ 為連續，在 (a, b) 為可微分，且 $f(a)=f(b)$，則在 (a, b) 中至少存在一數 c 使得 $f'(c)=0$.

例題 1　洛爾定理不成立

試說明函數 $f(x)=1-(x-1)^{2/3}$ 在 $[0, 2]$ 中無法滿足洛爾定理.

解　因為 $f(0)=f(2)=0$，又 f 在 $[0, 2]$ 為連續，但 f 於 $x=1$ 處不可微分，所以無法找到一數 $c \in (0, 2)$ 使得 $f'(c)=0$，其圖形如圖 6-7 所示.

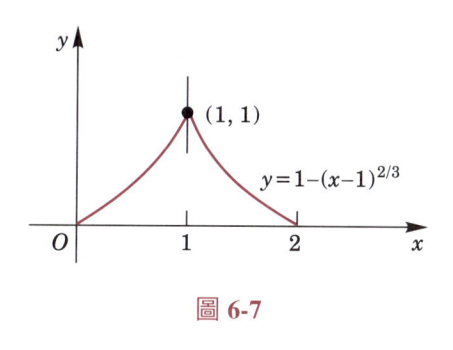

圖 6-7

例題 2　洛爾定理之應用

試證：方程式 $x^3+3x+1=0$ 有唯一的實根.

解　令 $f(x)=x^3+3x+1$，則 $f'(x)=3x^2+3=3(x^2+1) \geq 3$. 因 $f(-1)=-3<0$，$f(0)=1>0$，故依中間值定理，在 $(-1, 0)$ 中存在一數 c 使得 $f(c)=0$. 於是，所予方程式有一實根.
設方程式 $f(x)=0$ 有兩根 a 與 b，則 $f(a)=0=f(b)$. 依洛爾定理，在 a 與 b 之間存在一數 c 使得 $f'(c)=0$，此為矛盾，因而所予方程式不可能有兩個實根. 所以，我們證得所予方程式有唯一實根.

下面的定理可以看作是將洛爾定理推廣到 $f(a) \neq f(b)$ 的情形. 在討論此一定理之前，先考慮 f 的圖形上的兩點 $A(a, f(a))$ 與 $B(b, f(b))$，如圖 6-8 所示. 若 $f'(x)$ 對於所有 $x \in (a, b)$ 皆存在，則從圖中顯然可以看出，在圖形上存在一點 $P(c, f(c))$ 使得在該點的切線與通過 A 及 B 的割線平行. 此一事實可用斜率表示如下

$$f'(c) = \frac{f(b)-f(a)}{b-a}$$

等號右邊的式子是由通過 A 與 B 之直線的斜率公式求出，若將等號兩邊同時乘以 $b-a$，則可得下面定理中的公式.

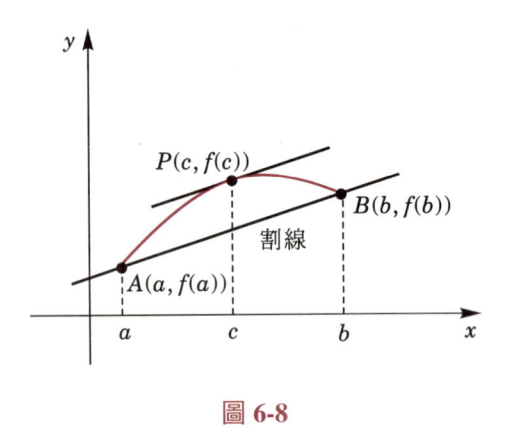

圖 6-8

定理 6-4　均值定理

若函數 f 在 $[a, b]$ 為連續，在 (a, b) 為可微分，則在 (a, b) 中存在一數 c 使得

$$f(b)-f(a)=f'(c)(b-a)$$

例題 3　利用均值定理

令 $f(x)=x^3-x^2-x+1$，$x \in [-1, 2]$. 試求所有的 c 值使滿足均值定理的結論.

解
$$f'(x) = 3x^2 - 2x - 1$$

而
$$\frac{f(2) - f(-1)}{2 - (-1)} = \frac{3 - 0}{3} = 3c^2 - 2c - 1$$

故
$$3c^2 - 2c - 1 = 1$$

解二次方程式
$$3c^2 - 2c - 2 = 0$$

可得
$$c = \frac{2 \pm \sqrt{4 + 24}}{6} = \frac{1 \pm \sqrt{7}}{3}$$

即 $c_1 = \dfrac{1 - \sqrt{7}}{3}$, $c_2 = \dfrac{1 + \sqrt{7}}{3}$, 兩數皆位於區間 $(-1, 2)$ 中, 圖形如圖 6-9 所示.

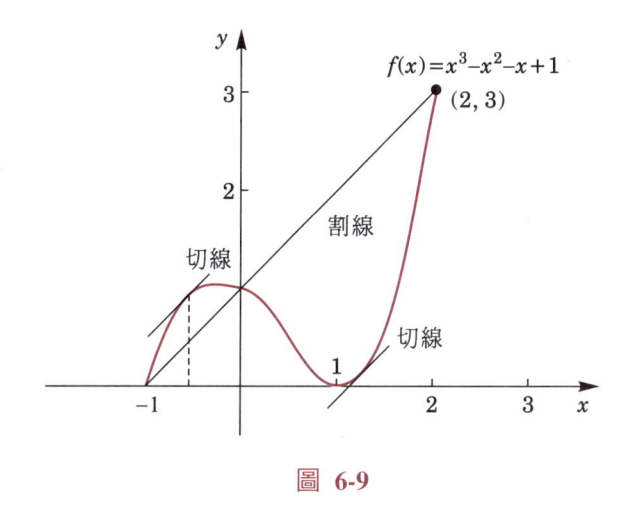

圖 6-9

例題 4 **不適用均值定理**

令 $f(x) = x^{2/3}$, $x \in [-8, 27]$, 試證 f 不滿足均值定理的結論, 並說明其原因.

解
$$f'(x) = \frac{d}{dx} x^{2/3} = \frac{2}{3} x^{-1/3}, \quad x \neq 0$$

且

$$\frac{f(27)-f(-8)}{27-(-8)}=\frac{9-4}{35}=\frac{1}{7}$$

我們必須解

$$\frac{2}{3}c^{-1/3}=\frac{1}{7}$$

可得

$$c=\left(\frac{14}{3}\right)^3=\frac{2744}{27}$$

但 $c=\frac{2744}{27}$ 不在區間 $(-8, 27)$ 中. 因為 $f'(0)$ 不存在, 所以 f 不滿足均值定理的結論. 圖形如圖 6-10 所示.

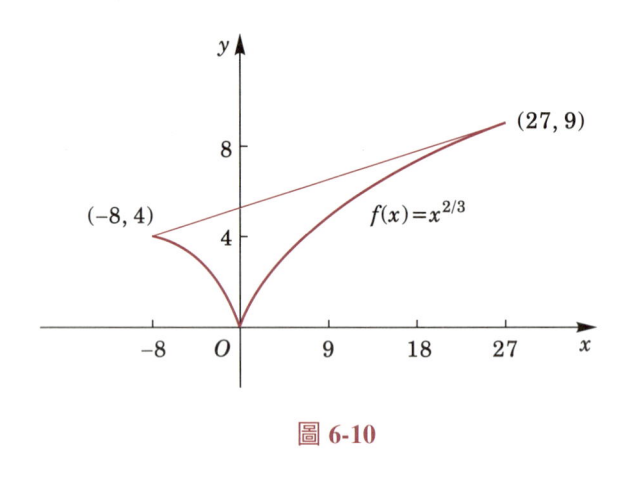

圖 6-10

讀者應注意均值定理為洛爾定理的推廣. 在均值定理中, 若 $f(a)=f(b)$, 則 $f'(c)=0$. 其與洛爾定理相同. 又, 均值定理的二個條件缺一不可, 如圖 6-10 所示, f 在 $[-8, 27]$ 為連續, 但 f 在 $x=0$ 不可微分, 故在 $(-8, 27)$ 中, 切線與割線不平行.

例題 5　均值定理的應用

利用均值定理證明 $1.5<\sqrt{3}<1.75$.

解　令 $f(x)=\sqrt{x}$, 則 $f'(x)=\frac{1}{2\sqrt{x}}$, 依均值定理, 存在一數 $c\in(3, 4)$, 使得

$$\frac{1}{2\sqrt{c}} = \frac{\sqrt{4}-\sqrt{3}}{4-3} = 2-\sqrt{3}$$

但因 $3 < c < 4 \Rightarrow \sqrt{3} < \sqrt{c} < 2 \Rightarrow \dfrac{1}{2} < \dfrac{1}{\sqrt{c}} < \dfrac{1}{\sqrt{3}}$

$$\Rightarrow \frac{1}{4} < \frac{1}{2\sqrt{c}} < \frac{1}{2\sqrt{3}}$$

所以, $\quad \dfrac{1}{4} < \dfrac{1}{2\sqrt{c}} < \dfrac{1}{2}$

因此, $\dfrac{1}{4} < 2-\sqrt{3} < \dfrac{1}{2} \Rightarrow -1.75 < -\sqrt{3} < -1.5$

即 $\quad 1.5 < \sqrt{3} < 1.75.$

例題6 均值定理的應用

試利用均值定理求 $\sqrt[6]{64.05}$ 的近似值.

解 令 $f(x) = \sqrt[6]{x}$, $a = 64$, $b = 64.05$

依均值定理 $\quad f(b) - f(a) = f'(c)(b-a)$

當 $b \to a$ 時, 且 $a < c < b$, 則 $c \to a$, 故

$$f(b) - f(a) \approx f'(a)(b-a)$$

即 $\quad f(b) \approx f(a) + f'(a)(b-a)$

微分 $f(x)$, 得 $\quad f'(x) = \dfrac{1}{6} x^{-5/6}$

則 $\quad f'(64) = \dfrac{1}{6}(64)^{-5/6} = \dfrac{1}{192}$

代入上式，得

$$f(64.05)=\sqrt[6]{64.05}\approx f(64)+\frac{1}{192}(64.05-64)=2+\frac{1}{192}(0.05)$$

故 $\sqrt[6]{64.05}\approx 2.00026.$

定理 6-5

若 $f'(x)=0$ 對於區間 (a, b) 中的所有 x 皆成立，則 f 在 (a, b) 上為常數函數.

證 令 x_1 與 x_2 為 (a, b) 中任意兩數，且 $x_1 < x_2$. 因 f 在 (a, b) 為可微分，故它必在 (x_1, x_2) 為可微分且在 $[x_1, x_2]$ 為連續. 依均值定理，存在一數 $c \in (x_1, x_2)$，使得

$$f(x_2)-f(x_1)=f'(c)(x_2-x_1)$$

因 $f'(x)=0$，可知 $f'(c)=0$，故

$$f(x_2)-f(x_1)=0, \text{ 即 } f(x_1)=f(x_2)$$

但 x_1 與 x_2 為 (a, b) 中任意兩數，所以 f 在 (a, b) 上為常數函數.

例題 7　定理 6-5 的應用

試證 $\tan^{-1} x + \cot^{-1} x = \frac{\pi}{2}, \ x \in \mathbb{R}.$

解 令 $f(x) = \tan^{-1} x + \cot^{-1} x$

則 $f'(x) = \frac{1}{1+x^2} + \frac{-1}{1+x^2} = 0$

依定理 6-5 知 $f(x)$ 為常數函數，即

$$f(x)=C, \ x\in \mathbb{R}$$

令 $x=0$，可得 $f(0)=\tan^{-1} 0+\cot^{-1} 0=0+\dfrac{\pi}{2}=\dfrac{\pi}{2}=C$

故 $$f(x)=\dfrac{\pi}{2}, \ x\in \mathbb{R}$$

因此， $$\tan^{-1} x+\cot^{-1} x=\dfrac{\pi}{2}.$$

習題 6-2

6-2 均值定理

一、基礎題

1. 設 $f(x)=x^2-2x$，試證在 $[0, 2]$ 內可滿足洛爾定理，並求定理中所敘述之 c 值.
2. 設 $f(x)=9x^2-x^4$，試證在 $[-3, 3]$ 內可滿足洛爾定理，並求定理中所敘述之 c 值.
3. 依洛爾定理，求函數 $f(x)=\dfrac{1-x^2}{1+x^2}$ 在區間 $[-1, 1]$ 內之 c 值.
4. 函數 $f(x)=1-x^{2/3}$ 在 $[-1, 1]$ 中是否滿足洛爾定理？

在 5～9 題中，驗證 f 在所予區間滿足均值定理的假設，並求所有滿足定理結論的 c 值.

5. $f(x)=x^3-3x+5$；$[-1, 1]$
6. $f(x)=\cos x$；$\left[\dfrac{\pi}{2}, \dfrac{3\pi}{2}\right]$
7. $f(x)=\dfrac{x^2-1}{x-2}$；$[-1, 1]$

8. $f(x) = x + \dfrac{1}{x}$; $[3, 4]$

9. $f(x) = 4 + \sqrt{x-1}$; $[1, 5]$

二、進階題

1. 函數 $f(x) = |2x-1| - 3$ 在 $[-1, 2]$ 中是否滿足洛爾定理？

2. 說明 $f(x) = \dfrac{x+3}{x-3}$ 在區間 $[-1, 4]$ 中無法滿足均值定理的結論．

3. 試利用均值定理求 $\sqrt[4]{82}$ 之近似值．

4. 利用均值定理證明 $3 + \dfrac{1}{28} < \sqrt[3]{28} < 3 + \dfrac{1}{27}$．

5. 利用均值定理證明 $|\sin a - \sin b| \leq |a-b|$ 對所有實數 a 與 b 均成立．

6. 試利用均值定理證明 $|\tan x + \tan y| \geq |x+y|$ 對於區間 $\left(-\dfrac{\pi}{2}, \dfrac{\pi}{2}\right)$ 中的所有實數 x 與 y 皆成立．

7. 若 $x > 0$，利用均值定理證明 $\dfrac{x}{1+x^2} < \tan^{-1} x < x$．

8. 試利用均值定理證明

$$\lim_{x \to \infty} (\sqrt{x+2} - \sqrt{x}) = 0$$

6-3 單調函數，相對極值判別法

在描繪函數的圖形時，知道何處上升與何處下降是很有用的．圖 6-11 所示的圖形由 A 上升到 B，由 B 下降到 C，然後再由 C 上升到 D；我們稱函數 f 在區間

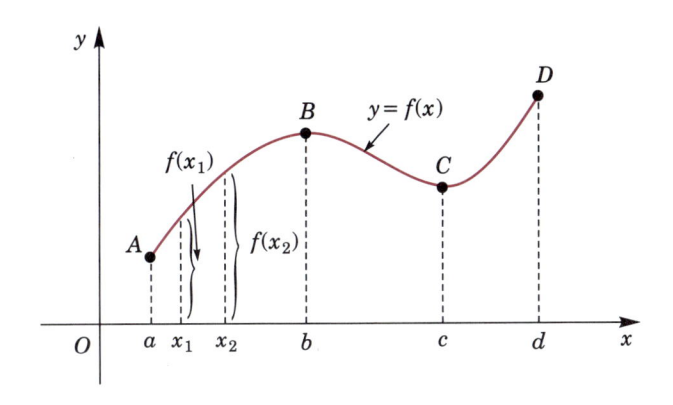

圖 6-11

$[a, b]$ 為遞增，在 $[b, c]$ 為遞減，又在 $[c, d]$ 為遞增．若 x_1 與 x_2 為介於 a 與 b 之間的任兩數，其中 $x_1 < x_2$，則 $f(x_1) < f(x_2)$．

定義 6-4

設函數 f 定義在某區間 I．
(1) 對 I 中的所有 x_1、x_2，若 $x_1 < x_2$，恆有 $f(x_1) < f(x_2)$，則稱 f 在 I 為遞增，而 I 稱為 f 的遞增區間．
(2) 對 I 中的所有 x_1、x_2，若 $x_1 < x_2$，恆有 $f(x_1) > f(x_2)$，則稱 f 在 I 為遞減，而 I 稱為 f 的遞減區間．
(3) 若 f 在 I 為遞增抑或為遞減，則稱 f 在 I 上為單調．

註 (1) 單調函數必為一對一函數．因此必有反函數．
(2) 有些教科書定義，若 $x_1 < x_2$，恆有 $f(x_1) \leq f(x_2)$，則稱 f 在區間 I 為遞增．若是 "$f(x_1) < f(x_2)$"，則稱 f 在區間 I 為嚴格遞增．

函數遞增或遞減之定義如圖 6-12 所示．

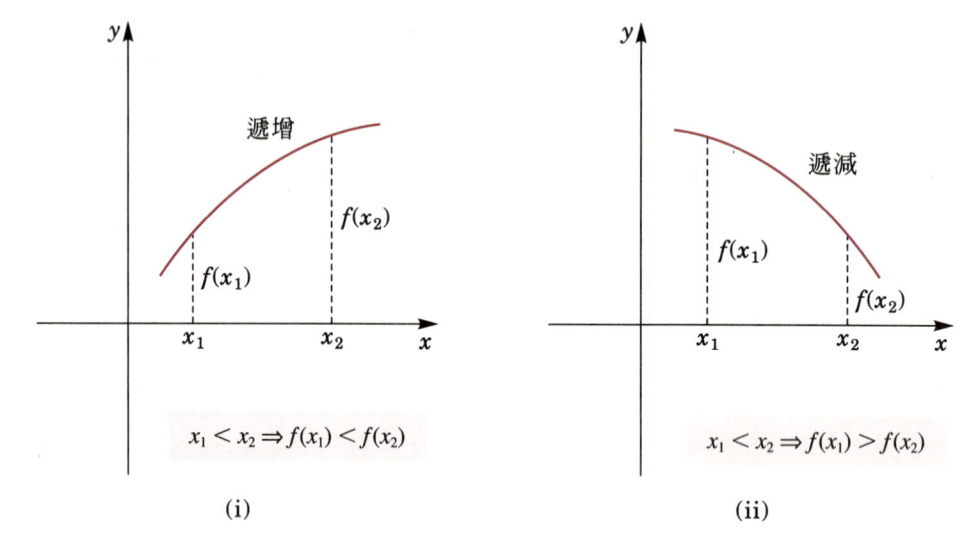

圖 6-12

例題 1 單調函數的定義

(1) 函數 $f(x)=x^2$ 在 $(-\infty, 0]$ 為遞減而在 $[0, \infty)$ 為遞增，故在 $(-\infty, 0]$ 與 $[0, \infty)$ 皆為單調，但它在 $(-\infty, \infty)$ 不為單調。

(2) $f(x)=x^3$ 在 $(-\infty, \infty)$ 為單調函數，圖形如圖 6-13 所示。

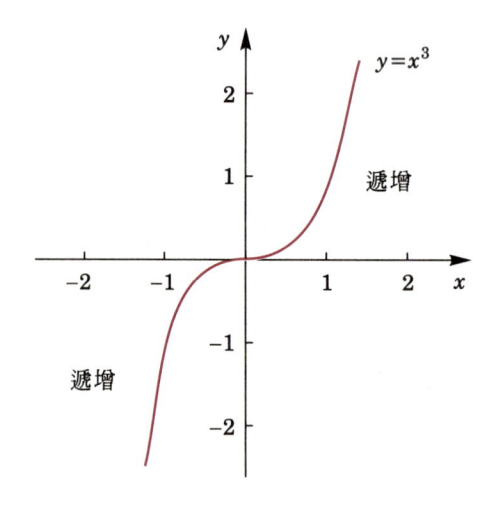

圖 6-13 單調函數

例題 2　單調函數的定義

$$f(x) = \begin{cases} -x^2, & x < 0 \\ 0, & 0 \leqslant x \leqslant 1 \\ (x-1)^2, & x > 1 \end{cases}$$ 為非單調函數，圖形如圖 6-14 所示.

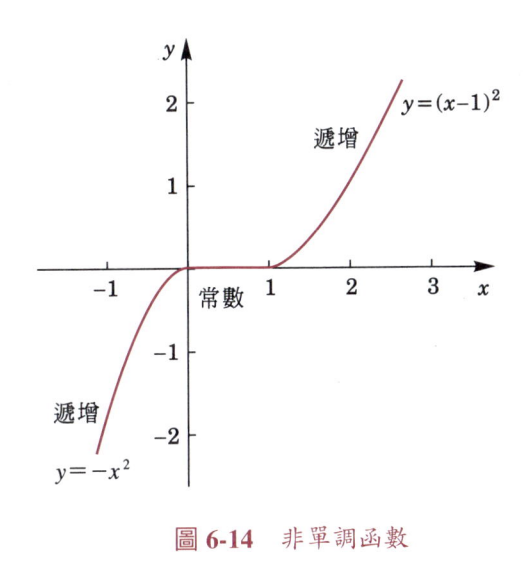

圖 6-14　非單調函數

圖 6-15 暗示若函數圖形在某區間的切線斜率為正，則函數在該區間為遞增；同理，若圖形的切線斜率為負，則函數為遞減.

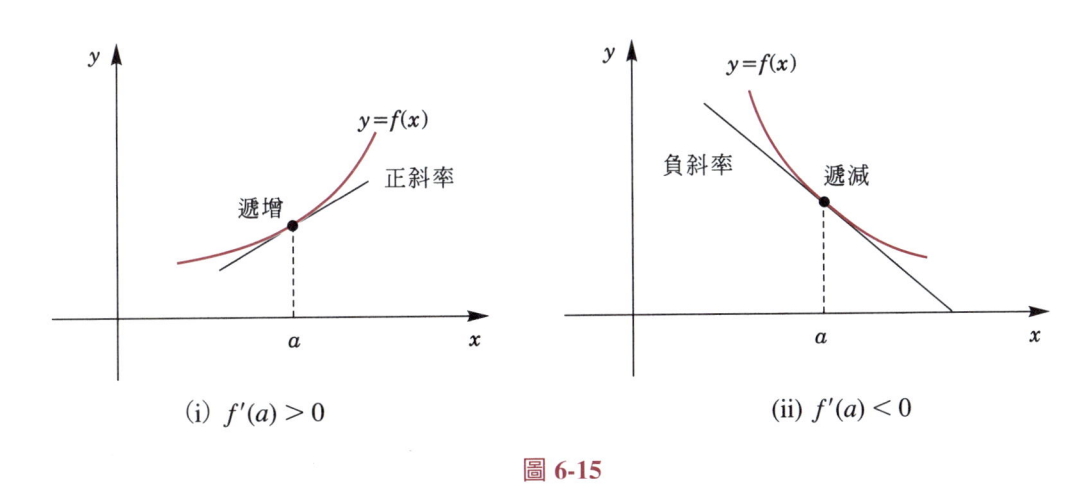

(i) $f'(a) > 0$　　　　(ii) $f'(a) < 0$

圖 6-15

下面定理指出如何利用導數來判斷函數在區間為遞增或遞減.

定理 6-6　單調性定理

設函數 f 在 $[a, b]$ 為連續，且在 (a, b) 為可微分．
(1) 若 $f'(x) > 0$ 對於 (a, b) 中的所有 x 皆成立，則 f 在 $[a, b]$ 為遞增．
(2) 若 $f'(x) < 0$ 對於 (a, b) 中的所有 x 皆成立，則 f 在 $[a, b]$ 為遞減．

例題 3　單調函數必為一對一函數

試證 $f(x) = x^3 + x + 4$ 為一對一函數．

解　因

$$f'(x) = \frac{d}{dx}(x^3 + x + 4) = 3x^2 + 1 > 0$$

故 $f(x)$ 在其定義域中為單調函數，因此為一對一函數．

例題 4　利用單調性定理

函數 $f(x) = \dfrac{2x}{x^2 + 1}$ 在何區間為遞增？遞減？

解

$$f'(x) = \frac{d}{dx}\left(\frac{2x}{x^2+1}\right) = \frac{(x^2+1)2 - 2x(2x)}{(x^2+1)^2} = \frac{2(1-x^2)}{(x^2+1)^2}$$

當 $x = \pm 1$ 時，$f'(x) = 0$．

我們作出有關 $f'(x)$ 的正負號圖如下

$x<-1$	-1	$-1<x<1$	1	$x>1$
$-----$	$f'(-1)=0$	$+++++$	$f'(1)=0$	$-----$

故 f 在 $(-\infty, -1]$ 與 $[1, \infty)$ 為遞減，f 在 $[-1, 1]$ 為遞增．

例題 5　證明 $f(x) = (1+x)^n - (1+nx)$ 為遞增函數

試證：若 $x > 0$ 且 $n > 1$，則 $(1+x)^n > 1 + nx$．

解 考慮 $f(x)=(1+x)^n-(1+nx)$，則
$$f'(x) = n(1+x)^{n-1}-n$$
$$= n[(1+x)^{n-1}-1]$$

若 $x>0$，且 $n>1$，則 $(1+x)^{n-1}>1$，故 $f'(x)>0$. 因此，f 在 $[0, \infty)$ 為遞增. 尤其，若 $x>0$，則 $f(x)>f(0)$. 但 $f(0)=0$，故

$$(1+x)^n-(1+nx)>0$$

所以，$\qquad (1+x)^n > 1+nx.$

例題 6 證明 $f(x)=\tan x-x$ 為遞增函數

試證：若 $0<x<\dfrac{\pi}{2}$，則 $\tan x > x$.

解 令 $f(x)=\tan x-x$，則 $f'(x)=\sec^2 x-1$.

當 $0<x<\dfrac{\pi}{2}$ 時，$\sec^2 x>1$，故 $f'(x)=\sec^2 x-1>0$. 因此，f 在 $\left[0, \dfrac{\pi}{2}\right)$ 為遞增. 尤其，若 $x>0$，則 $f(x)>f(0)$. 但 $f(0)=0$，故

$$\tan x - x > 0$$

所以，$\qquad \tan x > x.$

◎ 如何求函數 f 的相對極值

我們知道，欲求相對極值，首先必須找出函數所有的臨界數，再檢查每一個臨界數，以決定是否有相對極值發生。做這個檢查的方法有很多，下面的定理是根據 f 的一階導數的正負號。大致說來，這個定理說明了，當 x 遞增通過臨界數 c 時，若 $f'(x)$ 變號，則 f 在 c 處有相對極大值或相對極小值；若 $f'(x)$ 不變號，則在 c 處無相對極值發生。

定理 6-7　一階導數判別法

設函數 f 在包含臨界數 c 的開區間 (a, b) 為連續.

(1) 當 $a < x < c$ 時, $f'(x) > 0$, 且 $c < x < b$ 時, $f'(x) < 0$, 則 $f(c)$ 為 f 的相對極大值.

(2) 當 $a < x < c$ 時, $f'(x) < 0$, 且 $c < x < b$ 時, $f'(x) > 0$, 則 $f(c)$ 為 f 的相對極小值.

(3) 當 $a < x < b$ 時, $f'(x)$ 同號, 則 $f(c)$ 不為 f 的相對極值.

　　圖 6-16 中的圖形可作為記憶一階導數判別法的方法. 在相對極大值的情形, 如圖 6-16(i) 所示, 若 $x < c$, 則在點 $(x, f(x))$ 處的切線的斜率為正；若 $x > c$, 則斜率為負. 在相對極小值的情形, 如圖 6-16(ii) 所示, 結果恰好相反. 若圖形在點 $(c, f(c))$ 有折角, 類似的圖形也可繪出. 在無極值的情形, 如圖 6-16(iii) 所示, 斜率皆為正；如圖 6-16(iv) 所示, 斜率皆為負.

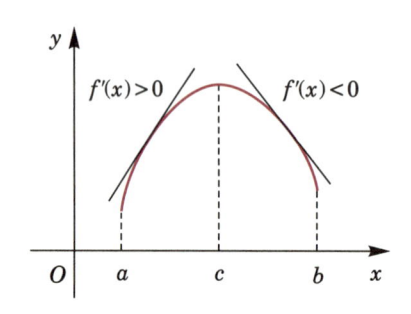

(i) 相對極大值

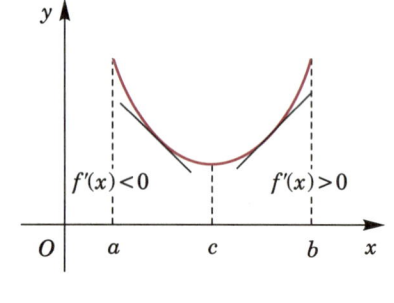

(ii) 相對極小值

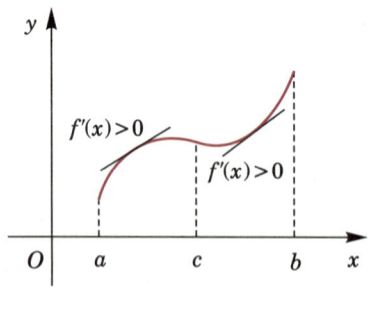

(iii) 無極值

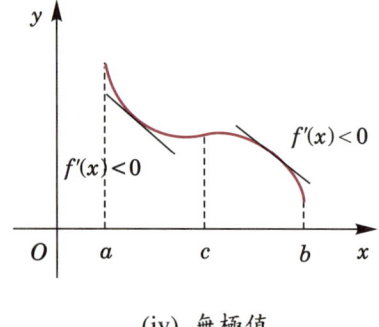

(iv) 無極值

圖 6-16

例題 7　一階導數判別法

求函數 $f(x)=x^3-3x+3$ 的相對極值.

解　$f'(x)=3x^2-3=3(x-1)(x+1)$. 於是，f 的臨界數為 1 與 -1.

我們作一階導數的正負號圖如下

```
       x<-1      -1      -1<x<1      1       x>1
   ─────●───────────────●─────────
   - - - - -   f'(-1)=0  + + + +   f'(1)=0   - - - - -
      ↗             ↘              ↗
```

依一階導數判別法，f 在 $x=-1$ 處有相對極大值 $f(-1)=5$，在 $x=1$ 處有相對極小值 $f(1)=1$.

例題 8　一階導數判別法

求函數 $f(x)=x-x^{2/3}$ 在 $[-1, 2]$ 上的相對極值與絕對極值.

解　$$f'(x)=1-\frac{2}{3\sqrt[3]{x}}=\frac{3\sqrt[3]{x}-2}{3\sqrt[3]{x}}$$

令 $f'(x)=0$，則 $3\sqrt[3]{x}-2=0$，可得 $x=\dfrac{8}{27}$.

又 $f'(0)$ 不存在，但 $f(0)$ 可定義，故 f 的臨界數為 0 與 $\dfrac{8}{27}$.

我們作一階導數的正負號圖如下

```
    -1    -1≤x<0    0    0<x<8/27    8/27   8/27<x≤2   2
   ●────────────●────────────●────────────●
    + + + +   f'(0)     - - -     f'(8/27)=0  + + + +
              不存在
       ↗            ↘              ↗
```

依一階導數判別法，$f(0)=0$ 為 f 的相對極大值，$f\left(\dfrac{8}{27}\right)=-\dfrac{4}{27}$ 為 f 的相對

極小值. 又 $f(-1)=-2$, $f(2)=2-\sqrt[3]{4}$, 可知 $f(-1)<f\left(\dfrac{8}{27}\right)<f(0)<f(2)$, 故 $f(-1)=-2$ 為 f 的絕對極小值, $f(2)=2-\sqrt[3]{4}$ 為 f 的絕對極大值.

例題 9 **一階導數判別法**

求 $f(x)=e^{-x}\sin x$ 在 $[0, 2\pi]$ 上的相對極值.

解
$$f'(x)=\dfrac{d}{dx}(e^{-x}\sin x)$$
$$=e^{-x}\dfrac{d}{dx}\sin x+\sin x\dfrac{d}{dx}e^{-x}$$
$$=e^{-x}\cos x-e^{-x}\sin x$$
$$=e^{-x}(\cos x-\sin x)$$

令 $f'(x)=0$, 可得 $\cos x=\sin x$, 故 f 的臨界數為 $x=\dfrac{\pi}{4}$ 與 $\dfrac{5\pi}{4}$.

作 $f'(x)$ 之正負號圖如下

依一階導數判別法, 知 $f\left(\dfrac{\pi}{4}\right)=e^{-\pi/4}\sin\dfrac{\pi}{4}=\dfrac{\sqrt{2}}{2}e^{-\pi/4}$ 為相對極大值, 而

$f\left(\dfrac{5\pi}{4}\right)=-\dfrac{\sqrt{2}}{2}e^{-5\pi/4}$ 為相對極小值.

習題 6-3

6-3 單調函數，相對極值判別法

一、基礎題

在 1～7 題中，求各函數的遞增區間與遞減區間.

1. $f(x) = x^3 + x^2 - 5x - 5$
2. $f(x) = x^4 - 4x^3 - 8x^2 + 3$
3. $f(x) = \dfrac{2x}{x^2 + 1}$
4. $f(x) = \dfrac{x}{2} - \sqrt{x}$
5. $f(x) = x^{2/3}(x-2)^2$
6. $f(x) = \sqrt[3]{x} - \sqrt[3]{x^2}$
7. $f(x) = \dfrac{x}{x^2 + 2}$

在 8～17 題中，求各函數的相對極值.

8. $f(x) = x^3 - 3x^2 - 24x + 32$
9. $f(x) = 3x^5 - 25x^3 + 60x$
10. $f(x) = x\sqrt{1-x^2}$
11. $f(x) = \dfrac{x}{x^2 + 1}$
12. $f(x) = x - \ln x$
13. $f(x) = x^x,\ x > 0$
14. $f(x) = x^2 e^{-x}$
15. $f(x) = \dfrac{\sin x}{2 + \cos x},\ 0 < x < 2\pi$
16. $f(x) = \ln(x^2 + 2x + 3)$
17. $f(x) = e^{2x} + e^{-2x}$

二、進階題

1. 試證：若 $x > 0$，則 $\cos x > 1 - \dfrac{x^2}{2}$.

2. 試證：若 $x > 0$，則 $\sin x > x - \dfrac{x^3}{6}$.

3. 試證：若 $x > 0$，則 $e^x > 1 + x$.

4. 試證：若 $x > 0$，則 $\ln(1+x) > x - \dfrac{x^2}{2}$.

5. 試證：若 $0 < x < \dfrac{\pi}{2}$，則 $\sin x < x < \tan x$.

6-4 凹性，反曲點

雖然函數 f 的導數能告訴我們 f 的圖形在何處為遞增或遞減，但是它並不能顯示圖形如何彎曲．為了研究這個問題，我們必須探討如圖 6-17 所示切線的變化情形．

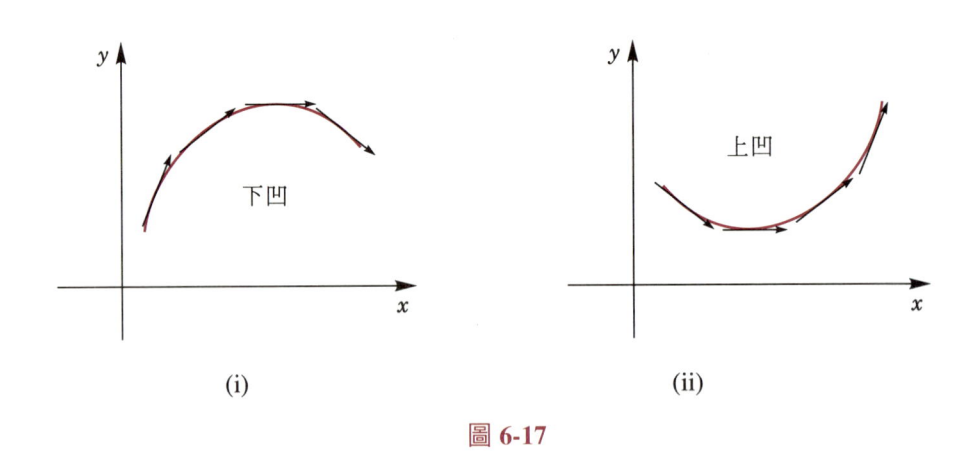

圖 6-17

在圖 6-17(i) 中的曲線位於其切線的下方，稱為下凹．當我們由左到右沿著此曲線前進時，切線旋轉，而它們的斜率遞減．對照之下，圖 6-17(ii) 中的曲線位於其切線的上方，稱為上凹．當我們由左到右沿著此曲線前進時，切線旋轉，而它們的斜率遞增．因 f 之圖形的切線斜率為 f'，故我們有下面的定義．

定義 6-5

設函數 f 在某開區間為可微分．
(1) 若 f' 在該區間為遞增，則稱函數 f 的圖形在該區間為上凹．
(2) 若 f' 在該區間為遞減，則稱函數 f 的圖形在該區間為下凹．

因 f'' 是 f' 的導函數，故由定理 6-6 可知，若 $f''(x) > 0$ 對於 (a, b) 中的所有 x 皆成立，則 f' 在 (a, b) 為遞增；若 $f''(x) < 0$ 對於 (a, b) 中的所有 x 皆成立，則 f' 在 (a, b) 為遞減. 於是，我們有下面的結果.

定理 6-8 凹性判別法

設函數 f 在開區間 I 為二次可微分.
(1) 若 $f''(x) > 0$ 對於 I 中的所有 x 皆成立，則 f 的圖形在 I 為<u>上凹</u>.
(2) 若 $f''(x) < 0$ 對於 I 中的所有 x 皆成立，則 f 的圖形在 I 為<u>下凹</u>.

例題 1 利用凹性判別法

函數 $f(x) = \dfrac{1}{1+x^2}$ 的圖形在何處為上凹？下凹？

解

$$f'(x) = \frac{d}{dx}\left(\frac{1}{1+x^2}\right) = \frac{-2x}{(1+x^2)^2} = -2x(1+x^2)^{-2}$$

$$f''(x) = -\frac{d}{dx}2x(1+x^2)^{-2} = -2(1+x^2)^{-2} + 4x(1+x^2)^{-3}(2x)$$
$$= -2(1+x^2)^{-2} + 8x^2(1+x^2)^{-3} = 2(1+x^2)^{-3}(3x^2-1)$$

令 $f''(x) = 0$，則 $3x^2 - 1 = 0$，可得 $x = \pm\dfrac{1}{\sqrt{3}} = \pm\dfrac{\sqrt{3}}{3}$.

我們作 $f''(x)$ 之正負號圖如下

$x < -\dfrac{\sqrt{3}}{3}$	$-\dfrac{\sqrt{3}}{3}$	$-\dfrac{\sqrt{3}}{3} < x < \dfrac{\sqrt{3}}{3}$	$\dfrac{\sqrt{3}}{3}$	$x > \dfrac{\sqrt{3}}{3}$
+ + + + +	$f''\left(-\dfrac{\sqrt{3}}{3}\right) = 0$	− − − − −	$f''\left(\dfrac{\sqrt{3}}{3}\right) = 0$	+ + + + +
上凹		下凹		上凹

故 f 之圖形在 $\left(-\infty, -\dfrac{\sqrt{3}}{3}\right)$ 與 $\left(\dfrac{\sqrt{3}}{3}, \infty\right)$ 為上凹，在 $\left(-\dfrac{\sqrt{3}}{3}, \dfrac{\sqrt{3}}{3}\right)$ 為下凹.

在例題 1 中，函數圖形上的點 $\left(-\frac{\sqrt{3}}{3}, \frac{3}{4}\right)$ 與 $\left(\frac{\sqrt{3}}{3}, \frac{3}{4}\right)$ 改變圖形的凹性，而對於這種點，我們給予名稱．

定義 6-6

設函數 f 在包含 c 的開區間 (a, b) 為連續，若 f 的圖形在 (a, c) 為上凹且在 (c, b) 為下凹，抑或 f 的圖形在 (a, c) 為下凹且在 (c, b) 為上凹，則稱點 $(c, f(c))$ 為 f 之圖形上的**反曲點**．

定理 6-9　反曲點存在的必要條件

若 $(c, f(c))$ 為 f 之圖形上的反曲點，且 $f''(x)$ 對於包含 c 的某開區間中的所有 x 皆存在，則 $f''(c)=0$．

由上述定義 6-6 知，反曲點僅可能發生於 $f''(x)=0$ 抑或 $f''(x)$ 不存在的點，如圖 6-18 所示．但讀者應注意，在某處的二階導數為零，並不一定保證圖形在該處就有反曲點．例如，$f(x)=x^3$，$f''(0)=0$，點 $(0, 0)$ 是 f 之圖形的反曲點．至於 $f(x)=x^4$，雖然 $f''(0)=0$，但點 $(0, 0)$ 並非 f 之圖形的反曲點．

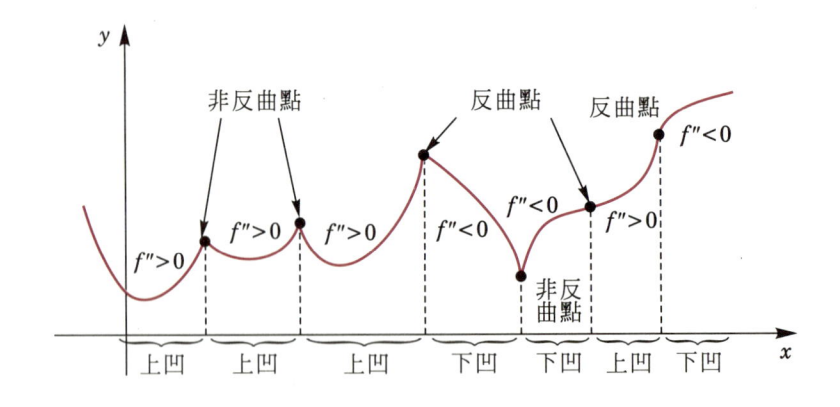

圖 6-18

例題 2　求 $f(x)$ 圖形之反曲點

求 $f(x)=3x^4-4x^3+1$ 之圖形的反曲點.

解
$$f'(x)=12x^3-12x^2$$
$$f''(x)=36x^2-24x=12x(3x-2)$$

令
$$f''(x)=0$$

即
$$12x(3x-2)=0$$

可得
$$x=0 \text{ 或 } x=\frac{2}{3}$$

我們作 $f''(x)$ 的正負號圖如下

$x<0$	0	$0<x<\frac{2}{3}$	$\frac{2}{3}$	$x>\frac{2}{3}$
$+++++$	$\bullet$	$-----$	$\bullet$	$+++++$
$f''>0$	$f''(0)=0$	$f''<0$	$f''\left(\frac{2}{3}\right)=0$	$f''>0$

故反曲點分別為 $(0,1)$ 與 $\left(\dfrac{2}{3},\dfrac{11}{27}\right)$.

例題 3　求函數圖形之凹性區間與反曲點

試判斷 $f(x)=xe^{x/2}$ 的圖形在何處為上凹？下凹？並求圖形的反曲點.

解
$$f'(x)=\frac{d}{dx}(xe^{x/2})=x\frac{d}{dx}e^{x/2}+e^{x/2}=\frac{x}{2}e^{x/2}+e^{x/2}=e^{x/2}\left(\frac{x}{2}+1\right)$$

$$f''(x)=\frac{d}{dx}e^{x/2}\left(\frac{x}{2}+1\right)=e^{x/2}\frac{d}{dx}\left(\frac{x}{2}+1\right)+\left(\frac{x}{2}+1\right)\frac{d}{dx}e^{x/2}$$

$$=\frac{1}{2}e^{x/2}+\frac{1}{2}\left(\frac{x}{2}+1\right)e^{x/2}=\frac{1}{2}e^{x/2}\left(2+\frac{x}{2}\right)=e^{x/2}\left(\frac{4+x}{4}\right)$$

當 $x=-4$ 時, $f''(-4)=0$.

我們作 $f''(x)$ 的正負號圖如下

```
        x<-4         -4         x>-4
  ─────────●─────────
        - - - - -   f''(-4)=0   + + + + +
          下凹                    上凹
```

故 f 圖形在 $(-\infty, -4)$ 為下凹，在 $(-4, \infty)$ 為上凹，而反曲點為 $(-4, -4e^{-2}) \approx (-4, -0.54)$.

有關函數 f 的相對極值除了可用一階導數判別外，尚可利用二階導數判別.

定理 6-10　二階導數判別法

設函數 f 在包含 c 的開區間 (a, b) 為二次可微分，且 $f'(c)=0$.
(1) 若 $f''(c) > 0$，則 $f(c)$ 為 f 的相對極小值.
(2) 若 $f''(c) < 0$，則 $f(c)$ 為 f 的相對極大值.

例題 4　利用二階導數求相對極值

若 $f(x)=5+2x^2-x^4$，利用二階導數判別法求 f 的相對極值. 討論凹性並找出反曲點.

解　$f'(x)=4x-4x^3=4x(1-x^2)$, $f''(x)=4-12x^2=4(1-3x^2)$.

解方程式 $f'(x)=0$，可得 f 的臨界數為 0、1 與 -1，而 f'' 在這些臨界數的值分別為

$$f''(0)=4>0,\ f''(1)=-8<0,\ f''(-1)=-8<0$$

因此，依二階導數判別法，f 的相對極大值為 $f(1)=6=f(-1)$，相對極小值為 $f(0)=5$.

解方程式 $f''(x)=0$，可得 $x=\pm\dfrac{\sqrt{3}}{3}$. 我們作出 $f''(x)$ 之正負號圖如下

第六章　微分的應用　273

$x<-\frac{\sqrt{3}}{3}$	$-\frac{\sqrt{3}}{3}$	$-\frac{\sqrt{3}}{3}<x<\frac{\sqrt{3}}{3}$	$\frac{\sqrt{3}}{3}$	$x>\frac{\sqrt{3}}{3}$
$-----$	$f''\left(-\frac{\sqrt{3}}{3}\right)=0$	$+++++$	$f''\left(\frac{\sqrt{3}}{3}\right)=0$	$-----$
下凹		上凹		下凹

因為當 x 增加且通過 $-\frac{\sqrt{3}}{3}$ 與 $\frac{\sqrt{3}}{3}$ 時，$f''(x)$ 皆變號，

故圖形上的點 $\left(-\frac{\sqrt{3}}{3}, \frac{50}{9}\right)$ 與 $\left(\frac{\sqrt{3}}{3}, \frac{50}{9}\right)$ 皆為反曲點.

讀者應注意，當 $f'(c)$ 與 $f''(c)$ 不存在時，點 $(c, f(c))$ 仍可能是反曲點，如下例所示.

例題 5　**無法使用二階導數判別法求函數的相對極值**

若 $f(x)=1-x^{1/3}$，求其相對極值. 討論凹性並找出反曲點.

解　$f'(x)=-\frac{1}{3}x^{-2/3}$，$f''(x)=\frac{2}{9}x^{-5/3}$. $f'(0)$ 不存在，而 0 是 f 唯一的臨界數. 因 $f''(0)$ 無定義，故不能利用二階導數判別法. 但是，當 $x \neq 0$ 時，$f'(x)<0$；也就是說，f 在其定義域上為遞減，故 $f(0)$ 不是相對極值.

我們檢查點 $(0, 1)$ 是否為反曲點. 若 $x<0$，則 $f''(x)<0$. 這蘊涵了 f 的圖形在 $(-\infty, 0)$ 為下凹. 若 $x>0$，則 $f''(x)>0$，這蘊涵了 f 的圖形在 $(0, \infty)$ 為上凹. 所以，點 $(0, 1)$ 為反曲點. 由這些資料，再描出一些點，可得圖 6-19 中的圖形.

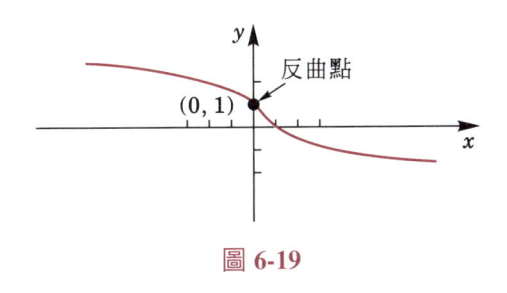

圖 6-19

習題 6-4

6-4 凹性，反曲點

一、基礎題

在 1～6 題中，討論各函數圖形的凹性並找出反曲點.

1. $f(x) = 4 + 72x - 3x^2 - x^3$
2. $f(x) = x^4 - 6x^2$
3. $f(x) = (x^2 - 1)^3$
4. $f(x) = 3x^{5/3} + 2x$
5. $f(x) = \dfrac{1}{x^2 + 1}$
6. $f(x) = xe^x$

在 7～11 題中，利用二階導數判別法求各函數的相對極值.

7. $f(x) = x^3 - 3x + 2$
8. $f(x) = x^4 + 2x^3 - 1$
9. $f(x) = x^4 - x^2$
10. $f(x) = x^2 \ln x$
11. $f(x) = x^2 e^{-x}$

二、進階題

1. 試求 $f(x) = x^2 e^{-2x}$ 圖形的反曲點.

2. 求 a、b 與 c 的值使得函數 $f(x) = ax^3 + bx^2 + cx$ 的圖形在反曲點 $(1, 1)$ 有一條水平切線.

3. 試證：函數 $f(x) = x|x|$ 的圖形有一個反曲點，但 $f''(0)$ 不存在.

4. 試求 a 與 b 之值使得 $f(x) = a\sqrt{x} + \dfrac{b}{\sqrt{x}}$ 具有一反曲點 $(4, 13)$.

6-5 函數圖形的描繪

直角坐標之初等函數作圖法,乃先假定若干自變數之值,從而求得其對應之因變數之值,再利用描點即可作一圖形,但此法頗為不便. 今應用微分方法,則作圖一事,不但簡捷,且亦精確.

函數之一階導數表示此曲線在某點之切線斜率,其二階導數表示此曲線之上凹及下凹,反曲點則表明曲線之凹性改變處,極大及極小值為曲線之高峰及谷底點,依此可得描繪圖形之步驟如下:

1. 決定函數之定義域.
2. 求出圖形之截距.
3. 瞭解圖形之對稱性.
4. 確定圖形有無漸近線.
5. 單調性之測定.
    (i) $f'(x) > 0 \Rightarrow$ 圖形遞增
    (ii) $f'(x) < 0 \Rightarrow$ 圖形遞減
6. 凹性之判定. 求出 $f''(x)$
    (i) 確定圖形是否有反曲點,並求出反曲點之坐標.
    (ii) $f''(x) > 0 \Rightarrow$ 圖形上凹
    (iii) $f''(x) < 0 \Rightarrow$ 圖形下凹
7. 以一平滑之曲線連接之,則得一函數之圖形.

例題 1 **多項式函數的圖形**

作 $f(x) = x^3 - x + 2$ 的圖形.

解
1. 定義域為 $\mathbb{R} = (-\infty, \infty)$.
2. 令 $x^3 - 3x + 2 = 0$,則 $(x-1)^2(x+2) = 0$,可得 $x = 1$ 或 -2,故 x-截距為 1 與 -2. 又 $f(0) = 2$,故 y-截距為 2.
3. 無對稱性.

4. 無漸近線.

5. $f'(x) = 3x^2 - 3 = 3(x+1)(x-1)$

區間	$x+1$	$x-1$	$f'(x)$	單調性
$(-\infty, -1)$	$-$	$-$	$+$	在 $(-\infty, -1]$ 為遞增
$(-1, 1)$	$+$	$-$	$-$	在 $[-1, 1]$ 為遞減
$(1, \infty)$	$+$	$+$	$+$	在 $[1, \infty)$ 為遞增

6. f 的臨界數為 -1 與 1. $f''(x) = 6x$, $f''(-1) = -6 < 0$, $f''(1) = 6 > 0$, 可知 $f(-1) = 4$ 為相對極大值, 而 $f(1) = 0$ 為相對極小值.

7.

區間	$f''(x)$	凹性
$(-\infty, 0)$	$-$	下凹
$(0, \infty)$	$+$	上凹

圖形的反曲點為 $(0, 2)$. 見圖 6-20.

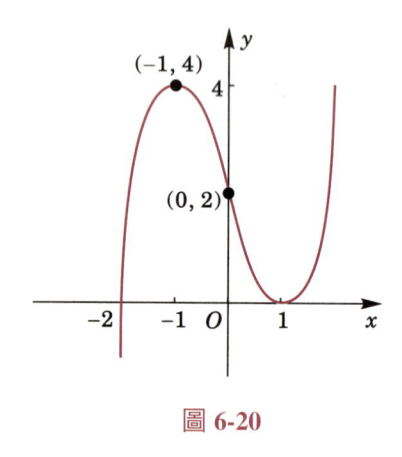

圖 6-20

例題 2　**多項式函數的圖形**

作 $f(x) = x^4 - 6x^2$ 的圖形.

解

1. 定義域為 $\mathbb{R} = (-\infty, \infty)$.

2. x-截距為 0 與 $\pm\sqrt{6}$, y-截距為 0.

3. 圖形對稱於 y-軸.

4. 無漸近線.

5. $f'(x) = 4x^3 - 12x = 4x(x^2 - 3)$

第六章　微分的應用　277

區間	x	x^2-3	$f'(x)$	單調性
$(-\infty, -\sqrt{3}]$	$-$	$+$	$-$	在 $(-\infty, -\sqrt{3}]$ 為遞減
$(-\sqrt{3}, 0)$	$-$	$-$	$+$	在 $[-\sqrt{3}, 0]$ 為遞增
$(0, \sqrt{3})$	$+$	$-$	$-$	在 $[0, \sqrt{3}]$ 為遞減
$(\sqrt{3}, \infty)$	$+$	$+$	$+$	在 $[\sqrt{3}, \infty)$ 為遞增

6. f 的臨界數為 0 與 $\pm\sqrt{3}$.

$$f''(x) = 12x^2 - 12 = 12(x^2-1)$$
$$= 12(x-1)(x+1)$$

$$f''(0) = -12 < 0$$

$$f''(\pm\sqrt{3}) = 24 > 0$$

可知 $f(0)=0$ 為相對極大值，而 $f(\pm\sqrt{3})=-9$ 為相對極小值.

7.

區間	$x-1$	$x+1$	$f''(x)$	凹性
$(-\infty, -1)$	$-$	$-$	$+$	上凹
$(-1, 1)$	$-$	$+$	$-$	下凹
$(1, \infty)$	$+$	$+$	$+$	上凹

反曲點為 $(-1, -5)$ 與 $(1, -5)$.

見圖 6-21.

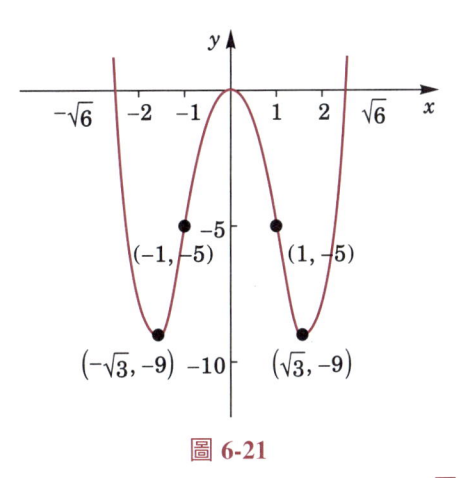

圖 6-21

例題 3　**有理函數的圖形**

作 $f(x) = \dfrac{2x^2}{x^2-1}$ 的圖形.

解

1. 定義域為 $\{x \mid x \neq \pm 1\} = (-\infty, -1) \cup (-1, 1) \cup (1, \infty)$.

2. x-截距與 y-截距皆為 0.

3. 圖形對稱於 y-軸.

4. 因 $\lim\limits_{x \to \pm\infty} \dfrac{2x^2}{x^2-1} = 2$，故直線 $y=2$ 為水平漸近線.

   因 $\lim\limits_{x \to 1^+} \dfrac{2x^2}{x^2-1} = \infty$，$\lim\limits_{x \to -1^+} \dfrac{2x^2}{x^2-1} = -\infty$

   故直線 $x=1$ 與 $x=-1$ 皆為垂直漸近線.

5. $f'(x) = \dfrac{(x^2-1)(4x) - (2x^2)(2x)}{(x^2-1)^2} = \dfrac{-4x}{(x^2-1)^2}$

區間	$f'(x)$	單調性
$(-\infty, -1)$	$+$	在 $(-\infty, -1)$ 為遞增
$(-1, 0)$	$+$	在 $(-1, 0]$ 為遞增
$(0, 1)$	$-$	在 $[0, 1)$ 為遞減
$(1, \infty)$	$-$	在 $(1, \infty)$ 為遞減

6. 唯一的臨界數為 0. 依一階導數判別法，$f(0)=0$ 為 f 的相對極大值.

7. $f''(x) = \dfrac{-4(x^2-1)^2 + 16x^2(x^2-1)}{(x^2-1)^4} = \dfrac{12x^2+4}{(x^2-1)^3}$

區間	$f''(x)$	凹性
$(-\infty, -1)$	$+$	上凹
$(-1, 1)$	$-$	下凹
$(1, \infty)$	$+$	上凹

因 1 與 -1 皆不在 f 的定義域內，故無反曲點. 見圖 6-22.

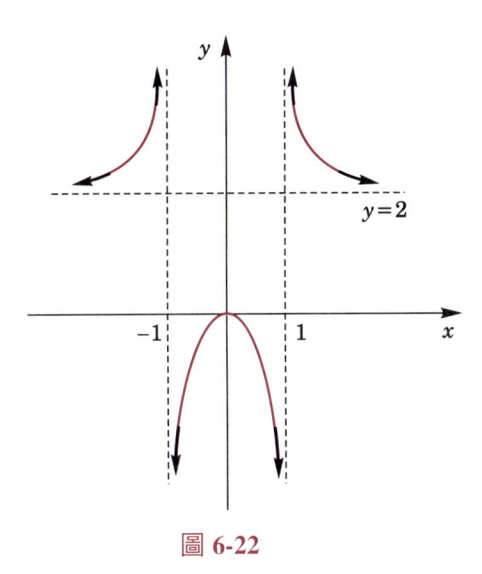

圖 6-22

例題 4　含對數函數的函數圖形

作 $f(x) = x \ln x$ 的圖形.

解

1. 定義域為 $(0, \infty)$.

2. x-截距為 1，無 y-截距.

3. 無對稱性.

4. 無任何漸近線.

5. $f'(x) = 1 + \ln x$

區間	$f'(x)$	單調性
$\left(0, \dfrac{1}{e}\right)$	$-$	在 $\left(0, \dfrac{1}{e}\right]$ 為遞減
$\left(\dfrac{1}{e}, \infty\right)$	$+$	在 $\left[\dfrac{1}{e}, \infty\right)$ 為遞增

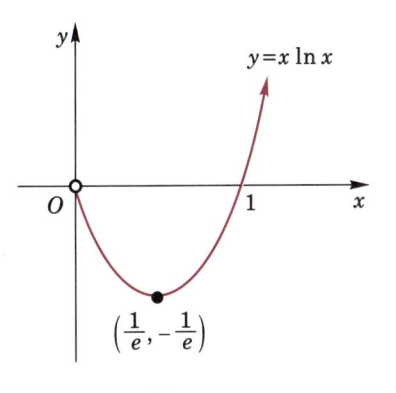

圖 6-23

6. f 的臨界數為 $\dfrac{1}{e}$. $f\left(\dfrac{1}{e}\right) = -\dfrac{1}{e}$ 為相對極小值.

7. $f''(x) = \dfrac{1}{x}$. 當 $x > 0$ 時, $f''(x) > 0$, 因此, 圖形在 $(0, \infty)$ 為上凹, 但無反曲點. 見圖 6-23.

例題 5　含指數函數的函數圖形

作 $f(x) = xe^{-x}$ 的圖形.

解

1. 定義域為 $\mathbb{R}$.

2. 圖形通過原點.

3. 水平漸近線為 x-軸.

4. $f'(x) = \dfrac{d}{dx}(xe^{-x}) = e^{-x}(1-x)$，$f$ 的臨界數為 1.

5. $f''(x) = \dfrac{d}{dx} e^{-x}(1-x) = e^{-x} \dfrac{d}{dx}(1-x) + (1-x)\dfrac{d}{dx} e^{-x}$

$$= -e^{-x} - (1-x)e^{-x} = e^{-x}(x-2)$$

6. 作表如下.

區　間	$f(x)$	$f'(x)$	$f''(x)$	結　　論
$-\infty < x < 1$		+	−	在 $(-\infty, 1]$ 遞增；下凹
$x = 1$	e^{-1}	0	−	$f(1) = e^{-1}$ 為相對極大值
$1 < x < 2$		−	−	在 $[1, 2]$ 遞減；下凹
$x = 2$	$2e^{-2}$	−	0	$(2, 2e^{-2})$ 為反曲點
$x > 2$		−	+	在 $[2, \infty)$ 遞減；上凹

7. 圖示如圖 6-24.

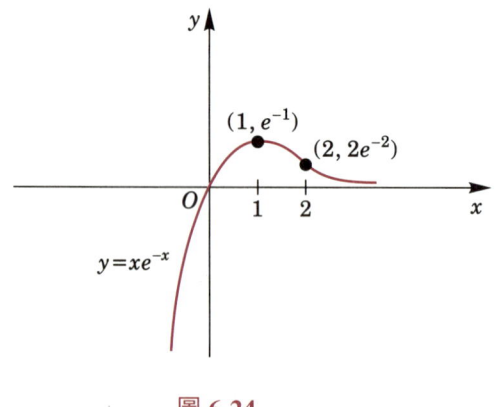

圖 6-24

例題6　標準常態分配曲線的圖形

作 $f(x) = \dfrac{1}{\sqrt{2\pi}} e^{-x^2/2}$ 的圖形.

解

1. $f'(x) = \dfrac{d}{dx}\left(\dfrac{1}{\sqrt{2\pi}} e^{-x^2/2}\right) = \dfrac{1}{\sqrt{2\pi}} e^{-x^2/2} \dfrac{d}{dx}\left(-\dfrac{x^2}{2}\right)$

$$= \dfrac{-x}{\sqrt{2\pi}} e^{-x^2/2}$$

因為 $e^{-x^2/2}$ 恆大於零，故 $f'(x) = 0 \Leftrightarrow x = 0$.

f 之臨界值為 $x = 0$, $f(0) = \dfrac{1}{\sqrt{2\pi}} \approx 0.4$.

2. $f''(x) = \dfrac{d}{dx}\left(-\dfrac{x}{\sqrt{2\pi}} e^{-x^2/2}\right) = \dfrac{x^2}{\sqrt{2\pi}} e^{-x^2/2} - \dfrac{1}{\sqrt{2\pi}} e^{-x^2/2}$

$$= \dfrac{1}{\sqrt{2\pi}} (x^2 - 1) e^{-x^2/2}$$

當 $x = \pm 1$ 時, $f''(x) = 0$. 因此,

$$f(-1) = \dfrac{e^{-1/2}}{\sqrt{2\pi}} = \dfrac{1}{\sqrt{2e\pi}} \approx 0.24$$

$$f(1) = \dfrac{e^{-1/2}}{\sqrt{2\pi}} = \dfrac{1}{\sqrt{2e\pi}} \approx 0.24$$

3. 凹性判定.

x	$f(x)$	$f'(x)$	$f''(x)$	結　　論
$x<-1$		+	+	在 $(-\infty, -1]$ 遞增；上凹
$x=-1$	約 0.24	+	0	$(-1, 1/\sqrt{2e\pi})$ 為反曲點
$-1<x<0$		+	−	在 $[-1, 0]$ 遞增；下凹
$x=0$	約 0.4	0	−	$f(0)=1/\sqrt{2\pi}$ 為相對極大值
$0<x<1$		−	−	在 $[0, 1]$ 遞減；下凹
$x=1$	約 0.24	−	0	$(1, 1/\sqrt{2e\pi})$ 為反曲點
$x>1$		−	+	在 $[1, \infty)$ 遞減；上凹

4. $\lim\limits_{x\to -\infty} f(x)=0$，$\lim\limits_{x\to \infty} f(x)=0$，故圖形之水平漸近線為 x-軸. 依上表作圖，圖形如圖 6-25 所示.

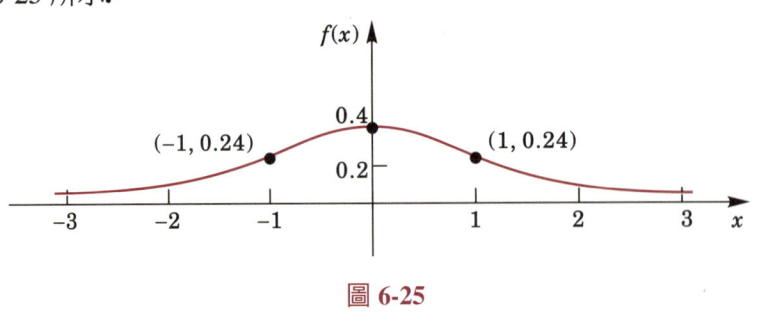

圖 6-25

註：標準常態分配函數在統計學上非常重要.

習題 6-5

6-5 函數圖形的描繪

一、基礎題

試作下列各函數的圖形.

1. $y = f(x) = x^3 - 3x + 2$

2. $y = f(x) = \dfrac{2x^2}{x^2 - 1}$

3. $y = f(x) = \dfrac{x^2}{2} - \ln x$

4. $f(x) = x^2 - x^3$

5. $f(x) = (x^2 - 1)^2$

二、進階題

1. 試作 $y = f(x) = \dfrac{x}{x^2 + 1}$ 之圖形.

2. 具有平均數 μ 與標準差 σ 之常態分配函數定義為

$$y = f(x) = \dfrac{1}{\sigma\sqrt{2\pi}} \, e^{-\frac{1}{2}\left(\frac{x-\mu}{\sigma}\right)^2}$$

試證：

(1) 圖形對於直線 $x = \mu$ 成對稱.

(2) 圖形在 $x = \mu$ 具有一極大值且在 $x = \mu \pm \sigma$ 具有反曲點 (此題在統計學上非常重要).

3. 試作 $f(x) = \dfrac{x^2}{e^{2x}}$ 的圖形.

6-6 相關變化率

在許多應用中常會遇到二變數 x 與 y 皆為時間 t 的可微分函數，如 $x=f(t)$, $y=g(t)$，此外，x 與 y 之間的關係可能是方程式

$$h(x, y)=0$$

對 t 微分，並利用連鎖法則，可得出含有變化率 $\dfrac{dx}{dt}$ 與 $\dfrac{dy}{dt}$ 的方程式，即，

$$h\left(x,\ y,\ \frac{dx}{dt},\ \frac{dy}{dt}\right)=0 \tag{6-1}$$

其中的 $\dfrac{dx}{dt}$ 與 $\dfrac{dy}{dt}$ 就稱為**相關變化率**. 利用方程式 (6-1)，當一個變化率為已知時，即可求出另一個變化率，這有許多實際的用途，下面的例題可作說明.

例題 1 梯子下滑的速率

某 10 呎長的梯子倚靠著牆壁向下滑行，其底部以 2 呎/秒的速率離開牆壁移動. 當底部離開牆壁 6 呎時，梯子的頂端沿著牆壁向下移動多快？

解 如圖 6-26 所示. 令

$t =$ 梯子開始滑行後的時間 (以秒計)
$x =$ 從梯子底部到牆壁的距離 (以呎計)
$y =$ 從梯子頂端到地面的距離 (以呎計)

在每一瞬間，底部移動的速率為 $\dfrac{dx}{dt}$，而頂端移動的速率為 $\dfrac{dy}{dt}$. 我們要求 $\left.\dfrac{dy}{dt}\right|_{x=6}$，

此為頂端在底部離開牆壁 6 呎時瞬間的移動速率.
依畢氏定理，

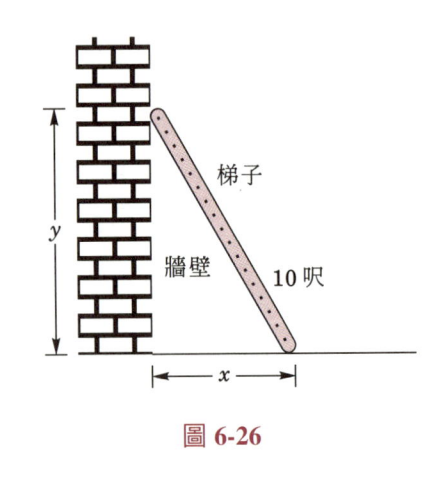

圖 6-26

$$x^2+y^2=100$$

對 t 微分，可得

$$2x\frac{dx}{dt}+2y\frac{dy}{dt}=0$$

即

$$\frac{dy}{dt}=-\frac{x}{y}\frac{dx}{dt}$$

當 $x=6$ 時，$y=8$；此外，已知

$$\frac{dx}{dt}=2$$

故

$$\left.\frac{dy}{dt}\right|_{x=6}=-\frac{6}{8}(2)=-\frac{3}{2} \text{ 呎/秒}$$

答案中的負號告訴我們 y 為減少，其在物理上有意義，因梯子的頂端正沿著牆壁向下移動.

例題 2　水注入圓錐形水槽

倒立的正圓錐形水槽的高為 12 吋且頂端的半徑為 6 吋．若水以 3 立方吋/分的速率注入水槽，則當水深為 3 吋時，水面上升的速率為多少？

解　水槽如圖 6-27 所示．令

t = 從最初觀察所經過的時間 (以分計)
V = 水槽內的水在時間 t 的體積 (以立方吋計)
h = 水槽內的水在時間 t 的深度 (以吋計)
r = 水面在時間 t 的半徑 (以吋計)

在每一瞬間，水的體積之變化率為 $\dfrac{dV}{dt}$，水深的

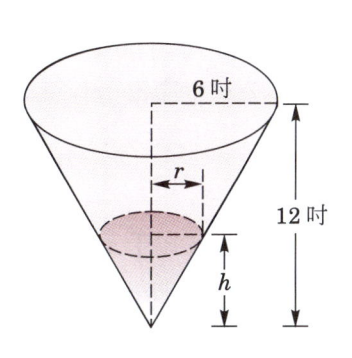

圖 6-27

變化率為 $\dfrac{dh}{dt}$. 我們要求 $\left.\dfrac{dh}{dt}\right|_{h=3}$，此為水深在 3 吋時水面上升的瞬間變化率.

若水深為 h，則水的體積為 $V=\dfrac{1}{3}\pi r^2 h$. 利用相似三角形，

可得
$$\dfrac{r}{h}=\dfrac{6}{12} \quad \text{或} \quad r=\dfrac{h}{2}$$

因此，
$$V=\dfrac{1}{3}\pi\left(\dfrac{h}{2}\right)^2 h=\dfrac{1}{12}\pi h^3$$

對 t 微分，可得
$$\dfrac{dV}{dt}=\dfrac{1}{4}\pi h^2 \dfrac{dh}{dt}$$

即
$$\dfrac{dh}{dt}=\dfrac{4}{\pi h^2}\dfrac{dV}{dt}$$

當 $h=3$ 吋時，$\dfrac{dV}{dt}=3$ 立方吋 / 分，故

$$\left.\dfrac{dh}{dt}\right|_{h=3}=\dfrac{4}{9\pi}(3)=\dfrac{4}{3\pi} \text{ 吋 / 分}$$

故當水深為 3 吋時，水面以 $\dfrac{4}{3\pi}$ 吋 / 分的速率上升.

例題 3　每月成本的瞬時變化率

某公司生產電子計算機 x 個 (以千為單位) 所需之成本為

$$C(x)=-0.25x^2+25x+600, \quad 0\leqslant x\leqslant 50$$

且 $C(x)$ 以千元為單位. 當生產水準為 30,000 個計算機時，每月以 2,000 個之生產速度增加生產. 試求所對應之每月成本的變化率.

解 已知 $\dfrac{dx}{dt}=2$ (因 x 以千為單位)，我們要求 $\dfrac{dC}{dt}$. C 與 x 之關係為

$$C=-0.25x^2+25x+600$$

兩邊對 t 微分，得

$$\dfrac{dC}{dt}=\dfrac{d}{dt}(-0.25x^2+25x+600)=(-0.5x+25)\dfrac{dx}{dt}$$

以 $x=30$, $\dfrac{dx}{dt}=2$ 代入上式，得

$$\dfrac{dC}{dt}=[(-0.5)(30)+25](2)=20$$

故生產成本每月以 20,000 元之變化率增加.

習題 6-6

6-6 相關變化率

一、基礎題

1. 設半徑為 r 之圓形區域的面積為 A，且 r 隨時間 t 改變.

   (1) $\dfrac{dA}{dt}$ 與 $\dfrac{dr}{dt}$ 的關係為何？

   (2) 若在某瞬間，半徑為 5 厘米且以 2 厘米/秒的速率增加，則圓形區域之面積在該瞬間增加多快？

2. 設底半徑為 r 且高為 h 的正圓柱體積為 V，且 r 與 h 皆隨時間 t 改變.

   (1) $\dfrac{dV}{dt}$、$\dfrac{dr}{dt}$ 與 $\dfrac{dh}{dt}$ 的關係為何？

   (2) 當高為 6 厘米且以 1 厘米/秒增加，而底半徑為 10 厘米且以 1 厘米/秒減

少，體積變化為何？體積在當時是增加或減少？

3. 若一塊石頭掉入靜止的池塘產生圓形的漣漪，其半徑以 3 呎/秒的一定速率增加，則漣漪圍繞的面積在 10 秒末增加多快？

4. 令邊長為 x 與 y 之矩形的對角線長度為 l，又 x 與 y 均隨時間 t 改變.

    (1) $\dfrac{dl}{dt}$、$\dfrac{dx}{dt}$ 與 $\dfrac{dy}{dt}$ 的關係如何？

    (2) 若 x 以 $\dfrac{1}{2}$ 呎/秒的一定速率增加，y 以 $\dfrac{1}{4}$ 呎/秒的一定速率減少，則當 $x=3$ 呎且 $y=4$ 呎時，對角線長度的變化多快？對角線長在當時是增加或減少？

5. 設某塔的高為 60 公尺，一人以每小時 5000 公尺的速率走向塔底，當此人距塔底 80 公尺時，則其接近塔頂的速率為何？

二、進階題

1. 6 呎高的某人正以 3 呎/秒的速率在水平路面上朝 18 呎高的路燈走去.

    (1) 他的影子長度的變化率多少？

    (2) 他的影子的頭頂移動多快？

2. 某時鐘的分針長為 4 吋，時針長為 3 吋，則兩針尖端之間的距離在 9 點鐘時變化多快？

6-7 極值的應用問題

我們在前面所獲知有關求函數極值的理論可以應用在一些實際的問題上，這些問題可能是以語言或以文字敘述. 要解決這些問題，則必須將文字敘述用式子、函數或方程式等數學語句表示出來. 因應用的範圍太廣，故很難說出一定的求解規則，但是，仍可發展出處理這類問題的一般性規則. 下列的步驟常常是很有用的.

◎ 求解極值應用問題的步驟

1. 將問題仔細閱讀幾遍，考慮已知的事實，以及要求的未知量.
2. 若可能的話，畫出圖形或圖表，適當地標上名稱，並用變數來表示未知量.
3. 寫下已知的事實，以及變數間的關係，這種關係常常是用某一形式的方程式來描述.
4. 決定要使哪一變數為最大或最小，並將此變數表為其他變數的函數.
5. 求步驟 4 中所得出函數之臨界數，並逐一檢查，看看有無極大值或極小值發生.
6. 檢查極值是否在步驟 4 中所得出函數之定義域的端點發生.

這些步驟的用法在下面例題中說明.

例題 1　極值的應用 (製作盒子)

我們欲從長為 30 公分且寬為 16 公分之報紙的四個角截去大小相等的正方形，並將各邊向上折疊以做成開口盒子. 若欲使盒子的體積為最大，則四個角的正方形的尺寸為何？

解　令　　　　$x =$ 所截去正方形的邊長 (以公分計)

　　　　　　　　$V =$ 所得盒子的體積 (以立方公分計)

因我們從每一個角截去邊長為 x 的正方形 (如圖 6-28 所示)，故所得盒子的體積為

$$V = (30-2x)(16-2x)x = 480x - 92x^2 + 4x^3$$

在上式中的變數 x 受到某些限制. 因 x 代表長度，故它不可能為負，且因報紙的寬為 16 公分，我們不可能截去邊長大於 8 公分的正方形. 於是，x 必須滿足

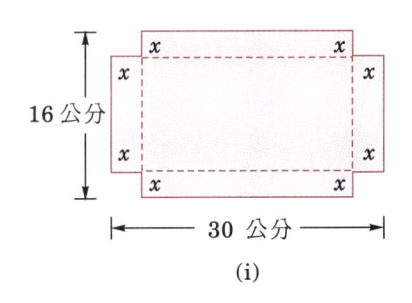

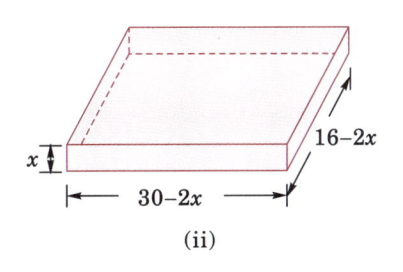

圖 6-28

$0 \leq x \leq 8$. 因此，我們將問題簡化成求區間 $[0, 8]$ 中的 x 值使得 V 有極大值. 因

$$\frac{dV}{dx} = 480 - 184x + 12x^2$$
$$= 4(120 - 46x + 3x^2)$$
$$= 4(3x - 10)(x - 12)$$

故可知 V 的臨界數為 $\frac{10}{3}$. 我們作出下表：

x	0	$\frac{3}{10}$	8
V	0	$\frac{19,600}{27}$	0

由上表得知，當截去邊長為 $\frac{10}{3}$ 公分的正方形時，盒子有最大的體積 $V = \frac{19,600}{27}$ 立方公分.

例題 2　極值的應用 (內接於橢圓的矩形)

求內接於橢圓 $\frac{x^2}{a^2} + \frac{y^2}{b^2} = 1$ $(a > 0, b > 0)$ 的最大矩形面積.

解　如圖 6-29 所示，令 (x, y) 為位於第一象限內在橢圓上的點，則矩形的面積為

$$A = (2x)(2y) = 4xy$$

令 $S = A^2$，則

$$S = 16x^2y^2 = \frac{16b^2}{a^2} x^2 (a^2 - x^2)$$

$$= 16b^2 \left(x^2 - \frac{x^4}{a^2} \right), \quad 0 \leq x \leq a$$

圖 6-29

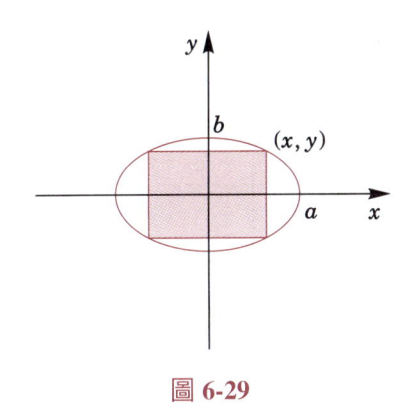

x	0	$\dfrac{\sqrt{2}}{2}a$	a
A	0	$2ab$	0

可得
$$\frac{dS}{dx}=32b^2x\left(1-\frac{2x^2}{a^2}\right)$$

S 的臨界數為 $\dfrac{\sqrt{2}}{2}a$. 但 $\dfrac{dS}{dx}=0 \Leftrightarrow \dfrac{dA}{dx}=0$，可知 A 的臨界數也是 $\dfrac{\sqrt{2}}{2}a$.

於是，最大面積為 $2ab$.

例題 3　極值的應用 (內接圓柱體)

一正圓柱體內接於底半徑為 6 吋且高為 10 吋的正圓錐．若柱軸與錐軸重合，求正圓柱體的最大體積．

解　令　　$r=$ 圓柱體的底半徑 (以吋計)

　　　　　$h=$ 圓柱體的高 (以吋計)

　　　　　$V=$ 圓柱體的體積 (以立方吋計)

圓柱體的體積公式為 $V=\pi r^2 h$. 利用相似三角形 (圖 6-30(ii)) 可得

$$\frac{10-h}{r}=\frac{10}{6}$$

即，
$$h=10-\frac{5}{3}r$$

(i)   (ii)

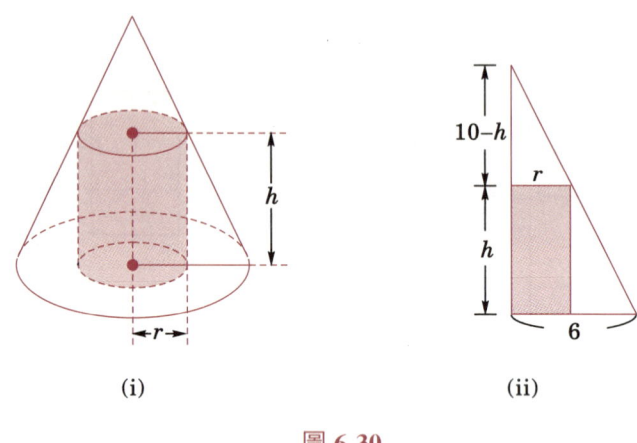

圖 6-30

故
$$V = \pi r^2 \left(10 - \frac{5}{3} r\right) = 10\pi r^2 - \frac{5}{3} \pi r^3$$

因 r 代表半徑，故它不可能為負，且因內接圓柱體的半徑不可能超過圓錐的半徑，故 r 必須滿足 $0 \leq r \leq 6$. 於是，我們將問題簡化成求 $[0, 6]$ 中的 r 值使 V 有極大值. 因 $\dfrac{dV}{dr} = 20\pi r - 5\pi r^2 = 5\pi r(4-r)$，故在 $(0, 6)$ 中，求得 V 的僅有臨界數為 4. 我們作出下表：

r	0	4	6
V	0	$\dfrac{160\pi}{3}$	0

此告訴我們正圓柱體的最大體積為 $\dfrac{160\pi}{3}$.

習題 6-7

6-7 極值的應用問題

一、基礎題

1. 若二數的差為 40，其積為最小，則此二數為何？
2. 若二正數的積為 64，其和為最小，則此二數為何？
3. 求內接於半徑為 r 之半圓的最大矩形面積．
4. 如右圖所示，內接於邊長為 6 公分、8 公分與 10 公分的直角三角形之矩形的長為 x（以公分計）、寬為 y（以公分計）．當 x 與 y 各為多少時，矩形具有最大的面積？ 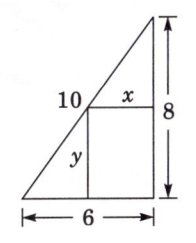
5. 求內接於半徑為 r 的球且體積為最大之正圓柱的尺寸．
6. 求在雙曲線 $x^2-y^2=1$ 上與點 $(0, 2)$ 最接近的點．
7. 在曲線 $y=\dfrac{1}{1+x^2}$ 上何處的切線有最大的斜率？
8. 如下圖所示，求 P 點的坐標使得內接矩形有最大的面積．

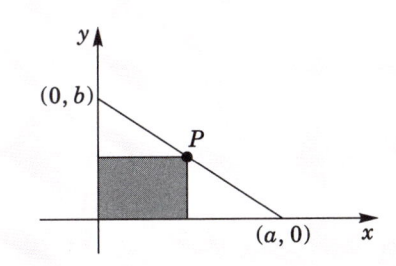

二、進階題

1. 假設具有變動斜率的直線 L 通過點 $(1, 3)$ 且交兩坐標軸於兩點 $(a, 0)$ 與 $(0, b)$，此處 $a>0$，$b>0$．求 L 的斜率使得具有三頂點 $(a, 0)$、$(0, b)$ 與 $(0, 0)$ 的三角形的面積為最小．

2. 如下圖所示，P 點應在 $\overline{AB}$ 上何處以使 θ 為最大？

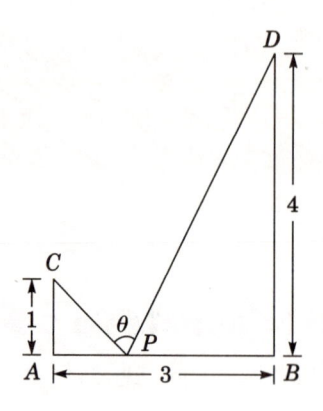

3. 試證：點 (x_0, y_0) 到直線 $ax+by+c=0$ 的最短距離為 $d=\dfrac{|ax_0+by_0+c|}{\sqrt{a^2+b^2}}$．

6-8 導數在經濟學上的應用

現在我們將導數應用到個體經濟學的領域中，下面各單元是我們所要討論的．

◎ 平均量與邊際量的關係

若某產品之總成本函數為 $C(x)=x^3-12x^2+60x$，則平均成本函數為 $\overline{C}(x)=\dfrac{C(x)}{x}=x^2-12x+60$．我們在圖 6-31 中，畫出邊際成本 ($MC$) 與平均成本 ($AC$) 曲線．由圖中，我們發現在 $x=6$ 之左邊，AC 為遞減，而 MC 曲線在其下方；在 $x=6$ 之右邊，AC 為遞增，而 MC 曲線在其上方；在 $x=6$，AC 之斜率為零，而 MC 及 AC 有相同的值．於是我們得下列之結論：

1. 當 $MC < AC$ 時，AC 為遞減．
2. 當 $MC > AC$ 時，AC 為遞增．

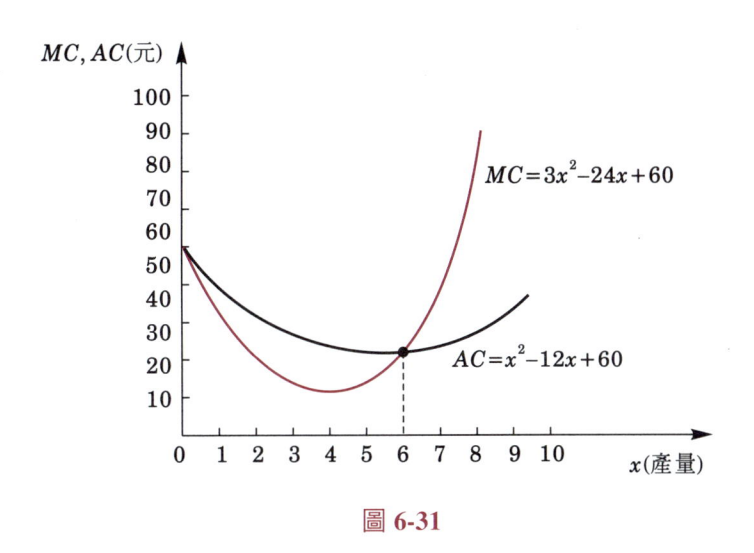

MC, AC(元)

$MC = 3x^2 - 24x + 60$

$AC = x^2 - 12x + 60$

x(產量)

圖 6-31

3. 當 $MC = AC$ 時，AC 有一臨界數 (一般在該處有相對極小值).

我們現在以數學的方法證明上述之關係.

證　因平均成本為
$$\overline{C}(x) = \frac{C(x)}{x}$$

故
$$\overline{C}'(x) = \frac{x\,C'(x) - C(x)}{x^2}$$

若 $MC = AC$，即 $C'(x) = \dfrac{C(x)}{x}$，或 $xC'(x) = C(x)$，則 $\overline{C}'(x) = 0$.

因此，當邊際成本等於平均成本時，$\overline{C}(x)$ 有一臨界數. 所以，若平均成本為極小，則

$$\text{邊際成本} = \text{平均成本}$$

若 $MC < AC$，則

$$C'(x) < \frac{C(x)}{x} \quad \text{或} \quad xC'(x) < C(x)$$

且
$$\overline{C}'(x) = \frac{x\,C'(x) - C(x)}{x^2} < \frac{C(x) - C(x)}{x^2} = 0$$

此即表示平均成本 $\bar{C}(x)$ 遞減.

同理，若 $MC > AC$，則

$$C'(x) > \frac{C(x)}{x} \quad \text{或} \quad xC'(x) > C(x)$$

且

$$\bar{C}'(x) = \frac{xC'(x) - C(x)}{x^2} > \frac{C(x) - C(x)}{x^2} = 0$$

此即表示平均成本 $\bar{C}(x)$ 遞增.

例題 1　平均成本與邊際成本

假設生產 x 單位日用品之總成本 (以元計) 為

$$C(x) = 3x^2 + x + 48.$$

(1) 在何種生產水準，每單位之平均成本為最小？
(2) 在何種生產水準，每單位之平均成本等於邊際成本？
(3) 在同一坐標面上，繪出平均成本與邊際成本曲線.

解　(1) 平均成本為

$$\bar{C}(x) = \frac{C(x)}{x} = \frac{3x^2 + x + 48}{x} = 3x + 1 + \frac{48}{x}$$

現在求產量 $x > 0$ 時，$\bar{C}(x)$ 有最小值.

$$\bar{C}'(x) = \frac{d}{dx}\left(3x + 1 + \frac{48}{x}\right) = 3 - \frac{48}{x^2} = \frac{3x^2 - 48}{x^2}$$

$$= \frac{3(x+4)(x-4)}{x^2} \quad \cdots\cdots(*)$$

故 $\bar{C}(x)$ 之臨界數為 $x = 4$.

又 $\bar{C}''(x) = \dfrac{96}{x^3}$ 且 $\bar{C}''(4) > 0$，

故當產量 $x=4$ 單位時，平均成本 $\overline{C}(x)$ 為最小.

(2) 總成本函數之邊際成本為

$$C'(x)=6x+1$$

由於

$$C'(x)=\overline{C}(x)$$

可知

$$6x+1=3x+1+\frac{48}{x}$$

即，

$$3x=\frac{48}{x}$$

解得 $x=4$，與 (*) 中之生產水準相同.

故使平均成本為最小之生產水準，就能使每單位之平均成本等於邊際成本.

(3) 邊際成本 $C'(x)=6x+1$ 為一線性函數，其圖形為一直線，且斜率為 6，y-截距為 1.

平均成本函數

$$\overline{C}(x)=3x+1+\frac{48}{x}$$

由 (*) 中知，

$$\overline{C}'(x)=\frac{3(x+4)(x-4)}{x^2}$$

當 $0<x<4$ 時，$\overline{C}'(x)<0$；且當 $x>4$ 時，$\overline{C}'(x)>0$. 因此，$\overline{C}(x)$ 對 $0<x<4$ 時為遞減，對 $x>4$ 時為遞增，因此 $\overline{C}(x)$ 在 $x=4$ 具有一相對極小值. 圖形如圖 6-32 所示.

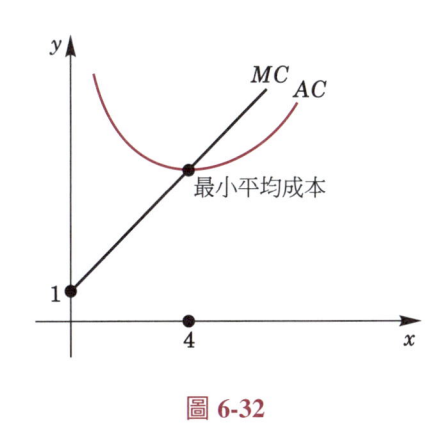

圖 6-32

◎ 利潤最大化與成本最小化

導數的應用可以用來討論利潤最大化與成本最小化，若 x 單位之商品，以單位價格 p 售出，則利潤 $P(x)$ 為

$$P(x) = R(x) - C(x), \quad 此處 \ R(x) = px \tag{6-2}$$

其中 R 與 C 分別為總收益函數與總成本函數。

為求使利潤最大化之產量額，必須先滿足 $P(x)$ 有最大值的必要條件

$$P'(x) = \frac{dP}{dx} = 0 \ (即邊際利潤等於零)$$

故將式 (6-2) 對 x 微分並令結果為零，若且唯若 $R'(x) = C'(x)$，則

$$\frac{dP}{dx} = P'(x) = R'(x) - C'(x) = 0 \tag{6-3}$$

故最佳產量（平衡量 $\bar{x}$）一定滿足方程式 $R'(\bar{x}) = C'(\bar{x})$ 或是 $MR = MC$，此一條件即為使利潤為最大化之必要條件。

但是僅滿足必要條件，可能得一極小值而非極大值，故必須再滿足充分條件。將式 (6-3) 中之導函數對 x 微分可得：若且唯若 $R''(x) < C''(x)$，則

$$\frac{d^2P}{dx^2} = P''(x) = R''(x) - C''(x) < 0 \tag{6-4}$$

對滿足 $R'(\bar{x}) = C'(\bar{x})$ 之產量 $\bar{x}$ 而言，若滿足 $R''(\bar{x}) < C''(\bar{x})$，將會得到利潤最大化之產量。

例題 2　**當邊際收益等於邊際成本時利潤最大**

某公司每週生產並銷售 x 台電腦，若每週之成本 (以元計) 與需求方程式分別為

$$C(x) = 5{,}000 + 2x$$

$$p = 10 - \frac{x}{1{,}000}, \quad 0 \leq x \leq 8{,}000$$

試求

(1) 每週的最大收益.

(2) 每週的最大利潤. 在什麼生產水準之下公司會實現其最大利潤，且公司對每台電腦之價格應索價多少元才會實現最大利潤？

解 (1) 假設每台電腦以 p 元並銷售 x 台，其總收益 (以元計) 為

$$R(x) = xp = x\left(10 - \frac{x}{1,000}\right) = 10x - \frac{x^2}{1,000}$$

現在求 $R(x) = 10x - \frac{x^2}{1,000}$，$0 \leq x \leq 8,000$ 的最大值.

則 $R'(x) = 10 - \frac{x}{500}$

令 $R'(x) = 0$

$$10 - \frac{x}{500} = 0$$

求得僅有之臨界數 $x = 5,000$.

利用二階導數檢定絕對極大值如下

$$R''(x) = -\frac{1}{500} < 0, \quad \forall\, x$$

於是最大收益為 $R(5,000) = 25,000$ 元.

(2) 利潤＝收益－成本，即

$$P(x) = R(x) - C(x) = 10x - \frac{x^2}{1,000} - 5,000 - 2x$$

$$= 8x - \frac{x^2}{1,000} - 5,000$$

現在求 $P(x) = 8x - \frac{x^2}{1,000} - 5,000$，$0 \leq x \leq 8,000$ 的最大值.

則 $$P'(x) = 8 - \frac{x}{500}$$

令 $$P'(x) = 0$$

$$8 - \frac{x}{500} = 0$$

得 $$x = 4,000$$

$$P''(x) = -\frac{1}{500} < 0, \quad \forall x$$

因為 $x = 4,000$ 為 $P(x)$ 僅有的臨界數且 $P''(x) < 0$，故最大利潤為 $P(4,000) = 11,000$ 元．

以 $x = 4,000$ 代入價格需求方程式中，得

$$p = 10 - \frac{4,000}{1,000} = 6 \text{ 元}$$

故公司若每週生產 4,000 台電腦且每台以 6 元出售，則每週可獲取最大利潤 11,000 元．

本例題所有的結果圖示於圖 6-33 中．讀者由圖示中亦可注意到，當

$$P'(x) = R'(x) - C'(x) = 0$$

利潤最大．亦即，當邊際收益等於邊際成本時利潤最大（在 4,000 生產水準之下收益遞增率與成本之遞增率完全相同——注意兩曲線在該點之斜率完全相同）．

例題 3　最大收益

假設某日用品之需求函數為 $x = 1,200 - 20\sqrt{p}$，$0 \leq p \leq 3,600$，其中 p 以元計，試問價格為多少時，會使收益為最大？

解 因收益為 $R = xp$，故

第六章　微分的應用

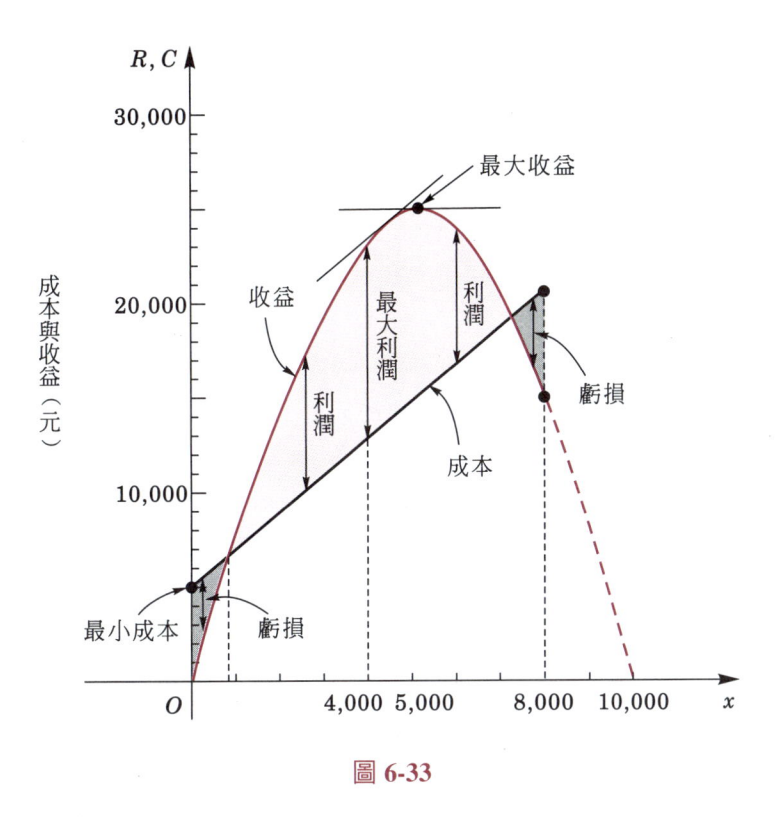

R, C 圖，標示：最大收益、收益、最大利潤、利潤、成本、虧損、最小成本、虧損；橫軸刻度 4,000、5,000、8,000、10,000；縱軸刻度 10,000、20,000、30,000。

圖 6-33

$$R = (1{,}200 - 20\sqrt{p})\, p = 1{,}200p - 20p^{3/2}$$

則

$$R'(p) = \frac{d}{dp}(1{,}200p - 20p^{3/2}) = 1{,}200 - 20 \cdot \frac{3}{2} p^{1/2}$$
$$= 1{,}200 - 30p^{1/2}$$

令 $R'(p) = 0$，即

$$1{,}200 - 30\sqrt{p} = 0$$

得

$$p = 1{,}600 \,(元)$$

現在利用一階導數判別法，判斷當 $p = 1{,}600$ 時，是否為最大收益．

(i) 當 $0 < p < 1{,}600$，則 $R'(p) > 0$，故 $R(p)$ 為遞增．

(ii) 當 $1{,}600 < p < 3{,}600$，則 $R'(p) < 0$，故 $R(p)$ 為遞減．

故 $p = 1{,}600$ 元時，收益最大．

習題 6-8

6-8 導數在經濟學上的應用

一、基礎題

1. 某電冰箱製造商生產 x 台電冰箱 ($0 \leq x \leq 1200$)，其成本為 $C(x) = 36x - 0.02x^2$ 元，試問何時成本是遞增的？

2. 設 $R(x) = 8x + 0.03x^2$ 元為銷售 x 台電腦的收益，試證明收益一直是遞增的．

3. 某電腦製造商生產 x 台電腦 ($0 \leq x \leq 1,200$)，其成本函數為 $C(x) = 36x - 0.02x^2$ 元．
   (1) 求平均成本函數 $\overline{C}(x)$．
   (2) x 為何值時，平均成本為遞減的？

4. 某電腦製造商生產並銷售 x 台電腦的利潤為 $P(x) = -0.01x^2 + 60x - 500$ 元．
   (1) 若想得到最大利潤，需生產多少台電腦？
   (2) 最大利潤為多少？

5. 某電冰箱製造商以每台 $140 - 0.01x$ 元銷售了 x 台電冰箱，而生產 x 台電冰箱的成本為 $45x + 2,500$ 元．為得最大利潤，廠商應生產多少台電冰箱？

6. 假設某製造商生產 x 個產品的利潤為 $P(x) = 1300x - x^2$ 元．
   (1) 欲得到最大的利潤，需製造多少個產品？
   (2) 最大的利潤為多少？

7. 某電腦公司銷售 x 台電腦的收益為 $R(x) = 160 + 380x - 2x^2$ 元．為得最大的收益，需銷售多少台電腦？並求最大的收益．

8. 某製造商供應 x 單位的產品，單價為 $4x^2 - 200x + 2,850$ 元．為使單價為最小時，向廠商訂購的數量應為多少？

9. 假設函數 $C(x) = x^3 - 42x^2 - 180x + 500$ 元為生產 x 台電腦的成本，則生產多少台

電腦時，其邊際成本為最小？

10. 若產品的需求方程式為 $p=80-0.2x$，今欲得最大收益，應銷售多少單位？

11. 假設生產某日用品 x 單位之總成本為

$$C(x)=3x^2+5x+75 \text{ (以元計)}$$

  (1) 在什麼樣的生產水準之下，每單位之平均成本最小？
  (2) 在什麼樣的生產水準之下，每單位之平均成本等於邊際成本？
  (3) 對 $x>0$，試繪出平均成本函數與邊際成本函數之圖形於同一坐標平面上．

12. 假設銷售某日用品 x 單位之總收益 (以元計) 為

$$R(x)=-2x^2+68x-128.$$

  (1) 在什麼樣的銷售水準之下，每單位之平均收益等於邊際收益？
  (2) 試證：若銷售水準小於 (1) 中之水準，平均收益為遞增；若銷售水準大於 (1) 中之水準，平均收益為遞減．
  (3) 試於同一坐標平面上，繪出平均與邊際收益函數圖形之有關的部分．

13. 某公司估計，每週製造某商品 x 單位的成本 (元) 為

$$C(x)=x^3-3x^2-80x+500$$

  每一單位的售價為 2,800 元，每週生產若干單位可使利潤最大？又每週之最大可能利潤為何？

14. 某工廠生產電子零件，若使用目前之機器每年最多生產 500 件產品．若製造 x 件，每件定價為 $p=200-0.15x$，且每年總成本為 $C(x)=4,000+6x-0.001x^2$ 元，試問每年產量為何可獲得最大利潤？

15. 某公司生產 x 件產品之總成本為 $C(x)=800+0.04x+0.0002x^2$ 元，試求具有最小平均成本之生產水準．

16. 設生產 x 單位的成本為 $C(x)=30xe^{-x/10}$ 元，而銷售 x 單位的收益為 $R(x)=50xe^{-x/10}$ 元，則生產多少單位時可得最大的利潤？又最大的利潤為多少？

二、進階題

1. 平均收益定義為函數

$$\overline{R}(x) = \frac{R(x)}{x}, \; x > 0$$

試證：若收益函數 $R(x)$ 為下凹 $(R''(x) < 0)$，則當 $\overline{R}(x) = R'(x)$ 時，出現最大平均收益的銷售水準。

2. 在市場中某商品之需求函數可表為 $p = \dfrac{50}{\sqrt{x}}$，且生產 x 單位之商品的成本為 $C(x) = 0.5x + 500$ 元。試求產生最大利潤時每單位商品之價格。

3. 利台公司的每天平均成本函數 (每單位以元計) 為

$$\overline{C}(x) = 0.0001x^2 - 0.08x + 40 + \frac{5{,}000}{x} \; (x > 0)$$

x 表該公司生產某型電子計算機的數量。試證明對該公司而言，每天生產 500 單位的生產水準可帶來最小之平均成本。

4. 若某一日用品之需求函數為 $p = \sqrt{16 - x}$，$0 \leq x \leq 16$。試決定價格與需求量，使總收益為最大。

6-9 羅必達法則

在本節中，我們詳述求函數極限的一個重要的新方法。

在 $\lim\limits_{x \to 2} \dfrac{x^2 - 4}{x - 2}$ 與 $\lim\limits_{x \to 1} \dfrac{\ln x}{x - 1}$ 的每一者中，分子與分母皆趨近 0。習慣上，將這種極限描述為不定型 $\dfrac{0}{0}$。使用"不定"這兩個字是因為要作更進一步的分析，才能

對極限的存在與否下結論. 第一個極限可用代數的處理而獲得, 即,

$$\lim_{x\to 2}\frac{x^2-4}{x-2}=\lim_{x\to 2}\frac{(x+2)(x-2)}{x-2}=\lim_{x\to 2}(x+2)=4$$

但第二個極限就不能仿照第一個極限的求法來處理, 故想要處理第二個極限, 就得利用**羅必達法則**.

若 $\lim_{x\to a}f(x)=0$ 且 $\lim_{x\to a}g(x)=0$, 則稱 $\lim_{x\to a}\frac{f(x)}{g(x)}$ 為**不定型 $\frac{0}{0}$**.

若 $\lim_{x\to a}f(x)=\infty$ (或 $-\infty$) 且 $\lim_{x\to a}g(x)=\infty$ (或 $-\infty$), 則稱 $\lim_{x\to a}\frac{f(x)}{g(x)}$ 為**不定型 $\frac{\infty}{\infty}$**.

不定型 $\frac{0}{0}$ 與 $\frac{\infty}{\infty}$

定理 6-11　羅必達法則

設兩函數 f 與 g 在某包含 a 的開區間 I 為可微分 (可能在 a 除外), 且 $x\neq a$ 時, $g'(x)\neq 0$, 又 $\lim_{x\to a}\frac{f(x)}{g(x)}$ 為不定型 $\frac{0}{0}$ 或 $\frac{\infty}{\infty}$.

若 $\lim_{x\to a}\frac{f'(x)}{g'(x)}$ 存在, 或 $\lim_{x\to a}\frac{f'(x)}{g'(x)}=\infty$ (或 $-\infty$), 則

$$\lim_{x\to a}\frac{f(x)}{g(x)}=\lim_{x\to a}\frac{f'(x)}{g'(x)}$$

註：讀者應注意以下兩點：

1. 在羅必達法則中，$x \to a$ 可代以下列任一者：$x \to a^+$, $x \to a^-$, $x \to \infty$, $x \to -\infty$.
2. 有時，在同一問題中，必須使用多次羅必達法則.

例題 1 不定型 $\dfrac{0}{0}$

求 $\lim\limits_{x \to 0} \dfrac{\cos x + 2x - 1}{3x}$.

解

$$\lim_{x \to 0} \frac{\dfrac{d}{dx}(\cos x + 2x - 1)}{\dfrac{d}{dx}(3x)} = \lim_{x \to 0} \frac{-\sin x + 2}{3} = \frac{2}{3}$$

於是，依羅必達法則，$\lim\limits_{x \to 0} \dfrac{\cos x + 2x - 1}{3x} = \dfrac{2}{3}$.

例題 2 不定型 $\dfrac{0}{0}$

求 $\lim\limits_{x \to 0} \dfrac{6^x - 3^x}{x}$.

解 依羅必達法則，

$$\lim_{x \to 0} \frac{6^x - 3^x}{x} = \lim_{x \to 0} \frac{6^x \ln 6 - 3^x \ln 3}{1} = \ln 6 - \ln 3 = \ln 2.$$

註：為了更加嚴謹，在此計算中的第一個等式要到其右邊的極限存在才是正確的．然而，為了簡便起見，當應用羅必達法則時，我們通常排列出所示的計算．

例題 3 不定型 $\dfrac{0}{0}$

求 $\lim\limits_{x \to 0} \dfrac{e^x + e^{-x} - 2}{1 - \cos 2x}$.

[解] 依羅必達法則，

$$\lim_{x\to 0}\frac{e^x+e^{-x}-2}{1-\cos 2x}=\lim_{x\to 0}\frac{e^x-e^{-x}}{2\sin 2x} \qquad \frac{\infty}{\infty}\text{型}$$

$$=\lim_{x\to 0}\frac{e^x+e^{-x}}{4\cos 2x}=\frac{1}{2}.$$

例題 4 不定型 $\dfrac{\infty}{\infty}$

求 $\displaystyle\lim_{x\to 0^+}\frac{\ln x}{\ln(e^x-1)}$.

[解] 因所予極限為不定型 $\dfrac{\infty}{\infty}$，故依羅必達法則，

$$\lim_{x\to 0^+}\frac{\ln x}{\ln(e^x-1)}=\lim_{x\to 0^+}\frac{\dfrac{1}{x}}{\dfrac{e^x}{e^x-1}}=\lim_{x\to 0^+}\frac{1-e^{-x}}{x} \qquad \frac{\infty}{\infty}\text{型}$$

$$=\lim_{x\to 0^+}\frac{e^{-x}}{1}=1.$$

例題 5 不定型 $\dfrac{\infty}{\infty}$

求 $\displaystyle\lim_{x\to 0^+}\frac{\cot x}{\ln x}$.

[解] 依羅必達法則，

$$\lim_{x\to 0^+}\frac{\cot x}{\ln x}=\lim_{x\to 0^+}\frac{-\csc^2 x}{\dfrac{1}{x}}=-\lim_{x\to 0^+}\frac{x}{\sin^2 x} \qquad \frac{\infty}{\infty}\text{型}$$

$$= -\lim_{x \to 0^+} \frac{1}{2 \sin x \cos x} = -\infty.$$

例題 6 羅必達法則不適用的情況

求 $\lim\limits_{x \to \infty} \dfrac{x + \sin x}{x}$.

解 所予極限為不定型 $\dfrac{\infty}{\infty}$，但是

$$\lim_{x \to \infty} \frac{\dfrac{d}{dx}(x + \sin x)}{\dfrac{d}{dx}(x)} = \lim_{x \to \infty} \frac{1 + \cos x}{1}$$

此極限不存在．於是，羅必達法則在此不適用．我們另外處理如下

$$\lim_{x \to \infty} \frac{x + \sin x}{x} = \lim_{x \to \infty} \left(1 + \frac{\sin x}{x}\right) = 1 + \lim_{x \to \infty} \frac{\sin x}{x} = 1$$

$$\left(\text{因 } \lim_{x \to \infty} \frac{\sin x}{x} = 0, \text{ 可令 } x = \frac{1}{t}, \text{ 利用夾擠定理證明之.}\right)$$

註：羅必達法則只說明當 $\lim\limits_{x \to a} \dfrac{f'(x)}{g'(x)}$ 存在且等於 L 時，那麼 $\lim\limits_{x \to a} \dfrac{f(x)}{g(x)}$ 也存在且為 L（有限或無限）．換句話說，在遇到 $\lim\limits_{x \to a} \dfrac{f'(x)}{g'(x)}$ 不存在時，並不能斷定 $\lim\limits_{x \to a} \dfrac{f(x)}{g(x)}$ 也不存在，只是此時不能利用羅必達法則，而需用其他方法去討論 $\lim\limits_{x \to a} \dfrac{f(x)}{g(x)}$.

例題 7 非不定型

下列的極限計算使用羅必達法則是錯誤的，試說明錯誤的原因.

$$\lim_{x\to 0}\frac{x^2}{\cos x}=\lim_{x\to 0}\frac{2x}{-\sin x}=\lim_{x\to 0}\frac{2}{-\cos x}=-2.$$

解 因 $\lim_{x\to 0}\dfrac{x^2}{\cos x}$ 並非不定型 $\dfrac{0}{0}$ 或 $\dfrac{\infty}{\infty}$，故不能使用羅必達法則. 正確的計算應為

$$\lim_{x\to 0}\frac{x^2}{\cos x}=\frac{\lim_{x\to 0}x^2}{\lim_{x\to 0}\cos x}=\frac{0}{1}=0.$$

◎ 不定型 $0\cdot\infty$ 與 $\infty-\infty$

若 $\lim_{x\to a}f(x)=0$ 且 $\lim_{x\to a}g(x)=\infty$ 或 $-\infty$，則稱 $\lim_{x\to a}[f(x)g(x)]$ 為**不定型 $0\cdot\infty$**.

通常，我們寫成 $f(x)g(x)=\dfrac{f(x)}{\dfrac{1}{g(x)}}$ 以便轉換成 $\dfrac{0}{0}$ 型，或寫成 $f(x)g(x)=\dfrac{g(x)}{\dfrac{1}{f(x)}}$

以便轉換成 $\dfrac{\infty}{\infty}$ 型，之後，它們可依羅必達法則來處理.

例題 8 不定型 $0\cdot\infty$

求 $\lim_{x\to\infty}x\sin\dfrac{1}{x}$.

解 方法 1：因所予極限為不定型 $0\cdot\infty$，故將它轉換成 $\dfrac{0}{0}$ 型，並利用羅必達法則如下

$$\lim_{x\to\infty} x \sin\frac{1}{x} = \lim_{x\to\infty} \frac{\sin\frac{1}{x}}{\frac{1}{x}} = \lim_{x\to\infty} \frac{-\frac{1}{x^2}\cos\frac{1}{x}}{-\frac{1}{x^2}}$$

$$= \lim_{x\to\infty} \cos\frac{1}{x} = \cos 0 = 1$$

方法 2： $\lim_{x\to\infty} x \sin\frac{1}{x} = \lim_{x\to\infty} \frac{\sin\frac{1}{x}}{\frac{1}{x}}$

$$= \lim_{h\to 0^+} \frac{\sin h}{h}$$ 令 $h = \frac{1}{x}$

$$= 1.$$

例題 9　不定型 $0 \cdot \infty$

求 $\lim_{x\to\pi/4}(1-\tan x)\sec 2x$.

解　所予極限為不定型 $0 \cdot \infty$. 我們將它轉換成 $\frac{0}{0}$ 型，並利用羅必達法則如下

$$\lim_{x\to\pi/4}(1-\tan x)\sec 2x = \lim_{x\to\pi/4} \frac{1-\tan x}{\cos 2x}$$

$$= \lim_{x\to\pi/4} \frac{-\sec^2 x}{-2\sin 2x} \qquad \frac{0}{0}\text{ 型}$$

$$= \frac{-\sec^2 x \cdot \frac{\pi}{4}}{-2\sin\frac{\pi}{2}}$$

$$= \frac{-2}{-2}$$

$$= 1.$$

第六章　微分的應用　311

例題 10　**不定型 ∞ · 0**

求 $\lim_{x \to \infty} x(1-e^{x^{-1}})$.

解　所予極限為不定型 ∞ · 0. 因此,

$$\lim_{x \to \infty} x(1-e^{x^{-1}}) = \lim_{x \to \infty} \frac{1-e^{x^{-1}}}{x^{-1}} \qquad \frac{0}{0} \text{型}$$

$$= \lim_{x \to \infty} \frac{-e^{x^{-1}}(-x^{-2})}{-x^{-2}}$$

$$= -\lim_{x \to \infty} e^{x^{-1}} = -1.$$

若 $\lim_{x \to a} f(x) = \infty$ 且 $\lim_{x \to a} g(x) = \infty$, 或 $\lim_{x \to a} f(x) = -\infty$ 且 $\lim_{x \to a} g(x) = -\infty$, 則稱 $\lim_{x \to a} [f(x) - g(x)]$ 為**不定型 ∞－∞**. 在此情形下, 若適當改變 $f(x) - g(x)$ 的表示式, 則可利用前面幾種不定型之一來處理.

例題 11　**不定型 ∞－∞**

求 $\lim_{x \to 0} \left(\frac{1}{x} - \frac{1}{\sin x} \right)$.

解　因 $\lim_{x \to 0^+} \frac{1}{x} = \infty$ 且 $\lim_{x \to 0^+} \frac{1}{\sin x} = \infty$,

又 $\lim_{x \to 0^-} \frac{1}{x} = -\infty$ 且 $\lim_{x \to 0^-} \frac{1}{\sin x} = -\infty$,

故所予極限為不定型 ∞－∞. 利用通分可得

$$\lim_{x \to 0} \left(\frac{1}{x} - \frac{1}{\sin x} \right) = \lim_{x \to 0} \frac{\sin x - x}{x \sin x} \qquad \frac{0}{0} \text{型}$$

$$= \lim_{x \to 0} \frac{\cos x - 1}{x \cos x + \sin x} \qquad \frac{0}{0} \text{型}$$

$$= \lim_{x \to 0} \frac{-\sin x}{-x \sin x + \cos x + \cos x}$$

$$= \frac{0}{2} = 0.$$

例題 12 不定型 $\infty - \infty$

求 $\lim\limits_{x \to 0} \left(\dfrac{1}{x} - \dfrac{1}{e^x - 1} \right)$.

解 因 $\lim\limits_{x \to 0^+} \dfrac{1}{x} = \infty$ 且 $\lim\limits_{x \to 0^+} \dfrac{1}{e^x - 1} = \infty$，又 $\lim\limits_{x \to 0^-} \dfrac{1}{x} = -\infty$ 且 $\lim\limits_{x \to 0^-} \dfrac{1}{e^x - 1} = -\infty$，故所予極限為不定型 $\infty - \infty$．利用通分可得

$$\lim_{x \to 0} \left(\frac{1}{x} - \frac{1}{e^x - 1} \right) = \lim_{x \to 0} \frac{e^x - 1 - x}{xe^x - x} \qquad \frac{0}{0} \text{型}$$

$$= \lim_{x \to 0} \frac{e^x - 1}{xe^x + e^x - 1} \qquad \frac{0}{0} \text{型}$$

$$= \lim_{x \to 0} \frac{e^x}{xe^x + e^x + e^x} = \frac{1}{2}.$$

例題 13 不定型 $\infty - \infty$

求 $\lim\limits_{x \to (\pi/2)^-} (\sec x - \tan x)$.

解
$$\lim_{x\to(\pi/2)^-}(\sec x - \tan x) = \lim_{x\to(\pi/2)^-}\left(\frac{1}{\cos x} - \frac{\sin x}{\cos x}\right)$$
$$= \lim_{x\to(\pi/2)^-}\frac{1-\sin x}{\cos x} \qquad \frac{0}{0} \text{型}$$
$$= \lim_{x\to(\pi/2)^-}\frac{-\cos x}{-\sin x}$$
$$= 0.$$

◎ 不定型 0^0、∞^0 與 1^∞

不定型 0^0、∞^0 與 1^∞ 是由極限 $\lim\limits_{x\to a}[f(x)]^{g(x)}$ 所產生.

1. 若 $\lim\limits_{x\to a}f(x)=0$ 且 $\lim\limits_{x\to a}g(x)=0$，則 $\lim\limits_{x\to a}[f(x)]^{g(x)}$ 為**不定型 0^0**.

2. 若 $\lim\limits_{x\to a}f(x)=\infty$ 且 $\lim\limits_{x\to a}g(x)=0$，則 $\lim\limits_{x\to a}[f(x)]^{g(x)}$ 為**不定型 ∞^0**.

3. 若 $\lim\limits_{x\to a}f(x)=1$ 且 $\lim\limits_{x\to a}g(x)=\infty$ 或 $-\infty$，則 $\lim\limits_{x\to a}[f(x)]^{g(x)}$ 為**不定型 1^∞**.

上述任一情形可用自然對數處理如下

令 $$y=[f(x)]^{g(x)}, \text{則 } \ln y = g(x)\ln f(x)$$

或將函數寫成指數形式

$$[f(x)]^{g(x)} = e^{g(x)\ln f(x)}$$

在這兩個方法的任一者中，需要先求出 $\lim\limits_{x\to a}[g(x)\ln f(x)]$，其為不定型 $0\cdot\infty$.

求極限時若遇到不定型 0^0、∞^0 或 1^∞，則求 $\lim\limits_{x\to a}[f(x)]^{g(x)}$ 的步驟如下

1. 令 $y=[f(x)]^{g(x)}$.
2. 取自然對數：$\ln y = \ln[f(x)]^{g(x)} = g(x)\ln f(x)$.
3. 求 $\lim\limits_{x\to a}\ln y$ (若極限存在).

4. 若 $\lim\limits_{x \to a} \ln y = L$，則 $\lim\limits_{x \to a} y = e^L$.

若 $x \to \infty$ 或 $x \to -\infty$，或有關單邊極限，這些步驟仍可使用.

例題 14 不定型 0^0

求 $\lim\limits_{x \to 0^+} x^x$.

解 方法 1：利用前述步驟，

1. $y = x^x$
2. $\ln y = \ln x^x = x \ln x$
3. $\lim\limits_{x \to 0^+} \ln y = \lim\limits_{x \to 0^+} (x \ln x) = \lim\limits_{x \to 0^+} \dfrac{\ln x}{\dfrac{1}{x}} = \lim\limits_{x \to 0^+} \dfrac{\dfrac{1}{x}}{-\dfrac{1}{x^2}} = -\lim\limits_{x \to 0^+} x = 0$
4. $\lim\limits_{x \to 0^+} x^x = \lim\limits_{x \to 0^+} y = e^0 = 1$

方法 2：

$$\lim\limits_{x \to 0^+} x^x = \lim\limits_{x \to 0^+} e^{\ln x^x} = \lim\limits_{x \to 0^+} e^{x \ln x} = e^{\lim\limits_{x \to 0^+} x \ln x}$$

$$= e^{\lim\limits_{x \to 0^+} \frac{\ln x}{\frac{1}{x}}} = e^{\lim\limits_{x \to 0^+} \frac{\frac{1}{x}}{-\frac{1}{x^2}}} = e^{-\lim\limits_{x \to 0^+} x}$$

$$= e^0 = 1.$$

例題 15 不定型 0^0

解

$$\lim\limits_{x \to 0^+} x^{\sin x} = \lim\limits_{x \to 0^+} e^{\ln x^{\sin x}} = \lim\limits_{x \to 0^+} e^{\sin x \ln x}$$

$$= e^{\lim\limits_{x \to 0^+} \sin x \ln x} = e^{\lim\limits_{x \to 0^+} \frac{\ln x}{\csc x}}$$

$$= e^{\lim\limits_{x \to 0^+} \frac{\frac{1}{x}}{-\csc x \cot x}} = e^{-\left(\lim\limits_{x \to 0^+} \frac{\sin x}{x}\right)\left(\lim\limits_{x \to 0^+} \tan x\right)}$$

$$= e^0 = 1.$$

例題 16　不定型 ∞^0

求 $\lim\limits_{x\to\infty}(1+2x)^{\frac{1}{2\ln x}}$.

解

$$\lim_{x\to\infty}(1+2x)^{\frac{1}{2\ln x}}=\lim_{x\to\infty}e^{\frac{1}{2\ln x}\ln(1+2x)}=e^{\lim\limits_{x\to\infty}\frac{\ln(1+2x)}{2\ln x}}$$

又 $\lim\limits_{x\to\infty}\dfrac{\ln(1+2x)}{2\ln x}$ 為不定型 $\dfrac{\infty}{\infty}$，故

$$\lim_{x\to\infty}\frac{\ln(1+2x)}{2\ln x}=\lim_{x\to\infty}\frac{\frac{2}{1+2x}}{2/x}=\lim_{x\to\infty}\frac{x}{1+2x}=\frac{1}{2}$$

所以，$\lim\limits_{x\to\infty}(1+2x)^{\frac{1}{2\ln x}}=e^{\frac{1}{2}}$.

習題 6-9

6-9　羅必達法則

一、基礎題

1. $\lim\limits_{x\to 1}\dfrac{\sin(x-1)}{x^2+x-2}$

2. $\lim\limits_{\theta\to 0}\dfrac{\sin\theta}{\theta+\tan\theta}$

3. $\lim\limits_{x\to 1^+}\dfrac{\ln x}{\sqrt{x-1}}$

4. $\lim\limits_{\theta\to\frac{\pi}{2}}\dfrac{1-\sin\theta}{1+\cos 2\theta}$

5. $\lim\limits_{x\to 0}\dfrac{\sin x-x}{\tan x-x}$

6. $\lim\limits_{x\to\infty}\dfrac{2x^2+3x+1}{5x^2+x-4}$

7. $\lim\limits_{x\to 0^+}\dfrac{\ln\sin x}{\ln\tan x}$

8. $\lim\limits_{x\to\infty}\dfrac{\ln(\ln x)}{\ln x}$

9. $\lim\limits_{x\to\infty}\dfrac{\log_2 x}{\log_3(x+3)}$

10. $\lim\limits_{x\to 0^+}\sqrt{x}\ln x$

11. $\lim\limits_{x \to -\infty} x^2 e^x$

12. $\lim\limits_{x \to \infty} x(e^{1/x} - 1)$

13. $\lim\limits_{x \to -\infty} x \sin \dfrac{1}{x}$

14. $\lim\limits_{x \to 0^+} \sin x \ln \sin x$

15. $\lim\limits_{x \to 1} \left(\dfrac{1}{x-1} - \dfrac{x}{\ln x} \right)$

16. $\lim\limits_{x \to 0} (\csc x - \cot x)$

17. $\lim\limits_{x \to \infty} [\ln 2x - \ln(x+1)]$

18. $\lim\limits_{x \to 0^+} (\sin x)^x$

19. $\lim\limits_{x \to \infty} (x + e^x)^{1/x}$

20. $\lim\limits_{x \to 0} (1 + ax)^{1/x}$ (a 為常數)

21. $\lim\limits_{x \to 0} (1 + \sin x)^{1/x}$

22. $\lim\limits_{x \to 0} (\cos x)^{1/x}$

二、進階題

1. 求 $\lim\limits_{x \to 0} \left(\dfrac{\sin x}{x} \right)^{1/x^2}$.

2. 求 a 的值使 $\lim\limits_{x \to \infty} \left(\dfrac{x+a}{x-a} \right)^x = e^4$.

3. 試證：對任意正整數 n,

(1) $\lim\limits_{x \to \infty} \dfrac{x^n}{e^x} = 0$

(2) $\lim\limits_{x \to \infty} \dfrac{e^x}{x^n} = \infty$

第七章　積　分

本章學習目標

- 瞭解不定積分之意義及求法
- 能夠利用極限觀念求有界區域之面積
- 能夠利用定積分的定義求 $\int_a^b f(x)\,dx$ 的值
- 瞭解定積分之性質
- 瞭解微積分學基本定理之應用
- 能夠利用定積分代換定理求定積分

7-1 不定積分

在第三章中,我們已知道如何求解導函數問題:給予一函數,求它的導函數. 但是,在許多問題中,常常需要求解導函數問題的相反問題:給予一函數 f,求出一函數 F 使得 $F'=f$. 若這樣的函數存在,則它稱為 f 的一反導函數.

定義 7-1

若 $F'=f$,則稱函數 F 為函數 f 的一反導函數.

例題 1 　一函數的反導函數不是唯一

函數 $\dfrac{2}{3}x^3$,$\dfrac{2}{3}x^3+2$,$\dfrac{2}{3}x^3-5$ 皆為 $f(x)=2x^2$ 的反導函數,

因 $\dfrac{d}{dx}\left(\dfrac{2}{3}x^3\right)=\dfrac{d}{dx}\left(\dfrac{2}{3}x^3+2\right)=\dfrac{d}{dx}\left(\dfrac{2}{3}x^3-5\right)=2x^2$.

事實上,一個函數的反導函數並不唯一. 若 F 為 f 的反導函數,則對每一常數 C,由 $G(x)=F(x)+C$ 所定義的函數 G 亦為 f 的反導函數.

定理 7-1

若 f 與 g 皆為可微分函數,且 $f'(x)=g'(x)$ 對於 $[a, b]$ 中的所有 x 皆成立,則 $f(x)=g(x)+C$ 對於 $[a, b]$ 中的所有 x 皆成立,此處 C 為任意常數.

證 令 $h(x)=f(x)-g(x)$,則由於 $f'(x)=g'(x)$,故 $h'(x)=f'(x)-g'(x)=0$ 對 $[a, b]$ 中的所有 x 皆成立. 於是,依定理 6-5,可知 h 在 $[a, b]$ 上為常數函數,即,$f(x)-g(x)=C$,故 $f(x)=g(x)+C$. 如圖 7-1 所示.

圖 7-1

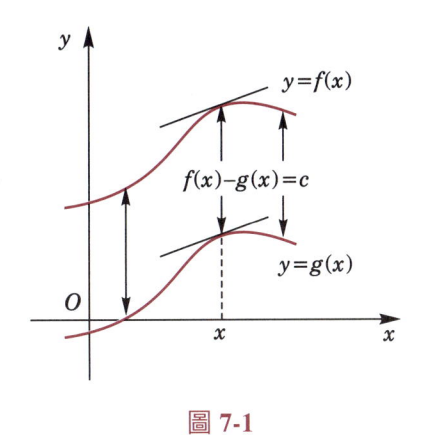

求反導函數的過程稱為**反微分**或**積分**. 若 $\dfrac{d}{dx}[F(x)]=f(x)$, 則形如 $F(x)+C$ 的函數皆是 $f(x)$ 的反導函數.

定義 7-2

函數 f (或 $f(x)$) 的**不定積分**為

$$\int f(x)\,dx = F(x)+C \tag{7-1}$$

此處 $F'(x)=f(x)$, 且 C 為任意常數.

不定積分 $\int f(x)\,dx$ 僅是指明 $f(x)$ 的反導函數是形如 $F(x)+C$ 的函數之另一方式而已, $f(x)$ 稱為**被積分函數**, dx 稱為**積分變數** x 的**微分**, C 稱為**不定積分常數**.

定理 7-2

(1) $\dfrac{d}{dx}\left(\int f(x)\,dx\right)=f(x)$ 　　(2) $\int \dfrac{d}{dx}f(x)\,dx=f(x)+C$

例如，$\dfrac{d}{dx}\left(\displaystyle\int \sqrt{x^2+3}\ dx\right)=\sqrt{x^2+3}$，$\displaystyle\int \dfrac{d}{dx}\sqrt{x^2+3}\ dx=\sqrt{x^2+3}+C$，利用我們已學過代數函數及超越函數的導函數，有關之不定積分公式如表 7-1 所示.

◎ 不定積分的基本性質

求解不定積分問題，須先明瞭不定積分之基本性質

1. $\displaystyle\int x^n\ dx=\dfrac{x^{n+1}}{n+1}+C,\ n\neq -1$ （7-2）

2. $\displaystyle\int dx=x+C$ （7-3）

證　因
$$\dfrac{d}{dx}\left(\dfrac{x^{n+1}}{n+1}\right)=(n+1)\cdot\dfrac{x^{n+1-1}}{n+1}=x^n$$

故
$$\int x^n\ dx=\dfrac{x^{n+1}}{n+1}+C$$

若令 $n=0$，則
$$\int dx=x+C$$

3. $\displaystyle\int k\ f(x)\ dx=k\displaystyle\int f(x)\ d,\ k$ 為常數. （7-4）

證　令 $F'(x)=f(x)$，則
$$\dfrac{d}{dx}[k\ F(x)]=k\ F'(x)=k\ f(x)$$

可知 $k\ F(x)$ 為 $k\ f(x)$ 之反導函數

故
$$\int k\ f(x)\ dx=k\int f(x)\ dx$$

表 7-1

導函數公式	不定積分公式
1. $\dfrac{d}{dx} x = 1$	$\displaystyle\int dx = x + C$
2. $\dfrac{d}{dx}\left(\dfrac{x^{r+1}}{r+1}\right) = x^r,\ r \neq -1$	$\displaystyle\int x^r\, dx = \dfrac{x^{r+1}}{r+1} + C,\ r \neq -1$
3. $\dfrac{d}{dx} \sin x = \cos x$	$\displaystyle\int \cos x\, dx = \sin x + C$
4. $\dfrac{d}{dx}(-\cos x) = \sin x$	$\displaystyle\int \sin x\, dx = -\cos x + C$
5. $\dfrac{d}{dx} \tan x = \sec^2 x$	$\displaystyle\int \sec^2 x\, dx = \tan x + C$
6. $\dfrac{d}{dx}(-\cot x) = \csc^2 x$	$\displaystyle\int \csc^2 x\, dx = -\cot x + C$
7. $\dfrac{d}{dx} \sec x = \sec x \tan x$	$\displaystyle\int \sec x \tan x\, dx = \sec x + C$
8. $\dfrac{d}{dx}(-\csc x) = \csc x \cot x$	$\displaystyle\int \csc x \cot x\, dx = -\csc x + C$
9. $\dfrac{d}{dx} \sin^{-1} x = \dfrac{1}{\sqrt{1-x^2}},\ |x| < 1$	$\displaystyle\int \dfrac{dx}{\sqrt{1-x^2}} = \sin^{-1} x + C,\ |x| < 1$
10. $\dfrac{d}{dx} \tan^{-1} x = \dfrac{1}{1+x^2},\ x \in \mathbb{R}$	$\displaystyle\int \dfrac{dx}{1+x^2} = \tan^{-1} x + C,\ x \in \mathbb{R}$
11. $\dfrac{d}{dx} \sec^{-1} x = \dfrac{1}{x\sqrt{x^2-1}},\ |x| > 1$	$\displaystyle\int \dfrac{dx}{x\sqrt{x^2-1}} = \sec^{-1} x + C,\ |x| > 1$
12. $\dfrac{d}{dx} \ln |x| = \dfrac{1}{x},\ x \neq 0$	$\displaystyle\int \dfrac{dx}{x} = \ln |x| + C,\ x \neq 0$
13. $\dfrac{d}{dx} a^x = a^x \ln a,\ 0 < a \neq 1$	$\displaystyle\int a^x\, dx = \dfrac{a^x}{\ln a} + C,\ 0 < a \neq 1$
14. $\dfrac{d}{dx} e^x = e^x$	$\displaystyle\int e^x\, dx = e^x + C$

4. $\int [f(x)+g(x)]\,dx = \int f(x)\,dx + \int g(x)\,dx$ (7-5)

證 令 $F'(x)=f(x)$, $G'(x)=g(x)$, 則

$$\frac{d}{dx}[F(x)+G(x)] = F'(x)+G'(x) = f(x)+g(x)$$

可知 $F(x)+G(x)$ 為 $f(x)+g(x)$ 之反導函數

故 $\int [f(x)+g(x)]\,dx = \int f(x)\,dx + \int g(x)\,dx$ ◻

註：讀者亦可對右式微分，則可得到左式之被積分函數.

$$D_x\left[\int f(x)\,dx + \int g(x)\,dx\right] = D_x\int f(x)\,dx + D_x\int g(x)\,dx = f(x)+g(x)$$

性質 4 可推廣至多個函數和的不定積分，亦即，

$$\int [k_1 f_1(x) + k_2 f_2(x) + \cdots + k_n f_n(x)]\,dx$$
$$= k_1\int f_1(x)\,dx + k_2\int f_2(x)\,dx + \cdots + k_n\int f_n(x)\,dx \quad (7\text{-}6)$$

此處 $k_1, k_2, \cdots, k_n$ 皆為常數.

例題 2　利用不定積分公式

(1) $\int x^2\,dx = \dfrac{x^3}{3} + C$

(2) $\int \dfrac{1}{\sqrt{x}}\,dx = \int x^{-1/2}\,dx = 2x^{1/2} + C = 2\sqrt{x} + C$

(3) $\displaystyle\int \frac{\sin x}{\cos^2 x}\, dx = \int \left(\frac{1}{\cos x} \cdot \frac{\sin x}{\cos x} \right) dx = \int \sec x \tan x\, dx = \sec x + C$

(4) $\displaystyle\int \frac{\sin 2x}{\cos x}\, dx = \int \frac{2\sin x \cos x}{\cos x}\, dx = 2\int \sin x\, dx = -2\cos x + C$

(5) $\displaystyle\int (10)^x\, dx = \frac{10^x}{\ln 10} + C$

例題 3　逐項積分

(1) $\displaystyle\int (3x^6 - 5x^2 + 7x + 2)\, dx = 3\int x^6\, dx - 5\int x^2\, dx + 7\int x\, dx + \int 2\, dx$

$$= \frac{3}{7}x^7 - \frac{5}{3}x^3 + \frac{7}{2}x^2 + 2x + C$$

(2) $\displaystyle\int \frac{x^{-1} - x^{-2} + x^{-3}}{x^2}\, dx = \int \frac{x^{-1}}{x^2}\, dx - \int \frac{x^{-2}}{x^2}\, dx + \int \frac{x^{-3}}{x^2}\, dx$

$$= \int x^{-3}\, dx - \int x^{-4}\, dx + \int x^{-5}\, dx$$

$$= -\frac{1}{2}x^{-2} + \frac{1}{3}x^{-3} - \frac{1}{4}x^{-4} + C.$$

例題 4　先有理化分母

求 $\displaystyle\int \frac{x-1}{\sqrt{x}+1}\, dx.$

解　$\displaystyle\int \frac{x-1}{\sqrt{x}+1}\, dx = \int \frac{(x-1)(\sqrt{x}-1)}{(\sqrt{x}+1)(\sqrt{x}-1)}\, dx = \int \frac{(x-1)(\sqrt{x}-1)}{x-1}\, dx$

$$= \int (\sqrt{x} - 1)\, dx = \int \sqrt{x}\, dx - \int dx$$

$$= \frac{2}{3}x^{3/2} - x + C.$$

定理 7-3 不定積分之一般乘冪公式

若 u 為 x 的可微分函數,則

$$\int [u(x)]^n\, u'(x)\, dx = \frac{[u(x)]^{n+1}}{n+1} + C, \quad 此處\ n \neq -1. \tag{7-7}$$

例題 5 利用定理 7-3

求 $\int x^2(x^3-1)^4\, dx$.

解 視 $u(x) = x^3 - 1$,則 $u'(x) = 3x^2$,故

$$\int x^2(x^3-1)^4\, dx = \frac{1}{3} \int \underbrace{(x^3-1)^4}_{[u(x)]^n}\, \underbrace{(3x^2)}_{u'(x)}\, dx$$

$$= \frac{1}{15}(x^3-1)^5 + C.$$

例題 6 利用定理 7-3

求 $\int \dfrac{x^2}{(x^3-1)^2}\, dx$.

解 視 $u(x) = x^3 - 1$,則 $u'(x) = 3x^2$,故

$$\int \frac{x^2}{(x^3-1)^2}\, dx = \frac{1}{3} \int \underbrace{(x^3-1)^{-2}}_{[u(x)]^n}\, \underbrace{(3x^2)}_{u'(x)}\, dx$$

$$= -\frac{1}{3(x^3-1)} + C.$$

例題 7 利用定理 7-3

求 $\int (\ln x)^5 \dfrac{1}{x} dx$.

解 視 $u(x) = \ln x$，則 $u'(x) = \dfrac{1}{x}$，故

$$\int \underbrace{(\ln x)^5}_{[u(x)]^n} \underbrace{\dfrac{1}{x}}_{u'(x)} dx = \dfrac{(\ln x)^6}{6} + C.$$

習題 7-1

7-1 不定積分

一、基礎題

求 1～16 題的積分.

1. $\int x^3 \sqrt{x}\, dx$

2. $\int (6x^2 - 4x + 3)\, dx$

3. $\int \left(3\sqrt{x} + \dfrac{2}{\sqrt{x}}\right) dx$

4. $\int \dfrac{x^3 + 3x^2 - 9x - 2}{x - 2}\, dx$

5. $\int (x^2 + 1)^{10}\, x\, dx$

6. $\int \dfrac{x^2}{(x^3 + 1)^2}\, dx$

7. $\int \left(x - \dfrac{1}{x}\right)^2 dx$

8. $\int \left(1 + \dfrac{1}{x}\right)^3 \dfrac{1}{x^2}\, dx$

9. $\int \dfrac{1}{\sqrt{x}(1 + \sqrt{x})^2}\, dx$

10. $\int \sec x\, (\tan x + \cos x)\, dx$

11. $\displaystyle\int \frac{\ln^6 x}{x}\, dx$ 12. $\displaystyle\int (1+\sin^2 x \csc x)\, dx$

13. $\displaystyle\int x^2 e^{x^3}\, dx$ 14. $\displaystyle\int (\sec x - \tan x)^2\, dx$

15. $\displaystyle\int \sec x\,(\sec x + \tan x)\, dx$ 16. $\displaystyle\int (1+\sin^2 \theta \csc \theta)\, d\theta$

17. 求 $f(x)=\sqrt[3]{x}$ 的反導函數 $F(x)$ 使其滿足 $F(1)=2$.

二、進階題

1. 求 $\displaystyle\int \sqrt[3]{\frac{1-\sqrt[3]{x}}{x^2}}\, dx$.

2. 求 $\displaystyle\int \frac{1}{1-\sin x}\, dx$.

3. 求 $\displaystyle\int \frac{\cos x}{\sec x + \tan x}\, dx$.

4. 求函數 $f(x)$ 使得 $f''(x)=x+\cos x$, 且 $f(0)=1$, $f'(0)=2$.

5. 設 F 為 f 的反導函數, 試證:
   (1) 若 F 為偶函數, 則 f 為奇函數.
   (2) 若 F 為奇函數, 則 f 為偶函數.

6. 試舉一例說明 $H(x)$ 與 $G(x)$ 皆為 $f(x)$ 之反導函數, 但 $G(x) \neq H(x)+C$, 並解釋其原因.

7-2 不定積分的應用

◎ 不定積分在幾何上的應用

　　斜率函數 $f(x)$ 的反導函數 $F(x)$ 的圖形稱為函數 $f(x)$ 的一**積分曲線**，其方程式以 $y=F(x)$ 表之．因 $F'(x)=f(x)$，故對於積分曲線上的點而言，在 x 處的切線斜率等於 $f(x)$．如果我們將該條積分曲線沿著 y-軸方向上下平移，且平移的寬度為 C，則我們可得到另外一條積分曲線 $y=F(x)+C$．函數 $f(x)$ 的每一條積分曲線皆可用這種方法得到，因此，不定積分的圖形就是這樣得到全部積分曲線所成的曲線族，稱為**積分曲線族**．另外，如果我們在每一條積分曲線上橫坐標相同之處作切線，則這些切線必定會互相平行，見圖 7-2．

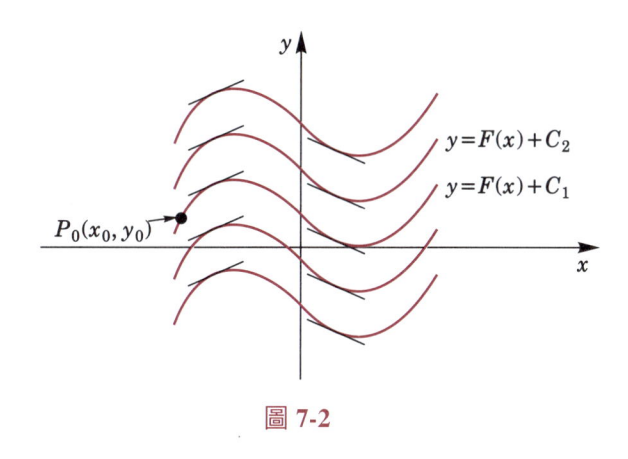

圖 7-2

　　若此曲線通過某一定點 $P_0(x_0, y_0)$，則可由

$$y=\int f(x)\,dx = F(x)+C$$

求出不定積分常數 C，$C=y_0-F(x_0)$，因此，曲線就可唯一確定．而 $y(x_0)=y_0$ 可用以決定不定積分常數 C．

例題 1 **已知曲線上某一點之斜率求曲線的方程式**

　　設某曲線族的切線斜率為 $3x^2-1$，求此曲線族的方程式．

解 由題意知

$$\frac{dy}{dx}=3x^2-1, \quad 即 \quad dy=(3x^2-1)\,dx.$$

兩邊積分，得

$$y=\int (3x^2-1)\,dx = x^3-x+C$$

其中 C 為不定積分常數，故所求曲線族的方程式為 $y=x^3-x+C$，其圖形如圖 7-3 所示.

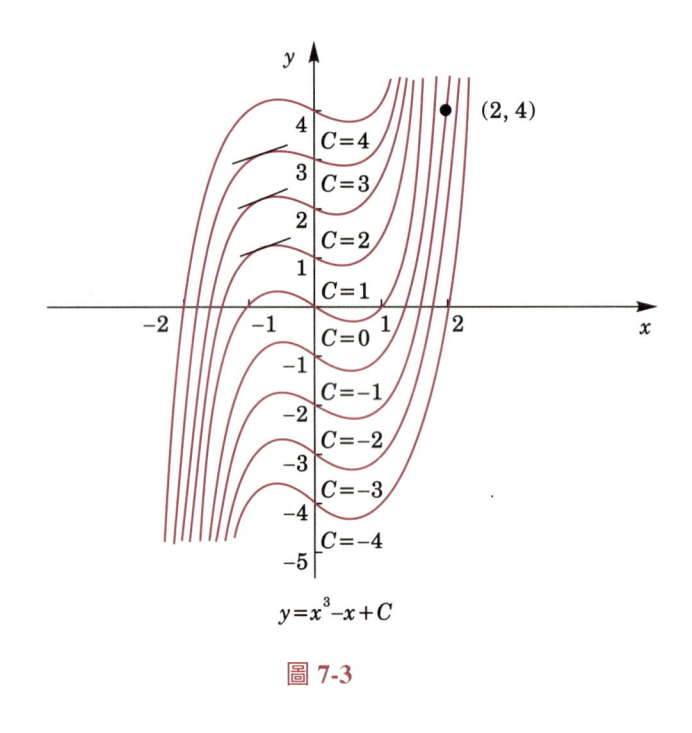

圖 7-3

在例題 1 中，若我們附加上一個特殊的條件，例如，該曲線通過點 $(2, 4)$，則我們就可以計算出滿足 $y=x^3-x+C$ 中的 C 值，即

$$4=2^3-2+C$$

可得 $C=-2$.

故通過點 $(2, 4)$ 的曲線為

$$y = x^3 - x - 2$$

此一附加的特殊條件用以決定不定積分常數 C 者，稱為**初期條件**.

例題 2 **已知曲線斜率求曲線方程式**

已知某曲線族的切線斜率為 $\dfrac{x+1}{y-1}$，求該曲線族的方程式，並求通過點 $(1, 1)$ 的曲線方程式.

解 因 $\dfrac{dy}{dx} = \dfrac{x+1}{y-1}$，故

$$(y-1)\,dy = (x+1)\,dx$$

$$\int (y-1)\,dy = \int (x+1)\,dx$$

可得

$$\frac{1}{2}y^2 - y = \frac{1}{2}x^2 + x + C$$

此為曲線族的方程式.

欲求通過點 $(1, 1)$ 的曲線方程式，可用該點代入上式，得 $0 = 2 + C$，即 $C = -2$.

所以，曲線的方程式為

$$\frac{1}{2}y^2 - y = \frac{1}{2}x^2 + x - 2$$

即,

$$(x+1)^2 - (y-1)^2 = 4.$$

◎ 不定積分在經濟學上的應用

1. 若邊際成本函數為 $MC(x) = \dfrac{dC(x)}{dx}$，則 $C(x) = \displaystyle\int MC(x)\,dx$.

2. 若邊際收益函數為 $MR(x) = \dfrac{dR(x)}{dx}$，則 $R(x) = \displaystyle\int MR(x)\,dx$.

3. 若邊際利潤函數為 $MP(x) = \dfrac{dP(x)}{dx}$，則 $P(x) = \displaystyle\int MP(x)\,dx$.

4. 若邊際消費傾向函數為 $MC(Y) = \dfrac{dC}{dY}$，其中 C 為消費，Y 為國民所得，則

$$C(Y) = \int MC(Y)\,dY.$$

5. 若邊際儲蓄傾向函數為 $MS(Y) = \dfrac{dS}{dY} = 1 - \dfrac{dC}{dY}$，其中 S 為儲蓄，且 $Y = C + S$，則

$$S(Y) = \int MS(Y)\,dY.$$

例題 3　成本函數為邊際成本函數的不定積分

設某公司生產 x 件物品時的邊際成本函數為 $32 - 0.04x$，若已知生產 1 件物品的成本為 50 元，試求生產 100 件時所需之成本.

解　設生產 x 件物品需成本 $C(x)$，而邊際成本為

$$C'(x) = 32 - 0.04x$$

故

$$C(x) = \int (32 - 0.04x)\,dx = 32x - 0.02x^2 + C$$

$$C(1) = 50 = 32 - 0.02 + C \Rightarrow C = 18.02$$

$$C(x) = 32x - 0.02x^2 + 18.02$$

故生產 100 件之物品需 $C(100) = 3{,}200 - 200 + 18.02 = 3{,}018.02$ (元).

例題 4　收益函數為邊際收益函數的不定積分

若邊際收益函數為

$$R'(x) = 8 - 6x - 2x^2$$

試求總收益函數及平均收益函數.

解 $R(x) = \int R'(x)\, dx = \int (8 - 6x - 2x^2)\, dx = 8x - 3x^2 - \dfrac{2}{3}x^3 + C$

因 $\qquad\qquad\qquad\qquad R(0) = C = 0$

故總收益函數為 $\qquad R(x) = 8x - 3x^2 - \dfrac{2}{3}x^3$

平均收益函數為 $\qquad \overline{R}(x) = \dfrac{R(x)}{x} = 8 - 3x - \dfrac{2}{3}x^2.$

例題 5 **消費函數為邊際消費傾向函數的不定積分**

設邊際消費傾向函數為 $\dfrac{dC}{dY} = 0.7 + \dfrac{0.2}{\sqrt{Y}}$，$Y=0$ 時，$C=8$. 試求消費函數.

解 $\qquad\qquad C = \int \left(0.7 + \dfrac{0.2}{\sqrt{Y}} \right) dY = 0.7Y + 0.4\sqrt{Y} + k$

當 $Y=0$ 時，$C=8$，則 $k=8$. 故

$$C = 8 + 0.7Y + 0.4\sqrt{Y}.$$

◎ 有關指數的成長律與衰變律的問題

　　指數函數與對函數互為反函數，適用於經濟理論之成長問題. 當以時間為變數之最佳成長問題，必須利用指數對數函數，例如以牟利為目的之養豬戶，毛豬飼養愈久，則其收益隨之增加，但養豬成本亦隨時間之延長而增加. 若收益與成本皆按指數法則成長，因而養豬戶之收益函數與成本函數，均可視為時間之指數函數. 此刻，利潤等於收益減成本，故養豬戶得決定最佳飼養期間以賺取最大利潤.

定理 7-4

設某數量 y 為 t 的函數，且其變化率（對於時間）與當時的數量成正比，即 $\dfrac{dy}{dt} \propto y$. 設比例常數為 k，則

$$\frac{dy}{dt} = ky$$

(若 y 隨 t 增加而增加，則 $k > 0$；否則 $k < 0$) 此一方程式稱為**微分方程式**，其解為

$$y = y_0 e^{kt} \tag{7-8}$$

其中 y_0 表 $t=0$ 時之數量. 當 $k > 0$ 時，k 稱為**成長常數** (growth cons-tant)，故式 (7-8) 稱為**自然指數成長**；當 $k < 0$ 時，k 稱為**衰變常數** (decay constant)，故式 (7-8) 稱為**自然指數衰變**，如圖 7-4 所示.

$y = y_0 e^{kt},\ k > 0$

自然指數成長

$y = y_0 e^{kt},\ k < 0$

自然指數衰變

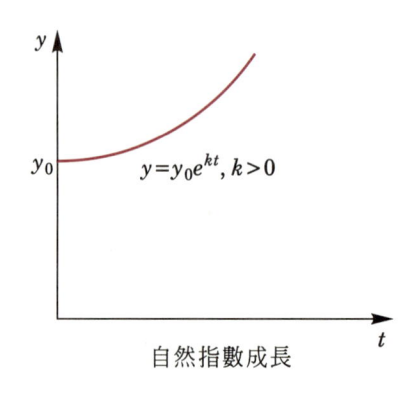

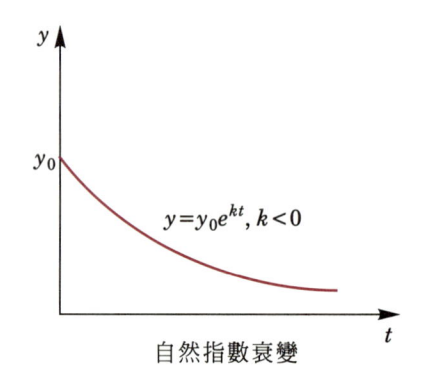

圖 7-4

我們必須證明下列微分方程式之解為 $y = y_0 e^{kt}$.

$$\begin{cases} \dfrac{dy}{dt} = ky \\ y(0) = y_0 \end{cases}$$

將微分方程式 $\dfrac{dy}{dt}=ky$，改寫成下列之形式.

$$\dfrac{dy}{y}=kdt$$

兩邊積分，得
$$\ln y = kt + C_1$$

因而
$$y = Ce^{kt} \quad (C=e^{C_1})$$

將 $t=0$，$y=y_0$ 代入上式，得

$$y_0 = Ce^0 = C$$

於是，微分方程式之解為

$$y = y_0 e^{kt}.$$

註：1. **微分方程式**為一含有導函數或微分的方程式. 若一可微分函數 $y=f(t)$ 可滿足微分方程式，則稱為微分方程式之**解**.
2. $y(0)=y_0$ 之意義，表時間 $t=0$ 時，$y=y_0$.

指數函數通常用來當作人口成長問題或放射性物質之衰退問題的數量模式. 當數量增加不受限制時，就可以使用指數模式；但當數量增加受到限制時，最好的模式就是**生態成長函數** (logistic growth function)，其模式為

$$Q(t)=\dfrac{C}{1+Ae^{-Ckt}}$$

其圖形如圖 7-5 所示.

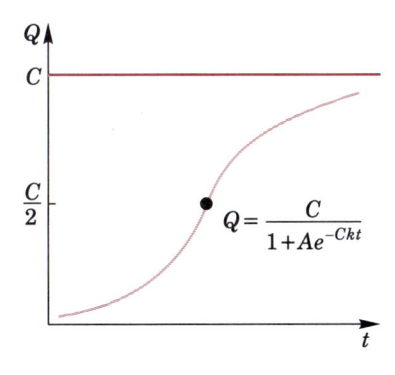

圖 7-5　生態成長曲線

例題 6　自然指數成長

在某一適合細菌繁殖的環境中，中午 12 點時，細菌數估計約為 10,000，2 個小時後約為 40,000，試問在下午 5 點時，細菌總數為多少？

解　設微分方程式 $\dfrac{dy}{dt}=ky$ 滿足此條件，則 $y=y_0 e^{kt}$. 現有二個條件，即，$t=0$ 時，$y=10,000$；$t=2$ 時，$y=40,000$.

故
$$10,000=y_0 e^0$$
$$y_0=10,000$$

因此得到
$$y=10,000e^{kt}$$

上式中，代入 $t=2$ 與 $y=40,000$，則
$$40,000=10,000e^{2k}$$

故
$$k=\dfrac{1}{2}\ln 4 \approx 0.693$$

當 $t=5$ 時，求得
$$y=10,000e^{0.693\times 5} \approx 319,765$$

例題 7　自然指數衰變

由於經濟不景氣，大偉男童服裝社發現該公司年度利潤已經由 1999 年的 $740,000 落到 2003 年的 $630,000. 若利潤依照自然指數衰變模式變化，則 2005 年的利潤為多少？(令 $t=0$ 代表 1999 年)

解　令 y 為利潤，t 為時間 (以年計)，並考慮自然指數衰變模式
$$y=Ce^{kt}$$

由題意知當 $t=0$ 時 $y=740,000$，求得
$$740,000=Ce^0$$
$$C=740,000$$

故求得
$$y=740,000e^{kt}$$

再利用 $t=4$，$y=630,000$，求 k，得

$$630,000=740,000e^{4k}$$

$$k=\frac{1}{4}\ln\frac{630,000}{740,000}\approx-0.0402$$

於是自然指數衰變模式為

$$y=740,000e^{-0.0402t}$$

最後求得 2005 年 (令 $t=6$) 之利潤為

$$y=740,000e^{-0.0402\times 6}\approx \$581,406.5$$

例題 8　生態成長模式

某社區中學在流行性感冒期間 t 天後，感染流行性感冒的人數可依下列生態成長模式來估計，

$$Q(t)=\frac{5,000}{1+1,249e^{-kt}}$$

其中 t 以天為單位，Q 為人數.

(1) 若感冒流行第 5 天，被感染到流行性感冒的人數為 50 人，試求在第 10 天感染流行性感冒的人數.

(2) 當 t 無限制增加時，此模式的極限為何？

解　(1) 由所給予的資料中顯示

$$Q(5)=50$$

因此，

$$Q(5)=\frac{5,000}{1+1,249e^{-5k}}=50$$

或

$$50(1+1,249e^{-5k})=5,000$$

則

$$1+1,249e^{-5k}=\frac{5,000}{50}=100$$

$$e^{-5k} = \frac{99}{1,249}$$

$$-5k = \ln \frac{99}{1,249}$$

即 $$k = -\frac{\ln \frac{99}{1,249}}{5} \approx 0.507$$

所以，t 天之後感染流行性感冒的人數為

$$Q(t) = \frac{5,000}{1 + 1,249 e^{-0.507t}}$$

故在第 10 天感染流行性感冒的人數為

$$Q(10) = \frac{5,000}{1 + 1,249 e^{-0.507 \times 10}} \approx 565$$

或大約 565 人.

(2) 當 t 趨近無限大時，$Q(t)$ 之極限為

$$\lim_{t \to \infty} \frac{5,000}{1 + 1,249 e^{-0.507t}} = \lim_{t \to \infty} \frac{5,000}{1 + \frac{1,249}{e^{0.507t}}}$$

$$= \frac{5,000}{1 + 0} = 5,000$$

故當 t 無限制增加時，感染到流行感冒的人數約為 5,000 人.

習題 7-2

7-2 不定積分的應用

一、基礎題

1. 已知某曲線族的斜率為 $x\sqrt{2-x^2}$. 求該曲線族的方程式，並求通過點 $(1,2)$ 的曲線方程式.

2. 一曲線族之斜率為 $\dfrac{5-x}{y-3}$，試求其方程式，並求通過點 $(2,-1)$ 之一條曲線的方程式.

3. 假設某產品的邊際成本函數為 $C'(x)=10+24x-3x^2$，如生產一單位之成本為 25 元，求總成本函數.

4. 若邊際收益函數為 $R'(x)=12-8x+x^2$. 試求總收益函數及平均收益函數，又 x 的限制為何？

5. 邊際利潤函數為 $35-0.6x^2$，$P(0)=-50$ 元，求利潤函數.

6. 某培養皿中細菌的數目在 10 小時內從 5,000 增加到 15,000，設其增加的速率與目前細菌的數目成正比，求培養皿中細菌在任何時間 t 的數目表示式，並估計 20 小時末細菌的數目.

7. C^{14} 的半衰期為 5730 年，即經過 5730 年後，C^{14} 的量會衰減至原有量的一半. 如果 C^{14} 的現有量為 50 克，
   (1) 2000 年後，C^{14} 的剩餘量將是多少？
   (2) 多少年後，C^{14} 會衰減至 20 克？

8. 假設某城鎮於 1970 年 1 月的人口數為 200 萬，並假設人口的成長率與當時的人口數成正比，即比例常數為每年 0.01，試問該城鎮的人口數何時會超過 300 萬？

9. 有一種放射性物質的半衰期為 810 年，現有此物質 10 克，問 300 年後剩下多少？

10. 某公司購入一生產機器，原始價值為 1,000 元，若該機器之折舊率（價值遞減率）與當期之價值成比例，又已知使用 3 年後的價值為 800 元，試問該機器使用 6 年後之價值為若干？

11. 在某一適合細菌繁殖的培養皿中，細菌繁殖的數目可由下列之生態成長函數來決定

$$y = \frac{2,000}{1 + 49e^{-0.3t}}$$

其中 y 為 t 個月後的細菌數目．試問
  (1) 起初的細菌數為多少？
  (2) 12 個月後的細菌數為多少？
  (3) 培養皿中最多可繁殖的細菌數為多少？

二、進階題

1. 若邊際消費傾向函數為 $\dfrac{dC}{dY} = 2 + \dfrac{5}{\sqrt{Y}}$，且 $Y=0$ 時，$C=5$．求消費函數．

2. 某公司生產 x 單位的商品時，其邊際成本函數為 $40 - 0.04x$ 元，若固定成本為 1000 元，求
   (1) 生產 x 單位的成本．
   (2) 生產 20 單位的成本．

3. 假設 $R(x)$ 為某公司銷售其產品 x 單位的收益，若邊際收益函數 $R'(x) = 50 - 0.1x$，求
   (1) $R(x)$．
   (2) 銷售 10 單位的收益．
   假設銷售零單位的收入為零．

4. 某公司生產 x 個商品的邊際成本為 $30 - 0.04x$ 元，而固定成本為 800 元．
   (1) 求生產 x 單位的成本．
   (2) 求生產 20 單位的成本．
   (3) 求生產 25 單位的成本．
   (4) 生產由 20 單位提升到 25 單位時的總成本為多少？

5. 為了測驗學習，一教育測驗心理學家要人記住一長串的阿拉伯數字，每隔幾分鐘再測驗記住的數字．假設學習曲線為

$$y=18(1-e^{-0.3t})$$

其中 y 為記住的數字個數，而 t 為時間 (以分鐘計)．

(1) 利用所給定的方程式，證明開始時記住的數字個數為零．
(2) 受測驗者在 1、2、3、4、5 及 10 分鐘記住的數字個數約為多少？
(3) 依此方程式，受測驗者能記住之數字個數的上限是多少？
(4) 依 (1)、(2) 及 (3) 的結果，描繪 $y=18(1-e^{-0.3t})$ 的圖形．

7-3 定積分的意義

◎ 面積的概念

在敘述定積分的定義之前，我們先考慮平面上某一封閉區域且以極限的方法求該區域之面積，這可以幫助我們誘導出定積分之定義，就像是我們利用切線的斜率來誘導導函數的定義．但讀者應特別注意本節中所討論的面積並不可視為定積分的定義．

定義 7-3

若存在一正數 M，使得函數 f 在其定義域中滿足 $|f(x)| \leq M$，則稱 f 在此定義域中為有界，而 f 稱之為有界函數．

設 $f(x)$ 為 $a \leq x \leq b$ 區間內之連續正值有界函數，且曲線 c 為

$$y=f(x)$$

之圖形，其圖形如圖 7-6(ii) 所示．

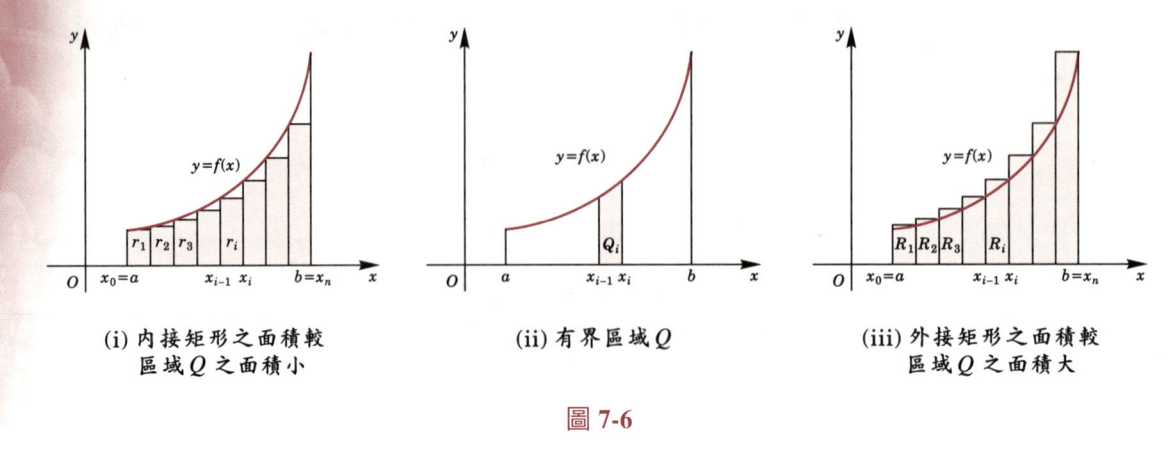

340 商用微積分

(i) 內接矩形之面積較區域 Q 之面積小

(ii) 有界區域 Q

(iii) 外接矩形之面積較區域 Q 之面積大

圖 7-6

將 $[a, b]$ 區間以

$$a = x_0 < x_1 < x_2 < \cdots < x_{n-1} < x_n = b$$

諸點分為 n 個小區間

$$[a, x_1], [x_1, x_2], \cdots, [x_{n-1}, b]$$

我們稱此區分為區間 $[a, b]$ 之一<u>分割</u>，記作

$$P = \{a = x_0 < x_1 < x_2 < x_3 < \cdots < x_{n-1} < x_n = b\}$$

於是將有界區域 Q 分為 n 個細長條，各條之寬度可不必相等，如圖 7-6(i)(iii) 所示.

若 f 在 $[a, b]$ 上為嚴格遞增之連續函數，依極值存在定理知：$f(x)$ 在每一子區間 $[x_{i-1}, x_i]$ 上皆具有極小值與極大值. 令 r_i 表第 i 個內接矩形與 R_i 表第 i 個外接矩形，則 r_i 之高度即為 $f(x)$ 在 $[x_{i-1}, x_i]$ 上之極小值，而 R_i 之高度即為 $f(x)$ 在 $[x_{i-1}, x_i]$ 上之極大值. 若 Q_i 表曲線下第 i 個子區域的細長條面積，如圖 7-6(ii) 所示. 我們得到下列的不等式

$$r_i \text{ 之面積} \leq Q_i \text{ 之面積} \leq R_i \text{ 之面積}$$

欲決定內接矩形與外接矩形面積之和，令

$$\Delta x_i = \text{第 } i \text{ 個子區間 } [x_{i-1}, x_i] \text{ 之長度}$$
$$f(m_i) = f \text{ 在 } [x_{i-1}, x_i] \text{ 上之極小值}$$
$$f(M_i) = f \text{ 在 } [x_{i-1}, x_i] \text{ 上之極大值}$$

則

$$r_i \text{ 之面積} = f(m_i)(\Delta x_i) = \text{第 } i \text{ 個內接矩形面積}$$
$$R_i \text{ 之面積} = f(M_i)(\Delta x_i) = \text{第 } i \text{ 個外接矩形面積}$$

將這些面積求和，得

$$L_f(P) \text{ (函數 } f \text{ 關於 } P \text{ 的下和)} = \sum_{i=1}^{n} f(m_i) \Delta x_i \text{ (內接矩形之面積和)}$$
$$U_f(P) \text{ (函數 } f \text{ 關於 } P \text{ 的上和)} = \sum_{i=1}^{n} f(M_i) \Delta x_i \text{ (外接矩形之面積和)}$$

由圖 7-6(i)(ii)(iii) 知，$L_f(P)$ 較區域 Q 之實際面積小，而 $U_f(P)$ 較區域 Q 之實際面積大. 於是

$$L_f(P) \leqslant A \leqslant U_f(P)$$

若 $n \to \infty$，則

$$\Delta x_i \to 0, \ i = 1, 2, 3, \cdots, n$$

故

$$\lim_{n \to \infty} L_f(P) = A = \lim_{n \to \infty} U_f(P)$$

或

$$\lim_{n \to \infty} \sum_{i=1}^{n} f(m_i) \Delta x_i = A = \lim_{n \to \infty} \sum_{i=1}^{n} f(M_i) \Delta x_i \tag{7-9}$$

例題 1 求上和與下和

若 $f(x) = x^2$ 在閉區間 $[a, b] = [0, 4]$ 中被 $P = \{0, 1, 2, 3, 4\}$ 分割成四個相等的子區間. 試求 $U_f(P)$ 與 $L_f(P)$ 為何？

解 因 $f(x) = x^2$ 在 $[0, 4]$ 上為嚴格遞增函數，$\Delta x = 1$，則

$$U_f(P) = 1 \cdot 1 + 4 \cdot 1 + 9 \cdot 1 + 16 \cdot 1 = 30$$
$$L_f(P) = 0 \cdot 1 + 1 \cdot 1 + 4 \cdot 1 + 9 \cdot 1 = 14.$$

例題 2 求有界區域之面積

試利用上和 (外接矩形法) 與下和 (內接矩形法) 求曲線 $y = x^2$ 與 x 軸由 $x = 0$ 至

342 商用微積分

$x=2$ 所圍成有界區域之面積.

解 為了方便於計算，我們將區間 $[0, 2]$ 分割成 n 個相等之子區間，其長度為

$$\Delta x = \frac{b-a}{n} = \frac{2-0}{n} = \frac{2}{n}$$

如圖 7-7 所示，由於 $f(x)=x^2$ 在區間 $[0, 2]$ 上為遞增，故 f 在每個子區間上之極小值發生在子區間之左端點，而 f 之極大值發生在子區間之右端點. 所以

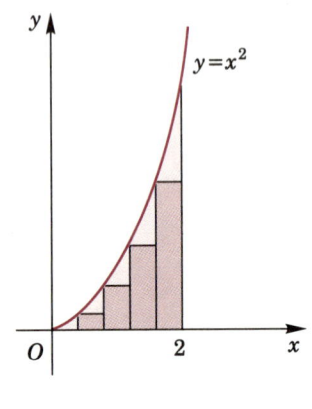

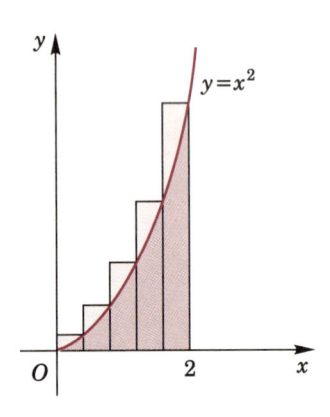

(i) 內接矩形 　　　　　　　　　(ii) 外接矩形

圖 7-7

$$m_1 = x_0 = 0 \qquad\qquad M_1 = x_1 = \frac{2}{n}$$

$$m_2 = x_1 = \frac{2}{n} \qquad\qquad M_2 = x_2 = \frac{4}{n}$$

$$m_3 = x_2 = \frac{4}{n} \qquad\qquad M_3 = x_3 = \frac{6}{n}$$

$$\vdots \qquad\qquad\qquad\qquad \vdots$$

$$m_i = x_{i-1} = \frac{2(i-1)}{n} \qquad\qquad M_i = x_i = \frac{2i}{n}$$

於是，

下和　$L_f(P) = \sum_{i=1}^{n} f(m_i) \Delta x = \sum_{i=1}^{n} f\left[\dfrac{2(i-1)}{n}\right]\left(\dfrac{2}{n}\right)$

$$= \sum_{i=1}^{n} \left[\dfrac{2(i-1)}{n}\right]^2 \left(\dfrac{2}{n}\right)$$

$$= \sum_{i=1}^{n} \left(\dfrac{8}{n^3}\right)(i^2 - 2i + 1)$$

$$= \dfrac{8}{n^3}\left[\sum_{i=1}^{n} i^2 - 2\sum_{i=1}^{n} i + \sum_{i=1}^{n} 1\right] \qquad \sum_{i=1}^{n} i^2 = \dfrac{n(n+1)(2n+1)}{6},\ \sum_{i=1}^{n} i = \dfrac{n(n+1)}{2}$$

$$= \dfrac{8}{n^3}\left[\dfrac{n(n+1)(2n+1)}{6} - 2\dfrac{n(n+1)}{2} + n\right]$$

$$= \dfrac{8}{3} - \dfrac{4}{n} + \dfrac{4}{3n^2}$$

上和　$U_f(P) = \sum_{i=1}^{n} f(M_i) \Delta x = \sum_{i=1}^{n} f\left(\dfrac{2i}{n}\right)\left(\dfrac{2}{n}\right)$

$$= \sum_{i=1}^{n} \left(\dfrac{2i}{n}\right)^2 \left(\dfrac{2}{n}\right) = \dfrac{8}{n^3}\sum_{i=1}^{n} i^2$$

$$= \dfrac{8}{n^3}\left[\dfrac{n(n+1)(2n+1)}{6}\right]$$

$$= \dfrac{8}{3} + \dfrac{4}{n} + \dfrac{4}{3n^2}$$

故

$$\lim_{n \to \infty}\left(\dfrac{8}{3} - \dfrac{4}{n} + \dfrac{4}{3n^2}\right) = \dfrac{8}{3}$$

$$\lim_{n \to \infty}\left(\dfrac{8}{3} + \dfrac{4}{n} + \dfrac{4}{3n^2}\right) = \dfrac{8}{3}$$

因此求得面積 $A = \dfrac{8}{3}$ 平方單位.

讀者應注意求連續曲線 $y=f(x)$ 下方且在區間 $[a, b]$ 上方之面積的兩個同義方法

$$A = \lim_{n \to \infty} \sum_{i=1}^{n} f(m_i) \Delta x \qquad (內接矩形)$$

與

$$A = \lim_{n \to \infty} \sum_{i=1}^{n} f(M_i) \Delta x \qquad (外接矩形)$$

等寬的矩形在計算上很方便，但是它們不是絕對必要的；我們也可將面積 A 表為具有不同寬度之矩形的面積和的極限.

假設區間 $[a, b]$ 分割成寬為 $\Delta x_1, \Delta x_2, \cdots, \Delta x_n$ 的 n 個子區間，並以符號 $\text{Max } \Delta x_i$ 表示這些的最大者 (唸成 "Δx_i 的最大值"). 若 x_i^* 為第 i 個子區間中的任一數，則 $f(x_i^*) \Delta x_i$ 是高為 $f(x_i^*)$ 且寬為 Δx_i 之矩形的面積，故 $\sum_{i=1}^{n} f(x_i^*) \Delta x_i$ 為圖 7-8 中有色矩形之面積的和.

若我們增加 n 使得 $\text{Max } \Delta x_i \to 0$，則每一個矩形的寬趨近零. 於是，當 $\text{Max } \Delta x_i \to 0$ 時，$A = \lim\limits_{\text{Max } \Delta x_i \to 0} \sum_{i=1}^{n} f(x_i^*) \Delta x_i$.

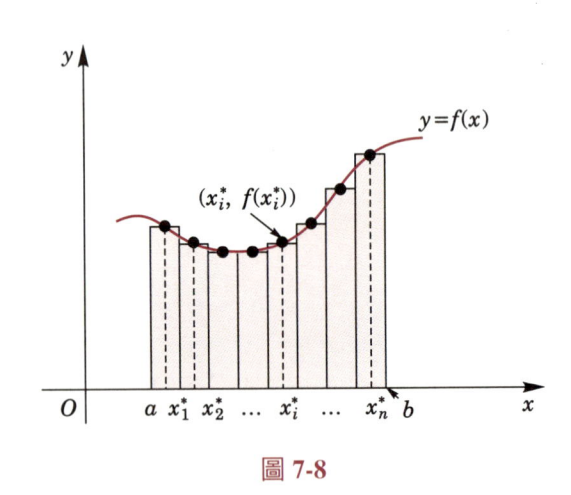

圖 7-8

定義 7-4

若函數 f 在 $[a, b]$ 為連續且非負值,則在 f 的圖形下方由 a 到 b 的**面積** A 定義為

$$A = \lim_{\text{Max } \Delta x_i \to 0} \sum_{i=1}^{n} f(x_i^*) \Delta x_i.$$

此處 x_i^* 為子區間 $[x_{i-1}, x_i]$ 中的任一數.

以上有關平面有界區域面積之計算,完全是為了計算上的方便,故必須作出下列的假定.

1. 函數 f 在 $[a, b]$ 為連續.
2. 函數 f 在 $[a, b]$ 為非負值.
3. $[a, b]$ 的子區間皆等長.
4. 選取的 m_i 使得 $f(m_i)$ 恆為 f 在 $[x_{i-1}, x_i]$ 上的極小值 (或極大值).

為了藉助面積之計算以導出定積分的定義,將 1~4 改變成下列 1′~4′ 是有必要的.

1′. 函數 f 在 $[a, b]$ 未必連續.
2′. 函數 f 在 $[a, b]$ 不一定為非負值.
3′. 子區間的長度可以不同.
4′. x_i^* 為 $[x_{i-1}, x_i]$ 中的任一數.

◎ 定積分的意義

定義 7-5 分割與範數

設 $[a, b]$ 為一閉區間,若實數 $x_0, x_1, x_2, \cdots, x_n$ 滿足 $a = x_0 < x_1 < x_2 < x_3 < \cdots < x_{n-1} < x_n = b$,如圖 7-9 所示. 則稱 $P = \{x_0, x_1, x_2, \cdots, x_n\}$ 為 $[a, b]$ 之一分割,而 $\Delta x_i = x_i - x_{i-1}$ 表第 i 個子區間的長度,$\|P\| = \text{Max}\{\Delta x_i \mid i = 1, 2, 3, \cdots n\}$ 稱為分割 P 的**範數** (norm).

図 7-9

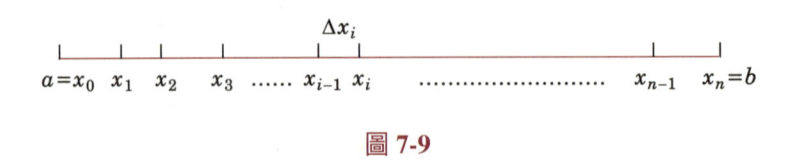

定義 7-6 黎曼和

設 $f(x)$ 在 $[a, b]$ 上為一連續函數，$P=\{x_0, x_1, x_2, \cdots, x_n\}$ 為 $[a, b]$ 之任一分割，並令 $x_i^* \in [x_{i-1}, x_i]$，則 $R_n = \sum_{i=1}^{n} f(x_i^*) \Delta x_i$ 稱為函數 f 關於分割 P 的黎曼和 (Riemann sum)，如圖 7-10 所示.

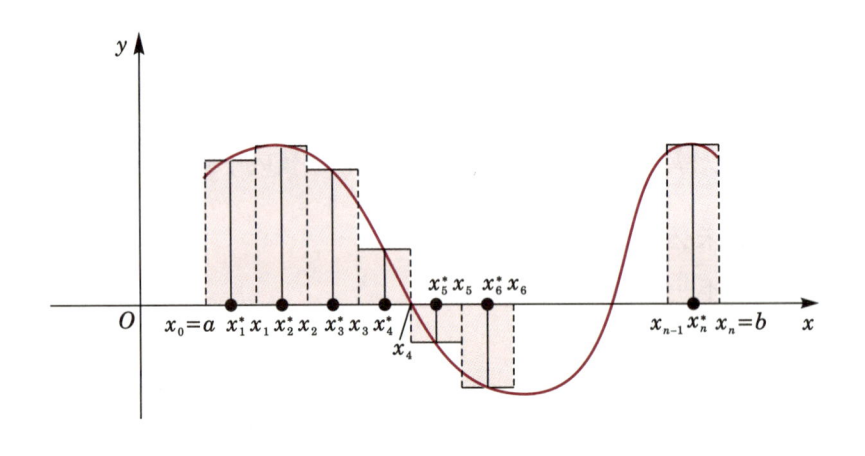

圖 7-10

讀者應注意，一旦區間與函數 f 被選定，則分割 P 的選取是不受限制的. 而且，一旦分割被選定，則 x_i^* 的選取是不受限制的. 黎曼和的值與所有這些選取有關.

定義 7-7 定積分

設 f 在 $[a, b]$ 中為一連續函數，$P=\{x_0, x_1, x_2, \cdots, x_n\}$ 為 $[a, b]$ 之任一分割. 若存在一定實數 L，使得 $\lim\limits_{\|P\|\to 0} \sum\limits_{i=1}^{n} f(x_i^*) \Delta x_i = L$，則 L 稱為 f 由 $x=a$ 至 $x=b$ 的定積分. 以 $\int_a^b f(x)\,dx = L$ 表之，亦稱 f 在 $[a, b]$ 為可積分. 其中 a、b 分別稱為定積分之**下限**及**上限**，$f(x)$ 稱為**被積分函數**.

若 f 由 a 到 b 的定積分存在，則稱 f 在 $[a, b]$ 為**可積分**或**黎曼可積分**.

在上述定義中的符號 $\int$ 稱為**積分號**，在符號 $\int_a^b f(x)\,dx$ 當中，$f(x)$ 稱為**被積分函數**，a 與 b 分別稱為定積分的**下限**及**上限**. 定積分 $\int_a^b f(x)\,dx$ 是一個數，當 $f(x) > 0$ 時，定積分 $\int_a^b f(x)\,dx$ 之值表有界區域 $R=\{(x, y)| a \leqslant x \leqslant b, 0 \leqslant y \leqslant f(x)\}$ 之面積，$\int_a^b f(x)\,dx$ 之值與所使用的自變數 x 無關. 事實上，我們使用 x 以外的字母並不會改變定積分之值. 於是，若 f 在 $[a, b]$ 為可積分，則

$$\int_a^b f(x)\,dx = \int_a^b f(t)\,dt = \int_a^b f(u)\,du$$

基於此理由，定義 7-7 中之字母 x 有時稱為**啞變數** (或**無意義變數**).

例題 3　利用定義 7-7

在區間 $[-1, 2]$ 上將 $\lim\limits_{\|P\|\to 0} \sum\limits_{i=1}^{n} [2(x_i^*)^2 - 3x_i^* + 5] \Delta x_i$ 表成定積分的形式.

348 商用微積分

解 比較所予極限與定義 7-7 中的極限，我們選取

$$f(x)=2x^2-3x+5, \ a=-1, \ b=2$$

所以， $\lim_{\|P\|\to 0}\sum_{i=1}^{n}[2(x_i^*)^2-3x_i^*+5]\Delta x_i=\int_{-1}^{2}(2x^2-3x+5)\,dx.$

在定義定積分 $\int_a^b f(x)\,dx$ 時，我們假定 $a<b$. 為了除去這個限制，我們將它的定義推廣到 $a>b$ 或 $a=b$ 的情形是很有用的.

定義 7-8

(1) 若 $a>b$, 且 $\int_b^a f(x)\,dx$ 存在, 則 $\int_a^b f(x)\,dx=-\int_b^a f(x)\,dx.$

(2) 若 $f(a)$ 存在, 則 $\int_a^a f(x)\,dx=0.$

例題 4 利用定義 7-8

求 $\int_2^2 \dfrac{1}{x-2}\,dx.$

解 因 $f(2)$ 無定義, 故 $\int_2^2 \dfrac{1}{x-2}\,dx$ 不存在.

因定積分定義為黎曼和的極限，故定積分的存在與否與被積分函數的性質有關.

若 f 在 $[a, b]$ 中的某些點不連續, 則 $\int_a^b f(x)\,dx$ 可能存在或不存在, 若 f 在 $[a, b]$

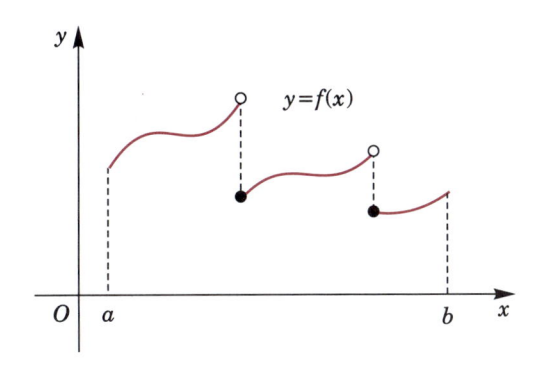

圖 7-11　不連續的可積分函數

中僅具有有限個不連續點，且這些不連續點皆為 跳躍不連續，則稱 f 為 分斷連續，將可導致函數在 $[a, b]$ 為可積分，如圖 7-11 所示.

事實上，並非每一個函數在 $[a, b]$ 中皆為可積分，我們現在僅提出函數可積分的充分條件 (非必要條件).

定理 7-5　定積分存在定理

> 若函數 f 在 $[a, b]$ 為有界，且在 $[a, b]$ 中僅有有限個不連續點，則 f 在 $[a, b]$ 為可積分. 尤其，若 f 在 $[a, b]$ 為連續，則 f 在 $[a, b]$ 為可積分.

在上述定理中，讀者應注意，若 f 在 $[a, b]$ 中可積分，並不能保證 f 在 $[a, b]$ 中連續. 例如 $\int_0^5 [\![x]\!]\, dx$ 存在，但 $f(x) = [\![x]\!]$ 在 $[0, 5]$ 中之整數點上不連續. 若函數 f 在 $[a, b]$ 中某一點的極限值變成無限大，則 f 不為有界，所以不可積分，如圖 7-12 所示.

為了方便計算，通常取 P 為 正規分割，即，所有子區間有相同的長度 Δx. 於是，

$$\|P\| = \Delta x = \Delta x_1 = \Delta x_2 = \cdots = \Delta x_n = \frac{b-a}{n}$$

且　　　　$x_0 = a,\ x_1 = a + \Delta x,\ x_2 = a + 2\Delta x,\ \cdots,\ x_i = a + i\,\Delta x,\ \cdots,\ x_n = b$

若我們選取 x_i^* 為第 i 個子區間 $[x_{i-1}, x_i]$ 的右端點，則

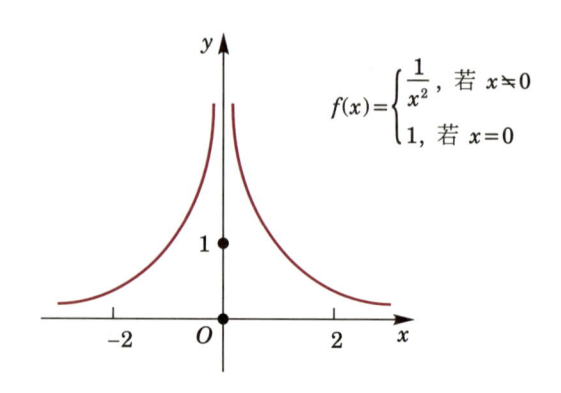

$$f(x)=\begin{cases} \dfrac{1}{x^2}, & \text{若 } x \neq 0 \\ 1, & \text{若 } x=0 \end{cases}$$

圖 7-12 無界的不可積分函數

$$x_i^* = x_i = a + i\,\Delta x = a + i\,\frac{b-a}{n}$$

因 P 為正規分割，$\|P\| \to 0$ 與 $n \to \infty$ 為同義，故寫成

$$\int_a^b f(x)\,dx = \lim_{\|P\|\to 0}\sum_{i=1}^{n} f(x_i^*)\,\Delta x_i = \lim_{n\to\infty}\sum_{i=1}^{n} f\left(a + i\,\frac{b-a}{n}\right)\frac{b-a}{n}$$

我們有下面的公式.

定理 7-6

若函數 f 在 $[a, b]$ 為可積分，則

$$\int_a^b f(x)\,dx = \lim_{n\to\infty}\frac{b-a}{n}\sum_{i=1}^{n} f\left(a + i\,\frac{b-a}{n}\right)$$

例題 5　利用定理 7-6

試將 $\displaystyle\lim_{n\to\infty}\sum_{i=1}^{n}\frac{i^4}{n^5}$ 表成定積分的形式.

第七章 積分 351

解 $\lim_{n\to\infty} \sum_{i=1}^{n} \frac{i^4}{n^5} = \lim_{n\to\infty} \frac{1}{n} \sum_{i=1}^{n} \frac{i^4}{n^4} = \lim_{n\to\infty} \frac{1}{n} \sum_{i=1}^{n} \left(i \cdot \frac{1}{n}\right)^4$

$\qquad = \lim_{n\to\infty} \frac{1-0}{n} \sum_{i=1}^{n} f\left(0 + i \cdot \frac{1-0}{n}\right)$ 　　　此處 $f(x) = x^4$

$\qquad = \int_0^1 x^4 \, dx.$

例題 6 利用定理 7-6

試求 $\int_1^4 x^2 \, dx.$

解 $f(x) = x^2$，$a = 1$ 且 $b = 4$. 因 f 在 $[1, 4]$ 為連續，故 f 在 $[1, 4]$ 為可積分. 依定理 7-6，

$\int_1^4 x^2 \, dx = \lim_{n\to\infty} \frac{3}{n} \sum_{i=1}^{n} f\left(1 + \frac{3i}{n}\right)$

$\qquad = \lim_{n\to\infty} \frac{3}{n} \sum_{i=1}^{n} \left(1 + \frac{3i}{n}\right)^2$

$\qquad = \lim_{n\to\infty} \frac{3}{n} \sum_{i=1}^{n} \left(1 + 6\frac{i}{n} + 9\frac{i^2}{n^2}\right)$

$\qquad = \lim_{n\to\infty} \left(\frac{3}{n} \sum_{i=1}^{n} 1 + \frac{18}{n^2} \sum_{i=1}^{n} i + \frac{27}{n^3} \sum_{i=1}^{n} i^2\right)$

$\qquad = \lim_{n\to\infty} \left[3 + \frac{18}{n^2} \frac{n(n+1)}{2} + \frac{27}{n^3} \frac{n(n+1)(2n+1)}{6}\right]$

$\qquad = \lim_{n\to\infty} \left[3 + 9\left(1 + \frac{1}{n}\right) + \frac{9}{2}\left(2 + \frac{3}{n} + \frac{1}{n^2}\right)\right]$

$\qquad = 3 + 9 + 9 = 21.$

習題 7-3

7-3 定積分的意義

一、基礎題

1. 設 $f(x)=x^2$, $x_1=0$, $x_2=2$, $x_3=4$, $x_4=6$ 與 $\Delta x=2$，求 $\sum_{i=1}^{n} f(x_i)\Delta x$ 之值.

2. 若閉區間 $[a, b]=[-2, 0]$, $P=\left\{-2, -1, -\dfrac{1}{4}, 0\right\}$, $f(x)=-x$，求 $U_f(P)$ 與 $L_f(P)$ 之值.

3. 求 $\lim\limits_{n\to\infty} \dfrac{\sum_{i=1}^{n} i^2}{n^3+1}$ 之值.

4. 試利用內接矩形法與外接矩形法，求 $f(x)=3x+1$ 在 $[1, 4]$ 上所圍成區域的面積.

5. 試利用內接矩形法與外接矩形法，求 $f(x)=x^2$ 在區間 $[0, 1]$ 上所圍成區域的面積.

下列 6～8 題中，在所予閉區間上將每一極限表成定積分之形式.

6. $\lim\limits_{\|P\|\to 0} \sum\limits_{i=1}^{n} [3(x_i^*)^2-5x_i^*]\Delta x_i$；$[0, 1]$

7. $\lim\limits_{\|P\|\to 0} \sum\limits_{i=1}^{n} 2\pi x_i^*[1+(x_i^*)^3]\Delta x_i$；$[0, 4]$

8. $\lim\limits_{\|P\|\to 0} \sum\limits_{i=1}^{n} \left(\sqrt[3]{x_i^*}+2x_i^*\right)\Delta x_i$；$[-4, -3]$

9. 試繪出 $y=2-x$ 在 $x=-2$ 與 $x=3$ 之圖形，並利用面積之觀念求 $\displaystyle\int_{-2}^{3}(2-x)\,dx$ 之值.

二、進階題

1. 試利用 (1) 內接矩形；(2) 外接矩形，求在 $f(x)=x^2+2$ 的圖形下方由 $a=1$ 到 $b=3$ 的面積.

試利用定積分的定義，計算 2～4 題中的定積分.

2. $\int_0^5 x^3\, dx$
3. $\int_{-1}^2 (x^2-1)\, dx$
4. $\int_{-1}^2 (x^2+x+1)\, dx$

5. 試將下列所予之極限表成定積分之形式

$$\lim_{n\to\infty} \sum_{i=1}^n \left[3\left(1+\frac{2i}{n}\right)^5 - 6 \right] \frac{2}{n}.$$

6. 令 $f(x)=M$ 為閉區間 $[a, b]$ 上的常數函數，試利用

$$\int_a^b f(x)\, dx = \lim_{n\to\infty} \frac{b-a}{n} \sum_{i=1}^n f\left(a+i\,\frac{b-a}{n}\right)$$

證明

$$\int_a^b M\, dx = M(b-a).$$

7. 試利用面積之觀念求 $\int_0^3 |x-2|\, dx$ 之值.

8. 試利用面積之觀念求 $\int_{-1}^1 \sqrt{1-x^2}\, dx$ 之值.

9. 試證明函數 $f(x)=\begin{cases} \sin\dfrac{1}{x}, & x\neq 0 \\ 0, & x=0 \end{cases}$，在區間 $[-1, 1]$ 為可積分.

7-4 定積分的性質

本節包含了一些定積分的基本性質，有興趣的讀者可加以證明．

定理 7-7

若函數 f 在 $[a, b]$ 為可積分，且 c 為常數，則 cf 在 $[a, b]$ 亦為可積分，且

$$\int_a^b cf(x)\,dx = c\int_a^b f(x)\,dx$$

定理 7-7 的結論有時敘述為"被積分函數中的常數因子可以提到積分號外面"．

定理 7-8

若兩函數 f 與 g 在 $[a, b]$ 皆為可積分，則 $f+g$ 與 $f-g$ 在 $[a, b]$ 亦為可積分，且

$$\int_a^b [f(x)+g(x)]\,dx = \int_a^b f(x)\,dx + \int_a^b g(x)\,dx$$

$$\int_a^b [f(x)-g(x)]\,dx = \int_a^b f(x)\,dx - \int_a^b g(x)\,dx$$

定理 7-7 與 7-8 也可推廣到有限個函數．於是，若函數 $f_1, f_2, \cdots, f_n$ 在 $[a, b]$ 皆為可積分，且 $c_1, c_2, \cdots, c_n$ 皆為常數，則 $c_1f_1 + c_2f_2 + \cdots + c_nf_n$ 在 $[a, b]$ 亦為可積分，且

$$\int_a^b [c_1 f_1(x) + c_2 f_2(x) + \cdots + c_n f_n(x)]\, dx$$
$$= c_1 \int_a^b f_1(x)\, dx + c_2 \int_a^b f_2(x)\, dx + \cdots + c_n \int_a^b f_n(x)\, dx$$

定理 7-9　定積分在區間上之可加性

若函數 f 在含有任意三數 a、b 與 c 的閉區間為可積分，則

$$\int_a^b f(x)\, dx = \int_a^c f(x)\, dx + \int_c^b f(x)\, dx$$

不論 a、b 及 c 的次序為何.

尤其，若 f 在 $[a, b]$ 為連續且非負值，又 $a < c < b$，則定理 7-9 有一個簡單的幾何解釋，即

$$A = \text{在 } f \text{ 的圖形下方由 } a \text{ 到 } b \text{ 的面積} = A_1 + A_2$$

如圖 7-13 所示.

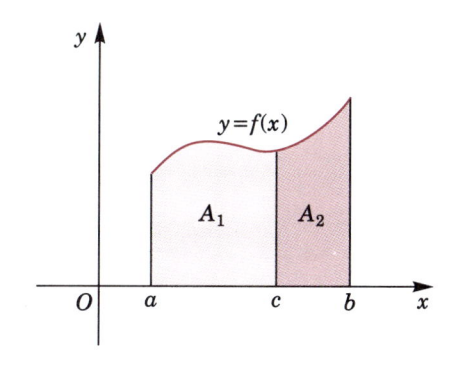

圖 7-13

例題 1 利用定理 7-9

試將 $\int_7^{10} f(x)\,dx - \int_7^2 f(x)\,dx$ 表成單一積分.

解
$$\int_7^{10} f(x)\,dx - \int_7^2 f(x)\,dx = \int_7^{10} f(x)\,dx + \int_2^7 f(x)\,dx$$
$$= \int_2^7 f(x)\,dx + \int_7^{10} f(x)\,dx$$
$$= \int_2^{10} f(x)\,dx.$$

定理 7-10

若函數 f 在 $[a, b]$ 為可積分, 且 $f(x) \geq 0$ 對於 $[a, b]$ 中的所有 x 皆成立, 則 $\int_a^b f(x)\,dx \geq 0.$

我們由定理 7-10 可知, 若函數 f 在 $[a, b]$ 為可積分, 且 $f(x) \leq 0$ 對於 $[a, b]$ 中的所有 x 皆成立, 則 $\int_a^b f(x)\,dx \leq 0.$

定理 7-11

若兩函數 f 與 g 在 $[a, b]$ 皆為可積分, 且 $f(x) \geq g(x)$ 對於 $[a, b]$ 中的所有 x 皆成立, 則 $\int_a^b f(x)\,dx \geq \int_a^b g(x)\,dx.$

若 $f(x) \geq g(x) \geq 0$ 對於 $[a, b]$ 中的所有 x 皆成立，則在 f 的圖形下方由 a 到 b 的面積大於或等於在 g 的圖形下方由 a 到 b 的面積．

定理 7-12　定積分之絕對值性質

若函數 f 在 $[a, b]$ 為可積分，則 $|f|$ 在 $[a, b]$ 為可積分，且

$$\left| \int_a^b f(x)\, dx \right| \leq \int_a^b |f(x)|\, dx$$

定理 7-13

若函數 f 在 $[a, b]$ 為連續，且 m 與 M 分別為 f 在 $[a, b]$ 上的絕對極小值與絕對極大值，則

$$m(b-a) \leq \int_a^b f(x)\, dx \leq M(b-a)$$

例題 2　利用定理 7-13

試證 $\dfrac{1}{2} \leq \displaystyle\int_1^2 \dfrac{1}{x}\, dx \leq 1$．

解　若 $1 \leq x \leq 2$，則 $\dfrac{1}{2} \leq \dfrac{1}{x} \leq 1$，依定理 7-13，得

$$\frac{1}{2}(2-1) \leq \int_1^2 \frac{1}{x}\, dx \leq 1(2-1)$$

或

$$\frac{1}{2} \leq \int_1^2 \frac{1}{x}\, dx \leq 1.$$

定理 7-14　積分的均值定理

若函數 f 在 $[a, b]$ 為連續，則在 $[a, b]$ 中存在一數 c，使得

$$\int_a^b f(x)\,dx = f(c)(b-a).$$

若 $f(x) \geq 0$ 對於 $[a, b]$ 中的所有 x 皆成立，則定理 7-14 的幾何意義如下：

$$\int_a^b f(x)\,dx = \text{底為 } (b-a) \text{ 且高為 } f(c) \text{ 之矩形區域的面積}$$

見圖 7-14.

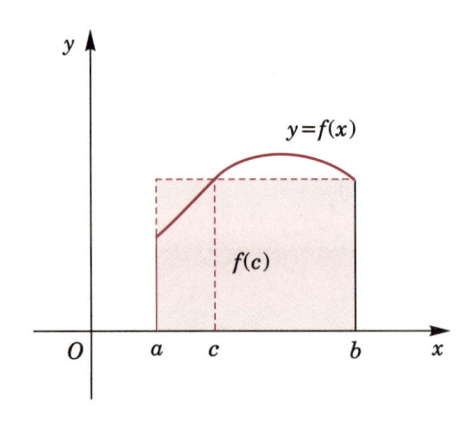

$$f(c)(b-a) = \int_a^b f(x)\,dx$$

圖 7-14

例題 3　利用積分的均值定理

已知 $f(x) = x^2$，試求一數 c 使得 $\int_1^4 f(x)\,dx = f(c)(4-1)$ 成立.

解　因 $f(x) = x^2$ 在區間 $[1, 4]$ 為連續，故由積分的均值定理保證在 $[1, 4]$ 中存

在一數 c，使得

$$\int_1^4 x^2\,dx = f(c)(4-1) = c^2(4-1) = 3c^2$$

但 $\int_1^4 x^2\,dx = 21$ (由 7-3 節例題 6)，故 $3c^2 = 21$，即 $c^2 = 7$.

於是，$c = \sqrt{7}$ 是 [1, 4] 中的數，它的存在由積分的均值定理來保證.

習題 7-4

7-4 定積分的性質

一、基礎題

1. 試求下列之定積分

   (1) $\int_n^{n+1} [\![x]\!]\,dx$ (2) $\int_0^n [\![x]\!]\,dx$ (3) $\int_0^4 [\![x]\!]\,dx$

   其中 n 為正整數，$[\![\ ]\!]$ 表高斯符號.

在 2～5 題中，以單一積分 $\int_a^b f(x)\,dx$ 的形式表示.

2. $\int_1^3 f(x)\,dx + \int_3^6 f(x)\,dx + \int_3^6 f(x)\,dx$

3. $\int_5^8 f(x)\,dx + \int_0^5 f(x)\,dx$

4. $\int_2^{10} f(x)\,dx - \int_2^7 f(x)\,dx$

5. $\int_{-3}^{5} f(x)\,dx - \int_{-3}^{0} f(x)\,dx + \int_{5}^{6} f(x)\,dx$

6. 若 $\int_{0}^{1} f(x)\,dx = 2$, $\int_{0}^{4} f(x)\,dx = -6$, $\int_{3}^{4} f(x)\,dx = 1$, 求 $\int_{1}^{3} f(x)\,dx$ 之值.

7. 試利用定積分之性質 $\int_{a}^{b}(f(x)+g(x))\,dx = \int_{a}^{b} f(x)\,dx + \int_{a}^{b} g(x)\,dx$, 求

$$\int_{-2}^{0}(\sqrt{4-x^2}+1)\,dx$$ 之值.

8. 試利用定積分之性質證明：

$$2 \leq \int_{0}^{2} \sqrt{x^3+1}\,dx \leq 6$$

二、進階題

1. 計算：$\int_{-1}^{5} [\![x+\frac{1}{2}]\!]\,dx$, $[\![\ ]\!]$ 表高斯符號.

2. 計算：$\int_{-1}^{4} [\![\frac{x}{2}]\!]\,dx$.

3. 計算：$\int_{1}^{2} [\![x^2]\!]\,dx$.

4. 計算：$\int_{0}^{3/2} \sqrt{9-4x^2}\,dx$.

利用定積分的性質證明下列各不等式(不必計算積分的值).

5. $\int_{-2}^{3}(x^2-3x+4)\,dx \geq 0$

6. 試證 $-3 \leqslant \int_{-3}^{0} (x^2+2x)\,dx \leqslant 9$.

在下列各題中，求滿足積分均值定理中之 c 值.

7. $\int_{1}^{4} (2+3\sqrt{x})\,dx = 20$

8. $\int_{1}^{3} \left(x^2 + \frac{1}{x^2}\right) dx = \frac{28}{3}$

7-5 微積分基本定理

利用定理 7-2 計算一個定積分的工作，即使是最簡單的情形也頗為困難．本節中包含一個不需利用和的極限而可以求出定積分的值．由於它在計算定積分中之重要性，且因為它表示出微分與積分的關連，該定理適當地稱為<u>微積分基本定理</u>．此定理被<u>牛頓</u>與<u>萊布尼茲</u>分別提出，而這二位突出的數學家被公認為是微積分的發明者．

定理 7-15 微積分基本定理

設函數 f 在 $[a, b]$ 為連續.

第 I 部分：若令 $F(x) = \int_{a}^{x} f(t)\,dt$, $x \in [a, b]$, 則 $F'(x) = f(x)$.

第 II 部分：若令 $F'(x) = f(x)$, $x \in [a, b]$, 則

$$\int_{a}^{b} f(x)\,dx = F(b) - F(a)$$

證 (I) 若 x 與 $x+h$ 在 $[a, b]$ 中，則

$$F(x+h) - F(x) = \int_{a}^{x+h} f(t)\,dt - \int_{a}^{x} f(t)\,dt$$

$$= \int_a^{x+h} f(t)\,dt + \int_x^a f(t)\,dt$$

$$= \int_x^{x+h} f(t)\,dt$$

對 $h \neq 0$, $$\frac{F(x+h)-F(x)}{h} = \frac{1}{h}\int_x^{x+h} f(t)\,dt$$

若 $h > 0$，則依積分的均值定理，在 $(x, x+h)$ 中存在一數 c（與 h 有關），使得

$$\int_x^{x+h} f(t)\,dt = h\,f(c)$$

因此，$$\frac{F(x+h)-F(x)}{h} = f(c)$$

因 f 在 $[x, x+h]$ 為連續，可得

$$\lim_{h\to 0^+} f(c) = \lim_{c\to x^+} f(c) = f(c)$$

故 $$\lim_{h\to 0^+}\frac{F(x+h)-F(x)}{h} = \lim_{h\to 0^+} f(c) = f(x)$$

若 $h < 0$，則我們可以類似的方法證明

$$\lim_{h\to 0^-}\frac{F(x+h)-F(x)}{h} = f(x)$$

故 $$F'(x) = \lim_{h\to 0}\frac{F(x+h)-F(x)}{h} = f(x)$$

(II) 令 $G(x) = \displaystyle\int_a^x f(t)\,dt$，則 $G'(x) = f(x)$。因 $F'(x) = f(x)$，故 $G'(x) = F'(x)$。

依定理 7-1，$F(x)$ 與 $G(x)$ 僅相差一常數 C，於是，$G(x) = F(x) + C$，即

$$\int_a^x f(t)\,dt = F(x) + C$$

若令 $x=a$ 並利用 $\int_a^a f(t)\,dt = 0$，則 $0 = F(a) + C$，即 $C = -F(a)$。

因此，

$$\int_a^x f(t)\,dt = F(x) - F(a)$$

以 $x=b$ 代入上式，可得

$$\int_a^b f(t)\,dt = F(b) - F(a)$$

因 t 為啞變數，故以 x 代 t 即可得出所要的結果。

若 $F'(x) = f(x)$，我們通常寫成

$$\int_a^b f(x)\,dt = F(x)\Big|_a^b = F(b) - F(a)$$

符號 $F(x)\Big|_a^b$ 有時記為 $F(x)\Big|_{x=a}^{x=b}$ 或 $[F(x)]_a^b$。

利用連鎖法則可將微積分基本定理的第 I 部分推廣如下：

1. 若函數 g 為可微分，且函數 f 在 $[a, g(x)]$ 為連續，則

$$\frac{d}{dx}\left(\int_a^{g(x)} f(t)\,dt\right) = f(g(x))\,\frac{d}{dx}\,g(x) \tag{7-10}$$

2. 若函數 g 與 h 皆為可微分，且函數 f 在 $[g(x), a]$ 與 $[a, h(x)]$ 為連續，則

$$\frac{d}{dx}\int_{g(x)}^{h(x)} f(t)\,dt = f(h(x))\,\frac{d}{dx}\,h(x) - f(g(x))\,\frac{d}{dx}\,g(x) \tag{7-11}$$

證 2. $\dfrac{d}{dx}\displaystyle\int_{g(x)}^{h(x)} f(t)\,dt = \dfrac{d}{dx}\left[\displaystyle\int_{g(x)}^{a} f(t)\,dt + \displaystyle\int_{a}^{h(x)} f(t)\,dt\right]$

$\qquad\qquad = -\dfrac{d}{dx}\displaystyle\int_{a}^{g(x)} f(t)\,dt + \dfrac{d}{dx}\displaystyle\int_{a}^{h(x)} f(t)\,dt$

$\qquad\qquad = -f(g(x))\dfrac{d}{dx}g(x) + f(h(x))\dfrac{d}{dx}h(x)$

$\qquad\qquad = f(h(x))\dfrac{d}{dx}h(x) - f(g(x))\dfrac{d}{dx}g(x).$

例題 1 對定積分可變上下限的微分 (應用式 (7-11) 先改寫成分段積分)

求 $\dfrac{d}{dx}\left(\displaystyle\int_{x^2}^{x^3} \sin^2 t\,dt\right).$

解 $\dfrac{d}{dx}\left(\displaystyle\int_{x^2}^{x^3} \sin^2 t\,dt\right) = \dfrac{d}{dx}\left(\displaystyle\int_{x^2}^{0} \sin^2 t\,dt\right) + \dfrac{d}{dx}\left(\displaystyle\int_{0}^{x^3} \sin^2 t\,dt\right)$

$\qquad = \dfrac{d}{dx}\left(\displaystyle\int_{0}^{x^3} \sin^2 t\,dt\right) - \dfrac{d}{dx}\left(\displaystyle\int_{0}^{x^2} \sin^2 t\,dt\right)$

$\qquad = \sin^2(x^3)(3x^2) - \sin^2(x^2)(2x)$

$\qquad = 3x^2 \sin^2(x^3) - 2x \sin^2(x^2).$

例題 2 利用微積分基本定理求極限

設 $f(x) = \displaystyle\int_{1}^{x} \sqrt{t^3 - 1}\,dt$, $1 \leq x \leq 2$, 試求 $\displaystyle\lim_{h \to 0} \dfrac{f\left(\dfrac{3}{2} + h\right) - f\left(\dfrac{3}{2}\right)}{h}.$

解 因為 $\lim\limits_{h\to 0}\dfrac{f\left(\frac{3}{2}+h\right)-f\left(\frac{3}{2}\right)}{h}=f'\left(\dfrac{3}{2}\right)$

又 $f(x)=\displaystyle\int_1^x \sqrt{t^3-1}\,dt$, $1\leqslant x\leqslant 2$, 可得 $f'(x)=\sqrt{x^3-1}$, 所以,

$$f'\left(\dfrac{3}{2}\right)=\sqrt{\left(\dfrac{3}{2}\right)^3-1}$$

$$=\sqrt{\dfrac{19}{8}}.$$

例題3 不定型 $\dfrac{0}{0}$

求 $\lim\limits_{x\to 3}\dfrac{x\displaystyle\int_3^x \dfrac{\sin t}{t}\,dt}{x-3}$.

解 因所予極限為不定型 $\dfrac{0}{0}$, 故依羅必達法則,

$$\lim_{x\to 3}\dfrac{x\displaystyle\int_3^x \dfrac{\sin t}{t}\,dt}{x-3}=\lim_{x\to 3}\dfrac{\dfrac{d}{dx}\left(x\displaystyle\int_3^x \dfrac{\sin t}{t}\,dt\right)}{\dfrac{d}{dx}(x-3)}$$

$$=\lim_{x\to 3}\dfrac{x\dfrac{d}{dx}\displaystyle\int_3^x \dfrac{\sin t}{t}\,dt+\displaystyle\int_3^x \dfrac{\sin t}{t}\,dt}{1}$$

$$=\lim_{x\to 3}\left(x\cdot\dfrac{\sin x}{x}+\displaystyle\int_3^x \dfrac{\sin t}{t}\,dt\right)$$

$$=\sin 3.$$

定理 7-16

若 c 為常數，$r \neq -1$，則

$$\int_a^b cx^r \, dx = \frac{cx^{r+1}}{r+1} \bigg|_a^b = \frac{c}{r+1}(b^{r+1} - a^{r+1})$$

若被積分函數為形如 cx^r（其中 $r \neq -1$）項的和，則定理 7-16 可應用到各項，如下面的例子.

例題 4　利用定理 7-16

求 $\int_1^4 \frac{x^2 - 1}{\sqrt{x}} \, dx$.

解

$$\int_1^4 \frac{x^2 - 1}{\sqrt{x}} \, dx = \int_1^4 (x^{3/2} - x^{-1/2}) \, dx = \left(\frac{2}{5} x^{5/2} - 2x^{1/2}\right) \bigg|_1^4$$

$$= \left(\frac{64}{5} - 4\right) - \left(\frac{2}{5} - 2\right) = \frac{52}{5}.$$

例題 5　分段積分

若 $f(x) = 2x - x^2 - x^3$，計算 $\int_{-1}^1 |f(x)| \, dx$.

解　$f(x) = x(1-x)(2+x)$

若 $-1 \leq x < 0$，則 $f(x) < 0$；若 $0 \leq x \leq 1$，則 $f(x) \geq 0$.
因此，

$$\int_{-1}^{1} |f(x)|\, dx = -\int_{-1}^{0} f(x)\, dx + \int_{0}^{1} f(x)\, dx$$

$$= \int_{-1}^{0} (x^3+x^2-2x)\, dx + \int_{0}^{1} (2x-x^2-x^3)\, dx$$

$$= \left(\frac{1}{4}x^4+\frac{1}{3}x^3-x^2\right)\bigg|_{-1}^{0} + \left(x^2-\frac{1}{3}x^3-\frac{1}{4}x^4\right)\bigg|_{0}^{1}$$

$$= -\left(\frac{1}{4}-\frac{1}{3}-1\right)+\left(1-\frac{1}{3}-\frac{1}{4}\right) = \frac{3}{2}.$$

例題 6 **分段積分**

若 $f(x)=\begin{cases} 1, & \text{若 } 0 \leqslant x < 1 \\ x, & \text{若 } 1 \leqslant x < 2 \\ 4-x, & \text{若 } 2 \leqslant x \leqslant 4 \end{cases}$；求 $\int_{0}^{4} f(x)\, dx$.

解
$$\int_{0}^{4} f(x)\, dx = \int_{0}^{1} 1\, dx + \int_{1}^{2} x\, dx + \int_{2}^{4} (4-x)\, dx$$

$$= x\bigg|_{0}^{1} + \frac{x^2}{2}\bigg|_{1}^{2} + \left(4x-\frac{x^2}{2}\right)\bigg|_{2}^{4}$$

$$= (1-0)+\left(2-\frac{1}{2}\right)+[(16-8)-(8-2)] = \frac{9}{2}.$$

例題 7 **利用定理 7-6**

試求 $\displaystyle\lim_{n\to\infty} \frac{1}{n}\left(\sqrt{\frac{1}{n}}+\sqrt{\frac{2}{n}}+\sqrt{\frac{3}{n}}+\cdots+\sqrt{\frac{n}{n}}\right)$ 之值.

解 $\displaystyle\lim_{n\to\infty} \frac{1}{n}\left(\sqrt{\frac{1}{n}}+\sqrt{\frac{2}{n}}+\sqrt{\frac{3}{n}}+\cdots+\sqrt{\frac{n}{n}}\right)$

$$= \lim_{n \to \infty} \frac{1}{n} \sum_{i=1}^{n} \sqrt{\frac{i}{n}}$$

$$= \lim_{n \to \infty} \frac{1-0}{n} \sum_{i=1}^{n} f\left(0 + i \cdot \frac{1-0}{n}\right) \qquad \text{此處 } f(x) = \sqrt{x}$$

$$= \int_{0}^{1} \sqrt{x}\, dx = \frac{x^{3/2}}{3/2} \bigg|_{0}^{1}$$

$$= \frac{2}{3}.$$

例題 8　利用微積分基本定理

一製造廠商之邊際成本函數為

$$\frac{dC}{dx} = 0.6x + 2$$

若現在每週之生產量定在 $x=80$ 單位，當每週之生產量增至 100 單位時，則成本會增加多少？

解　總成本函數為 $C=C(x)$，我們可求得差數 $C(100)-C(80)$，即為成本之變動。由於成本的變化率為 $\dfrac{dC}{dx}$，故

$$C(100) - C(80) = \int_{80}^{100} \frac{dC}{dx}\, dx = \int_{80}^{100} (0.6x+2)\, dx = (0.3x^2 + 2x)\bigg|_{80}^{100}$$

$$= [0.3(100)^2 + 2(100)] - [0.3(80)^2 + 2(80)]$$

$$= 3{,}200 - 2{,}080$$

$$= 1{,}120.$$

習題 7-5

7-5 微積分基本定理

一、基礎題

1. 令 $F(x)=\displaystyle\int_{x}^{0}\dfrac{\cos t}{t^{2}+2}\,dt$，求 $F'(0)$.

2. 若 $\displaystyle\int_{0}^{x}f(t)\,dt=x\cos\pi x$，求 $f(2)$.

3. 若 $F(x)=\displaystyle\int_{x}^{e}f(t)\,dt$ 且 $f(t)=\displaystyle\int_{1}^{2t}\dfrac{\sin u}{u}\,du$，求 $F''\left(\dfrac{\pi}{4}\right)$.

4. 求 $\dfrac{d}{dx}\displaystyle\int_{x^{2}}^{x^{3}}\dfrac{1}{1+t^{3}}\,dt$.

5. 求 $\displaystyle\lim_{x\to 0}\dfrac{1}{x^{3}}\int_{0}^{x}\sin t^{2}\,dt$.

計算 6～17 題中的定積分.

6. $\displaystyle\int_{0}^{3}(x-1)(x+1)^{2}\,dx$

7. $\displaystyle\int_{1}^{3}x\left(\sqrt{x}+\dfrac{1}{\sqrt{x}}\right)^{2}dx$

8. $\displaystyle\int_{1}^{2}\dfrac{x+1}{x^{2}}\,dx$

9. $\displaystyle\int_{0}^{\pi/2}(\cos\theta+2\sin\theta)\,d\theta$

10. $\displaystyle\int_{\pi/6}^{\pi/2}\dfrac{\sin 2x}{\sin x}\,dx$

11. $\displaystyle\int_{0}^{3}|x-2|\,dx$

12. $\displaystyle\int_{0}^{3}x[\![x+1]\!]\,dx$

13. $\displaystyle\int_{-2}^{4} f(x)\,dx$，此處 $f(x)=\begin{cases} -2x &, -2 \leq x \leq 0 \\ x^2-2 &, 0 < x \leq 2 \\ -2x+8 &, 2 < x \leq 4 \end{cases}$

14. $\displaystyle\int_{1}^{3} \frac{\sqrt{\ln x}}{x}\,dx$

15. $\displaystyle\int_{1}^{2} \frac{3}{x(1+\ln x)}\,dx$

16. $\displaystyle\int_{0}^{1} e^{x^2} x\,dx$

17. $\displaystyle\int_{2}^{e} \frac{dx}{x \ln x}$

18. 一製造商之邊際收益函數為 $\dfrac{dR}{dx}=\dfrac{1,000}{\sqrt{100x}}$，$R$ 是以元為單位. 若產量由 400 增加至 900 單位，試求此製造商總收益之變動.

19. 假設生產 x 單位商品的邊際成本為 $100-0.08x$ 元，則生產由 10 單位增至 20 單位時所增加的成本為多少？

20. 某公司的營業銷售成長速率為 $\dfrac{ds}{dt}=180-100e^{0.02t}$，其中 s 為銷售金額（以元計），t 為期間（以日計），求前 50 天的總銷售金額.

二、進階題

1. 若 $k(x)=x\displaystyle\int_{0}^{x} f(t)\,dt$，試證 $xk'(x)-k(x)=x^2 f(x)$.

2. 設 $F(x)=\displaystyle\int_{0}^{x^2} (2t-3)\,dt$，求 F' 的相對極值.

3. 試求 $\displaystyle\lim_{h \to 0} \frac{1}{h}\int_{x}^{x+h} \frac{dt}{t+\sqrt{t^2+1}}$.

4. 試求下列各極限.

(1) $\displaystyle\lim_{n \to \infty} \frac{1}{n}\sum_{i=1}^{n} \frac{1}{1+\left(\dfrac{i}{n}\right)^2}$

(2) $\lim_{n\to\infty} \dfrac{1}{n}\left[\left(\dfrac{1}{n}\right)^4 + \left(\dfrac{2}{n}\right)^4 + \left(\dfrac{3}{n}\right)^4 + \cdots + \left(\dfrac{n}{n}\right)^4\right]$

(3) $\lim_{n\to\infty} \dfrac{1+\sqrt{2}+\sqrt{3}+\cdots+\sqrt{n}}{\sqrt{n^3}}$

(4) $\lim_{n\to\infty} \left(\dfrac{1}{n+1} + \dfrac{1}{n+2} + \dfrac{1}{n+3} + \cdots + \dfrac{1}{2n}\right)$

5. 試求：$\displaystyle\int_0^8 |x^2-6x+8|\,dx$

6. 試求：$\displaystyle\int_{-1}^2 |x|\,[\![x]\!]\,dx$，$[\![\ ]\!]$ 表高斯符號.

7. 若 $f(x)=\displaystyle\int_1^{e^x} \dfrac{2\ln t}{t}\,dt$，試求：

(1) $\dfrac{df}{dx}$　　(2) $f(0)$　　(3) 有關 $f(x)$ 之圖形為何？並說明理由.

8. 美國的天然氣由 1988 年 ($t=0$) 至 1993 年 ($t=5$) 的消耗速率 $C'(t)=0.05t+3.34$（以每年一百億立方呎計算），求 1988 年到 1993 年的天然氣總消耗量.

9. 令 $f(x)=\displaystyle\int_0^x \dfrac{1}{1+t^2}\,dt + \int_0^{1/x} \dfrac{1}{1+t^2}\,dt$，$x>0$，試證：$f(x)=\dfrac{\pi}{2}$.

7-6 代換積分法

若 F 為 f 的反導函數，g 為可微分函數，且 $F(g(x))$ 為合成函數，則由連鎖法則可得

$$\dfrac{d}{dx}F(g(x))=F'(g(x))\,g'(x)=f(g(x))\,g'(x)$$

由此，得到積分公式

$$\int f(g(x))\,g'(x)\,dx = F(g(x)) + C, \text{ 其中 } F' = f$$

在上式中，若令 $u = g(x)$ 且以微分 du 代替 $g'(x)\,dx$，則可得下面的定理．

定理 7-17　不定積分代換定理

若 F 為 f 的反導函數，且令 $u = g(x)$，$du = g'(x)\,dx$，則

$$\int f(g(x))\,g'(x)\,dx = \int f(u)\,du = F(u) + C = F(g(x)) + C$$

例題 1　利用定理 7-17

求 $\displaystyle\int \frac{\sqrt{\ln x}}{x}\,dx$．

解　令 $u = \ln x$，則 $du = \dfrac{dx}{x}$，代入原積分式中，得

$$\int \frac{\sqrt{\ln x}}{x}\,dx = \int \sqrt{u}\,du = \frac{2}{3}u^{3/2} + C = \frac{2}{3}(\ln x)^{3/2} + C.$$

例題 2　利用定理 7-17

求 $\displaystyle\int \frac{x}{\sqrt[3]{1+2x}}\,dx$．

解　令 $u = \sqrt[3]{1+2x}$，則 $u^3 = 1 + 2x$，$3u^2\,du = 2\,dx$，

可得 $x = \dfrac{u^3 - 1}{2}$，$dx = \dfrac{3u^2}{2}\,du$．代入原積分式中，故

$$\int \frac{x}{\sqrt[3]{1+2x}} \, dx = \int \left(\frac{u^3-1}{2}\right)\left(\frac{1}{u}\right)\left(\frac{3u^2}{2} \, du\right) = \frac{3}{4} \int (u^4 - u) \, du$$

$$= \frac{3}{4}\left(\frac{u^5}{5} - \frac{u^2}{2}\right) + C$$

再以 $u = \sqrt[3]{1+2x}$ 代入，即得

$$\int \frac{x}{\sqrt[3]{1+2x}} \, dx = \frac{3}{4}\left[\frac{(1+2x)^{5/3}}{5} - \frac{(1+2x)^{2/3}}{2}\right] + C.$$

定理 7-18　定積分代換定理

設函數 g 在 $[a, b]$ 具有連續的導函數，且 f 在 $g(a)$ 至 $g(b)$ 為連續．令 $u = g(x)$，則

$$\int_a^b f(g(x)) \, g'(x) \, dx = \int_{g(a)}^{g(b)} f(u) \, du$$

證 令 F 為 f 的反導函數，即，$F' = f$，則

$$\frac{d}{dx}[F(g(x))] = F'(g(x)) \, g'(x)$$
$$= f(g(x)) \, g'(x)$$

合成函數的連鎖法則
$F'(x) = f(x)$

故

$$\int_a^b f(g(x)) \, g'(x) \, dx = F(g(x)) \bigg|_a^b = F(g(b)) - F(g(a))$$

$$= F(u) \bigg|_{u=g(a)}^{u=g(b)} = \int_{g(a)}^{g(b)} f(u) \, du.$$

例題 3　利用定積分代換定理

求 $\displaystyle\int_0^4 \frac{(x+2)}{\sqrt{2x+1}}\,dx$.

解　令 $u=\sqrt{2x+1}$，則 $u^2=2x+1$，$x=\dfrac{u^2-1}{2}$，$dx=u\,du$.

於是，當 $x=0$ 時，$u=1$；當 $x=4$ 時，$u=3$. 故

$$\int_0^4 \frac{(x+2)\,dx}{\sqrt{2x+1}} = \int_1^3 \frac{\left(\dfrac{u^2-1}{2}+2\right)u\,du}{u} = \frac{1}{2}\int_1^3 (u^2+3)\,du$$

$$= \frac{1}{2}\left(\frac{u^3}{3}+3u\right)\bigg|_1^3 = \frac{22}{3}.$$

（變數 x 的積分界限；變數 u 的積分界限）

例題 4　利用定積分代換定理

求 $\displaystyle\int_0^2 x^3 e^{x^4}\,dx$.

解　令 $u=x^4$，則 $du=4x^3\,dx$，故 $x^3\,dx=\dfrac{du}{4}$.

當 $x=0$ 時，$u=0$；當 $x=2$ 時，$u=16$. 故

$$\int_0^2 x^3 e^{x^4}\,dx = \int_0^{16} e^u \frac{du}{4} = \frac{1}{4}\int_0^{16} e^u\,du = \frac{1}{4}\left[e^u\bigg|_0^{16}\right]$$

$$= \frac{1}{4}(e^{16}-1).$$

定理 7-19 對稱定理

(1) 若 f 為偶函數，則
$$\int_{-a}^{a} f(x)\,dx = 2\int_{0}^{a} f(x)\,dx$$

(2) 若 f 為奇函數，則
$$\int_{-a}^{a} f(x)\,dx = 0$$

例題 5 利用對稱定理

求 $\int_{-2}^{2} (x^2+1)\,dx$.

解 因 $f(x) = x^2 + 1$ 是偶函數，故
$$\int_{-2}^{2} (x^2+1)\,dx = 2\int_{0}^{2} (x^2+1)\,dx = 2\left(\frac{x^3}{3}+x\right)\bigg|_{0}^{2} = 2\left(\frac{8}{3}+2\right) = \frac{28}{3}.$$

例題 6 利用對稱定理

求 $\int_{-5}^{5} \frac{x^5}{x^2+4}\,dx$.

解 因 $f(x) = \dfrac{x^5}{x^2+4}$ 是奇函數，故
$$\int_{-5}^{5} \frac{x^5}{x^2+4}\,dx = 0.$$

習題 7-6

7-6 代換積分法

一、基礎題

試求 1~15 題各積分.

1. $\displaystyle\int \frac{x}{\sqrt{x+1}}\, dx$

2. $\displaystyle\int (x+1)\sqrt{2-x}\, dx$

3. $\displaystyle\int \sqrt[n]{ax+b}\, dx\ (a\neq 0)$

4. $\displaystyle\int \frac{\sin\sqrt{x}}{\sqrt{x}}\, dx$

5. $\displaystyle\int \frac{\sin^{-1} x}{\sqrt{1-x^2}}\, dx$

6. $\displaystyle\int 5\cos(\pi x-3)\, dx$

7. $\displaystyle\int \cot x\, dx$

8. $\displaystyle\int \sin(\sin\theta)\cos\theta\, d\theta$

9. $\displaystyle\int \sqrt{e^x}\, dx$

10. $\displaystyle\int 2^{5x}\, dx$

11. $\displaystyle\int_1^4 \frac{1}{x^2}\sqrt{1+\frac{1}{x}}\, dx$

12. $\displaystyle\int_1^2 \frac{e^{4/x}}{x^2}\, dx$

13. $\displaystyle\int_1^e \frac{(1+\ln x)^2}{x}\, dx$

14. $\displaystyle\int_1^{10} \frac{(\log x)^3}{x}\, dx$

15. $\displaystyle\int_2^4 \frac{e^{\sqrt{x}}}{\sqrt{x}}\, dx$

二、進階題

試求 1〜8 題各積分.

1. $\displaystyle\int \frac{1}{x^4}\sqrt{\frac{x^3+1}{x^3}}\,dx$

2. $\displaystyle\int_0^2 \frac{x^3}{\sqrt{x^2+4}}\,dx$

3. $\displaystyle\int_1^3 \frac{x+2}{\sqrt{x^2+4x+7}}\,dx$

4. $\displaystyle\int_1^2 \frac{dx}{x^2-6x+9}$

5. $\displaystyle\int_{-2}^2 \sqrt{2+|x|}\,dx$

6. $\displaystyle\int_{-1}^1 \frac{\tan x}{x^4+x^2+1}\,dx$

7. $\displaystyle\int_0^{2\pi} |\sin 2x|\,dx$

8. 若 $\displaystyle\int_0^3 f(x)\,dx=6$,求 $\displaystyle\int_0^1 f(3x)\,dx$ 之值.

9. 若 $\displaystyle\int_1^2 f(x)\,dx=3$,求 $\displaystyle\int_{1/2}^1 \frac{1}{x^2}f\left(\frac{1}{x}\right)dx$ 之值.

10. 計算 $\displaystyle\int_{-3}^1 \sqrt{3-2x-x^2}\,dx$.

11. (1) 試證:若 m 與 n 均為正整數,則
$$\int_0^1 x^m(1-x)^n\,dx = \int_0^1 x^n(1-x)^m\,dx$$

(2) 計算 $\displaystyle\int_0^1 x(1-x)^6\,dx$.

第八章 積分的方法

本章學習目標

能夠利用積分基本公式與變數變換法求不定積分
瞭解分部積分法
能夠利用部分分式求有理函數之積分
瞭解瑕積分之意義及其計算

8-1 不定積分的基本公式

在本節中，我們將複習前面學過的積分公式．我們以 u 為積分變數而不以 x 為積分變數，重新敘述那些積分公式，因為當使用代換時，若出現該形式，則可立即獲得結果．今列出一些基本公式，如下

1. $\displaystyle\int u^r\,du=\frac{u^{r+1}}{r+1}+C\ (r\neq -1)$
2. $\displaystyle\int \frac{du}{u}=\ln |u|+C$
3. $\displaystyle\int e^u\,du=e^u+C$
4. $\displaystyle\int a^u\,du=\frac{a^u}{\ln a}+C\ (a>0,\ a\neq 1)$
5. $\displaystyle\int \sin u\,du=-\cos u+C$
6. $\displaystyle\int \cos u\,du=\sin u+C$
7. $\displaystyle\int \tan u\,du=-\ln |\cos u|+C=\ln |\sec u|+C$
8. $\displaystyle\int \cot u\,du=\ln |\sin u|+C=-\ln |\csc u|+C$
9. $\displaystyle\int \sec u\,du=\ln |\sec u+\tan u|+C$
10. $\displaystyle\int \csc u\,du=\ln |\csc u-\cot u|+C$
11. $\displaystyle\int \sec^2 u\,du=\tan u+C$
12. $\displaystyle\int \csc^2 u\,du=-\cot u+C$
13. $\displaystyle\int \sec u\tan u\,du=\sec u+C$
14. $\displaystyle\int \csc u\cot u\,dt=-\csc u+C$
15. $\displaystyle\int \frac{du}{\sqrt{a^2-u^2}}=\sin^{-1}\frac{u}{a}+C\ (a>0)$
16. $\displaystyle\int \frac{du}{a^2+u^2}=\frac{1}{a}\tan^{-1}\frac{u}{a}+C\ (a\neq 0)$
17. $\displaystyle\int \frac{du}{u\sqrt{u^2-a^2}}=\frac{1}{a}\sec^{-1}\frac{u}{a}+C\ (a>0)$

第八章　積分的方法　**381**

例題 1　作 u-代換

求 $\displaystyle\int \frac{dx}{x(\ln x)^2}$.

解　令 $u = \ln x$，則 $du = \dfrac{1}{x} dx$，故

$$\int \frac{dx}{x(\ln x)^2} = \int \frac{du}{u^2} = -\frac{1}{u} + C = -\frac{1}{\ln x} + C.$$

例題 2　作 u-代換

求 $\displaystyle\int \sec x \tan x \sqrt{2+\sec x}\, dx$.

解　令 $u = 2 + \sec x$，則 $du = \sec x \tan x\, dx$，故

$$\int \sec x \tan x \sqrt{2+\sec x}\, dx = \int \sqrt{u}\, du = \frac{2}{3} u^{3/2} + C$$
$$= \frac{2}{3}(2+\sec x)^{3/2} + C.$$

例題 3　作 u-代換

求 $\displaystyle\int \frac{dx}{\sqrt{x}\sqrt{1-x}}$.

解　令 $u = \sqrt{x}$，則 $u^2 = x$，$2u\, du = dx$，故

$$\int \frac{dx}{\sqrt{x}\sqrt{1-x}} = \int \frac{2u}{u\sqrt{1-u^2}} du = 2 \int \frac{du}{\sqrt{1-u^2}}$$
$$= 2\sin^{-1} u + C = 2\sin^{-1}\sqrt{x} + C.$$

例題 4　令 $u = \sin^{-1} x$

求 $\int_0^{1/\sqrt{2}} \dfrac{\sin^{-1} x}{\sqrt{1-x^2}}\, dx$.

解 令 $u = \sin^{-1} x$, 則 $du = \dfrac{1}{\sqrt{1-x^2}}\, dx$.

當 $x=0$ 時, $u=0$; 當 $x=\dfrac{1}{\sqrt{2}}$ 時, $u=\dfrac{\pi}{4}$.

$$\int_0^{1/\sqrt{2}} \dfrac{\sin^{-1} x}{\sqrt{1-x^2}}\, dx = \int_0^{\pi/4} u\, du = \dfrac{u^2}{2}\bigg|_0^{\pi/4} = \dfrac{\pi^2}{32}.$$

例題 5 與對數函數有關之三角函數積分

(1) $\displaystyle\int \tan u\, du = -\ln |\cos u| + C = \ln |\sec u| + C$

(2) $\displaystyle\int \cot u\, du = \ln |\sin u| + C = -\ln |\csc u| + C$

(3) $\displaystyle\int \sec u\, du = \ln |\sec u + \tan u| + C$

(4) $\displaystyle\int \csc u\, du = \ln |\csc u - \cot u| + C$

證 (1) $\displaystyle\int \tan u\, du = \int \dfrac{\sin u}{\cos u}\, du = \int \dfrac{-d\cos u}{\cos u}$

$\qquad\qquad = -\ln |\cos u| + C = \ln |\sec u| + C$

(3) $\displaystyle\int \sec u\, du = \int \sec u \cdot \dfrac{\sec u + \tan u}{\sec u + \tan u}\, du$

$\qquad\quad = \displaystyle\int \dfrac{\sec^2 u + \sec u \cdot \tan u}{\sec u + \tan u}\, du$

$$= \int \frac{d(\sec u + \tan u)}{\sec u + \tan u}$$

$$= \ln |\sec u + \tan u| + C$$

(2) 與 (4) 留給讀者自證.

例題 6 令 $u = x^2$

求 $\int x \sec x^2 \, dx$.

解

$$\int x \sec x^2 \, dx = \frac{1}{2} \int \sec x^2 \cdot 2x \, dx = \frac{1}{2} \int \sec x^2 \, d(x^2)$$

$$= \frac{1}{2} \int \sec u \, du = \frac{1}{2} \ln |\sec u + \tan u| + C \qquad \text{代入 } u = x^2$$

$$= \frac{1}{2} \ln |\sec x^2 + \tan x^2| + C.$$

例題 7 利用 $\int \frac{dx}{x} = \ln |x| + C$ 與 $\int x^r \, dx = \frac{x^{r+1}}{r+1} + C, \ r \neq -1$

若邊際收益函數為 $R'(x) = \frac{3}{x^2} - \frac{2}{x}$, 且 $R(1) = 6$, 求總收益函數及需求函數.

解 $R(x) = \int R'(x) \, dx = \int \left(\frac{3}{x^2} - \frac{2}{x} \right) dx = -\frac{3}{x} - 2 \ln x + C$

又 $R(1) = 6$, 可得 $6 = -3 - 2 \ln 1 + C$, 即, $C = 9$. 故

$$R(x) = 9 - \frac{3}{x} - 2 \ln x$$

又因 $R(x) = xp$, 故

$$p = \frac{R(x)}{x} = \frac{9}{x} - \frac{3}{x^2} - \frac{2 \ln x}{x}$$

即
$$p = \frac{1}{x}\left(9 - \frac{3}{x} - 2\ln x\right).$$

例題 8 令 $u = \sqrt{x}$

求 $\int_1^4 \dfrac{e^{\sqrt{x}}}{\sqrt{x}}\, dx$.

解 令 $u = \sqrt{x}$, 則 $du = \dfrac{dx}{2\sqrt{x}}$, $\dfrac{dx}{\sqrt{x}} = 2\, du$.

當 $x = 1$ 時, $u = 1$；當 $x = 4$ 時, $u = 2$. 故

$$\int_1^4 \frac{e^{\sqrt{x}}}{\sqrt{x}}\, dx = \int_1^2 2e^u\, du = 2\int_1^2 e^u\, du = 2e^u\Big|_1^2 = 2(e^2 - e) = 2e(e-1).$$

例題 9 自然指數函數的積分

某城市於民國 80 年後 t 年的人口成長率為每年 $f(t) = \dfrac{1}{2}e^{t/40}$ (單位為百萬人).

(1) 估計民國 90 年時, 此城市人口的成長率.

(2) 此城市從民國 80 年至 90 年中, 人口約增加多少？

解 (1) 於民國 90 年時, 此城市之人口成長率為

$$f(10) = \frac{1}{2}e^{10/40} = \frac{1}{2}e^{0.25} = \frac{1.2840}{2} = 0.6420$$

即每年增加六十四萬二千人.

(2) 此城市從民國 80 年至 90 年間, 人口約增加

$$\int_0^{10} \frac{1}{2} e^{t/40}\, dt = 20 e^{t/40}\Big|_0^{10} = 20(1.2840 - 1) = 5.680 \text{ (百萬人)}$$

即約增加五百六十八萬人.

習題 8-1

8-1 不定積分的基本公式

一、基礎題

試求 1～15 題各積分．

1. $\displaystyle\int x^2 \cos(1-x^3)\, dx$

2. $\displaystyle\int \frac{dx}{\sqrt{x-x^2}}$

3. $\displaystyle\int \frac{dx}{(x+1)\sqrt{x}}$

4. $\displaystyle\int \tan^2 x \sec^2 x\, dx$

5. $\displaystyle\int \tan x \sec^3 x\, dx$

6. $\displaystyle\int \frac{\sec^2 x}{\sqrt{2-\tan x}}\, dx$

7. $\displaystyle\int \frac{(\ln x)^n}{x}\, dx$

8. $\displaystyle\int_e^{e^4} \frac{dx}{x\sqrt{\ln x}}$

9. $\displaystyle\int \frac{dx}{x(\ln x)^2}$

10. $\displaystyle\int \frac{e^x}{\sqrt{e^x-1}}\, dx$

11. $\displaystyle\int \frac{3^{\tan x}}{\cos^2 x}\, dx$

12. $\displaystyle\int_0^{\pi/6} \frac{\sec^2 x}{\sqrt{1-\tan^2 x}}\, dx$

13. $\displaystyle\int \frac{e^{2x}}{e^x+1}\, dx$

14. $\displaystyle\int_0^2 \frac{e^x}{1+e^x}\, dx$

15. $\displaystyle\int_0^{1/\sqrt{2}} \frac{x\sin^{-1}(x^2)}{\sqrt{1-x^4}}\, dx$

二、進階題

試求 1～4 題各積分．

1. $\displaystyle\int \frac{dx}{x \ln x \ln(\ln x)}$

2. $\displaystyle\int \frac{\ln x}{x+4x(\ln x)^2}\, dx$

3. $\displaystyle\int \frac{dx}{x^{10}+x}$ 4. $\displaystyle\int (\cos^8 x \sin^6 x - \cos^6 x \sin^8 x)\, dx$

8-2 分部積分法

若 f 與 g 皆為可微分函數，則

$$\frac{d}{dx}[f(x)\,g(x)] = f'(x)\,g(x) + f(x)\,g'(x)$$

積分上式可得

$$\int [f'(x)\,g(x) + f(x)\,g'(x)] = f(x)\,g(x)$$

或

$$\int f'(x)\,g(x)\,dx + \int f(x)\,g'(x)\,dx = f(x)\,g(x)$$

上式可整理為

$$\int f(x)\,g'(x)\,dx = f(x)\,g(x) - \int f'(x)\,g(x)\,dx$$

若令 $u = f(x)$ 且 $v = g(x)$，則 $du = f'(x)\,dx$，$dv = g'(x)\,dx$，故上面的公式可寫成

$$\int u\,dv = uv - \int v\,du \tag{8-1}$$

在利用式 (8-1) 時，如何選取 u 及 dv，並無一定的步驟可循，通常盡量將容易積分的部分視為 dv，而剩下部分視為 u。基於此理由，利用式 (8-1) 求不定積分的方法稱為**分部積分法**。對於定積分所對應的公式為

$$\int_a^b f(x)\,g'(x)\,dx = f(x)\,g(x)\Big|_a^b - \int_a^b f'(x)\,g(x)\,dx \tag{8-2}$$

例題 1 利用式 (8-1)

求 $\displaystyle\int x e^x\, dx$。

解 令 $u=x$, $dv=e^x\,dx$, 則 $du=dx$, $v=\int e^x\,dx=e^x$, 故

$$\int xe^x\,dx = xe^x - \int e^x\,dx = xe^x - e^x + C.$$

註：在上面例題中，我們由 dv 計算 v 時，省略積分常數，而寫成 $v=\int e^x\,dx=e^x$. 假使我們放入一個積分常數，而寫成 $v=\int e^x\,dx=e^x+C_1$，則常數 C_1 最後將抵銷. 在分部積分法中總是如此，因此，我們由 dv 計算 v 時，通常省略常數.

讀者應注意，欲成功地利用分部積分法，必須選取適當的 u 與 dv，使得新積分較原積分容易. 例如，假使我們在例題 1 中令 $u=e^x$, $dv=x\,dx$，則 $du=e^x\,dx$, $v=\dfrac{1}{2}x^2$，故

$$\int xe^x\,dx = \frac{1}{2}x^2 e^x - \frac{1}{2}\int x^2 e^x\,dx$$

上式右邊的積分比原積分複雜，這是由於 dv 的選取不當所致.

例題 2 利用式 (8-2)

求 $\displaystyle\int_1^e x^3 \ln x\,dx$.

解 令 $u=\ln x$, $dv=x^3\,dx$，則 $du=\dfrac{dx}{x}$, $v=\dfrac{x^4}{4}$，故

$$\int_1^e x^3 \ln x\,dx = \left.\frac{x^4}{4}\ln x\right|_1^e - \int_1^e \frac{x^4}{4}\cdot\frac{dx}{x}$$

$$= \frac{e^4}{4} - \left.\left(\frac{x^4}{16}\right)\right|_1^e = \frac{3e^4+1}{16}.$$

例題 3 利用式 (8-1)

求 $\int e^x \sin x \, dx$.

解 令 $u=e^x$, $dv=\sin x \, dx$, 則 $du=e^x \, dx$, $v=-\cos x$,

故 $$\int e^x \sin x \, dx = -e^x \cos x + \int e^x \cos x \, dx$$

其次，對上式右邊的積分再利用分部積分法.

令 $u=e^x$, $dv=\cos x \, dx$, 則 $du=e^x \, dx$, $v=\sin x$,

故 $$\int e^x \cos x \, dx = e^x \sin x - \int e^x \sin x \, dx$$

可得 $$\int e^x \sin x \, dx = -e^x \cos x + e^x \sin x - \int e^x \sin x \, dx$$

即 $$2 \int e^x \sin x \, dx = -e^x \cos x + e^x \sin x$$

故 $$\int e^x \sin x \, dx = \frac{1}{2} e^x (\sin x - \cos x) + C.$$

最後，我們在下面略述可利用分部積分法計算的一些積分型：

1. $\int x^n e^{ax} \, dx$, $\int x^n \sin ax \, dx$, $\int x^n \cos ax \, dx$, 其中 n 為正整數.

   此處，令 $u=x^n$, $dv=$ 剩下部分.

2. $\int x^m (\ln x)^n \, dx$, $m \neq -1$.

   此處，令 $u=(\ln x)^n$, $dv=x^m \, dx$.

3. $\int x^n \sin^{-1} x \, dx$, $\int x^n \cos^{-1} x \, dx$, $\int x^n \tan^{-1} x \, dx$, 其中 n 為非負整數.

   此處, 令 $dv = x^n \, dx$, $u =$ 剩下部分.

4. $\int e^{ax} \sin bx \, dx$, $\int e^{ax} \cos bx \, dx$

   此處, 令 $u = e^{ax}$, $dv =$ 剩下部分; 或令 $dv = e^{ax} dx$, $u =$ 剩下部分.

習題 8-2

8-2 分部積分法

一、基礎題

試求 1~11 題各積分.

1. $\int x e^{-x} \, dx$
2. $\int x e^{2x} \, dx$
3. $\int x \sin 2x \, dx$
4. $\int x^3 \ln x \, dx$
5. $\int x \tan^2 x \, dx$
6. $\int_0^1 \ln(1+x) \, dx$
7. $\int_0^1 e^{\sqrt{x}} \, dx$
8. $\int (\ln x)^2 \, dx$
9. $\int \sqrt{x} \ln x \, dx$
10. $\int 3^x x \, dx$
11. $\int x \sqrt{x+1} \, dx$

二、進階題

試求 1～7 題各積分.

1. $\int x^3 e^{-x^2} dx$

2. $\int \dfrac{x^3}{\sqrt{x^2+1}} dx$

3. $\int e^{2x} \cos 3x \, dx$

4. $\int \cos(\ln x) \, dx$

5. $\int \dfrac{xe^x}{(x+1)^2} dx$

6. $\int x^3(x^2-1)^6 \, dx$

7. 試證：$\int (\ln x)^n \, dx = x(\ln x)^n - n \int (\ln x)^{n-1} \, dx$.

8-3 代數技巧的應用：配方法，部分分式法

◎ 配方法

若被積分函數中含有二次式 ax^2+bx+c 或 $\sqrt{ax^2+bx+c}$，$a \neq 0$，$b \neq 0$，而無法利用前幾節的方法完成積分，則可以利用配方法，配成平方和或平方差，然後可利用積分的基本公式完成積分．

例題 1 分母配成平方和

求 $\int \dfrac{2x+6}{x^2+4x+8} dx$.

解 配方可得 $x^2+4x+8=(x+2)^2+4$

令 $u=x+2$，則 $x=u-2$，$dx=du$，故

$$\int \frac{2x+6}{x^2+4x+8}\,dx = \int \frac{2u+2}{u^2+4}\,du = \int \frac{2u}{u^2+4}\,du + \int \frac{2}{u^2+2^2}\,du$$

$$= \ln(u^2+4) + \tan^{-1}\frac{u}{2} + C$$

$$= \ln(x^2+4x+8) + \tan^{-1}\left(\frac{x+2}{2}\right) + C.$$

例題 2 根號內配成平方差

求 $\displaystyle\int \frac{dx}{\sqrt{2x-x^2}}$.

解 配方可得 $\quad 2x - x^2 = 1 - (x-1)^2$

所以, $\displaystyle\int \frac{dx}{\sqrt{2x-x^2}} = \int \frac{dx}{\sqrt{1-(x-1)^2}} = \int \frac{d(x-1)}{\sqrt{1-(x-1)^2}}$

$$= \sin^{-1}(x-1) + C.$$

◎ 部分分式法

有理函數的積分有時可藉助於部分分式法 (或稱分項分式法) 來處理. 所謂部分分式法, 簡單地說, 就是將相加減後所得之分式還原成原來各項分式的過程. 例如

$$\frac{2}{x^2-1} = \frac{1}{x-1} + \frac{-1}{x+1}$$

上式等號的右端就稱為 $\dfrac{2}{x^2-1}$ 的部分分式分解. 此部分分式解可用來求出 $\dfrac{2}{x^2-1}$ 的不定積分, 即

$$\int \frac{2}{x^2-1}\,dx = \int \frac{dx}{x-1} - \int \frac{dx}{x+1} = \ln|x-1| - \ln|x+1| + C$$

$$= \ln\left|\frac{x-1}{x+1}\right| + C$$

現在我們將部分分式法的處理過程說明如下：

設 $f(x)=\dfrac{P(x)}{Q(x)}$ 為一有理函數，若 $P(x)$ 的次數大於或等於 $Q(x)$ 的次數，則利用長除法，得到

$$f(x)=\text{一多項式}+\dfrac{R(x)}{Q(x)}\text{，此處 }R(x)\text{ 的次數小於 }Q(x)\text{ 的次數.}$$

情況 I. 分母可分解成不重複的一次因式.

若
$$\dfrac{R(x)}{Q(x)}=\dfrac{R(x)}{(a_1x+b_1)(a_2x+b_2)\cdots(a_nx+b_n)}$$

此處所有的因式 a_ix+b_i，$i=1, 2, \cdots, n$ 皆不相同且 $R(x)$ 的次數小於 n，則存在唯一實常數 $c_1, c_2, \cdots, c_n$，使得

$$\dfrac{R(x)}{Q(x)}=\dfrac{c_1}{a_1x+b_1}+\dfrac{c_2}{a_2x+b_2}+\cdots+\dfrac{c_n}{a_nx+b_n}$$

例題 3 分母分解成不重複的一次因式

求 $\displaystyle\int\dfrac{x^2+2x-1}{2x^3+3x^2-2x}\,dx$.

解 因 $2x^3+3x^2-2x=x(2x-1)(x+2)$，故令

$$\dfrac{x^2+2x-1}{2x^3+3x^2-2x}=\dfrac{A}{x}+\dfrac{B}{2x-1}+\dfrac{C}{x+2}$$

可得 $\quad x^2+2x-1=A(2x-1)(x+2)+Bx(x+2)+Cx(2x-1)$

即 $\quad x^2+2x-1=(2A+B+2C)x^2+(3A+2B-C)x-2A$

比較上式等號兩邊同次項的係數，可知

$$\begin{cases}2A+B+2C=1\\3A+2B-C=2\\-2A=-1\end{cases}$$

解得 $A = \dfrac{1}{2}$, $B = \dfrac{1}{5}$, $C = -\dfrac{1}{10}$. 所以,

$$\int \dfrac{x^2+2x-1}{2x^3+3x^2-2x} dx = \int \left[\dfrac{1}{2x} + \dfrac{1}{5(2x-1)} - \dfrac{1}{10(x+2)} \right] dx$$

$$= \dfrac{1}{2} \ln|x| + \dfrac{1}{10} \ln|2x-1| - \dfrac{1}{10} \ln|x+2| + C.$$

例題 4　利用部分分式法

求 $\displaystyle\int \dfrac{dx}{x^2-a^2}$, 此處 $a \neq 0$.

解　令

$$\dfrac{1}{x^2-a^2} = \dfrac{A}{x-a} + \dfrac{B}{x+a}$$

則

$$1 = (A+B)x + (A-B)a$$

可知 $\begin{cases} A+B=0 \\ A-B=\dfrac{1}{a} \end{cases}$, 解得 $A = \dfrac{1}{2a}$, $B = \dfrac{-1}{2a}$. 所以,

$$\int \dfrac{dx}{x^2-a^2} = \dfrac{1}{2a} \left(\int \dfrac{dx}{x-a} - \int \dfrac{dx}{x+a} \right)$$

$$= \dfrac{1}{2a} (\ln|x-a| - \ln|x+a|) + C$$

$$= \dfrac{1}{2a} \ln\left|\dfrac{x-a}{x+a}\right| + C.$$

讀者可利用例題 4 的結果, 若 u 為 x 的可微分函數, 可導出下列重要的積分公式.

$$\int \dfrac{du}{u^2-a^2} = \dfrac{1}{2a} \ln\left|\dfrac{u-a}{u+a}\right| + C \tag{8-3}$$

$$\int \dfrac{du}{a^2-u^2} = \dfrac{1}{2a} \ln\left|\dfrac{u+a}{u-a}\right| + C \tag{8-4}$$

例題 5　分母配成平方差

求 $\int \dfrac{dx}{x^2+2x-1}$.

解
$$\int \dfrac{dx}{x^2+2x-1} = \int \dfrac{dx}{x^2+2x+1-2} = \int \dfrac{d(x+1)}{(x+1)^2-(\sqrt{2})^2}$$
$$= \dfrac{1}{2\sqrt{2}} \ln \left| \dfrac{x+1-\sqrt{2}}{x+1+\sqrt{2}} \right| + C.$$

情況 II. 分母含有重複一次因式.

若
$$\dfrac{R(x)}{Q(x)} = \dfrac{R(x)}{(ax+b)^n} \qquad (n>1)$$

且 $R(x)$ 的次數小於 n，則存在唯一實常數 $c_1, c_2, \cdots, c_n$，使得

$$\dfrac{R(x)}{(ax+b)^n} = \dfrac{c_1}{ax+b} + \dfrac{c_2}{(ax+b)^2} + \cdots + \dfrac{c_n}{(ax+b)^n}$$

例題 6　分母含有重複的一次因式

求 $\int \dfrac{x^2-6x+1}{(x+1)(x-1)^2} dx$.

解　令
$$\dfrac{x^2-6x+1}{(x+1)(x-1)^2} = \dfrac{A}{x+1} + \dfrac{B}{x-1} + \dfrac{C}{(x-1)^2}$$

則
$$x^2-6x+1 = A(x-1)^2 + B(x+1)(x-1) + C(x+1)$$
$$= (A+B)x^2 + (-2A+C)x + (A-B+C)$$

可知
$$\begin{cases} A+B = 1 \\ -2A+C = -6 \\ A-B+C = 1 \end{cases}$$

解得 $A=2$，$B=-1$，$C=-2$. 所以，

$$\int \frac{x^2-6x+1}{(x+1)(x-1)^2} dx = \int \frac{2}{x+1} dx + \int \frac{-1}{x-1} dx + \int \frac{-2}{(x-1)^2} dx$$

$$= 2\ln|x+1| - \ln|x-1| + \frac{2}{x-1} + C.$$

情況 III. 分母含有不重複的二次質因式.

假設有理函數 $\dfrac{R(x)}{Q(x)}$ 的分母可表為相異且不可分解之二次因式 $a_i x^2 + b_i x + c_i$，$i = 1, 2, \cdots, n$ 的乘積. 若 $R(x)$ 的次數小於 $2n$，則我們可求得唯一實常數 A_1，A_2，$\cdots$，A_n，B_1，B_2，$\cdots$，B_n，使得

$$\frac{R(x)}{(a_1 x^2 + b_1 x + c_1)(a_2 x^2 + b_2 x + c_2) \cdots (a_n x^2 + b_n x + c_n)}$$

$$= \frac{A_1 x + B_1}{a_1 x^2 + b_1 x + c_1} + \frac{A_2 x + B_2}{a_2 x^2 + b_2 x + c_2} + \cdots + \frac{A_n x + B_n}{a_n x^2 + b_n x + c_n}$$

註："不可分解" 之意義是指實係數的二次式 $ax^2 + bx + c$ 不可再分解成實係數的因式，此種情形發生於 $b^2 - 4ac < 0$ 時.

例題 7　分母含有不重複的二次質因式

求 $\displaystyle\int \frac{x^2+3x+2}{x^3+2x^2+2x} dx$.

解　令

$$\frac{x^2+3x+2}{x^3+2x^2+2x} = \frac{A}{x} + \frac{Bx+C}{x^2+2x+2}$$

則

$$x^2+3x+2 = A(x^2+2x+2) + x(Bx+C)$$
$$= (A+B)x^2 + (2A+C)x + 2A$$

可知

$$\begin{cases} A+B=1 \\ 2A+C=3 \\ 2A=2 \end{cases}$$

解得 $A=1$, $B=0$, $C=1$. 所以,

$$\int \frac{x^2+3x+2}{x^3+2x^2+2x} dx = \int \frac{1}{x} dx + \int \frac{1}{x^2+2x+2} dx$$

$$= \ln|x| + \int \frac{dx}{1+(x+1)^2}$$

$$= \ln|x| + \tan^{-1}(x+1) + C.$$

情況 IV. 分母含有重複的二次質因式.

若 $\dfrac{R(x)}{Q(x)} = \dfrac{R(x)}{(ax^2+bx+c)^n}$ $(n>1)$,此處 ax^2+bx+c 為不可分解且 $R(x)$ 的次數小於 $2n$,則我們可求得唯一實常數 $A_1, A_2, \cdots, A_n, B_1, B_2, \cdots, B_n$,使得

$$\frac{R(x)}{(ax^2+bx+c)^n} = \frac{A_1 x + B_1}{ax^2+bx+c} + \frac{A_2 x + B_2}{(ax^2+bx+c)^2} + \cdots + \frac{A_n x + B_n}{(ax^2+bx+c)^n}$$

例題 8 分母僅含有重複的二次質因式

求 $\displaystyle\int \frac{5x^3-3x^2+7x-3}{(x^2+1)^2} dx$.

解 因

$$\frac{5x^3-3x^2+7x-3}{x^2+1} = 5x - 3 + \frac{2x}{x^2+1}$$

可得

$$\frac{5x^3-3x^2+7x-3}{(x^2+1)^2} = \frac{5x-3}{x^2+1} + \frac{2x}{(x^2+1)^2}$$

故 $\displaystyle\int \frac{5x^3-3x^2+7x-3}{(x^2+1)^2} dx = \int \left[\frac{5x-3}{x^2+1} + \frac{2x}{(x^2+1)^2} \right] dx$

$$= \int \frac{5x}{x^2+1} dx - 3 \int \frac{dx}{x^2+1} + \int \frac{2x}{(x^2+1)^2} dx$$

$$= \frac{5}{2} \ln(x^2+1) - 3\tan^{-1} x - \frac{1}{x^2+1} + C.$$

習題 8-3

8-3 代數技巧的應用：配方法，部分分式法

一、基礎題

試求 1～7 題各積分.

1. $\displaystyle\int \frac{x}{x^2-5x+6}\,dx$

2. $\displaystyle\int \frac{5x-4}{x^2-4x}\,dx$

3. $\displaystyle\int \frac{dx}{x(x^2-1)}$

4. $\displaystyle\int \frac{2x^2+4x-8}{x^3-4x}\,dx$

5. $\displaystyle\int \frac{x^3}{x^2-3x+2}\,dx$

6. $\displaystyle\int \frac{2x^2+3}{x(x-1)^2}\,dx$

7. $\displaystyle\int \frac{dx}{x^3+x}$

二、進階題

試求 1～3 題各積分.

1. $\displaystyle\int \frac{\sec^2\theta}{\tan^3\theta-\tan^2\theta}\,d\theta$

2. $\displaystyle\int \frac{dx}{e^x-e^{-x}}$

3. $\displaystyle\int \sqrt{1+e^x}\,dx$

4. 利用代換 $u=\tan\dfrac{x}{2}$，證明：

$$\int \sec x\,dx = \ln\left|\frac{1+\tan\dfrac{x}{2}}{1-\tan\dfrac{x}{2}}\right|+C$$

8-4 瑕積分

在第七章中，我們所涉及到的定積分 $\int_a^b f(x)\,dx$ 具有兩個重要的假設條件：

1. 區間 $[a, b]$ 必須為有限.
2. 被積分函數 f 在 $[a, b]$ 必須為連續，或者，若不連續，也得在 $[a, b]$ 中為有界.

若不合乎此等假設之一者，就稱為**瑕積分**或**廣義積分**.

◎ 積分區間為無限的積分

因函數 $f(x) = \dfrac{1}{x^2}$ 在 $[1, \infty)$ 為連續且非負值，故在 f 的圖形下方由 1 到 t 的面積 $A(t)$ 為

$$A(t) = \int_1^t \frac{1}{x^2}\,dx = -\frac{1}{x}\Big|_1^t = 1 - \frac{1}{t}$$

其圖形如圖 8-1 所示.

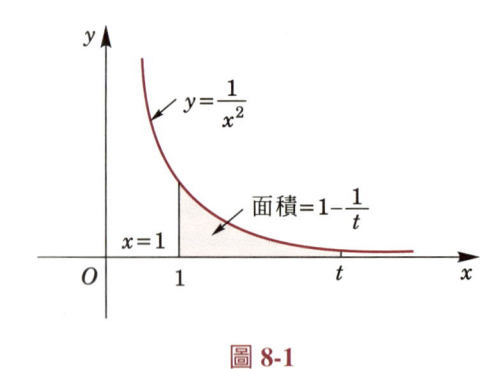

圖 8-1

無論我們選擇多大的 t 值，$A(t) < 1$，且

$$\lim_{t \to \infty} A(t) = \lim_{t \to \infty} \left(1 - \frac{1}{t}\right) = 1$$

上式的極限可以解釋為位於 f 的圖形下方與 x-軸上方以及 $x=1$ 右方的無界區域的面積，並以符號 $\int_1^\infty \frac{1}{x^2}\, dx$ 來表示此數值，故

$$\int_1^\infty \frac{1}{x^2}\, dx = \lim_{t\to\infty} \int_1^t \frac{1}{x^2}\, dx = 1$$

因此，我們有下面的定義.

定義 8-1

(1) 對每一數 $t \geq a$，若 $\int_a^t f(x)\, dx$ 存在，則定義

$$\int_a^\infty f(x)\, dx = \lim_{t\to\infty} \int_a^t f(x)\, dx$$

(2) 對每一數 $t \leq b$，若 $\int_t^b f(x)\, dx$ 存在，則定義

$$\int_{-\infty}^b f(x)\, dx = \lim_{t\to -\infty} \int_t^b f(x)\, dx$$

以上各式若極限存在，則稱該瑕積分為收斂或收斂積分，而極限值即為積分的值. 若極限不存在，則稱該瑕積分為發散或發散積分.

(3) 若 $\int_c^\infty f(x)\, dx$ 與 $\int_{-\infty}^c f(x)\, dx$ 皆為收斂，則稱瑕積分 $\int_{-\infty}^\infty f(x)\, dx$ 為收斂或收斂積分，定義為

$$\int_{-\infty}^\infty f(x)\, dx = \int_{-\infty}^c f(x)\, dx + \int_c^\infty f(x)\, dx$$

若上式右邊任一積分發散，則稱 $\int_{-\infty}^{\infty} f(x)\,dx$ 為**發散**或**發散積分**.

上述的瑕積分皆稱為**第一類型瑕積分**.

例題1 無限區間 $[1, \infty)$ 上的積分

判斷瑕積分 $\int_{1}^{\infty} \dfrac{x}{1+x^2}\,dx$ 是否收斂？

解
$$\int_{1}^{\infty} \dfrac{x}{1+x^2}\,dx = \dfrac{1}{2}\int_{1}^{\infty} \dfrac{2x}{1+x^2}\,dx = \dfrac{1}{2}\lim_{t\to\infty}\int_{1}^{t} \dfrac{2x}{1+x^2}\,dx$$
$$= \dfrac{1}{2}\lim_{t\to\infty}\left[\ln(x^2+1)\right]_{1}^{t} = \dfrac{1}{2}\lim_{t\to\infty}[\ln(t^2+1) - \ln 2]$$
$$= \infty$$

故所予瑕積分發散.

例題2 無限區間 $[1, \infty)$ 上的積分

判斷瑕積分 $\int_{1}^{\infty} \dfrac{\ln x}{x^2}\,dx$ 是否收斂？

解
$$\int_{1}^{\infty} \dfrac{\ln x}{x^2}\,dx = \lim_{t\to\infty}\int_{1}^{t} \dfrac{\ln x}{x^2}\,dx$$

令 $u = \ln x$, $dv = \dfrac{dx}{x^2}$, 則 $du = \dfrac{dx}{x}$, $v = -\dfrac{1}{x}$.

$$\lim_{t\to\infty}\int_{1}^{t} \dfrac{\ln x}{x^2}\,dx = \lim_{t\to\infty}\left[-\dfrac{\ln x}{x}\bigg|_{1}^{t} - \int_{1}^{t}\left(-\dfrac{1}{x}\right)\left(\dfrac{dx}{x}\right)\right]$$

$$= -\lim_{t\to\infty} \frac{\ln t}{t} + \lim_{t\to\infty} \int_1^t \frac{dx}{x^2}$$

$$= -\lim_{t\to\infty} \frac{1}{t} - \lim_{t\to\infty} \left(\frac{1}{x}\bigg|_1^t\right)$$ 第一項之極限利用羅必達法則

$$= 0 - \lim_{t\to\infty}\left(\frac{1}{t}-1\right) = 1$$

故此瑕積分收斂且其值為 1.

例題 3　無限區間 $(-\infty, 0]$ 上的積分

計算 $\displaystyle\int_{-\infty}^0 xe^x\,dx$.

解
$$\int_{-\infty}^0 xe^x\,dx = \lim_{t\to -\infty}\int_t^0 xe^x\,dx$$

利用分部積分法，令 $u=x$, $dv=e^x\,dx$, 則 $du=dx$, $v=e^x$, 所以

$$\int_t^0 xe^x\,dx = xe^x\bigg|_t^0 - \int_t^0 e^x\,dx = -te^t - 1 + e^t$$

我們知道當 $t\to -\infty$ 時，$e^t\to 0$，利用羅必達法則可得

$$\lim_{t\to -\infty} te^t = \lim_{t\to -\infty}\frac{t}{e^{-t}} = \lim_{t\to -\infty}\frac{1}{-e^{-t}} = \lim_{t\to -\infty}(-e^t) = 0$$

故 $\displaystyle\int_{-\infty}^0 xe^x\,dx = \lim_{t\to -\infty}(-te^t - 1 + e^t) = -1$.

例題 4　**無限區間 $(-\infty, \infty)$ 上的積分**

求 $\displaystyle\int_{-\infty}^{\infty} \frac{1}{1+x^2}\, dx$.

解　利用定義 8-1(3)，令 $c=0$，則

$$\int_{-\infty}^{\infty} \frac{1}{1+x^2}\, dx = \int_{-\infty}^{0} \frac{1}{1+x^2}\, dx + \int_{0}^{\infty} \frac{1}{1+x^2}\, dx$$

$$\int_{-\infty}^{0} \frac{1}{1+x^2}\, dx = \lim_{t \to -\infty} \int_{t}^{0} \frac{1}{1+x^2}\, dx = \lim_{t \to -\infty} \left(\tan^{-1} x \,\Big|_{t}^{0} \right)$$

$$= \lim_{t \to -\infty} (\tan^{-1} 0 - \tan^{-1} t) = 0 - \left(-\frac{\pi}{2}\right)$$

$$= \frac{\pi}{2}$$

$$\int_{0}^{\infty} \frac{1}{1+x^2}\, dx = \lim_{t \to \infty} \int_{0}^{t} \frac{dx}{1+x^2} = \lim_{t \to \infty} \left(\tan^{-1} x \,\Big|_{0}^{t} \right)$$

$$= \lim_{t \to \infty} (\tan^{-1} t - \tan^{-1} 0) = \lim_{t \to \infty} \tan^{-1} t$$

$$= \frac{\pi}{2}$$

故 $\displaystyle\int_{-\infty}^{\infty} \frac{1}{1+x^2}\, dx = \frac{\pi}{2} + \frac{\pi}{2} = \pi.$

因 $\dfrac{1}{1+x^2} > 0$，故所給予的瑕積分可解釋為在曲線 $y = \dfrac{1}{1+x^2}$ 的下方且在 x-軸的上方之無界區域的面積，如圖 8-2 所示.

圖 8-2 $y = \dfrac{1}{1+x^2}$

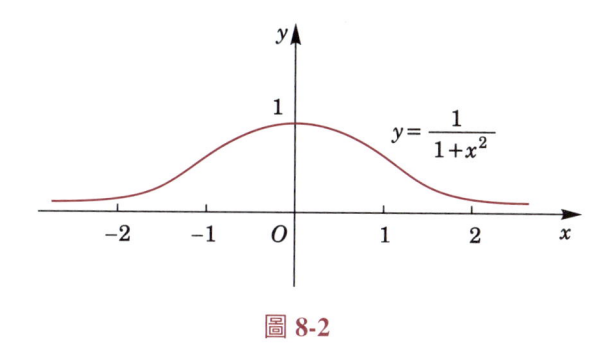

例題 5 無限區間 $(-\infty, \infty)$ 上的積分

在機率論中最重要的密度函數就是<u>標準常態密度函數</u> (standard normal density function). 定義為

$$f(x) = \frac{1}{\sqrt{2\pi}} e^{-x^2/2}$$

在第十一章中,我們可證明 $\dfrac{1}{\sqrt{2\pi}} \displaystyle\int_{-\infty}^{\infty} e^{-x^2/2}\, dx = 1$,現在先利用此一事實來證明此密度函數具有期望值 0 及變異數 1,亦即證明下列各式均成立:

(1) $\dfrac{1}{\sqrt{2\pi}} \displaystyle\int_{-\infty}^{\infty} x e^{-x^2/2}\, dx = 0$ 　　(2) $\dfrac{1}{\sqrt{2\pi}} \displaystyle\int_{-\infty}^{\infty} x^2 e^{-x^2/2}\, dx = 1$

解 (1) 因 $e^{-x^2/2}$ 為一偶函數 $y = f(x)$ 的圖形對稱於 y-軸 (如圖 8-3 所示),因此

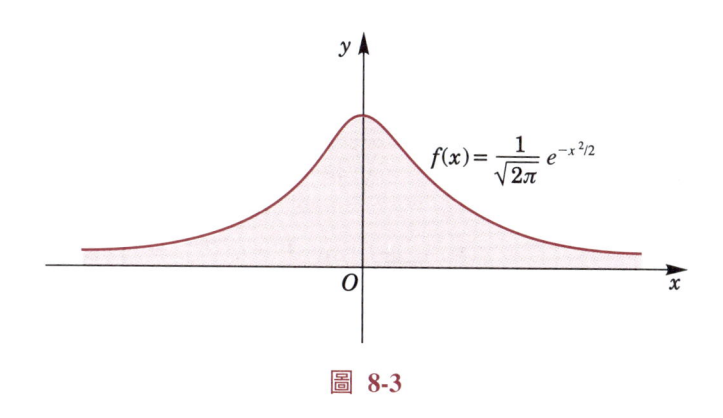

圖 8-3 $f(x) = \dfrac{1}{\sqrt{2\pi}} e^{-x^2/2}$

$$\frac{1}{\sqrt{2\pi}} \int_0^\infty e^{-x^2/2}\, dx = \frac{1}{2}$$

稍後我們會用到此一結果,

$$\begin{aligned}
\frac{1}{\sqrt{2\pi}} \int_0^\infty x e^{-x^2/2}\, dx &= \lim_{t\to\infty} \left[-\frac{1}{\sqrt{2\pi}} \int_0^t e^{-x^2/2}(-x)\, dx \right] \\
&= \lim_{t\to\infty} \left. \left(-\frac{1}{\sqrt{2\pi}} e^{-x^2/2} \right) \right|_0^t \\
&= -\frac{1}{\sqrt{2\pi}} \lim_{t\to\infty} (e^{-t^2/2} - 1) = \frac{1}{\sqrt{2\pi}}
\end{aligned}$$

因 $xe^{-x^2/2}$ 為一奇函數,所以

$$\frac{1}{\sqrt{2\pi}} \int_{-\infty}^0 x e^{-x^2/2}\, dx = -\frac{1}{\sqrt{2\pi}} \int_0^\infty x e^{-x^2/2}\, dx = -\frac{1}{\sqrt{2\pi}}$$

故
$$\frac{1}{\sqrt{2\pi}} \int_{-\infty}^\infty x e^{-x^2/2}\, dx = 0.$$

(2) 我們利用分部積分法及羅必達法則可證明 (2).

$$\frac{1}{\sqrt{2\pi}} \int_0^\infty x^2 e^{-x^2/2}\, dx = \lim_{t\to\infty} \frac{1}{\sqrt{2\pi}} \int_0^t (-x)(-e^{-x^2/2} x)\, dx$$

令 $u = -x$, $dv = -e^{-x^2/2} x\, dx$,則 $du = -dx$, $v = e^{-x^2/2}$.

故 $\dfrac{1}{\sqrt{2\pi}} \displaystyle\int_0^\infty x^2 e^{-x^2/2}\, dx = \lim_{t\to\infty} \dfrac{1}{\sqrt{2\pi}} \left[\left. \left(-x e^{-x^2/2} \right) \right|_0^t + \int_0^t e^{-x^2/2}\, dx \right]$

$$= \frac{1}{\sqrt{2\pi}} \lim_{t\to\infty} \left(-t e^{-t^2/2} + \int_0^t e^{-x^2/2}\, dx \right)$$

$$= \frac{1}{\sqrt{2\pi}} \left(-\lim_{t\to\infty} t e^{-t^2/2} + \int_0^\infty e^{-x^2/2}\, dx \right)$$

$$= -\frac{1}{\sqrt{2\pi}} \lim_{t\to\infty} \frac{t}{e^{t^2/2}} + \frac{1}{\sqrt{2\pi}} \int_0^\infty e^{-x^2/2}\,dx$$

$$= -\frac{1}{\sqrt{2\pi}} \lim_{t\to\infty} \frac{1}{e^{t^2/2}\cdot t} + \frac{1}{\sqrt{2\pi}} \int_0^\infty e^{-x^2/2}\,dx$$

$$= -\frac{1}{\sqrt{2\pi}} \cdot 0 + \frac{1}{2} = \frac{1}{2}$$

因 $x^2 e^{-x^2/2}$ 為一偶函數，同理可得其在 0 的左邊之積分值亦為 $\frac{1}{2}$. 故

$$\frac{1}{\sqrt{2\pi}} \int_{-\infty}^\infty x^2 e^{-x^2/2}\,dx = 1$$

◎ 不連續被積分函數的積分

若函數 f 在閉區間 $[a, b]$ 為連續，則定積分 $\int_a^b f(x)\,dx$ 存在. 若 f 在區間內某一數的值變為無限大，則仍有可能求得積分值. 例如，我們假設 f 在區間 $[a, b)$ 為連續且不為負值，而 $\lim_{x\to b^-} f(x) = \infty$. 若 $a < t < b$，則在 f 的圖形下方由 a 到 t 的面積 $A(t)$ 為

$$A(t) = \int_a^t f(x)\,dx$$

如圖 8-4 所示. 當 $t \to b^-$ 時，若 $A(t)$ 趨近一個定數 A，則

$$\int_a^b f(x)\,dx = \lim_{t\to b^-} \int_a^t f(x)\,dx$$

若 $\lim_{t\to b^-} \int_a^t f(x)\,dx$ 存在，則此極限可解釋為在 f 的圖形下方且在 x-軸上方以及 $x=a$ 與 $x=b$ 之間的無界區域的面積.

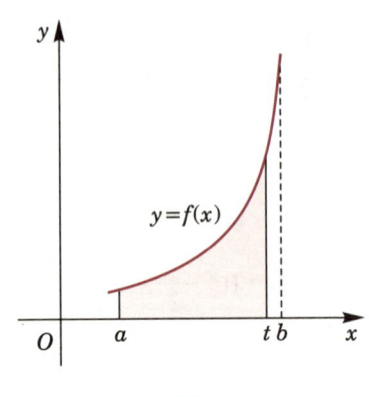

圖 8-4

定義 8-2

(1) 若 f 在 $[a, b)$ 為連續，且當 $x \to b^-$ 時，$\lim\limits_{x \to b^-} |f(x)| = \infty$，則定義

$$\int_a^b f(x)\,dx = \lim_{t \to b^-} \int_a^t f(x)\,dx$$

(2) 若 f 在 $(a, b]$ 為連續，且當 $x \to a^+$ 時，$\lim\limits_{x \to a^+} |f(x)| = \infty$，則定義

$$\int_a^b f(x)\,dx = \lim_{t \to a^+} \int_t^b f(x)\,dx$$

以上各式若極限存在，則稱該瑕積分為收斂或收斂積分，而極限值即為瑕積分的值. 若極限不存在，則稱該瑕積分為發散或發散積分.

(3) 若 f 分別在 $[a, c)$ 與 $(c, b]$ 為連續，且當 $x \to c$ 時，$\lim\limits_{x \to c} |f(x)| = \infty$，又 $\int_a^c f(x)\,dx$ 與 $\int_c^b f(x)\,dx$ 皆為收斂，則稱瑕積分 $\int_a^b f(x)\,dx$ 為收斂或收斂積分，定義為

$$\int_a^b f(x)\,dx = \int_a^c f(x)\,dx + \int_c^b f(x)\,dx$$

若上式右邊任一積分發散，則稱 $\int_a^b f(x)\,dx$ 為發散或發散積分.

上述的瑕積分皆稱為第二類型瑕積分.

定義 8-2 中之 (2) 與 (3) 若以圖形說明，則如圖 8-5 所示，其中 $f(x) \geq 0$ 且 f 在 a 與 c 分別具有垂直漸近線.

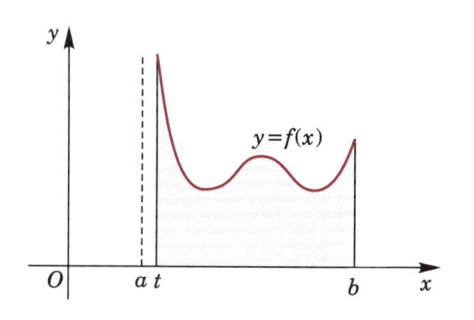

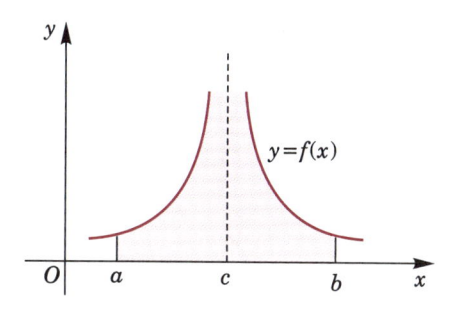

圖 8-5

例題 6 被積分函數 $f(x) = \dfrac{1}{\sqrt{1-x^2}}$ 在 $x=1$ 不連續

計算 $\int_0^1 \dfrac{dx}{\sqrt{1-x^2}}$.

解　$\int_0^1 \dfrac{dx}{\sqrt{1-x^2}} = \lim_{t \to 1^-} \int_0^t \dfrac{dx}{\sqrt{1-x^2}} = \lim_{t \to 1^-} \left(\sin^{-1} x \,\Big|_0^t \right)$

$= \lim_{t \to 1^-} \sin^{-1} t = \dfrac{\pi}{2}$.

例題 7 被積分函數 $\sec x$ 在 $x = \dfrac{\pi}{2}$ 不連續

判斷瑕積分 $\int_0^{\pi/2} \sec x\,dx$ 是否收斂.

解 因被積分函數在 $x=\dfrac{\pi}{2}$ 的值變為無限大，則利用定義 8-2(1) 如下

$$\int_0^{\pi/2} \sec x\, dx = \lim_{t\to(\pi/2)^-}\int_0^t \sec x\, dx = \lim_{t\to(\pi/2)^-}\Big[\ln|\sec x+\tan x|\Big]_0^t$$

$$= \lim_{t\to(\pi/2)^-}[\ln|\sec t+\tan t|-\ln 1]$$

$$=\ln\infty - 0 = \infty$$

故所予瑕積分發散．

例題 8 被積分函數 $f(x)=\dfrac{1}{(x-1)^{4/3}}$ 在 $x=1$ 不連續

判斷瑕積分 $\displaystyle\int_1^3 \dfrac{dx}{(x-1)^{4/3}}$ 的斂散性．

解 因被積分函數在 $x=1$ 的值變為無限大，則利用定義 8-2(2) 如下

$$\int_1^3 \dfrac{dx}{(x-1)^{4/3}} = \lim_{t\to 1^+}\int_t^3 \dfrac{dx}{(x-1)^{4/3}} = \lim_{t\to 1^+}\left(-\dfrac{3}{(x-1)^{1/3}}\bigg|_t^3\right)$$

$$= -\lim_{t\to 1^+}\left(\dfrac{3}{\sqrt[3]{2}} - \dfrac{3}{(t-1)^{1/3}}\right) = -\dfrac{3}{\sqrt[3]{2}} + \infty$$

$$= \infty$$

故所予瑕積分發散．

例題 9 被積分函數 $f(x)=\dfrac{1}{x-1}$ 在 $x=1$ 不連續

判斷瑕積分 $\displaystyle\int_0^3 \dfrac{dx}{x-1}$ 是否收斂．

解 被積分函數在 $x=1$ 無定義，應用定義 8-2(3)，令 $c=1$，得

$$\int_0^3 \frac{dx}{x-1} = \int_0^1 \frac{dx}{x-1} + \int_1^3 \frac{dx}{x-1}$$

欲使左邊的積分收斂，必須右邊的兩個積分皆收斂．對右邊第一個積分利用定義 8-2(1)，可得

$$\int_0^1 \frac{dx}{x-1} = \lim_{t \to 1^-} \int_0^t \frac{dx}{x-1} = \lim_{t \to 1^-} \left(\ln |x-1| \Big|_0^t \right)$$
$$= \lim_{t \to 1^-} (\ln |t-1| - \ln |-1|) = \lim_{t \to 1^-} \ln(1-t)$$
$$= -\infty$$

故所予瑕積分發散．

由於例題 9 中的被積分函數在 [0，3] 中不連續，故不能應用微積分基本定理求之．因此，

$$\int_0^3 \frac{dx}{x-1} = \ln |x-1| \Big|_0^3 = \ln 2 - \ln 1 = \ln 2$$

是錯誤的．

習題 8-4

8-4 瑕積分

一、基礎題

下列為收斂積分或發散積分？若為收斂積分，則其值為何？

1. $\int_1^\infty \frac{dx}{x^{4/3}}$

2. $\int_0^\infty \frac{dx}{4x^2+1}$

3. $\displaystyle\int_{-\infty}^{2} \frac{dx}{5-2x}$

4. $\displaystyle\int_{1}^{\infty} \frac{\ln x}{x} dx$

5. $\displaystyle\int_{3}^{\infty} \frac{dx}{x^2-1}$

6. $\displaystyle\int_{0}^{\infty} xe^{-x} dx$

7. $\displaystyle\int_{-\infty}^{0} \frac{dx}{x^2-3x+2}$

8. $\displaystyle\int_{-\infty}^{\infty} \cos^2 x \, dx$

9. $\displaystyle\int_{0}^{1} \frac{\ln x}{x} dx$

10. $\displaystyle\int_{0}^{1/2} \frac{dx}{x(\ln x)^2}$

11. $\displaystyle\int_{0}^{2} \frac{dx}{(x-1)^2}$

12. $\displaystyle\int_{0}^{4} \frac{dx}{x^2-x-2}$

13. $\displaystyle\int_{0}^{\pi/2} \frac{dx}{1-\cos x}$

二、進階題

1. 求 $\displaystyle\int_{-1}^{1} \ln|x| \, dx$.

2. 求 $\displaystyle\int_{0}^{\pi} \frac{\cos x}{\sqrt{1-\sin x}} dx$.

3. (1) 試證：瑕積分 $\displaystyle\int_{-\infty}^{\infty} x \, dx$ 為發散.

   (2) 試證：$\displaystyle\lim_{t\to\infty} \int_{-t}^{t} x \, dx = 0$.

4. gamma 函數定義為 $\Gamma(x) = \displaystyle\int_{0}^{\infty} t^{x-1} e^{-t} dt$, $x > 0$.

   試證：(1) $\Gamma(x+1) = x\Gamma(x)$

   (2) $\Gamma(n+1) = n!$ (n 為正整數)

5. 計算 $\displaystyle\int_{0}^{\infty} x^6 e^{-2x} dx$.

第九章　定積分的應用

本章學習目標

能夠求出函數之平均值
能夠求平面區域之面積
能夠將定積分之理論應用於經濟學及商學
能夠瞭解定積分在機率上之應用

9-1 函數的平均值

在第七章定理 7-14 中已證明 $\int_a^b f(x)\,dx = f(c)(b-a)$ 成立，若求出 $f(c)$，得

$$f(c) = \frac{\int_a^b f(x)\,dx}{b-a} \tag{9-1}$$

此數 $\dfrac{\int_a^b f(x)\,dx}{b-a}$ 就稱之為 f 在 $[a, b]$ 上的平均值 (average value)。應如何來討論此平均值呢？首先我們將區間分割成具有相等長度 $\Delta x = \dfrac{b-a}{n}$ 的 n 個子區間，然後，在每一個子區間 $[x_{i-1}, x_i]$ 中選取任一數 x_i^*，則 $f(x_1^*), f(x_2^*), \cdots, f(x_n^*)$ 的平均值為

$$\frac{f(x_1^*) + f(x_2^*) + \cdots + f(x_n^*)}{n}$$

因 $n = \dfrac{b-a}{\Delta x}$，故平均值變成

$$\frac{f(x_1^*) + f(x_2^*) + \cdots + f(x_n^*)}{\dfrac{b-a}{\Delta x}} = \frac{1}{b-a}\left[f(x_1^*)\Delta x + f(x_2^*)\Delta x + \cdots + f(x_n^*)\Delta x\right]$$

$$= \frac{1}{b-a}\sum_{i=1}^{n} f(x_i^*)\Delta x$$

令 $n \to \infty$，則 $\displaystyle\lim_{n\to\infty} \frac{1}{b-a}\sum_{i=1}^{n} f(x_i^*)\Delta x = \frac{1}{b-a}\int_a^b f(x)\,dx.$

定義 9-1　函數的平均值

若函數 f 在 $[a, b]$ 為可積分，則 f 在 $[a, b]$ 上的平均值定義為

$$f_{\text{ave}} = \frac{1}{b-a} \int_a^b f(x)\, dx \tag{9-2}$$

假設 $f(x)$ 為一非負值函數，則定積分

$$\int_a^b f(x)\, dx$$

乃是 f 的圖形下方由 $x=a$ 到 $x=b$ 的面積，如圖 9-1 所示. 觀察此圖，$f(x)$ 的圖形上每一點到另一點的"高度"皆不同. 我們能否將 $f(x)$ 以一常數函數 $g(x)=\overline{f}$ (有固定的高度)，使 f 與 g 的每一個圖形下方的面積皆會相同？如果可以，則因為 g 的圖形下方由 $x=a$ 到 $x=b$ 的面積為 $(b-a)\overline{f}$，如圖 9-2 所示，我們可得

$$(b-a)\overline{f} = \int_a^b f(x)\, dx$$

或

$$\overline{f} = \frac{1}{b-a} \int_a^b f(x)\, dx$$

所以 $\overline{f}$ 為 f 在 $[a, b]$ 上的平均值. 於是，具有底 $(b-a)$ 且高為 $\overline{f}$ 之矩形的面積與 f 的圖形下方由 $x=a$ 到 $x=b$ 之面積相同.

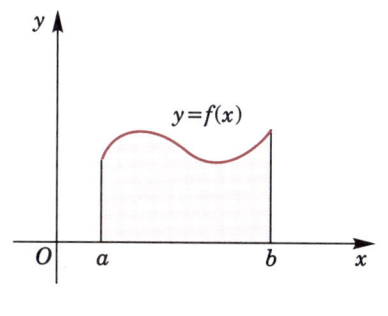

圖 9-1

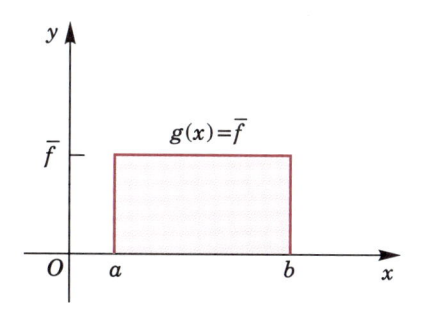

圖 9-2　f 在 $[a, b]$ 上的平均值為 $\overline{f}$

例題 1　利用函數的平均值

求函數 $f(x)=xe^{x^2}$ 在區間 $[0, 2]$ 之平均值.

解

$$f_{ave}=\frac{1}{b-a}\int_a^b f(x)\,dx=\frac{1}{2-0}\int_0^2 xe^{x^2}\,dx=\frac{1}{4}\int_0^2 e^{x^2}\,d(x^2)$$

$$=\frac{1}{4}\left(e^{x^2}\Big|_0^2\right)=\frac{1}{4}(e^4-1).$$

例題 2　利用函數的平均值

某房屋在民國 87 年 1 月 1 日到民國 92 年 1 月 1 日期間內的中間價格約略以函數表示如下

$$f(t)=t^3-7t^2+17t+130, \quad 0\leq t\leq 5$$

此處 $f(t)$ 以千元為單位，且 t 表年度 ($t=0$ 相當於民國 87 年初). 試問在此期間區間中，此房屋的平均中間價格為何？

解　於固定之期間區間，房屋之平均中間價格為

$$f_{ave}=\frac{1}{5-0}\int_0^5 (t^3-7t^2+17t+130)\,dt$$

$$=\frac{1}{5}\left(\frac{1}{4}t^4-\frac{7}{3}t^3+\frac{17}{2}t^2+130t\right)\Big|_0^5$$

$$=\frac{1}{5}\left[\frac{1}{4}(5)^4-\frac{7}{3}(5)^3+\frac{17}{2}(5)^2+130(5)\right]$$

$$\approx 145.417\ (千元)$$

或 145,417 元.

例題 3　利用函數的平均值

金像公司於 4 年期間生產電視機的單位成本 C (C 以元為單位) 為

$$C = 0.005t^2 + 0.1t + 13, \quad 0 \leq t \leq 48$$

其中 t 為時間 (以月計). 試估算在 4 年期間的平均單位成本.

解 將單位成本 C 在區間 [0, 48] 積分之後，再除以 48 就求得平均成本. 故

$$平均單位成本 = \frac{1}{48-0} \int_0^{48} (0.005t^2 + 0.1t + 13)\, dt$$

$$= \frac{1}{48} \left(\frac{0.005t^3}{3} + \frac{0.1t^2}{2} + 13t \bigg|_0^{48} \right)$$

$$= \frac{1}{48}(923.52)$$

$$= 19.24 \ (元).$$

例題 4 利用函數的平均值

某經濟學家估計在 t 年間黃金的購買力 T 為

$$T = 0.98^t$$

則在未來的三年中，黃金的平均購買力為多少？

解 黃金的平均購買力為

$$T_{\text{ave}} = \frac{1}{3-0} \int_0^3 0.98^t\, dt = \frac{1}{3}\left(\frac{0.98^t}{\ln 0.98} \bigg|_0^3 \right)$$

$$= \frac{1}{3} \cdot \frac{1}{\ln 0.98}(0.98^3 - 1)$$

$$= \frac{1}{3 \ln 0.98}(0.941192 - 1)$$

$$= \frac{-0.058808}{-0.060608} = 0.97.$$

習題 9-1

9-1 函數的平均值

一、基礎題

1. 試求下列各函數在已知區間的平均值.

   (1) $f(x)=x^2-2x$；[1, 3]
   (2) $f(x)=x^3-x$；[1, 2]
   (3) $f(x)=\sqrt{x}$；[4, 9]
   (4) $f(x)=xe^{x^2}$；[1, 4]

2. 試求實數 b 使得 $f(x)=2+6x-3x^2$ 在 $[0, b]$ 上的平均值等於 3.

3. 若 $f(x)=\sqrt{x+3}$，在區間 $[1, 6]$ 中求一 c 值使 $f(c)=f_{ave}$.

4. 試求一矩形之高 $f(c)$ 使得在 $f(x)=x^2+1$ 的圖形下方以及在區間 $[-2, 2]$ 上方之面積 A 與 $f(c)[2-(-2)]=4f(c)$ 相等.

5. 利台成衣公司其營運在最初 t 年內，銷售金額近似於函數

$$S(t)=t\sqrt{0.2t^2+4}$$

此處 $S(t)$ 以萬元為單位. 試求利台成衣公司營運最初 5 年內，每年平均銷售金額為若干？

二、進階題

1. 某已開發國家從 1995 年到 2003 年的房屋興建收益變化率為

$$R'(t)=0.1056t^2+550.9e^{-t}$$

其中 R 為收益（以美元計）且 $t=0$ 代表 1995 年，在 1995 年的收益為 10,000 美元.

   (1) 試寫出收益為 t 的函數.
   (2) 1995 年到 2003 年的平均收益為何？

9-2 平面區域的面積

到目前為止，我們已定義並計算位於函數圖形下方的區域面積．在本節裡，我們將利用定積分來討論求面積之各種方法．

◎ 曲線與 x-軸所圍成區域的面積

若函數 $y=f(x)$ 在 $[a, b]$ 為連續，對每一 $x \in [a, b]$，$f(x) \geq 0$，則由曲線 $y=f(x)$、x-軸與直線 $x=a$ 及 $x=b$ 所圍成平面區域之面積為

$$A = \int_a^b f(x)\, dx \tag{9-3}$$

如圖 9-3 所示．

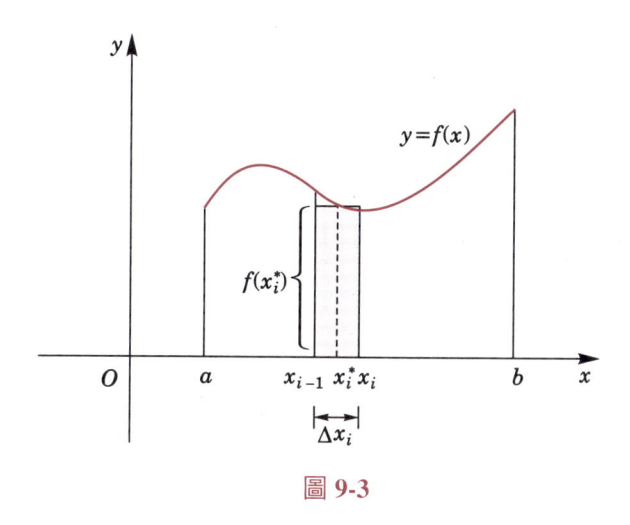

圖 9-3

假設對每一 $x \in [a, b]$，$f(x) \leq 0$，則由曲線 $y=f(x)$、x-軸與直線 $x=a$ 及 $x=b$ 所圍成平面區域之面積為

$$A = -\int_a^b f(x)\, dx \tag{9-4}$$

但有時，若 $f(x)$ 在 $[a, b]$ 內一部分為正值，一部分為負值，即曲線一部分在 x-軸之

圖 9-4

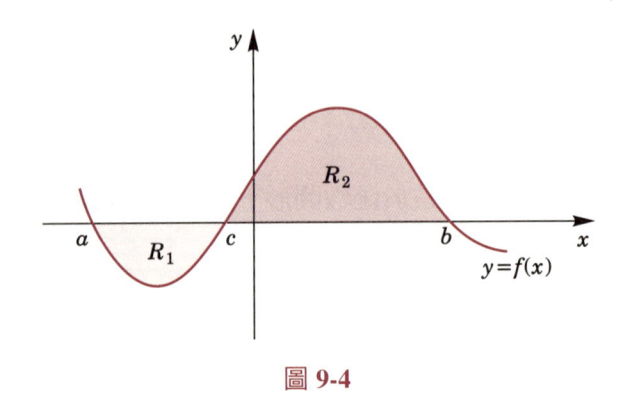

上方，一部分在 x-軸之下方，如圖 9-4 所示，則面積為

$$A=\int_a^b |f(x)|\, dx = -\int_a^c |f(x)|\, dx + \int_c^b |f(x)|\, dx \tag{9-5}$$

其中 $-\int_a^c f(x)\, dx$ 表區域 R_1 之面積，$\int_c^b f(x)\, dx$ 表區域 R_2 之面積.

例題 1 利用式 (9-3)

求在曲線 $y=e^{-x}$ 下方且在區間 $[0, 2]$ 上方的區域面積.

解 區域如圖 9-5 所示. 面積為

$$\begin{aligned}
A &= \int_0^2 e^{-x}\, dx \\
&= -\int_0^2 e^{-x}\, d(-x) \\
&= -e^{-x}\Big|_0^2 = -(e^{-2}-e^0) \\
&= 1 - \frac{1}{e^2}.
\end{aligned}$$

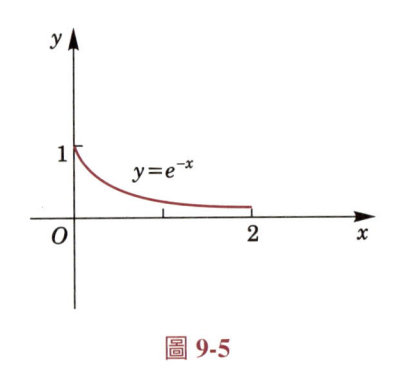

圖 9-5

第九章　定積分的應用　419

例題 2　利用式 (9-3)

求在曲線 $y = \sin x$ 下方且在區間 $[0, \pi]$ 上方的區域面積.

解　區域如圖 9-6 所示. 面積為

$$A = \int_0^\pi \sin x \, dx$$
$$= -\cos x \Big|_0^\pi$$
$$= 1 + 1 = 2.$$

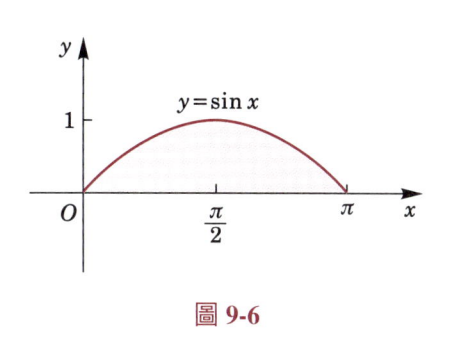

圖 9-6

例題 3　利用式 (9-4)

求在曲線 $y = \cos 2x$ 上方且在區間 $\left[\dfrac{\pi}{4}, \dfrac{\pi}{2}\right]$ 下方的區域面積.

解　區域如圖 9-7 所示. 面積為

$$A = \int_{\pi/4}^{\pi/2} (-\cos 2x) \, dx$$
$$= -\frac{1}{2} \sin 2x \Big|_{\pi/4}^{\pi/2}$$
$$= -\frac{1}{2}(0 - 1)$$
$$= \frac{1}{2}.$$

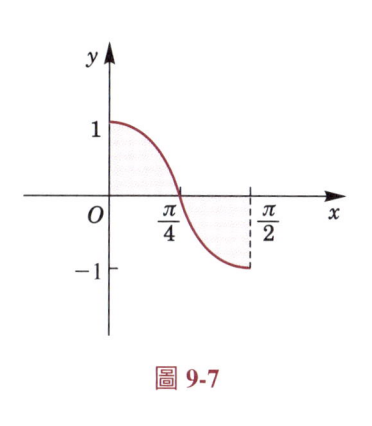

圖 9-7

例題 4　利用式 (9-3)

求曲線 $\sqrt{x} + \sqrt{y} = \sqrt{a}$ $(a > 0)$ 與兩坐標軸所圍成區域的面積.

解　區域如圖 9-8 所示.

對 $\sqrt{x} + \sqrt{y} = \sqrt{a}$ 解 y，可得 $y = (\sqrt{a} - \sqrt{x})^2 = a - 2\sqrt{ax} + x$，所求的面積為

$$A = \int_0^a (a - 2\sqrt{ax} + x)\, dx$$
$$= ax - \frac{4\sqrt{a}}{3} x^{3/2} + \frac{x^2}{2} \Big|_0^a$$
$$= a^2 - \frac{4a^2}{3} + \frac{a^2}{2}$$
$$= \frac{a^2}{6}.$$

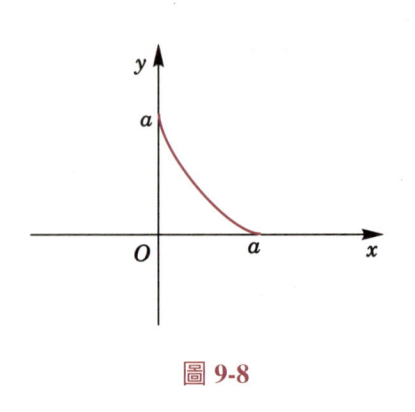

圖 9-8

◎ 曲線與 y-軸所圍成區域的面積

若函數 $x = f(y)$ 在 $[c, d]$ 為連續，對每一 $y \in [c, d]$, $f(y) \geq 0$, 則由曲線 $x = f(y)$、y-軸與直線 $y = c$ 及 $y = d$ 所圍成平面區域的面積為

$$A = \int_c^d f(y)\, dy \tag{9-6}$$

如圖 9-9 所示.

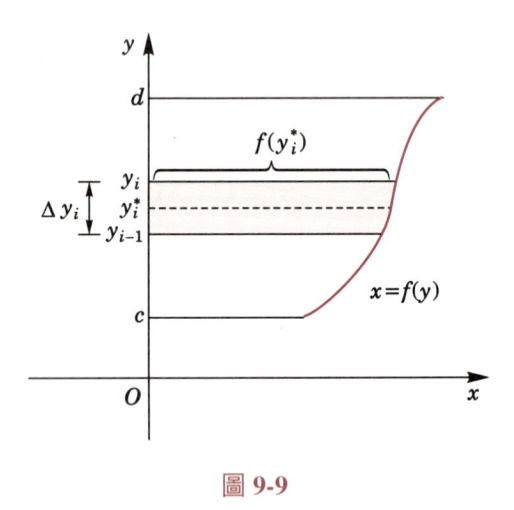

圖 9-9

例題 5 利用式 (9-6)

求由曲線 $y^2 = x - 1$、y-軸與兩直線 $y = -2$ 及 $y = 2$ 所圍成區域的面積.

解 區域如圖 9-10 所示．所求之面積可以表示為函數 $x=f(y)=y^2+1$ 之定積分，故面積為

$$A=\int_{-2}^{2} (y^2+1)\, dy=\left(\frac{y^3}{3}+y\right)\bigg|_{-2}^{2}$$

$$=\frac{8}{3}+2-\left(-\frac{8}{3}-2\right)=\frac{28}{3}.$$

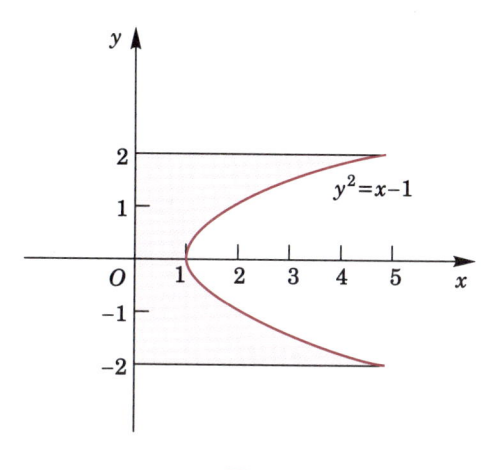

圖 9-10

◎ 兩曲線間所圍成區域的面積

設一平面區域是由兩曲線 $y=f(x)$、$y=g(x)$ 與兩直線 $x=a$、$x=b$ $(a<b)$ 所圍成，且對任一 $x\in [a,b]$，皆有 $f(x)\geq g(x)$，如圖 9-11 所示．

我們將 $[a,b]$ 分成 n 個子區間，分點為 x_i，並取 $[x_{i-1},x_i]$ 中的點 x_i^*，則每一個長條形之面積近似於 $[f(x_i^*)-g(x_i^*)]\Delta x_i$，如圖 9-12 所示．

這些 n 個長條形面積的和為

$$\sum_{i=1}^{n}[f(x_i^*)-g(x_i^*)]\Delta x_i$$

因 $f(x)$ 與 $g(x)$ 在 $[a,b]$ 連續，可知 $f(x)-g(x)$ 在 $[a,b]$ 亦連續且極限存在，故平面區域的面積為

圖 9-11

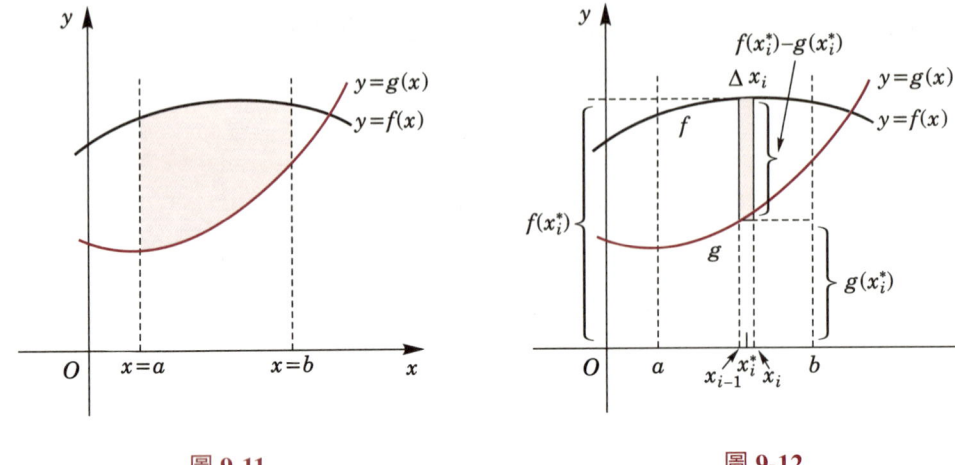

圖 9-12

$$A=\lim_{n\to\infty}\sum_{i=1}^{n}[f(x_i^*)-g(x_i^*)]\,\Delta x_i=\int_{a}^{b}[f(x)-g(x)]\,dx \tag{9-7}$$

　　讀者應注意 $f(x)-g(x)$ 表示每一細條矩形之高度，甚至於當 $g(x)$ 之圖形位於 x-軸之下方亦是．此時由於 $g(x)<0$，所以減去 $g(x)$ 等於加上一個正數．倘若 $f(x)$ 及 $g(x)$ 皆為負的時候，$f(x)-g(x)$ 亦為細條矩形之高度．

　　如果 $f(x)\geq g(x)$ 對於某些 x 成立，而 $g(x)\geq f(x)$ 對於某些 x 亦成立，則將所予區域 R 分割成許多子區域 R_1, R_2, $\cdots$, R_n，面積分別為 A_1, A_2, $\cdots$, A_n，如圖 9-13 所示．最後，我們定義區域 R 的面積 A 為子區域 R_1, R_2, $\cdots$, R_n 的面積和：

$$A=A_1+A_2+\cdots+A_n$$

因

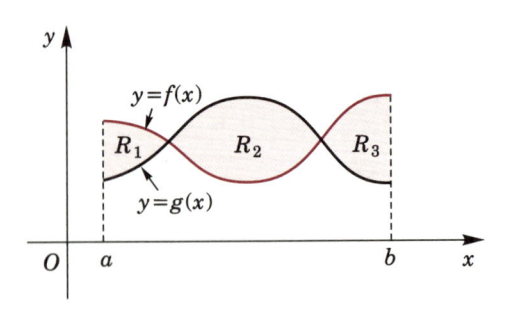

圖 9-13

第九章　定積分的應用　423

$$|f(x)-g(x)|=\begin{cases} f(x)-g(x), & \text{當 } f(x) \geq g(x) \\ g(x)-f(x), & \text{當 } g(x) \geq f(x) \end{cases}$$

所以，區域 R 的面積為

$$A=\int_a^b |f(x)-g(x)|\, dx \tag{9-8}$$

可是，當我們計算式 (9-8) 中的積分時，仍然需要將它分成對應 $A_1, A_2, \cdots, A_n$ 的積分.

例題 6 利用式 (9-7)

求曲線 $y=x^2+1$ 與直線 $y=x-1$、$x=0$、$x=3$ 所圍成區域的面積.

解 區域如圖 9-14 所示. 面積為

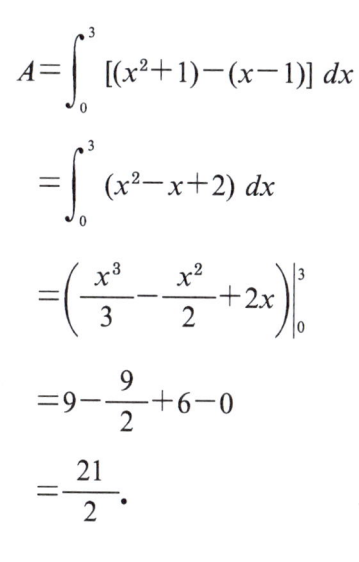

$$\begin{aligned}
A &= \int_0^3 [(x^2+1)-(x-1)]\, dx \\
&= \int_0^3 (x^2-x+2)\, dx \\
&= \left.\left(\frac{x^3}{3}-\frac{x^2}{2}+2x\right)\right|_0^3 \\
&= 9-\frac{9}{2}+6-0 \\
&= \frac{21}{2}.
\end{aligned}$$

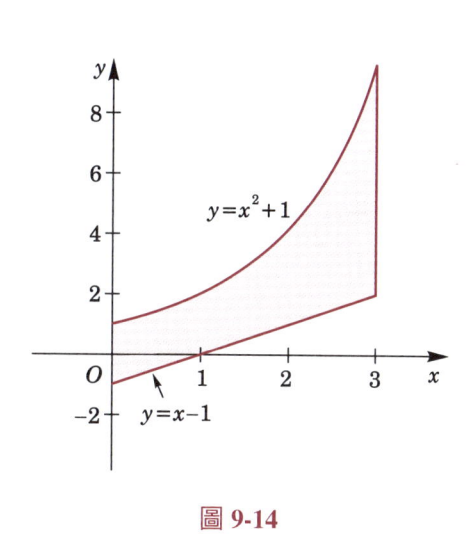

圖 9-14

例題 7 利用式 (9-7)

求曲線 $y=2-x^2$ 與直線 $y=x$ 所圍成區域的面積.

解 先求得曲線 $y=2-x^2$ 與直線 $y=x$ 之交點坐標為 $(-2, -2)$ 與 $(1, 1)$，如

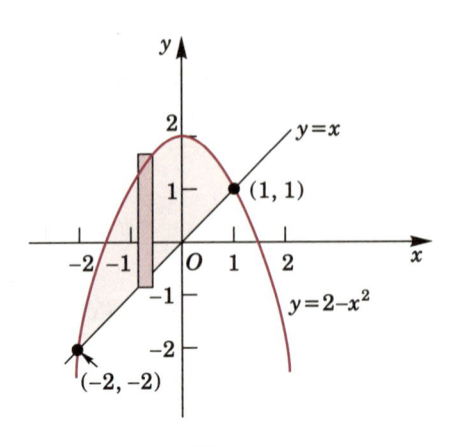

圖 9-15

圖 9-15 所示.

因對任一 $x \in [-2, 1]$，$x \leq 2-x^2$，故面積為

$$A = \int_{-2}^{1} [(2-x^2)-x]\, dx = \int_{-2}^{1} (2-x^2-x)\, dx$$

$$= \left(2x - \frac{x^3}{3} - \frac{x^2}{2}\right)\Big|_{-2}^{1} = \left(2 - \frac{1}{3} - \frac{1}{2}\right) - \left(-4 + \frac{8}{3} - 2\right)$$

$$= \frac{9}{2}.$$

例題 8 利用式 (9-8)

求由兩曲線 $y = \sin x$、$y = \cos x$ 與兩直線 $x = 0$、$x = \dfrac{\pi}{2}$ 所圍成區域的面積.

解 此兩曲線的交點為 $\left(\dfrac{\pi}{4}, \dfrac{\sqrt{2}}{2}\right)$，區域如圖 9-16 所示. 當 $0 \leq x \leq \dfrac{\pi}{4}$ 時，$\cos x \geq \sin x$；當 $\dfrac{\pi}{4} \leq x \leq \dfrac{\pi}{2}$ 時，$\sin x \geq \cos x$. 因此，所求的面積為

$$A = \int_0^{\pi/2} |\cos x - \sin x|\, dx = \int_0^{\pi/4} (\cos x - \sin x)\, dx + \int_{\pi/4}^{\pi/2} (\sin x - \cos x)\, dx$$

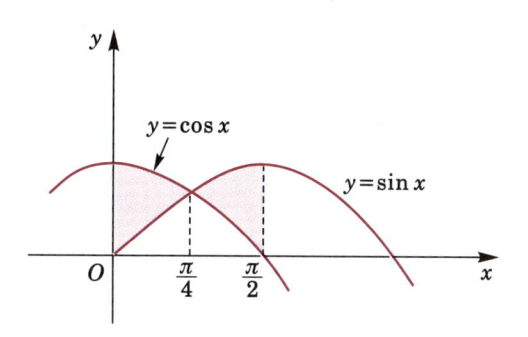

圖 9-16

$$= (\sin x + \cos x)\Big|_0^{\pi/4} + (-\cos x - \sin x)\Big|_{\pi/4}^{\pi/2}$$

$$= \left(\frac{\sqrt{2}}{2} + \frac{\sqrt{2}}{2} - 1\right) + \left(-1 + \frac{\sqrt{2}}{2} + \frac{\sqrt{2}}{2}\right)$$

$$= 2(\sqrt{2} - 1).$$

例題 9 **分段積分**

求由曲線 $y^2 = 3 - x$ 與直線 $y = x - 1$ 所圍成區域的面積.

解 先求得曲線 $y^2 = 3 - x$ 與直線 $y = x - 1$ 之交點坐標為 $(-1, -2)$ 與 $(2, 1)$，如圖 9-17 所示.

面積為

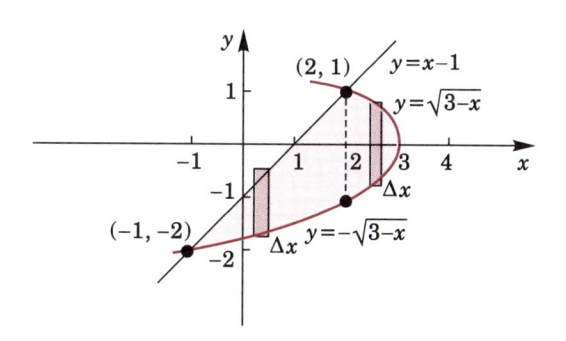

圖 9-17

$$A=\int_{-1}^{2}[x-1-(-\sqrt{3-x})]\,dx+\int_{2}^{3}[\sqrt{3-x}-(-\sqrt{3-x})]\,dx$$

上邊界 $y=f(x)$　下邊界 $y=g(x)$　上邊界 $y=f(x)$　下邊界 $y=g(x)$

$$=\int_{-1}^{2}(x-1+\sqrt{3-x})\,dx+2\int_{2}^{3}\sqrt{3-x}\,dx$$

$$=\left[\frac{x^2}{2}-x-\frac{2}{3}(3-x)^{3/2}\right]\Big|_{-1}^{2}-\left[\frac{4}{3}(3-x)^{3/2}\right]\Big|_{2}^{3}$$

$$=\frac{19}{6}+\frac{4}{3}=\frac{9}{2}.$$

有一個比較簡易的方法可解例題 9，我們不必視 y 為 x 的函數，而是視 x 為 y 的函數. 一般而言，若一區域是由兩曲線 $x=f(y)$、$x=g(y)$ 與兩直線 $y=c$、$y=d$ 所圍成，此處 f 與 g 在 $[c, d]$ 皆為連續，且 $f(y) \geq g(y)$ 對於 $c \leq y \leq d$ 皆成立，如圖 9-18 所示，則其面積為

$$A=\lim_{n\to\infty}\sum_{i=1}^{n}[f(y_i^*)-g(y_i^*)]\,\Delta y_i=\int_{c}^{d}[f(y)-g(y)]\,dy \tag{9-9}$$

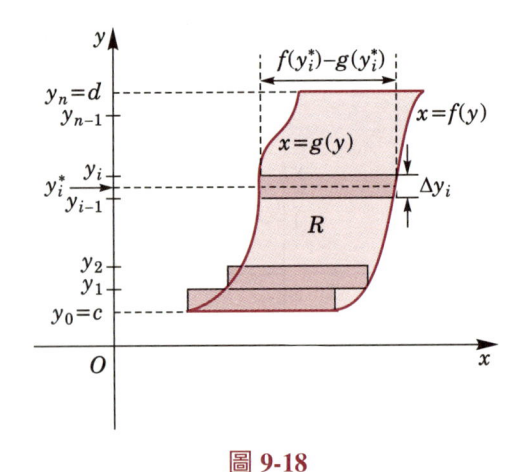

圖 9-18

例題 10　利用式 (9-9)

試對 y 積分求例題 9 之面積.

解　曲線 $x=3-y^2$ 與直線 $x=y+1$ 的交點為 $(-1, -2)$ 與 $(2, 1)$，且對任一 $y \in [-2, 1]$，$y+1 \leq 3-y^2$，如圖 9-19 所示.

故面積為

$$A = \int_{-2}^{1} [\underbrace{(3-y^2)}_{\substack{\text{右邊界}\\x=f(y)}} - \underbrace{(y+1)}_{\substack{\text{左邊界}\\x=g(y)}}]\, dy = \int_{-2}^{1} (-y^2-y+2)\, dy$$

$$= \left(-\frac{y^3}{3} - \frac{y^2}{2} + 2y \right) \Big|_{-2}^{1}$$

$$= \left(-\frac{1}{3} - \frac{1}{2} + 2 \right) - \left(\frac{8}{3} - 2 - 4 \right)$$

$$= \frac{9}{2}.$$

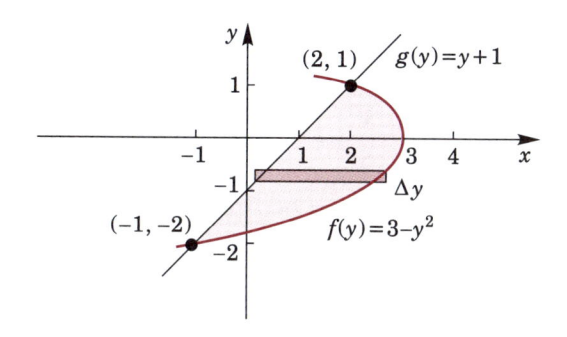

圖 9-19

習題 9-2

9-2 平面區域的面積

一、基礎題

試求 1~8 題中,繪出所予方程式的圖形所圍成的區域,並求其面積.

1. $y=\sqrt{x}$, $y=-x$, $x=1$, $x=4$
2. $y=4-x^2$, $y=-4$
3. $x=y^2$, $x-y=-2$, $y=-2$, $y=3$
4. $y=x^3$, $y=x^2$
5. $x+y=3$, $x^2+y=3$
6. $x=y^2$, $x-y-2=0$
7. $y=e^{-x}$, $xy=1$, $x=1$, $x=2$
8. $y=e^x-1$、$y=\dfrac{4}{e^x}-1$ 與 x-軸.

二、進階題

1. 試求圖形 $y=2+|x-1|$ 與 $y=-\dfrac{1}{5}x+7$ 所圍成區域之面積.
2. 試求曲線 $y=\sin x$, $y=\cos x$, $x=0$, $x=2\pi$ 所圍成區域之面積.
3. 試求 $y=x^3-3x^2-4x$ 與 $y=x^2-3x-4$ 所圍成區域之面積.
4. 試分別對 x 積分與對 y 積分,求兩曲線 $y^2=4ax$ 與 $x^2=\dfrac{1}{2}ay$ $(a>0)$ 所圍成區域的面積.
5. 求 $y=\dfrac{x^2+x+1}{x^2+1}$ 的圖形與兩坐標軸及直線 $x=3$ 所圍成平面區域的面積.

9-3 定積分在經濟學上的應用

◎ 消費者剩餘

在自由競爭市場中，需求曲線與供給曲線的交點，經濟學上稱為均衡點. 此點對應之需求量稱為均衡需求量 x_e，當時的價格稱為均衡價格 p_e，此時需求者與供給者均樂於交易. 如圖 9-20 所示.

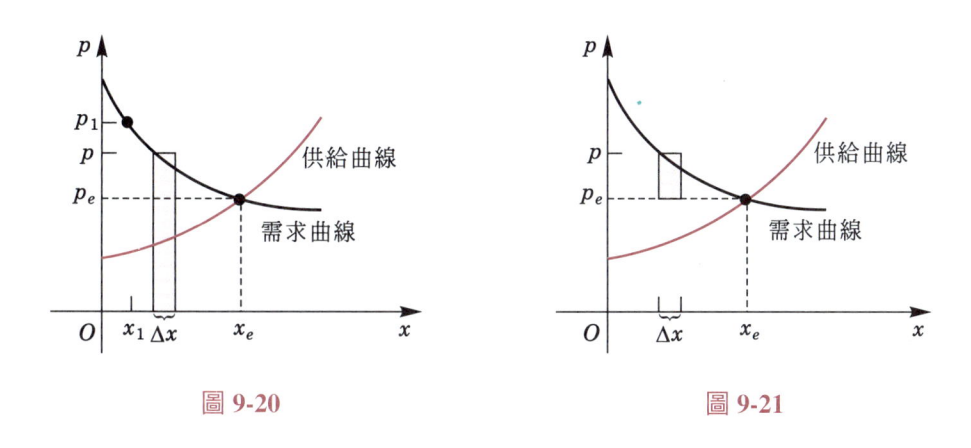

圖 9-20

圖 9-21

現假設某商品之供需關係在市場上是平衡的，且設此時之每單位價格為 p_e，按需求函數之意義，有些消費者願意以高於 p_e 之價格購買該商品. 例如，當每單位價格為 p_1 時，消費者願意購買之數量為 x_1，但市場供需平衡之價格為低於 p_1 之 p_e，故實際上這些消費者以較低之市場價格 p_e 購買而獲得利益.

圖 9-20 中所示矩形之面積為 $p \Delta x$，可視為每單位價格為 p 時消費者購買 Δx 單位之商品所花費之總金額. 因市場之實際價格為 p_e，當消費者購買 Δx 單位時僅需支付 $p_e \Delta x$，因此其所獲得之利益為

$$p \Delta x - p_e \Delta x = (p - p_e) \Delta x$$

上式就是高為 $p-p_e$ 且寬為 Δx 之矩形面積，如圖 9-21 所示. 利用定積分求這些矩形由 $x=0$ 至 $x=x_e$ 的面積之總和，得

$$\int_0^{x_e} (p-p_e)\,dx \qquad (9\text{-}10)$$

式 (9-10) 在某些條件下，代表願意支付高於均衡價格之消費者所獲得之總利益，此總利益稱為**消費者剩餘** (consumers' surplus)，簡稱 *C.S.*。若需求函數定義為 $p=d(x)$，則

$$C.S. = \int_0^{x_e}(d(x)-p_e)\,dx = \int_0^{x_e} d(x)\,dx - \int_0^{x_e} p_e\,dx$$

因 p_e 為常數，故

$$C.S. = \int_0^{x_e} d(x)\,dx - p_e x_e$$

定義 9-2

消費者剩餘定義為

$$C.S. = \int_0^{x_e} d(x)\,dx - p_e x_e \qquad (9\text{-}11)$$

此處 $d(x)$ 為需求函數，p_e 為市場均衡價格，且 x_e 為市場均衡量.

上式定積分之幾何意義，如圖 9-22 所示，就是消費者剩餘為需求曲線 $p=d(x)$ 與 $p=p_e$ 之間，和直線 $x=0$、$x=x_e$ 所圍成區域之面積.

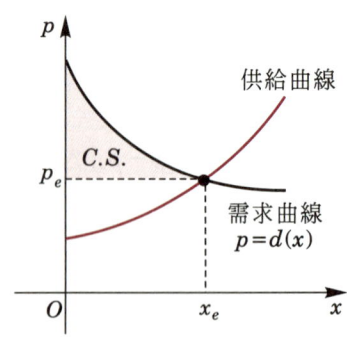

圖 9-22

例題 1　消費者剩餘

設某商品的需求函數 $x=d(p)$ 於任意價格 p 時均為正，若 $p=k_0$ 為市場價格，則消費者剩餘定義為瑕積分

$$\int_{k_0}^{\infty} d(p)\, dp$$

設一商品的供給函數與需求函數分別如下

$$s(p)=9p-8, \quad d(p)=\frac{80}{(p+2)^{3/2}}$$

試證 $p=2$ 為市場價格，並求消費者剩餘．

解　市場價格 p 滿足下式

$$s(p)=d(p) \Leftrightarrow 9p-8=\frac{80}{(p+2)^{3/2}}$$

因為
$$s(2)=10=d(2)$$

故知 $p=2$ 為市場價格，而此時消費者剩餘為

$$C.S.=\int_{2}^{\infty} \frac{80}{(p+2)^{3/2}}\, dp = \lim_{t\to\infty} \int_{2}^{t} 80\cdot (p+2)^{-3/2}\, dp$$

$$=\lim_{t\to\infty} \left(-160\cdot \frac{1}{\sqrt{2+p}} \bigg|_{2}^{t}\right) = \lim_{t\to\infty}\left(80-\frac{160}{\sqrt{2+t}}\right)$$

$$=80.$$

◎ 生產者剩餘

當某商品在市場上之均衡價格為 p_e，按供給函數之意義，有些生產者願意以低於 p_e 之價格供應市場，但實際上生產者以較高之價格 p_e 供應市場而獲得利益，故生產者所獲得之總利益稱為生產者剩餘 (producers' surplus)，簡稱 $P.S.$．若供給函數定義為

$$p = s(x)$$

則願意以低於均衡價格 p_e 供應市場之生產者所獲得之總利益為

$$P.S. = \int_0^{x_e} (p_e - s(x))\, dx = \int_0^{x_e} p_e\, dx - \int_0^{x_e} s(x)\, dx$$

$$= p_e x_e - \int_0^{x_e} s(x)\, dx$$

定義 9-3

生產者剩餘定義為

$$P.S. = p_e x_e - \int_0^{x_e} s(x)\, dx \tag{9-12}$$

此處 $s(x)$ 為供給函數，p_e 為市場均衡價格，且 x_e 為市場均衡量．

以幾何意義而言，生產者剩餘為供給曲線 $p = s(x)$ 與 $p = p_e$ 之間，和直線 $x = 0$、$x = x_e$ 所圍成區域之面積，如圖 9-23 所示．

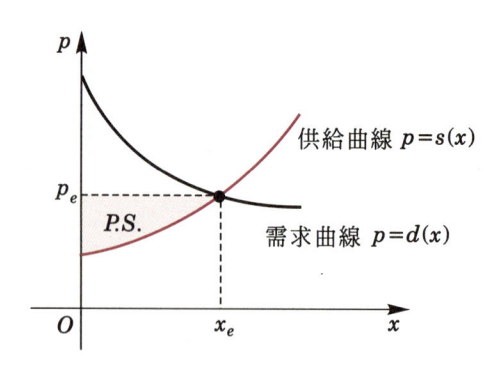

圖 9-23

例題2 **消費者與生產者剩餘**

某商品之需求函數 $d(x)$ 與供給函數 $s(x)$ 分別定義如下

$$p = d(x) = 100 - 0.05x$$
$$p = s(x) = 10 + 0.1x$$

當市場供需均衡時，試求消費者與生產者剩餘．

解 首先求出均衡點 (x_e, p_e)，即求需求曲線方程式與供給曲線方程式之交點，解得

$$x_e = 600, \quad p_e = 70$$

如圖 9-24 所示．消費者剩餘為

$$C.S. = \int_0^{x_e} d(x)\,dx - x_e\,p_e = \int_0^{600} (100 - 0.05x)\,dx - (600)(70)$$

$$= (100x - 0.025x^2)\Big|_0^{600} - 42{,}000$$

$$= 9{,}000$$

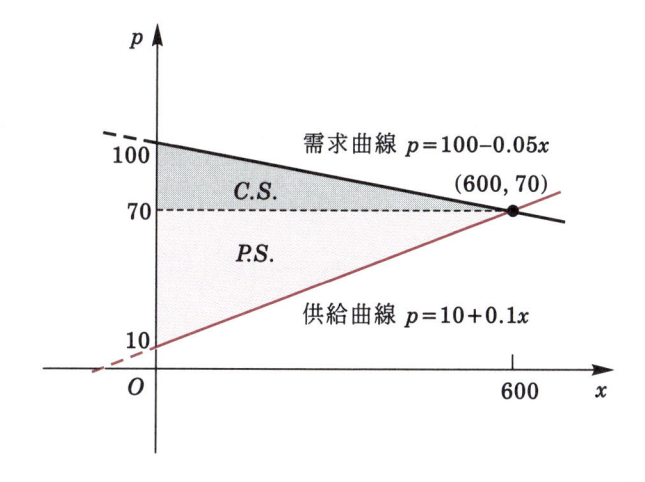

圖 9-24

又生產者剩餘為

$$P.S. = x_e\, p_e - \int_0^{x_e} s(x)\, dx = (600)(70) - \int_0^{600} (10+0.1x)\, dx$$

$$= 42{,}000 - (10x + 0.05x^2)\Big|_0^{600}$$

$$= 18{,}000.$$

例題 3　消費者剩餘

在獨佔市場下的生產者追求利潤最大時，決定其銷售量及對應價格的需求函數 $p = d(x) = 16 - x^2$，邊際成本為 $C'(x) = x + 6$. 試求對應的消費者剩餘.

解 因總收益為 $R(x) = xp = 16x - x^3$，故邊際收益為

$$R'(x) = 16 - 3x^2$$

因利潤最大時，邊際收益等於邊際成本.

即　　　　　　　　　　$16 - 3x^2 = x + 6$

或　　　　　　　　　　$3x^2 + x - 10 = 0$

得 $x = -2$ 或 $x = \dfrac{5}{3}$，故均衡點為 $\left(\dfrac{5}{3},\ \dfrac{119}{9}\right)$.

圖 9-25 所示之顏色部分即為消費者剩餘. 於是，消費者剩餘為

$$C.S. = \int_0^{5/3} (16 - x^2)\, dx - \left(\dfrac{119}{9}\right)\left(\dfrac{5}{3}\right)$$

$$= \left(16x - \dfrac{x^3}{3}\right)\Big|_0^{5/3} - \dfrac{595}{27}$$

$$= \dfrac{250}{81} \approx 3.09.$$

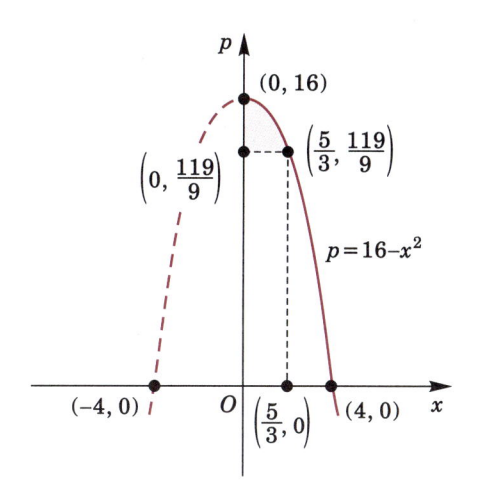

圖 9-25

習題 9-3

9-3 定積分在經濟學上的應用

一、基礎題

1. 設 $p=d(x)=15-0.5x$ 元，而 $p=s(x)=1.5x+1$ 元，試求均衡點及消費者剩餘.

2. 設 $p=d(x)=15-0.5x$ 元，而 $p=s(x)=1.5x+1$ 元，試求生產者剩餘.

3. 已知需求曲線 $p=30-6x^2$，供給曲線 $p=2x^2+4x+6$.
   (1) 試繪此兩曲線.
   (2) 試求消費者剩餘與生產者剩餘.

4. 假設供給函數為 $p=s(x)=\dfrac{5x}{500-x}$. 試求當價格水準為 20 元時之生產者剩餘.

5. 某公司銷售電視機的需求函數為

$$p=d(x)=\sqrt{9-0.02x}$$

此處 p 為單價（以千元為單位）且 x 為每週的需求量，相對應的供給函數為

$$p = s(x) = \sqrt{1+0.02x}$$

此處 x 為供給者在價格 p 下所願供給電視機之數量. 試確定消費者剩餘及生產者剩餘各為若干？

二、進階題

1. 在獨佔市場下的生產者追求利潤最大時，確定其銷售量及對應價格的需求函數為 $p = 20 - 4x^2$，邊際成本為 $C'(x) = 2x + 6$，試求相對應之消費者剩餘.

2. 已知需求函數為 $p = 20 - x^2$，供給函數為 $p = 2x^2$，求完全競爭下的生產者及消費者剩餘.

3. 某品牌個人電腦的需求函數為

$$p = d(x) = -0.001x^2 + 250$$

此處 p 表單位價格，以元計，且 x 為需求量，以千為單位. 又這些個人電腦之供給函數為

$$p = s(x) = 0.0006x^2 + 0.02x + 100$$

此處 p 表單位價格，以元計，且 x 表個人電腦在市場上之供給量，以千為單位. 若個人電腦之市場價格決定於其均衡價格，試求消費者剩餘及生產者剩餘.

9-4 定積分在商業上的應用

◎ 連續現金流量 (或錢流)

我們在第五章中曾經討論過現金以**虛利率** (或**名目利率**) 進行投資時，所做連續複利之計息. 由於連續的投資，造成連續所得的現金流量，若現金流量之變化率為一連續函數 $f(t)$，則在一定之時間區間內，可求得全部之現金流量.

定義 9-4

若 $f(t)$ 為現金流量之變化率，則在時間區間 $[0, T]$ 內，全部現金流量定義為定積分

$$\int_0^T f(t)\, dt \tag{9-13}$$

全部現金流量有時稱為年金終值 (the amount of an annuity)，而年金一詞是指每隔一定期間支付一次之金額而言.

依照上述之定義，令連續函數 $f(t)$ 表每單位時間現金流量之變化率. 若 t 是以年為單位且 $f(t)$ 是每年以元計，則在 $f(t)$ 圖形下方介於兩時間點間的面積，表示在已知時間區間內全部的現金流量.

如圖 9-26 的函數 $f(t) = 1{,}000$，表示每年 1,000 元現金流量之相同變化率. 現金流量之圖形為一水平線，且於指定時間 T 之全部現金流量正好等於 f 圖形下方以及區間 $[0, T]$ 上方之矩形的面積. 例如，在 $T = 5$ 年之全部現金流量為 $1{,}000(5) = 5{,}000$ 元.

但是，讀者應注意對於一變動連續函數 (現金流量可變之變化率). 例如，若 $f(t) = 1{,}000 e^{0.08t}$，則在 5 年期間內，全部之現金流量就得利用定積分求之

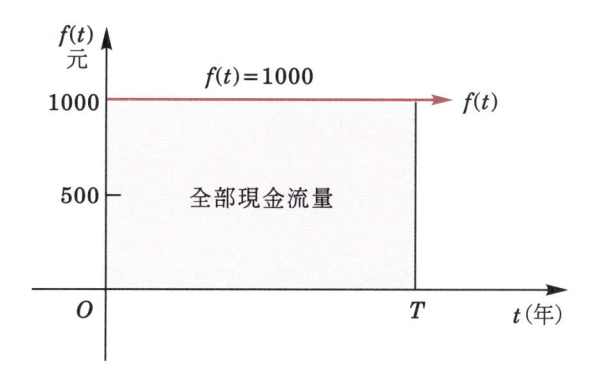

圖 9-26

圖 9-27

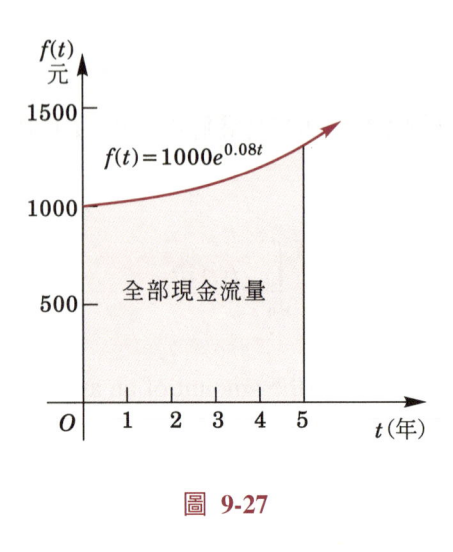

$$\int_0^5 1,000e^{0.08t}\, dt \approx 6,147.81 \text{ (元)}$$

如圖 9-27 所示.

例題 1 **全部現金流量 (年金終值)**

某製冰機器之生產所得每年以元計，恰為一自然指數成長. 在機器裝置之初，產生之所得如果是連續，則每年產生 500 元之生產所得，在第一年末時，它以每年 510.10 元之變化率產生所得. 試求此製冰機器在開始運作後的前 3 年所產生之全部所得.

解 令 t 以年為單位，表示自從機器裝置後之時間. 因假設所得為自然指數成長，故利用初值等於 500，得知所得之變化率為

$$f(t) = 500e^{kt}$$

其中 k 為待定常數. 接著利用第一年末之值求 k

$$f(1) = 500e^k = 510.10$$
$$e^k \approx 1.0202$$
$$k \approx \ln 1.0202 \approx 0.02$$

故所得之變化率為連續函數 $f(t)=500e^{0.02t}$

$$全部所得 = \int_0^3 500e^{0.02t}\,dt = \frac{500}{0.02}e^{0.02t}\Big|_0^3 = 25{,}000(e^{0.06}-1) \approx 1{,}545.91$$

故此製冰機器開始運作後的前 3 年，將產生約 1,545.91 元之全部生產所得．

◎ 現金流量的現值

令 $f(t)$ 表連續現金流量之變化率，如圖 9-28 所示，我們將時間區間 $[0, T]$ 分割成 n 個相等之子區間，每個子區間之寬度為 Δt_i．現金在任何時間區間流量之總額為介於 t-軸與 f 曲線於指定時間區間上方的面積．在每個子區間上方之面積近似於高為 $f(t_i)$ 之矩形面積，此處 t_i 為第 i 個子區間之左端點，而每個矩形之面積為 $f(t_i)\Delta t_i$，它近似於現金在第 i 個時間區間流量之總額．在 §5-4 中，我們曾討論到依年利率 r 連續複利 t 年，複利終值 S 之現值為 $P=Se^{-rt}$，今以 $f(t_i)\Delta t_i$ 代替 S，則在第 i 個子區間現金流量之現值約略等於

$$P_i = f(t_i)\,\Delta t_i\,e^{-rt_i}$$

全部之現值 P 約略等於下列之黎曼和

$$\sum_{i=1}^{n} f(t_i)\,\Delta t_i\,e^{-rt_i}$$

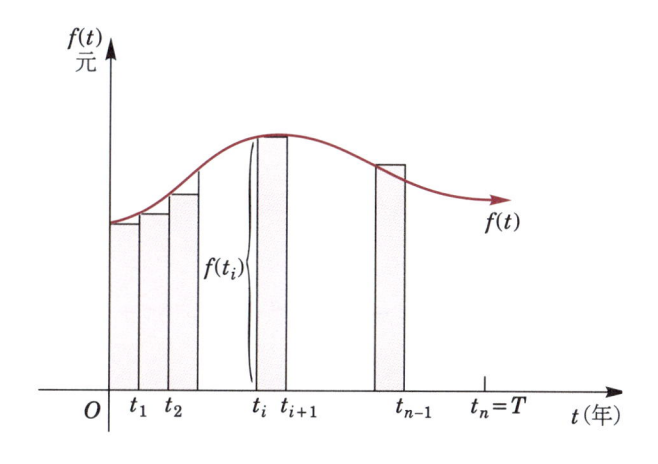

圖 9-28

當 $n \to \infty$ 時，取極限，得現值為

$$P = \lim_{n \to \infty} \sum_{i=1}^{n} f(t_i)\, \Delta t_i\, e^{-rt_i}$$

此黎曼和之極限可表為定積分．

定義 9-5

若 $f(t)$ 是依年利率 r 在 T 年內的連續現金流量之變化率，則現金流量之現值為

$$P = \int_0^T f(t_i)\, t\, e^{-rt_i}\, dt \tag{9-14}$$

例題 2　現金流量的現值

利台公司希望在 3 年期間內的年所得之變化率為

$$f(t) = 20{,}000t,\ 0 \leqslant t \leqslant 3$$

若年利率為 4%，則於 3 年期間內所得之現值為何？

解　利用式 (9-14)，得

$$P = \int_0^3 20{,}000 t e^{-0.04t}\, dt = 20{,}000 \int_0^3 t e^{-0.04t}\, dt$$

由分部積分法得知

$$\int t e^{-0.04t}\, dt = -25 t e^{-0.04t} - 625 e^{-0.04t} + C$$

所以，

$$P = 20{,}000 \int_0^3 t e^{-0.04t}\, dt$$

$$= 20{,}000(-25 t e^{-0.04t} - 625 e^{-0.04t})\Big|_0^3$$

$$= 20{,}000[-25(3)e^{-(0.04)3} - 625 e^{-(0.04)3} - (0 - 625)]$$

$$= 20{,}000(-75 e^{-0.12} - 625 e^{-0.12} + 625)$$

$$\approx 20{,}000(-66.5190 - 554.3253 + 625)$$

$$= 83{,}114$$

或大約 83,114 元. 讀者應注意在 3 年期間內實際之所得應為

$$\text{全部現金流量} = \int_0^3 20{,}000 t\, dt = 10{,}000 t^2 \Big|_0^3 = 90{,}000$$

或 90,000 元,此意義係指如果目前投資一筆金額 83,114 元,依利率 4% 連續複利期間 3 年,就等於含利息之全部現金流量 90,000 元.

◎ 現金流量在時間 T 時的終值 (累積值)

要求在任何時間 T 現金流量含利息之總額,可由公式 $S = P e^{rT}$ 解 P,得

$$P = S e^{-rT}$$

令上式等於式 (9-14) 中現金流量之現值 P,則

$$S e^{-rT} = \int_0^T f(t)\, e^{-rt}\, dt$$

上式等號兩端同乘以 e^{rT},可得下列之公式.

定義 9-6

若 $f(t)$ 表依年利率 r 在時間 T 之現金流量之變化率，則在時間 T，現金流量之終值為

$$S = e^{rT} \int_0^T f(t) e^{-rt} \, dt \tag{9-15}$$

例題 3 現金流量之終值與現值

一連續之現金流量以 5,000 元開始，且按每年 2% 呈指數遞增．

(1) 試求 5 年末依利率 6% 連續複利之終值．

(2) 試求 5 年末依利率 4% 連續複利之現值．

解 (1) 現金流量之指數型成長函數為

$$f(t) = 5,000 e^{0.02t}$$

以 $r = 0.06$，$T = 5$ 代入式 (9-15) 中，得

$$S = e^{(0.06)5} \int_0^5 5,000 e^{0.02t} \cdot e^{-0.06t} \, dt = (e^{0.3})(5,000) \int_0^5 e^{-0.04t} \, dt$$

$$= (e^{0.3})(5,000) \left(-\frac{1}{0.04} e^{-0.04t} \Big|_0^5 \right) = \frac{5,000 e^{0.3}}{-0.04} [e^{(-0.04)5} - e^0]$$

$$= \frac{5,000 e^{0.3}}{-0.04} (e^{-0.2} - 1) = \frac{5,000}{-0.04} (e^{0.1} - e^{0.3})$$

$$\approx 30,585$$

或 30,585 元．

(2) 以 $f(t)=5{,}000e^{0.02t}$, $r=0.04$ 代入式 (9-14) 中，得

$$P=\int_0^5 5{,}000e^{0.02t}\cdot e^{-0.04t}\,dt=5{,}000\int_0^5 e^{-0.02t}\,dt$$

$$=5{,}000\left(\frac{1}{-0.02}e^{-0.02t}\Big|_0^5\right)=\frac{5{,}000}{-0.02}[e^{(-0.02)5}-e^0]$$

$$\approx 23{,}790$$

或 23,790 元.

◎ 年金終值與現值的近似求法

年金為在一定期之時間區間中，所做一系列的付款，而在這些付款當中的時間稱為**年金時期**. 雖然付款的多少不必相等，但在許多重要的應用當中，它們是相等的，故在我們的討論中，將假設它們是相等的. 年金的例子諸如：儲蓄帳戶的定期存款、每月的房屋抵押付款及每月保險費的支付.

年金現值的定積分近似值可以利用式 (9-13) 來導出. 令

$$P=\text{年金每次付款的金額}$$
$$r=\text{連續複利的利率}$$
$$T=\text{年金時期 (以年為單位)}$$
$$m=\text{每年付款的次數}$$

故年金的付款構成一個固定現金流量，每年 $f(t)=mP$ 元. 代入式 (9-14) 中，得

$$\int_0^T f(t)\,e^{-rt}\,dt=\int_0^T mPe^{-rt}\,dt=mP\left(-\frac{e^{-rt}}{r}\Big|_0^T\right)$$

$$=mP\left(-\frac{e^{-rT}}{r}+\frac{1}{r}\right)$$

$$=\frac{mP}{r}(1-e^{-rT})$$

定義 9-7

年金現值 **P.V.** (present value) 定義為

$$\text{P.V.} = mP \int_0^T e^{-rt}\, dt = \frac{mP}{r}(1 - e^{-rT}) \tag{9-16}$$

例題 4 利用式 (9-16)

某慈善機構想成立一項基金，並在未來 20 年，每個月提取 5,000 元作為社會慈善之用．如果此基金賺取連續複利之年利率 9% 的利息，試求必須成立多少錢的基金？

解 我們想求得 $P = 5,000$ 元，$m = 12$，$r = 0.09$，$T = 20$ 的年金現值．

利用式 (9-16) 可得

$$\text{P.V.} = (12)(5,000)\int_0^{20} e^{-0.09t}\, dt = \frac{60,000}{0.09}[1 - e^{(-0.09)20}]$$

$$\approx 556{,}467.4$$

因此，該慈善機構必須建立大約 556,467 元的基金．

年金終值為每次付款金額加上所賺取利息之和，我們可以定積分方式求得近似年金終值的公式．與前述定義相同，以固定現金流量每年 $f(t) = mP$ 元代入式 (9-15) 得

$$\text{F.V.} = \int_0^T mP e^{r(T-t)}\, dt = \frac{mP}{r}\left(-e^{r(T-t)}\bigg|_0^T\right)$$

$$= \frac{mP}{r}(-e^0 + e^{rT})$$

$$= \frac{mP}{r}(e^{rT} - 1)$$

定義 9-8

年金終值 F.V. (future value) 定義為

$$\text{F.V.} = mP \int_0^T e^{r(T-t)} \, dt = \frac{mP}{r}(e^{rT}-1) \qquad (9\text{-}17)$$

例題 5 利用式 (9-17)

某君於民國 79 年 1 月 1 日存 2,000 元於個人儲蓄帳戶中，此帳戶為連續複利，年利率為 10%．假設其每年 1 月 1 日均存入 2,000 元於此帳戶中，則至民國 95 年 1 月 1 日，該君儲蓄帳戶中有多少存款？

解 我們利用式 (9-17)，$P=2,000$，$r=0.1$，$T=16$，$m=1$，可得

$$\text{F.V.} = (1)(2,000)\int_0^{16} e^{0.1(16-t)} \, dt = \frac{2,000}{0.1}(e^{1.6}-1)$$

$$\approx 79,060.65$$

因此，至民國 95 年 1 月 1 日，該君在儲蓄帳戶中約有存款 79,061 元．

習題 9-4

9-4 定積分在商業上的應用

一、基礎題

1. 若一投資的現金流量為

$$f(t) = 25,000 e^{0.09t}$$

試求投資 1 年與 10 年所產生之全部所得.

2. 某企業負責人考慮對其工廠革新及改進的兩個方案：計畫 A 為立即支出現金 250,000 元，而計畫 B 為立即支出現金 180,000 元. 其預估採用計畫 A 將導致一淨所得流量，所得之產生率為每年

$$f(t) = 630,000 \text{ 元}$$

而採行計畫 B 會導致一淨所得流量，所得之產生率為 3 年內，每年

$$g(t) = 580,000 \text{ 元}$$

如果未來 5 年呈現的利率為每年 10%，試求於第 3 年末哪一個計畫會產生較高之淨所得？

3. 若現金在 5 年內依 12% 的連續複利，以每年 2,000 元之固定比率存入某存款帳戶，試求下列各問題.
   (1) 5 年期間之全部現金流量.
   (2) 在時間 $t=5$ 時，現金連續複利之終值 (累積值).
   (3) 在時間 $t=5$ 時，現金連續複利之現值.
   (4) 將終值 13,701.98 元代入 $S = Pe^{rt}$ 中，驗算 P 值，是否與 (3) 中所求得之 P 值一致？

4. 若連續現金流量之變化率為

$$f(t) = 1,000t^2 + 100t$$

試求依 10% 連續複利在 10 年末現金流量之現值.

二、進階題

1. 某公司以 80,000 元租用一部機器 8 年以從事生產，在 8 年中，每年所得流量為

$$S(t) = 10,000(1 + 0.04t)$$

若年利率 5% 連續複利，則租用該部機器是否划算？

2. 某甲每月存入 150 元於一儲蓄帳戶中，年利率 8% 連續複利. 試預估 15 年後，其帳戶中存款總額將為若干？

3. 如果每月存款 1,200 元，年利率 9%，連續複利 15 年，利用定積分預估年金現值．

4. 大維公司的 5 年發展計畫中指出由現在起 t 年的收入為

$$f(t)=40,000+10,000t \text{ 元/年}$$

若假設年利率為 8%，試求現金流量之現值．

9-5 定積分在機率上的應用

本節的目的是探討定積分與機率之間的關係，而瑕積分在討論裡扮演著很重要的角色．

◎ 機率密度函數

一項統計實驗的所有可能結果所成的集合，稱為樣本空間 (sample space)，樣本空間中的每一結果稱為元素，樣本空間的任一子集合稱為事件 (event)．將樣本空間中每一個元素賦予唯一實數的規則稱為隨機變數 (random variable)，亦即，隨機變數是一個函數，它將樣本空間中的每一個元素與一個實數相對應．我們以大寫字母 X 表示隨機變數，而以小寫字母 x 表示其函數值．若隨機變數 X 的值域構成一區間，則 X 稱為連續隨機變數．當 f 是表示連續隨機變數 X 之諸數值的函數時，f 通常稱為 X 的機率密度函數 (probability density function) 或簡稱為密度函數．因為面積將用來表示機率值，而機率值均為正，所以密度函數的圖形必完全位於 x-軸的上方．

若連續隨機變數 X 的值域為有限區間，則機率密度函數 f 在該區間外之所有點的值定義為 0，這可推廣到無限區間的情形．假定 X 的值域為 $[a, b]$，則其機率 $P(a \leq X \leq b)$ 相當於在機率密度函數 f 的圖形下方以及區間 $[a, b]$ 上方之顏色部分的面積（見圖 9-29），亦即，

$$P(a \leq X \leq b)=\int_a^b f(x)\,dx \tag{9-18}$$

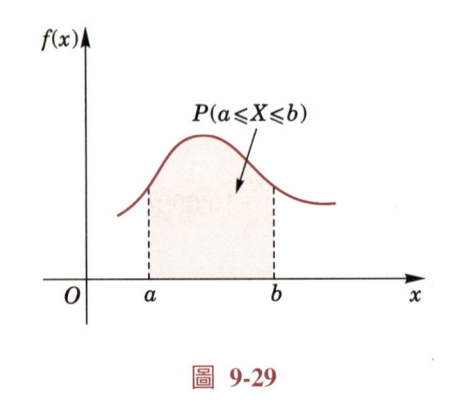

圖 9-29

連續隨機變數 X 的機率密度函數 (pdf) f 應滿足下列三條件

1. $f(x) \geqslant 0$ 對所有 $x \in (-\infty, \infty)$ 皆成立.

2. 位於函數 f 之圖形下方的總面積為 1, 即 $\int_{-\infty}^{\infty} f(x)\, dx = 1.$

3. $P(a \leqslant X \leqslant b) = \int_a^b f(x)\, dx.$

若 X 為連續隨機變數, 則

$$P(a \leqslant X \leqslant b) = P(a < X \leqslant b) = P(a \leqslant X < b) = P(a < X < b)$$

又

$$P(X \geqslant a) = P(a \leqslant X < \infty) = \int_a^{\infty} f(x)\, dx$$

$$P(X \leqslant b) = P(-\infty < X \leqslant b) = \int_{-\infty}^b f(x)\, dx$$

例題 1 利用 $P(a \leqslant X \leqslant b) = \int_a^b f(x)\, dx$

令連續隨機變數 X 的機率密度函數為

$$f(x) = \begin{cases} \dfrac{x^2}{3}, & -1 < x < 2 \\ 0, & \text{其他} \end{cases}$$

(1) 證明 f 滿足上述條件 2.

(2) 計算 $P(0 < X \leq 1)$.

解 (1) $\displaystyle\int_{-\infty}^{\infty} f(x)\,dx = \int_{-1}^{2} \dfrac{x^2}{3}\,dx = \dfrac{x^3}{9}\bigg|_{-1}^{2} = \dfrac{8}{9} + \dfrac{1}{9} = 1$

(2) $P(0 < X \leq 1) = \displaystyle\int_0^1 \dfrac{x^2}{3}\,dx = \dfrac{x^3}{9}\bigg|_0^1 = \dfrac{1}{9}$.

例題 2 利用 $\displaystyle\int_{-\infty}^{\infty} f(x)\,dx = 1$ 與 $P(a \leq X \leq b) = \displaystyle\int_a^b f(x)\,dx$

令 X 為連續隨機變數，且

$$f(x) = \begin{cases} kx, & 1 \leq x \leq 3 \\ 0, & \text{其他} \end{cases}$$

(1) 決定常數 k 的值使 f 為 X 的機率密度函數.

(2) 計算 $P(2.1 \leq X \leq 2.5)$.

解 (1) 在 f 之圖形下方的面積必等於 1，因而

$$1 = \int_1^3 kx\,dx = \dfrac{k}{2} x^2 \bigg|_1^3 = k\left(\dfrac{9}{2} - \dfrac{1}{2}\right) = 4k$$

故 $k = \dfrac{1}{4}$.

(2) $P(2.1 \leq X \leq 2.5) = \displaystyle\int_{2.1}^{2.5} \dfrac{1}{4} x\,dx = \dfrac{1}{8} x^2 \bigg|_{2.1}^{2.5} = \dfrac{1}{8}(6.25 - 4.41) = 0.23$.

若連續隨機變數 X 的機率密度函數為

$$f(x)=\begin{cases} k>0, & a\leq x\leq b \\ 0, & \text{其他} \end{cases}$$

則我們稱 X 在區間 $[a, b]$ 上為均勻分配 (uniformly distributed)，而 f 稱為均勻密度函數 (uniform density function) (見圖 9-30)。若 k 為均勻密度函數 f 在 $[a, b]$ 上的正常數值，則令 f 之圖形下方的總面積等於 1，可求得 k 的值。尤其，

$$1=\int_{-\infty}^{\infty} f(x)\,dx=\int_{a}^{b} f(x)\,dx \quad (因\ f(x)=0,\ \forall\ x\notin [a, b])$$
$$=\int_{a}^{b} k\,dx=kx\Big|_{a}^{b}=k(b-a)$$

可得
$$k=\frac{1}{b-a}$$

因此，我們有下面的均勻密度函數

$$f(x)=\begin{cases} \dfrac{1}{b-a}, & a\leq x\leq b \\ 0, & \text{其他} \end{cases}.$$

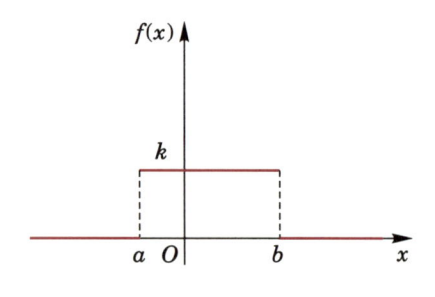

圖 9-30

例題 3 利用 $P(a \leqslant X \leqslant b) = \int_a^b f(x)\,dx$

設 X 在區間 $[1, 5]$ 上為均勻分配，試決定機率密度函數 f，並計算 $P(2.3 \leqslant X \leqslant 3.9)$.

解
$$f(x) = \begin{cases} \dfrac{1}{4}, & 1 \leqslant x \leqslant 5 \\ 0, & \text{其他} \end{cases}$$

$$P(2.3 \leqslant X \leqslant 3.9) = \int_{2.3}^{3.9} \frac{1}{4}\,dx = \frac{x}{4}\bigg|_{2.3}^{3.9} = \frac{1}{4}(3.9 - 2.3) = 0.4.$$

指數密度函數 (exponential density function) 具有下面的形式

$$f(x) = \begin{cases} ke^{-kx}, & x \geqslant 0 \\ 0, & x < 0 \end{cases}$$

此處 k 為正常數，其圖形如圖 9-31 所示. 若連續隨機變數 X 具有指數密度函數，則稱 X 為**指數分配**.

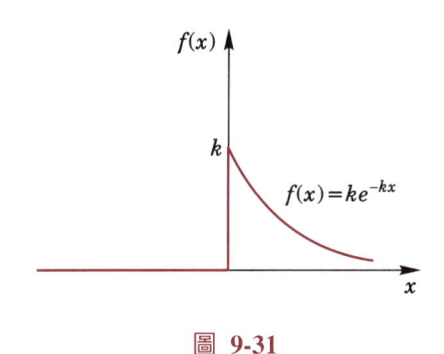

圖 9-31

例題 4 利用 $P(X \geqslant a) = P(a \leqslant X < \infty) = \int_a^{\infty} f(x)\,dx$

設連續隨機變數 X 的指數密度函數如下

$$f(x) = \begin{cases} 0.5e^{-0.5x}, & x \geq 0 \\ 0, & x < 0 \end{cases}$$

(1) 計算 $P(2 \leq X \leq 3)$.

(2) 計算 $P(X \geq 2)$.

解 (1) $P(2 \leq X \leq 3) = \int_2^3 0.5e^{-0.5x}\, dx = -e^{-0.5x}\Big|_2^3$

$= -e^{-1.5} + e^{-1} \approx 0.1447$

(2) 方法 1：

$$P(X \geq 2) = P(2 \leq X < \infty) = \int_2^\infty 0.5e^{-0.5x}\, dx$$

$$= \lim_{t \to \infty} \int_2^t 0.5e^{-0.5x}\, dx = \lim_{t \to \infty}\left(-e^{-0.5x}\Big|_2^t\right)$$

$$= \lim_{t \to \infty}(-e^{-0.5t} + e^{-1}) \approx 0.3679$$

方法 2：

$$P(X \geq 2) = 1 - \int_0^2 0.5e^{-0.5x}\, dx = 1 - \left(-e^{-0.5x}\Big|_0^2\right)$$

$$= 1 - (-e^{-1} + 1) = e^{-1} \approx 0.3679.$$

另外，還有一種非常有用的機率密度函數，即所謂的 常態密度函數 (normal density function)，定義為

$$f(x) = \frac{1}{\sigma\sqrt{2\pi}} e^{-(1/2)[(x-\mu)/\sigma]^2} \tag{9-19}$$

此處 μ 及 σ 皆為常數，其圖形為鐘形，如圖 9-32 所示.

圖 9-32

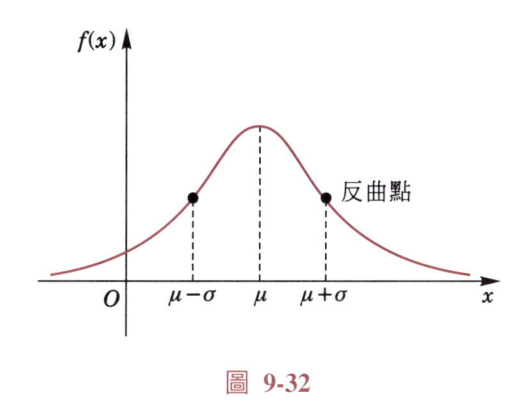

在 $\mu=0$ 及 $\sigma=1$ 的標準常態曲線 (standard normal curve) 下的面積已被廣泛地計算，並製成表格．因此，大部分具有常態分配的問題皆可借助這些表格來加以解決．

◎ 期望值與變異數

隨機變數的一個重要的特色是它的"平均"值．隨機變數 X 的平均值稱為它的期望值 (expected value) 或平均數 (mean)，記為 $E(X)$ 或 μ．對連續隨機變數而言，我們可以從機率密度函數計算期望值．

令 X 為具有機率密度函數 f 的連續隨機變數，則 X 的期望值(或平均數)為

$$E(X)=\int_{-\infty}^{\infty} x f(x)\, dx \tag{9-20}$$

例題 5 利用 $E(x)=\int_{-\infty}^{\infty} x f(x)\, dx$

試證：若連續隨機變數 X 在區間 $[a, b]$ 上為均勻分配，則

$$E(X)=\frac{a+b}{2}$$

解 X 的機率密度函數為 $f(x)=\dfrac{1}{b-a}$，$a \leqslant x \leqslant b$

因此，$\quad E(X)=\displaystyle\int_{a}^{b} \frac{x}{b-a}\, dx = \left.\frac{x^2}{2(b-a)}\right|_{a}^{b} = \frac{a+b}{2}.$

例題 6 利用 $E(x)=\displaystyle\int_{-\infty}^{\infty} x f(x)\, dx$

試證：若指數分配隨機變數 X 具有密度函數

$$f(x)=\begin{cases} ke^{-kx}, & x\geq 0 \\ 0, & x<0 \end{cases}$$

則 $E(X)=\dfrac{1}{k}$。

解
$$\begin{aligned}
E(X) &= \int_{-\infty}^{\infty} x f(x)\, dx = \int_{0}^{\infty} kxe^{-kx}\, dx = \lim_{t\to\infty}\int_{0}^{t} kxe^{-kx}\, dx \\
&= \lim_{t\to\infty}\left(-xe^{-kx}\Big|_0^t + \int_0^t e^{-kx}\, dx\right) = \lim_{t\to\infty}\left[-te^{-kt} - \left(\frac{1}{k}e^{-kx}\Big|_0^t\right)\right] \\
&= \lim_{t\to\infty}\left(-te^{-kt} - \frac{1}{k}e^{-kt} + \frac{1}{k}\right) \\
&= \frac{1}{k}.
\end{aligned}$$

若 X 為具有機率密度函數 f 的連續隨機變數，則 X 的**變異數** (variance) $V(X)$ (或 σ^2) 為

$$V(X)=\int_{-\infty}^{\infty} [x-E(X)]^2 f(x)\, dx \qquad\qquad \textbf{(9-21)}$$

或

$$V(X)=\int_{-\infty}^{\infty} x^2 f(x)\, dx - [E(X)]^2 \qquad\qquad \textbf{(9-22)}$$

例題 7 利用式 **(9-22)**

試證：若連續隨機變數 X 在區間 $[a, b]$ 上為均勻分配，則

$$V(X)=\dfrac{(b-a)^2}{12}.$$

[解] $V(X) = \int_{-\infty}^{\infty} x^2 f(x)\, dx - [E(X)]^2 = \int_a^b \dfrac{x^2}{b-a}\, dx - \dfrac{(a+b)^2}{4}$

$= \dfrac{x^3}{3(b-a)} \Big|_a^b - \dfrac{(a+b)^2}{4} = \dfrac{b^3 - a^3}{3(b-a)} - \dfrac{(a+b)^2}{4}$

$= \dfrac{(b-a)^2}{12}.$

例題 8 利用式 (9-22)

試證：若連續隨機變數 X 具有機率密度函數

$$f(x) = \begin{cases} ke^{-kx}, & x \geq 0 \\ 0, & x < 0 \end{cases}$$

則 $V(X) = \dfrac{1}{k^2}$.

[解] $V(X) = \int_{-\infty}^{\infty} x^2 f(x)\, dx - [E(X)]^2 = \int_0^{\infty} kx^2 e^{-kx}\, dx - \dfrac{1}{k^2}$

$= \lim_{t \to \infty} \int_0^t kx^2 e^{-kx}\, dx - \dfrac{1}{k^2}$

$= \lim_{t \to \infty} \left(-x^2 e^{-kx} \Big|_0^t + 2 \int_0^t x e^{-kx}\, dx \right) - \dfrac{1}{k^2}$

$= \lim_{t \to \infty} \left[\left(-x^2 e^{-kx} - \dfrac{2}{k} x e^{-kx} \right) \Big|_0^t + \dfrac{2}{k} \int_0^t e^{-kx}\, dx \right] - \dfrac{1}{k^2}$

$= \lim_{t \to \infty} \left[-t^2 e^{-kt} - \dfrac{2}{k} t e^{-kt} - \left(\dfrac{2}{k^2} e^{-kx} \Big|_0^t \right) \right] - \dfrac{1}{k^2}$

$= \lim_{t \to \infty} \left(-t^2 e^{-kt} - \dfrac{2}{k} t e^{-kt} - \dfrac{2}{k^2} e^{-kt} \right) + \dfrac{2}{k^2} - \dfrac{1}{k^2}$

$= \dfrac{1}{k^2}.$

習題 9-5

9-5 定積分在機率上的應用

一、基礎題

1. 令
$$f(x)=\begin{cases} k(x+1), & 0\leq x\leq 4 \\ 0, & \text{其他} \end{cases}$$

   (1) 試決定 k 的值使 f 為機率密度函數.
   (2) 計算 $P(X>3)$.

2. 令
$$f(x)=\begin{cases} \dfrac{k}{x}, & 1\leq x\leq e^2 \\ 0, & \text{其他} \end{cases}$$

   (1) 試證 $k=\dfrac{1}{2}$ 使 f 為機率密度函數.
   (2) 計算 $P(X\leq 2)$.
   (3) 試決定 a 的值使 $P(X>a)=\dfrac{1}{2}$.

3. 令
$$f(x)=\begin{cases} kx(2-x), & 0\leq x\leq 2 \\ 0, & \text{其他} \end{cases}$$

   (1) 試決定 k 的值使 f 為機率密度函數.
   (2) 計算 $P(X\leq 0.3)$.
   (3) 求 X 的期望值.

4. 令
$$f(x)=\begin{cases} 6x^2, & -a\leq x\leq a \\ 0, & \text{其他} \end{cases},$$

   試決定 a 的值使 f 為機率密度函數.

5. 某公司所製造的 200 瓦燈泡, 經過測試證明其壽命 (以小時計) 可用機率密度函數
$$f(x)=0.001e^{-0.001x}$$

表示，試計算燈泡壽命在下列各情況的機率.

(1) 500 小時或低於 500 小時.

(2) 超過 500 小時.

(3) 超過 1,000 小時，但低於 1,500 小時.

二、進階題

1. 令 X 表某型真空管壽命的隨機變數 (以小時計)，其機率密度函數如下

$$f(x) = \begin{cases} \dfrac{20{,}000}{x^3}, & x > 100 \\ 0, & \text{其他} \end{cases}$$

求此型真空管的平均壽命.

2. 令 X 表連續隨機變數，其機率密度函數如下

$$f(x) = \begin{cases} 2(x-1), & 1 < x < 2 \\ 0, & \text{其他} \end{cases}$$

求 X 的期望值與變異數.

3. 令 X 表連續隨機變數，其機率密度函數如下

$$f(x) = \begin{cases} \dfrac{5}{4}(1-x^4), & 0 \leq x \leq 1 \\ 0, & \text{其他} \end{cases}$$

求 X 的期望值與變異數.

第十章　偏導函數

本章學習目標

認識三維空間中之平面與曲面
瞭解多變數函數之定義
瞭解多變數函數之極限與連續
能夠求多變數函數之偏導數並瞭解偏導數之幾何意義
　與經濟學上的應用
瞭解曲面 $z=f(x, y)$ 上一點之切平面的求法
瞭解全微分之意義及近似值的求法
瞭解連鎖法則與隱函數微分法
能夠求多變數函數之極值並瞭解拉格蘭吉乘數法
能夠瞭解極值在經濟學上的應用
能夠瞭解什麼是最小平方法

10-1 三維空間中的平面與曲面

◎ 三維直角坐標系

我們知道，在平面上，任何一點可用實數序對 (a, b) 表示，此處 a 為 x-坐標，b 為 y-坐標. 在三維空間中，我們將用有序三元組表出任意點.

首先，我們選取一個定點 O （稱為原點）與三條互相垂直且通過 O 的有向直線（稱為坐標軸），標為 x-軸、y-軸與 z-軸，此三個坐標軸決定一個右手坐標系 （此為我們所使用者），如圖 10-1 所示；它們也決定三個坐標平面，如圖 10-2 所示. xy-平面包含 x-軸與 y-軸，yz-平面包含 y-軸與 z-軸，而 xz-平面包含 x-軸與 z-軸；這三個平面將空間分成八個立體區域，稱為卦限.

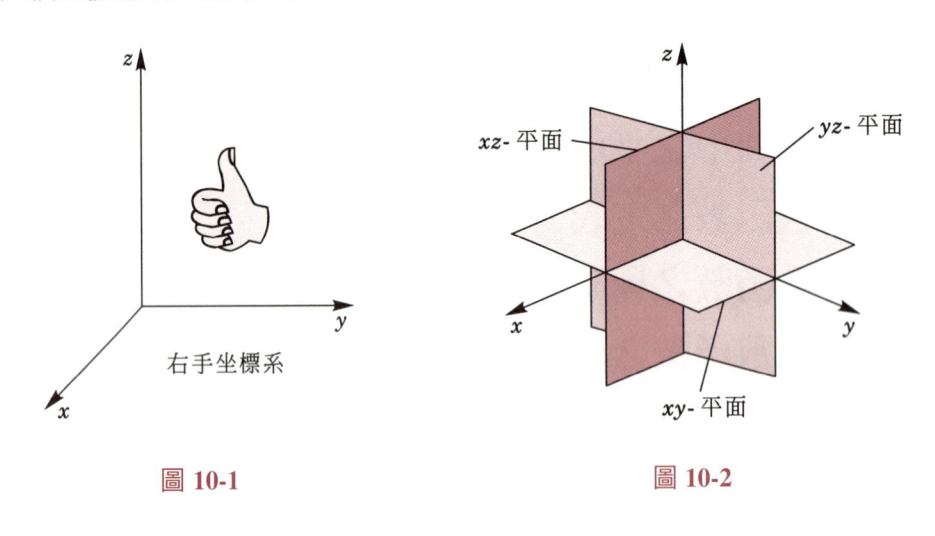

圖 10-1　　　　　　圖 10-2

若 P 為三維空間中任一點，令 a 為自 yz-平面至 P 的 (有向) 距離，b 為自 xz-平面至 P 的距離，c 為自 xy-平面至 P 的距離. 我們用有序實數三元組表示點 P，稱 a、b 與 c 為 P 的坐標；a 為 x-坐標，b 為 y-坐標，c 為 z-坐標. 因此，欲找出點 (a, b, c) 的位置，首先自原點 O 出發，沿 x-軸移動 a 單位，然後平行 y-軸移動 b 單位，再平行 z-軸移動 c 單位，如圖 10-3 所示. 點 $P(a, b, c)$ 決定了一個矩形體框格，如圖 10-4 所示. 若自 P 對 xy-平面作垂足，則得到坐標為 $(a, b, 0)$ 的點，稱為 P 在 xy-平面上的投影；同理，$R(0, b, c)$ 與 $S(a, 0, c)$ 分別稱為 P 在 yz-平面與

第十章　偏導函數　461

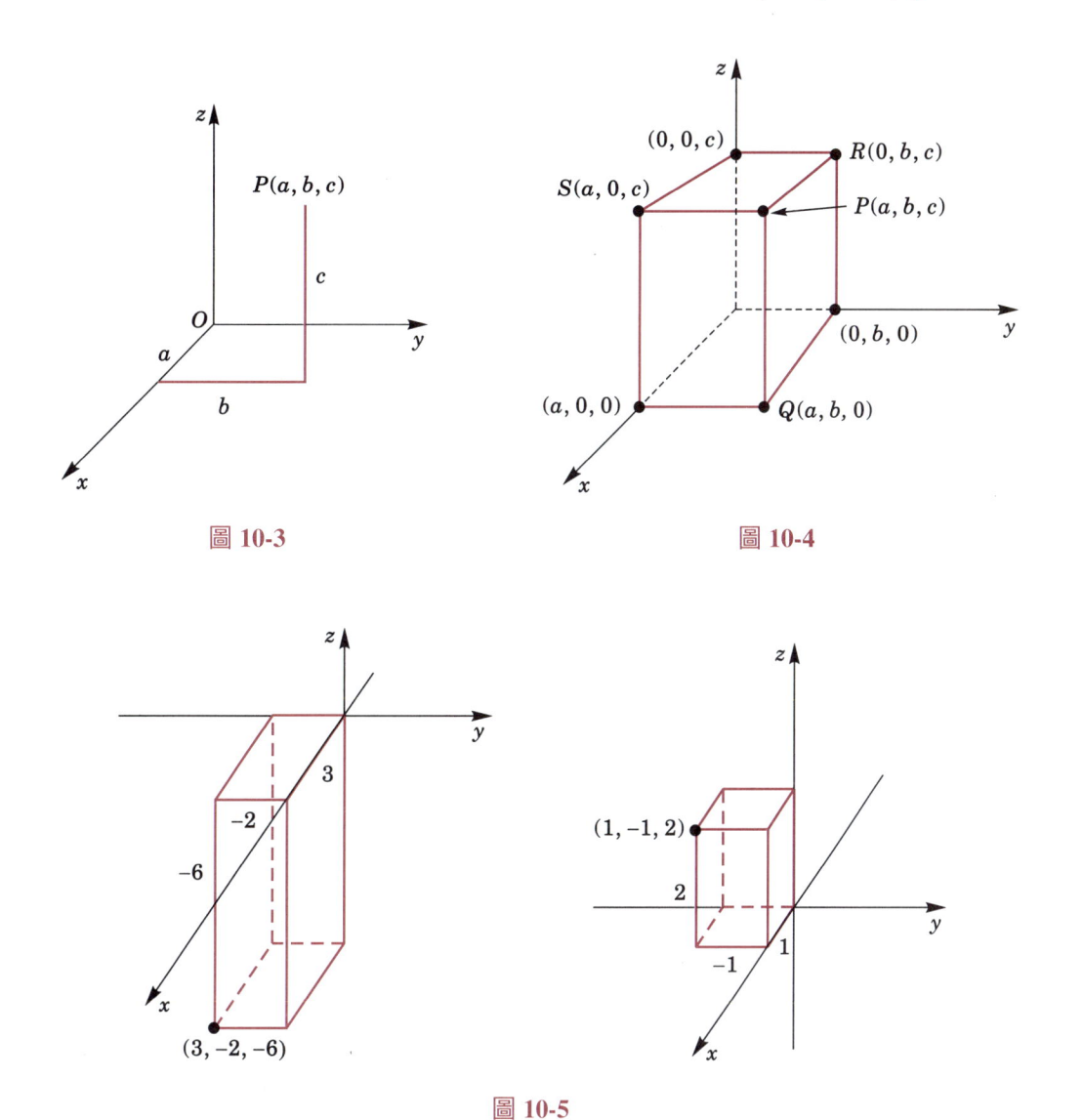

圖 10-3

圖 10-4

圖 10-5

xz-平面上的投影.

所有有序實數三元組構成的集合是笛卡兒積 $\mathbb{R} \times \mathbb{R} \times \mathbb{R} = \{(x, y, z) \mid x, y, z \in \mathbb{R}\}$，記為 $\mathbb{R}^3$，稱為三維直角坐標系. 在三維空間中的點與有序實數三元組作一一對應，例如，點 $(3, -2, -6)$ 與點 $(1, -1, 2)$，如圖 10-5 所示.

定理 10-1

兩點 $P_1(x_1, y_1, z_1)$ 與 $P_2(x_2, y_2, z_2)$ 之間的距離為

$$|P_1P_2| = \sqrt{(x_2-x_1)^2 + (y_2-y_1)^2 + (z_2-z_1)^2}$$

證 如圖 10-6 所示，

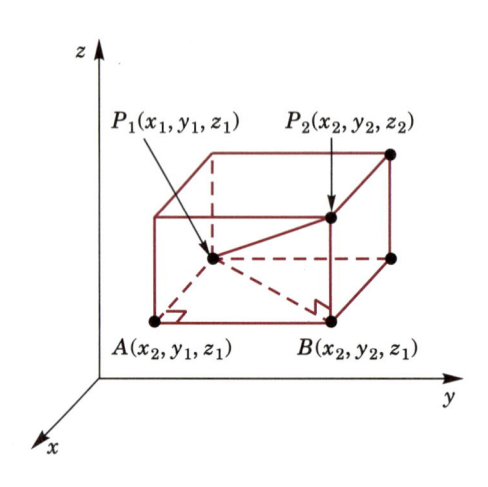

圖 10-6

由於 $|P_1A| = |x_2-x_1|$，$|AB| = |y_2-y_1|$，$|BP_2| = |z_2-z_1|$，且三角形 P_1BP_2 與三角形 P_1AB 皆為直角三角形，故利用畢氏定理可得

$$|P_1P_2|^2 = |P_1B|^2 + |BP_2|^2$$
$$|P_1B|^2 = |P_1A|^2 + |AB|^2$$

於是，

$$\begin{aligned}|P_1P_2|^2 &= |P_1A|^2 + |AB|^2 + |BP_2|^2 \\ &= |x_2-x_1|^2 + |y_2-y_1|^2 + |z_2-z_1|^2 \\ &= (x_2-x_1)^2 + (y_2-y_1)^2 + (z_2-z_1)^2\end{aligned}$$

故

$$|P_1P_2| = \sqrt{(x_2-x_1)^2 + (y_2-y_1)^2 + (z_2-z_1)^2}.$$

例題 1　利用定理 10-1

若 △ABC 的頂點坐標分別為 A(2, 1, 3), B(0, 1, 2), C(1, 3, 0)，則此三角形是何種三角形？

解

$$|AB|^2 = (2-0)^2 + (1-1)^2 + (3-2)^2 = 5$$
$$|BC|^2 = (0-1)^2 + (1-3)^2 + (2-0)^2 = 9$$
$$|AC|^2 = (2-1)^2 + (1-3)^2 + (3-0)^2 = 14$$

因為

$$|AB|^2 + |BC|^2 = |AC|^2$$

故此三角形為直角三角形.

利用三維空間中兩點間之距離公式，可知與某一定點 $C(h, k, l)$ 之距離為 r 的所有點所成的集合 (或軌跡) 為一球面，其方程式為

$$(x-h)^2 + (y-k)^2 + (z-l)^2 = r^2 \tag{10-1}$$

而當 $(h, k, l) = (0, 0, 0)$，也就是說，球心位於原點時，球面方程式為

$$x^2 + y^2 + z^2 = r^2 \tag{10-2}$$

如果我們將式 (10-1) 展開，可知球面的方程式恆可寫成下述的形式

$$x^2 + y^2 + z^2 + ax + by + cz + d = 0 \tag{10-3}$$

此式稱為球面的**通式** (或**一般式**).

反之，由式 (10-3) 可配方得

$$\left(x + \frac{a}{2}\right)^2 + \left(y + \frac{b}{2}\right)^2 + \left(z + \frac{c}{2}\right)^2 = \frac{a^2}{4} + \frac{b^2}{4} + \frac{c^2}{4} - d$$

此式與式 (10-1) 比較，可得

$$h = -\frac{a}{2}, \quad k = -\frac{b}{2}, \quad l = -\frac{c}{2}, \quad r^2 = \frac{a^2 + b^2 + c^2 - 4d}{4}$$

定理 10-2

方程式 (10-3) 為一球面方程式的充要條件為

$$a^2+b^2+c^2-4d>0$$

在此時，其球心為 $\left(-\dfrac{a}{2}, -\dfrac{b}{2}, -\dfrac{c}{2}\right)$，半徑為 $\dfrac{1}{2}\sqrt{a^2+b^2+c^2-4d}$；

當 $a^2+b^2+c^2-4d=0$ 時，式 (10-3) 的軌跡只有一點 $\left(-\dfrac{a}{2}, -\dfrac{b}{2}, -\dfrac{c}{2}\right)$；

當 $a^2+b^2+c^2-4d<0$ 時，式 (10-3) 的軌跡為**空集合**。

例題 2 利用定理 10-2

討論方程式 $x^2+y^2+z^2+4x-6y+2z+6=0$ 的圖形.

解 將方程式配方可得

$$(x^2+4x+4)+(y^2-6y+9)+(z^2+2z+1)=-6+4+9+1$$

或

$$(x+2)^2+(y-3)^2+(z+1)^2=8$$

故此方程式的圖形為以 $(-2, 3, -1)$ 為球心且 $2\sqrt{2}$ 為半徑的球面.

◎ 三維空間中的平面

定義 10-1

任何形如 $ax+by+cz=d$ 的方程式 $(a^2+b^2+c^2\neq 0)$ 為平面的方程式.

有關上述平面方程式圖形之描繪，通常我們是求出該圖形在每一坐標平面上之交線，即，圖形與坐標平面所相交之直線。在該方程式中，令 $z=0$，可求得平面在 xy-平

面上之交線，如此，將可求出所予圖形在 xy-平面上的所有點．同理，欲求在 yz-平面或 xz-平面上的交線，我們分別在該方程式中令 $x=0$ 或 $y=0$ 即可．

例題 3 求出平面與各坐標軸的交點

試繪方程式 $x+3y+2z=12$ 之圖形．

解 平面 $x+3y+2z=12$ 與 x-軸的交點設為 $(a, 0, 0)$，則 $a=12$，可得點 $(12, 0, 0)$．

又平面與 y-軸的交點設為 $(0, b, 0)$，則 $b=4$，可得點 $(0, 4, 0)$．

最後平面與 z-軸的交點設為 $(0, 0, c)$，則 $c=6$，可得點 $(0, 0, 6)$．

接著求交線：在所予方程式中令 $z=0$，可求得在 xy-平面上的交線為 $x+3y=12$，此交線在 xy-平面上的圖形是 x-截距為 12 且 y-截距為 4 的一直線．方程式圖形在 xy-平面上的交線與圖形在 xz-平面及 yz-平面上的交線圖示於圖 10-7 中．

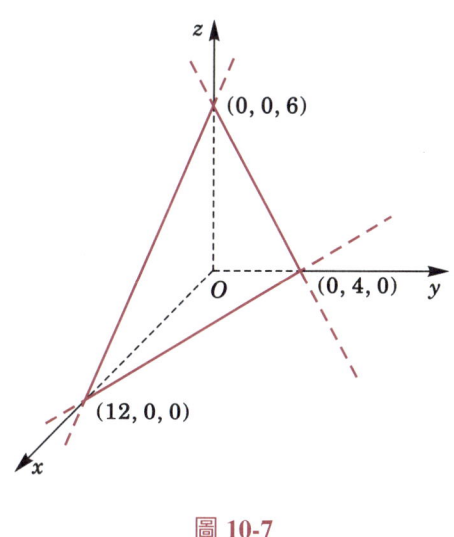

圖 10-7

◎ 三維空間中的曲面

在三維空間中，含 x、y 與 z 的二次方程式

$$Ax^2+By^2+Cz^2+Dxy+Exz+Fyz+Gx+Hy+Iz+J=0 \qquad (10\text{-}4)$$

(其中 A、B 及 C 不全為零) 所表示的曲面稱為二次曲面，在本節中我們將研究某些重

要二次曲面的標準式.

1. 橢球面

$$\frac{x^2}{a^2}+\frac{y^2}{b^2}+\frac{z^2}{c^2}=1 \tag{10-5}$$

其中 a、b 與 c 皆為正數. 此曲面在三坐標平面上的軌跡皆為橢圓. 例如, 我們在式 (10-5) 中令 $z=0$, 可得在 xy-平面上的軌跡為橢圓 $\frac{x^2}{a^2}+\frac{y^2}{b^2}=1$. 同理, 可得在 xz-平面與 yz-平面上的軌跡也為橢圓, 圖形如圖 10-8 所示.

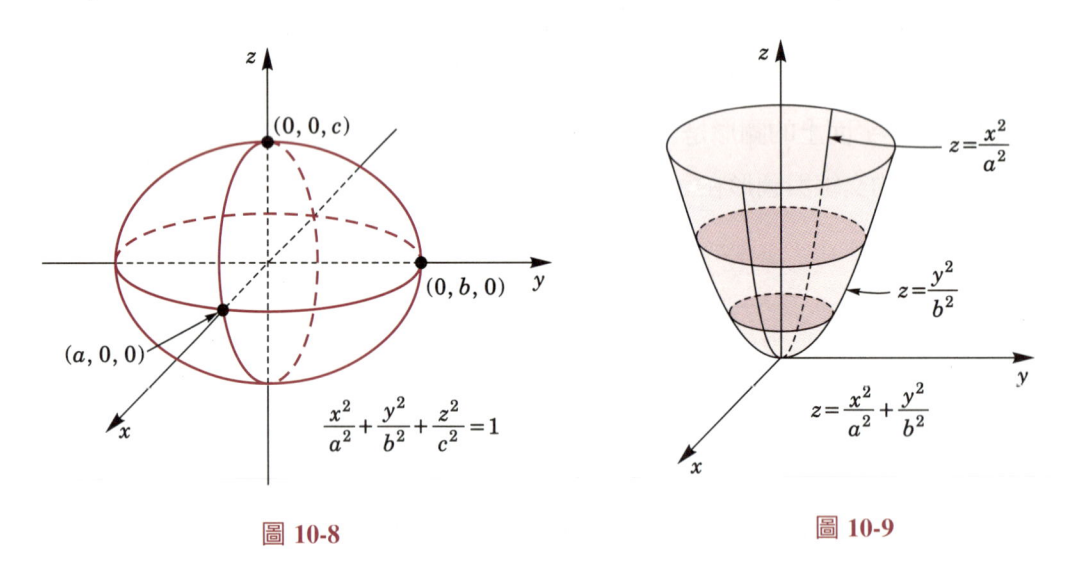

圖 10-8

圖 10-9

2. 橢圓拋物面

$$z=\frac{x^2}{a^2}+\frac{y^2}{b^2} \quad \text{(其中 } a \text{ 與 } b \text{ 皆為正數)} \tag{10-6}$$

此曲面在 xy-平面上的軌跡為原點, 在 yz-平面上的軌跡為拋物線 $z=\frac{y^2}{b^2}$, 在 xz-平面上的軌跡為 $z=\frac{x^2}{a^2}$, 在平行於 xy-平面之平面上的軌跡皆為橢圓, 在平行於其他坐標平面之平面上的軌跡皆為拋物線. 又因 $z\geq 0$, 故曲面位於 xy-平面的上方, 圖形如圖 10-9 所示.

3. 雙曲拋物面 (馬鞍面)

$$z = \frac{y^2}{b^2} - \frac{x^2}{a^2} \quad \text{(其中 } a \text{ 與 } b \text{ 皆為正數)} \tag{10-7}$$

此曲面在 xy-平面上的軌跡為一對交於原點的直線 $\frac{y}{b} = \pm \frac{x}{a}$，在 yz-平面上的軌跡為**拋物線** $z = \frac{y^2}{b^2}$，在 xz-平面上的軌跡為開口向下的拋物線 $z = -\frac{x^2}{a^2}$，在平行於 xy-平面之平面上的軌跡為**雙曲線**，在平行於其他坐標平面之平面上的軌跡為拋物線. 讀者應注意，原點為此曲面在 yz-平面上之軌跡的最低點，且為在 xz-平面上之軌跡的最高點，此點稱為曲面的**鞍點**. 圖形如圖 10-10 所示.

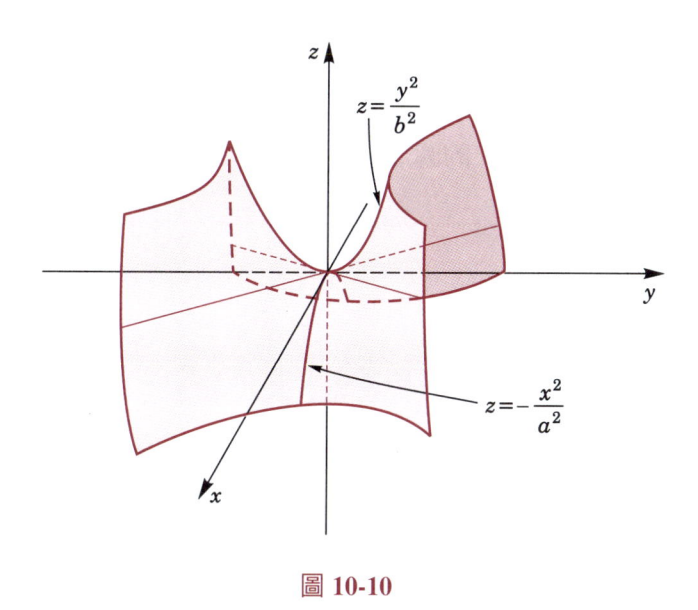

圖 10-10

習題 10-1

10-1 三維空間中的平面與曲面

一、基礎題

1. 證明三點 $A(-4, 3, 2)$、$B(0, 1, 4)$ 與 $C(-6, 4, 1)$ 在一直線上.

2. 設 $P(2, 4, -1)$、$Q(3, 2, 4)$ 與 $R(5, 13, 8)$ 為空間中三點，試證 $\triangle PQR$ 為直角三角形.

3. 討論方程式 $x^2+y^2+z^2-6x+2y-z-\dfrac{23}{4}=0$ 的圖形.

二、進階題

1. 討論方程式 $x^2+y^2+z^2-2y+4z+5=0$ 的圖形.

2. 試繪出方程式 $x^2-z^2+y=0$ 的圖形.

10-2 二變數函數

地球表面上某點處的溫度 T 與該點的經度 x 以及緯度 y 有關，我們可視 T 為二變數 x 與 y 的函數，寫成 $T=f(x, y)$.

正圓柱的體積 V 與它的底半徑 r 以及高度 h 有關. 事實上，我們知道 $V=\pi r^2 h$，我們稱 V 為 r 與 h 的函數，寫成 $V(r, h)=\pi r^2 h$.

定義 10-2

二變數函數是由二維空間 $\mathbb{R}^2$ 的某集合 A 映到 $\mathbb{R}$ (可視為 z-軸) 中的某集合 B 的一種對應關係，其中對 A 中的每一元素 (x, y)，在 B 中僅有唯一的實數 z 與其對應，以符號

$$z = f(x, y)$$

表示之. 集合 A 稱為函數 f 的定義域，$f(A)$ 稱為 f 的值域.

圖 10-11 為二變數函數之圖示.

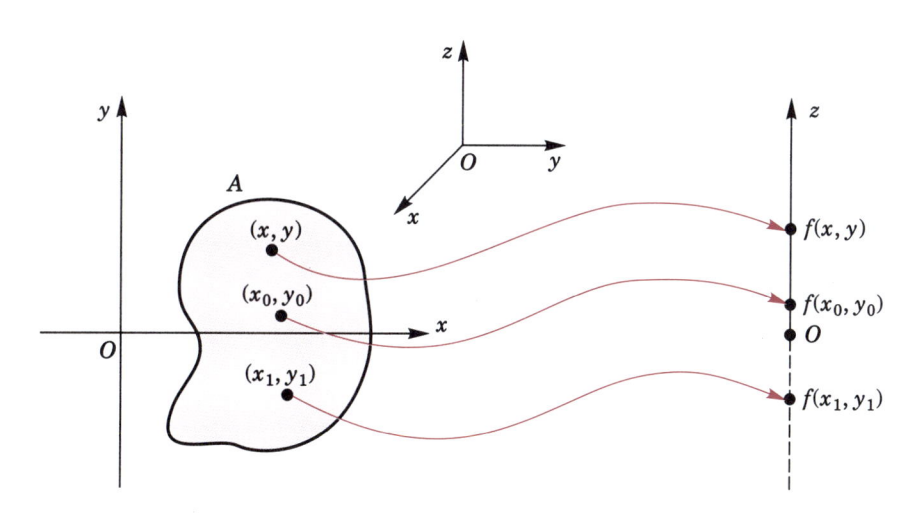

圖 10-11

同理，我們可以定義 n 變數函數如下：

$$f : \mathbb{R}^n \to \mathbb{R}$$

可表成 $w = f(x_1, x_2, x_3, \cdots, x_n)$.

例題 1 二變數函數求值

若 $f(x, y) = x^2 + y^2$，試求 (1) $f(1, 1)$，(2) $f(0, -2)$，並圖示之.

解 (1) $f(1, 1) = 1^2 + 1^2 = 2$.

(2) $f(0, -2) = 0^2 + (-2)^2 = 4$, 如圖 10-12 所示.

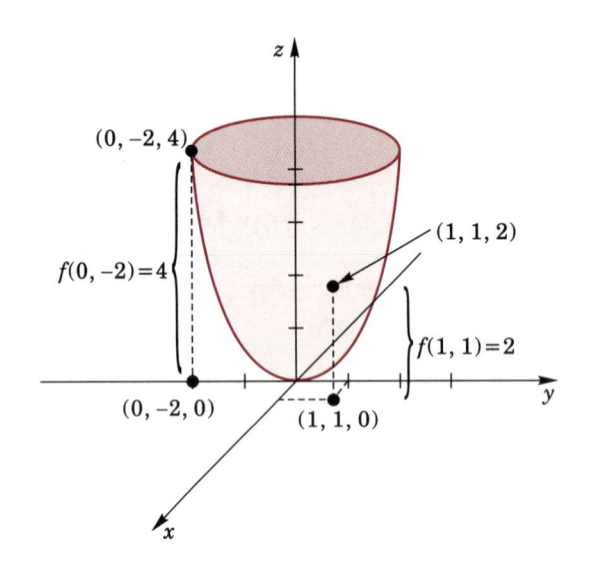

圖 10-12

例題 2　確定定義域

若一平面方程式為 $ax + by + cz = d$, $c \neq 0$, 則

$$z = -\frac{a}{c}x - \frac{b}{c}y + \frac{d}{c} \text{ 或 } f(x, y) = -\frac{a}{c}x - \frac{b}{c}y + \frac{d}{c}$$

為一函數, 其定義域為 $\mathbb{R}^2$.

例題 3　確定定義域

確定函數 $f(x, y) = \dfrac{\sqrt{x+y+1}}{x-1}$ 的定義域, 並計算 $f(2, 1)$.

解 欲使 $\sqrt{x+y+1}$ 的值有意義, 必須是 $x+y+1 \geq 0$, 故 f 的定義域為 $A = \{(x, y) \mid x+y+1 \geq 0, x \neq 1\}$, 如圖 10-13 所示.

第十章 偏導函數　471

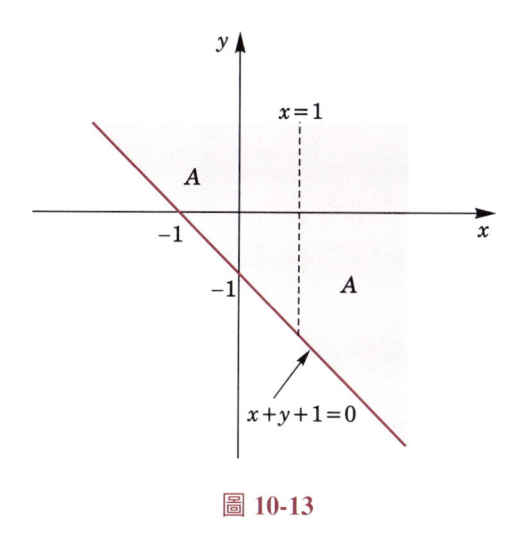

圖 10-13

$$f(2, 1) = \frac{\sqrt{2+1+1}}{2-1} = \sqrt{4} = 2.$$

例題 4　**確定定義域及值域**

確定函數 $f(x, y) = \ln(y^2 - 4x)$ 的定義域與值域.

解　因為對數函數僅定義在正數，所以 $f(x, y) = \ln(y^2 - 4x)$ 的定義域為 $A = \{(x, y) \mid y^2 > 4x\}$，值域為 $(-\infty, \infty)$.

對於單變數函數 f 而言，$f(x)$ 的圖形定義為方程式 $y = f(x)$ 的圖形. 同理，若 f 為二變數函數，則我們定義 $f(x, y)$ 的圖形為方程式 $z = f(x, y)$ 的圖形，它是三維空間中的曲面 (包括平面).

水平面 $z = k$ 與曲面 $z = f(x, y)$ 的交線在 xy-平面上的垂直投影稱為函數 f 的**等值曲線**，其方程式為 $f(x, y) = k$，如圖 10-14 所示.

例題 5　**等值曲線**

試繪出函數 $f(x, y) = 25 - x^2 - y^2$ 的等值曲線.

解　在 xy-平面上，等值曲線是形如 $f(x, y) = k$ 之方程式的圖形，亦即，

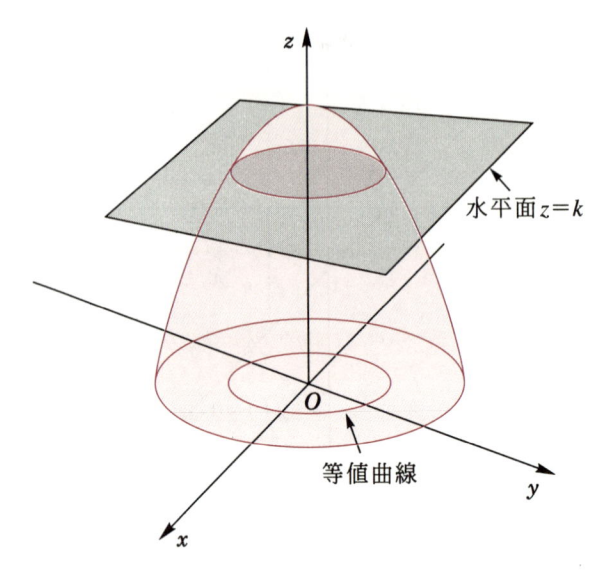

圖 10-14

$$25 - x^2 - y^2 = k$$

或

$$x^2 + y^2 = 25 - k$$

這些皆是圓，倘若 $0 \leq k < 25$. 在圖 10-15 中，我們繪出對應於 $k = 24$，21，16，9 與 0 的等值曲線.

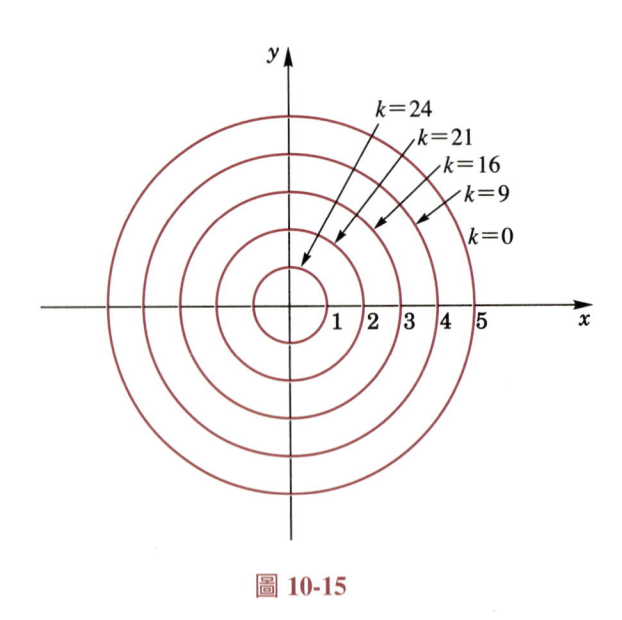

圖 10-15

第十章　偏導函數　473

等值曲線可應用於經濟理論中，例如，某生產過程產出 $Q(x, y)$ 是決定於兩個投入 x 與 y (例如，勞動時數與投資成本)，則等值曲線 $Q(x, y) = C$ 稱之為**等量生產曲線 C** (the curve of constant product C) 或稱**等值曲線**. 又**效用函數** (utility function) $U(x, y)$ 之等值曲線 $U(x, y) = C$ 稱之為**無異曲線** (indifference curve).

例題 6 　**無異曲線**

假設效用導自於消費者持有甲商品 x 單位與乙商品 y 單位而決定一效用函數 $U(x, y) = x^{3/2} y$. 若消費者目前持有 $x = 16$ 單位的甲商品與 $y = 20$ 單位之乙商品，試求消費者目前的效用水準，並繪出對應之無異曲線.

解　目前的效用水準為

$$U(16, 20) = (16)^{3/2}(20) = 1{,}280$$

且所對應之無異曲線為

$$x^{3/2} y = 1{,}280$$

或

$$y = 1{,}280 x^{-3/2}$$

此一曲線包含所有點 (x, y)，且在這些點上之效用水準 $U(x, y)$ 皆為 $1{,}280$. 曲線 $x^{3/2} y = 1{,}280$ 與一些其他的曲線族 $x^{3/2} y = C$，如圖 10-16 所示.

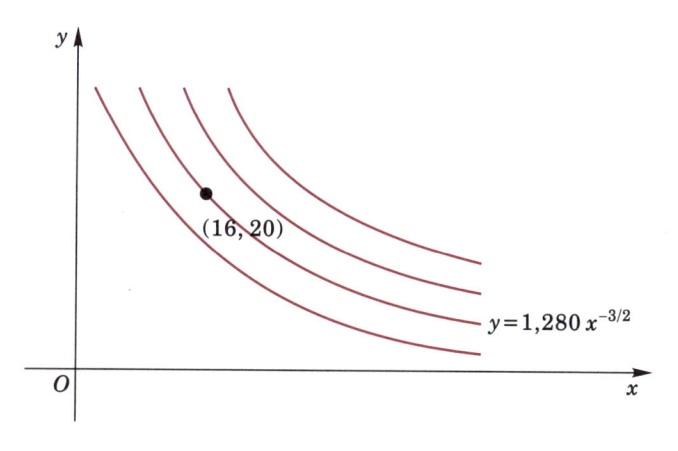

效用函數 $U(x, y) = x^{3/2} y$ 之無異曲線

圖 10-16

另外有關多變數函數的四則運算的定義比照單變數函數的四則運算的定義．例如，若 f 與 g 皆為二變數 x 及 y 的函數，則 $f+g$、$f-g$ 與 $f \cdot g$ 定義為

1. $(f+g)(x, y) = f(x, y) + g(x, y)$
2. $(f-g)(x, y) = f(x, y) - g(x, y)$
3. $(f \cdot g)(x, y) = f(x, y)g(x, y)$
4. $(cf)(x, y) = cf(x, y)$，c 為常數．

$f+g$、$f-g$ 與 $f \cdot g$ 等函數的定義域為 f 與 g 定義域的交集，cf 的定義域為 f 的定義域．

5. $\left(\dfrac{f}{g}\right)(x, y) = \dfrac{f(x, y)}{g(x, y)}$

此商的定義域是由同時在 f 與 g 的定義域內使 $g(x, y) \neq 0$ 的序對所組成．

我們也可定義二變數函數的合成，例如 (已知 $g: \mathbb{R}^2 \to \mathbb{R}$，$f: \mathbb{R} \to \mathbb{R}$)，則合成函數 $f \circ g: \mathbb{R}^2 \to \mathbb{R}$ 為二變數函數．同理，若 $g: \mathbb{R}^n \to \mathbb{R}$，$f: \mathbb{R} \to \mathbb{R}$，則 $f \circ g: \mathbb{R}^n \to \mathbb{R}$ 為 n 變數函數．

例題 7　合成函數的計算

設 $g(x, y) = 2x + 3y$，且 $f(x) = \sqrt{x}$，求 $(f \circ g)(x, y)$．

解 $(f \circ g)(x, y) = f(g(x, y)) = f(2x + 3y) = \sqrt{2x + 3y}$．

習題 10-2

10-2 二變數函數

一、基礎題

在 1～7 題中，確定各函數 f 的定義域，並計算 $f\left(0, \dfrac{1}{2}\right)$。

1. $f(x, y) = \sqrt{x+y}$

2. $f(x, y) = \sqrt{x} + \sqrt{y}$

3. $f(x, y) = \dfrac{xy}{2x-y}$

4. $f(x, y) = \sqrt{1+x} - e^{x/y}$

5. $f(x, y) = \ln(1 - x^2 - y^2)$

6. $f(x, y) = \dfrac{\sqrt{1-x^2-y^2}}{y}$

7. $f(x, y) = \sin^{-1}(y-x)$

8. 若 $g(x, y) = \sqrt{x^2 + 2y^2}$，且 $f(x) = x^2$，求 $(f \circ g)(x, y)$。

9. 試繪 $f(x, y) = x - y^2$ 的等值曲線。

二、進階題

1. 試確定 $f(x, y, z) = \sqrt{4 - x^2 - y^2 - z^2}$ 之定義域。

2. 若 $g(x, y, z) = 2xy + yz + 2xz$，且 $f(x) = 2x$，求 $(f \circ g)(x, y, z)$。

3. 試繪 $f(x, y) = e^{\frac{1}{x^2+y^2}}$ 的等值曲線。

4. 假設效用導自於消費者持有甲商品 x 單位與乙商品 y 單位而決定一效用函數 $U(x, y) = 2x^3 y^2$。若消費者目前持有 $x=5$ 單位的甲商品與 $y=4$ 單位之乙商品，試求消費者目前的效用水準，並繪出所對應之無異曲線。

10-3 二變數函數的極限與連續

二變數函數的極限與連續可由單變數函數的極限與連續觀念推廣而得. 對單變數函數 f 而言, 敘述

$$\lim_{x \to a} f(x) = L$$

意指"當 x 充分靠近 (但異於) a 時, $f(x)$ 的值任意地靠近 L." 同理, 對二變數函數 f 而言, 敘述

$$\lim_{(x, y) \to (a, b)} f(x, y) = L$$

意指"當點 (x, y) 充分靠近 (但異於) 點 (a, b) 時, $f(x, y)$ 的值任意地靠近 L."

定理 2-3 與 2-8 所列的極限性質可推廣到二變數函數, 而得二變數函數的極限定理如下:

定理 10-3

若 $\lim\limits_{(x, y) \to (a, b)} f(x, y) = L$, $\lim\limits_{(x, y) \to (a, b)} g(x, y) = M$ 此處 L 與 M 皆為實數, 則

(1) $\lim\limits_{(x, y) \to (a, b)} [f(x, y) \pm g(x, y)] = \lim\limits_{(x, y) \to (a, b)} f(x, y) \pm \lim\limits_{(x, y) \to (a, b)} g(x, y) = L \pm M$

(2) $\lim\limits_{(x, y) \to (a, b)} [c f(x, y)] = c \cdot \lim\limits_{(x, y) \to (a, b)} f(x, y) = cL$, c 為常數

(3) $\lim\limits_{(x, y) \to (a, b)} [f(x, y) g(x, y)] = [\lim\limits_{(x, y) \to (a, b)} f(x, y)][\lim\limits_{(x, y) \to (a, b)} g(x, y)] = LM$

(4) $\lim\limits_{(x, y) \to (a, b)} \dfrac{f(x, y)}{g(x, y)} = \dfrac{\lim\limits_{(x, y) \to (a, b)} f(x, y)}{\lim\limits_{(x, y) \to (a, b)} g(x, y)} = \dfrac{L}{M}$, $M \neq 0$

(5) $\lim\limits_{(x, y) \to (a, b)} [f(x, y)]^{m/n} = [\lim\limits_{(x, y) \to (a, b)} f(x, y)]^{m/n} = L^{m/n}$ (m 與 n 皆為整數), 倘若 $L^{m/n}$ 為實數.

例題 1　分子有理化

求 $\lim\limits_{\substack{(x,y)\to(4,3)\\ x-y\neq 1}} \dfrac{\sqrt{x}-\sqrt{y+1}}{x-y-1}$.

解

$$\lim\limits_{\substack{(x,y)\to(4,3)\\ x-y\neq 1}} \dfrac{\sqrt{x}-\sqrt{y+1}}{x-y-1} = \lim\limits_{\substack{(x,y)\to(4,3)\\ x-y\neq 1}} \dfrac{(\sqrt{x}-\sqrt{y+1})(\sqrt{x}+\sqrt{y+1})}{(x-y-1)(\sqrt{x}+\sqrt{y+1})}$$

$$= \lim\limits_{\substack{(x,y)\to(4,3)\\ x-y\neq 1}} \dfrac{x-y-1}{(x-y-1)(\sqrt{x}+\sqrt{y+1})}$$

$$= \lim\limits_{(x,y)\to(4,3)} \dfrac{1}{\sqrt{x}+\sqrt{y+1}}$$

$$= \dfrac{1}{\sqrt{4}+\sqrt{3+1}} = \dfrac{1}{4}.$$

例題 2　令 $\theta=\sqrt{x^2+y^2}$

求 $\lim\limits_{(x,y)\to(0,0)} \dfrac{\sin\sqrt{x^2+y^2}}{\sqrt{x^2+y^2}}$.

解　令 $\theta=\sqrt{x^2+y^2}$，當 $(x,y)\to(0,0)$ 時，則 $\theta\to 0^+$，故

$$\lim\limits_{(x,y)\to(0,0)} \dfrac{\sin\sqrt{x^2+y^2}}{\sqrt{x^2+y^2}} = \lim\limits_{\theta\to 0^+} \dfrac{\sin\theta}{\theta} = 1.$$

讀者可以回憶，在單變數函數求極限時的情形，$f(x)$ 在 $x=a$ 處的極限存在，若且唯若 $\lim\limits_{x\to a^-} f(x) = \lim\limits_{x\to a^+} f(x) = L$. 但有關二變數函數的極限情況，就比較複雜，因為點 (x,y) "趨近" 點 (a,b) 就不像單一變數 x "趨近" a 那麼容易. 事實上，在 xy-平面上，點 (x,y) 趨近點 (a,b) 之方式有很多種，如圖 10-17(i)、(ii) 與 (iii) 所示.

如果在坐標平面上，點 (x,y) 沿著無數條不同曲線 (我們稱其為路徑) "趨近" 點 (a,b) 時，所求得 $f(x,y)$ 之極限值皆為 L，我們稱極限存在且

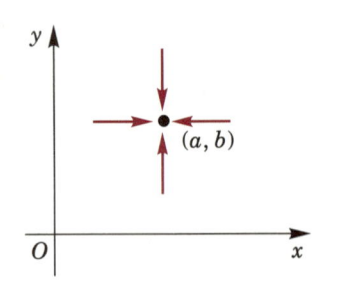

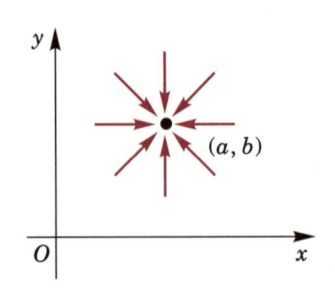

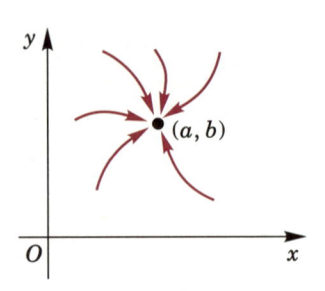

(i) 沿著通過點 (a, b) 之水平與垂直線

(ii) 沿著通過點 (a, b) 之每條直線

(iii) 沿著通過點 (a, b) 之每條曲線

圖 10-17

$$\lim_{(x, y) \to (a, b)} f(x, y) = L$$

反之，若點 (x, y) 沿著至少兩個不同之路徑 "趨近" 點 (a, b)，所得之極限值不同，則 $\lim_{(x, y) \to (a, b)} f(x, y)$ 不存在.

例題 3　取不同的路徑

若 $f(x, y) = \dfrac{xy}{x^2 + y^2}$，則 $\lim_{(x, y) \to (0, 0)} f(x, y)$ 是否存在？

解　(i) 若點 (x, y) 沿著直線 $y = x$ 趨近點 $(0, 0)$，則

$$\lim_{(x, y) \to (0, 0)} \frac{xy}{x^2 + y^2} = \lim_{x \to 0} \frac{x^2}{x^2 + x^2} = \frac{1}{2}$$

(ii) 若點 (x, y) 沿著直線 $y = -x$ 趨近點 $(0, 0)$，則

$$\lim_{(x, y) \to (0, 0)} \frac{xy}{x^2 + y^2} = \lim_{x \to 0} \frac{-x^2}{x^2 + x^2} = -\frac{1}{2}$$

由 (i) 與 (ii) 所求得極限值不同，故 $\lim_{(x, y) \to (0, 0)} f(x, y)$ 不存在.

例題 4 取不同的路徑

求 $\lim\limits_{(x,\,y)\to(0,\,0)} \dfrac{x^3 y}{x^6+y^2}$.

解 (i) 令 $y=x$ 代入，則

$$\lim_{(x,\,y)\to(0,\,0)} \frac{x^3 y}{x^6+y^2} = \lim_{x\to 0} \frac{x^4}{x^6+x^2} = \lim_{x\to 0} \frac{x^2}{x^4+1} = 0$$

(ii) 令 $y=x^3$ 代入，則

$$\lim_{(x,\,y)\to(0,\,0)} \frac{x^3 y}{x^6+y^2} = \lim_{x\to 0} \frac{x^6}{x^6+x^6} = \lim_{x\to 0} \frac{x^6}{2x^6} = \frac{1}{2}$$

故 $\lim\limits_{(x,\,y)\to(0,\,0)} \dfrac{x^3 y}{x^6+y^2}$ 不存在.

多變數函數之連續性定義與單變數函數之連續性定義相類似.

定義 10-3

若二變數函數 f 滿足下列三條件：

(1) $f(a,\ b)$ 有定義

(2) $\lim\limits_{(x,\,y)\to(a,\,b)} f(x,\ y)$ 存在

(3) $\lim\limits_{(x,\,y)\to(a,\,b)} f(x,\ y) = f(a,\ b)$

則稱 *f* 在點 *(a, b)* 為連續.

若二變數函數在區域 R 的每一點為連續，則稱該函數在區域 R 為連續. 如果函數 f 在點 (a, b) 為不連續，但可重新定義 f 在點 (a, b) 的值 $f(a, b)$，使得 f 在點 (a, b) 為連續，則這種點 (a, b) 稱為 f 的可移去不連續點.

例題 5 連續的定義

試證函數

$$f(x, y) = \begin{cases} \dfrac{xy}{x^2+y^2}, & (x, y) \neq (0, 0) \\ 0, & (x, y) = (0, 0) \end{cases}$$

在原點外的每一點皆連續.

解 當 $(a, b) \neq (0, 0)$ 時,

$$\lim_{(x, y) \to (a, b)} f(x, y) = \lim_{(x, y) \to (a, b)} \frac{xy}{x^2+y^2} = \frac{ab}{a^2+b^2} = f(a, b)$$

但 $\lim\limits_{(x, y) \to (0, 0)} f(x, y)$ 不存在 (見例題 3),故 $f(x, y)$ 在原點以外的每一點皆連續.

例題 6 確定連續的區域

試討論 $f(x, y) = \sqrt{x} \cos \sqrt{x+y}$ 之連續性.

解 f 在 $\{(x, y) \mid x, y \in \mathbb{R}, x \geq 0, x+y \geq 0\}$ 為連續,如圖 10-18 所示.

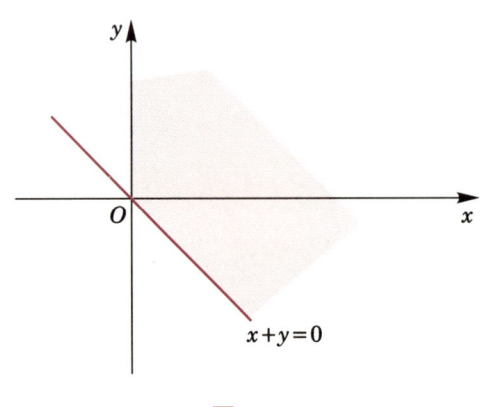

圖 10-18

定理 10-4

若二變數函數 h 在點 (x_0, y_0) 為連續且單變數函數 g 在 $h(x_0, y_0)$ 為連續，則合成函數 $(g \circ h)(x, y) = g(h(x, y))$ 在 (x_0, y_0) 亦為連續，亦即，

$$\lim_{(x, y) \to (x_0, y_0)} g(h(x, y)) = g(h(x_0, y_0)).$$

例題 7 利用定理 10-4

討論 $f(x, y) = e^{\frac{x}{y-2x}}$ 的連續性.

解 因函數 $h(x) = e^x$ 在區間 $(-\infty, \infty)$ 為連續，故合成函數 $f(x, y) = e^{\frac{x}{y-2x}}$ 在除了位於直線 $y = 2x$ 上之點以外的其他點皆為連續.

習題 10-3

10-3 二變數函數的極限與連續

一、基礎題

在 1～8 題中的極限是否存在？若存在，則求其極限值.

1. $\lim_{(x, y) \to (1, 1)} \dfrac{x^3 - y^3}{x^2 - y^2}$

2. $\lim_{(x, y) \to (-1, 2)} \dfrac{x + y^3}{(x - y + 1)^2}$

3. $\lim_{(x, y) \to (0, 0)} \dfrac{\sin(x^2 + y^2)}{x^2 + y^2}$

4. $\lim_{(x, y) \to (0, 0)} \dfrac{\tan(x^2 + y^2)}{x^2 + y^2}$

5. $\lim_{(x, y) \to (4, -2)} x \sqrt[3]{2x + y^3}$

6. $\lim_{(x, y) \to (0, 0)} \sin(\ln(1 + x + y))$

7. $\lim_{(x, y) \to (0, 0)} \dfrac{x - y}{x^2 + y^2}$

8. $\lim_{(x, y) \to (0, 0)} \dfrac{e^y \sin x}{x}$

討論下列 9～12 題中函數 f 的連續性.

9. $f(x, y) = \ln(x+y-1)$

10. $f(x, y) = \dfrac{xy}{x^2-y^2}$

11. $f(x, y) = \dfrac{1}{\sqrt{2-x^2-y^2}}$

12. $f(x, y, z) = \sqrt{xy}\sin z$

二、進階題

1. 求 $\lim\limits_{(x, y)\to(0, 0)} \dfrac{x^2-xy+y^2}{3x^2+4y^2}$.

2. 求 $\lim\limits_{(x, y)\to(0, 0)} \dfrac{1-\cos(x^2+y^2)}{x^2+y^2}$.

3. 試討論 $f(x, y) = \begin{cases} \dfrac{\sin(xy)}{xy}, & xy \neq 0 \\ 1, & (x, y) = (0, 0) \end{cases}$.

4. 設 $g(x, y) = \begin{cases} \dfrac{xy}{x^2+y^2}, & (x, y) \neq (0, 0) \\ 0, & (x, y) = (0, 0) \end{cases}$，試討論 $g(x, y)$ 在點 $(0, 0)$ 處的連續性.

5. 求 $\lim\limits_{(x, y)\to(0, 0)} y \sin \dfrac{1}{x}$.

10-4 偏導函數

單變數函數 $y = f(x)$ 的導函數定義為

$$\dfrac{dy}{dx} = f'(x) = \lim_{h \to 0} \dfrac{f(x+h)-f(x)}{h}$$

可解釋為 y 對 x 的瞬時變化率.

在本節中，我們首先研究二變數函數的偏導函數.

定義 10-4

若 $z=f(x, y)$ 為二變數函數，則 f 對 x 的偏導函數 $f_x(x, y)$ 或 $\dfrac{\partial z}{\partial x}$ 與 f 對 y 的偏導函數 $f_y(x, y)$ 或 $\dfrac{\partial z}{\partial y}$ 分別定義如下：

$$\dfrac{\partial z}{\partial x}=f_x(x, y)=\lim_{h \to 0} \dfrac{f(x+h, y)-f(x, y)}{h} \quad (y \text{ 視為常數})$$

$$\dfrac{\partial z}{\partial y}=f_y(x, y)=\lim_{h \to 0} \dfrac{f(x, y+h)-f(x, y)}{h} \quad (x \text{ 視為常數})$$

倘若極限存在.

例題 1 利用偏導數之定義

試利用偏導數之定義求二變數函數 $f(x, y)=x^2 y$ 之偏導數.

解

(i) $f_x(x, y)=\dfrac{\partial f}{\partial x}=\lim_{h \to 0} \dfrac{f(x+h, y)-f(x, y)}{h}=\lim_{h \to 0} \dfrac{(x+h)^2 y-x^2 y}{h}$

$=\lim_{h \to 0} \dfrac{x^2 y+2xyh+h^2 y-x^2 y}{h}=\lim_{h \to 0} \dfrac{(2xy+hy)h}{h}$

$=\lim_{h \to 0} (2xy+hy)=2xy$

(ii) $f_y(x, y)=\dfrac{\partial f}{\partial y}=\lim_{h \to 0} \dfrac{f(x, y+h)-f(x, y)}{h}=\lim_{h \to 0} \dfrac{(x)^2(y+h)-x^2 y}{h}$

$=\lim_{h \to 0} \dfrac{x^2 y+x^2 h-x^2 y}{h}$

$=\lim_{h \to 0} x^2=x^2.$

由例題 1 之結果得知，若欲求 $f_x(x, y)$，我們可視 y 為常數，而依一般的方法將 $f(x, y)$ 對 x 微分；同理，若欲求 $f_y(x, y)$，可視 x 為常數而將 $f(x, y)$ 對 y 微分. 例如，若 $f(x, y)=3xy^2$，則 $f_x(x, y)=3y^2$，$f_y(x, y)=6xy$. 求偏導函數的過程稱為**偏微分**.

一個二變數函數之偏導數亦為二變數函數，因此可以在變數之指定值上計算偏導函

數值. 例如 $\dfrac{\partial f}{\partial x}\bigg|_{(a,\ b)}$ 或 $f_x(a,\ b)$ 代表函數 $\dfrac{\partial f}{\partial x}$ 在 $x=a$、$y=b$ 上計算之偏導函數值. 同理，$\dfrac{\partial f}{\partial y}\bigg|_{(a,\ b)}$ 或 $f_y(a,\ b)$ 代表函數 $\dfrac{\partial f}{\partial y}$ 在 $x=a$、$y=b$ 上計算之偏導函數值.

定理 10-5

若 $u=u(x,\ y)$，$v=v(x,\ y)$，且 u 與 v 的偏導函數皆存在，r 為實數，則

(1) $\dfrac{\partial}{\partial x}(u\pm v)=\dfrac{\partial u}{\partial x}\pm\dfrac{\partial v}{\partial x}$ $\qquad$ $\dfrac{\partial}{\partial y}(u\pm v)=\dfrac{\partial u}{\partial y}\pm\dfrac{\partial v}{\partial y}$ $\qquad$ 偏導數之和 (差) 法則

(2) $\dfrac{\partial}{\partial x}(cu)=c\dfrac{\partial u}{\partial x}$ $\qquad$ $\dfrac{\partial}{\partial y}(cu)=c\dfrac{\partial u}{\partial y}$，$c$ 為常數 $\qquad$ 偏導數之常數積法則

(3) $\dfrac{\partial}{\partial x}(uv)=u\dfrac{\partial v}{\partial x}+v\dfrac{\partial u}{\partial x}$ $\qquad$ $\dfrac{\partial}{\partial y}(uv)=u\dfrac{\partial v}{\partial y}+v\dfrac{\partial u}{\partial y}$ $\qquad$ 偏導數之乘積法則

(4) $\dfrac{\partial}{\partial x}\left(\dfrac{u}{v}\right)=\dfrac{v\dfrac{\partial u}{\partial x}-u\dfrac{\partial v}{\partial x}}{v^2}$ $\qquad$ $\dfrac{\partial}{\partial y}\left(\dfrac{u}{v}\right)=\dfrac{v\dfrac{\partial u}{\partial y}-u\dfrac{\partial v}{\partial y}}{v^2}$ $\qquad$ 偏導數之商法則

(5) $\dfrac{\partial}{\partial x}(u^r)=ru^{r-1}\dfrac{\partial u}{\partial x}$ $\qquad$ $\dfrac{\partial}{\partial y}(u^r)=ru^{r-1}\dfrac{\partial u}{\partial y}$ $\qquad$ 偏導數之乘冪法則

例題 2 利用定理 10-5

已知函數 $f(x,\ y)=x^2-xy^2+y^3$，求 $\dfrac{\partial f}{\partial x}$ 與 $\dfrac{\partial f}{\partial y}$. f 在點 $(1,\ 3)$ 沿 x-方向之變化率為何？f 在點 $(1,\ 3)$ 沿 y-方向之變化率為何？

解
$$\dfrac{\partial f}{\partial x}=2x-y^2,\quad \dfrac{\partial f}{\partial y}=-2xy+3y^2$$

f 在點 $(1,\ 3)$ 沿 x-方向之變化率為

$$f_x(1,\ 3)=\dfrac{\partial f}{\partial x}\bigg|_{(1,\ 3)}=2-3^2=-7$$

亦即，當 y 恆為 3 時，在 x-方向每增加 1 單位，函數 f 便減少 7 單位. f 在點 (1，3) 沿 y-方向之變化率為

$$f_y(1,\ 3)=\left.\frac{\partial f}{\partial y}\right|_{(1,\ 3)}=-2(1)(3)+3(3)^2=21$$

亦即，當 x 恆為 1 時在 y-方向每增加 1 單位，函數 f 便增加 21 單位.

例題 3 利用定理 10-5

若 $f(x,\ y)=x^3y^2+2x^2y-3x$，求 (1) $f_x(x,\ y)$ 與 $f_y(x,\ y)$，(2) $f_x(1,\ -2)$ 與 $f_y(1,\ -2)$.

解 (1) 視 y 為常數並對 x 微分，可得

$$f_x(x,\ y)=3x^2y^2+4xy-3$$

視 x 為常數並對 y 微分，可得

$$f_y(x,\ y)=2x^3y+2x^2$$

(2) 利用 (1) 的結果，

$$f_x(1,\ -2)=12-8-3=1$$
$$f_y(1,\ -2)=-4+2=-2$$

例題 4 利用定理 10-5

若 $f(x,\ y)=xe^{x^2y}$，求 $f_x(x,\ y)$ 與 $f_y(x,\ y)$.

解
$$\begin{aligned}f_x(x,\ y)&=\frac{\partial}{\partial x}(xe^{x^2y})=x\frac{\partial}{\partial x}(e^{x^2y})+e^{x^2y}\frac{\partial}{\partial x}(x) \quad\text{偏導數之乘積法則}\\&=xe^{x^2y}(2xy)+e^{x^2y} \quad\text{y 視為常數對 x 微分}\\&=e^{x^2y}(2x^2y+1) \quad\text{提出 e^{x^2y}}\end{aligned}$$

$$f_y(x, y) = \frac{\partial}{\partial y}(xe^{x^2y}) = x\frac{\partial}{\partial y}(e^{x^2y}) + e^{x^2y}\frac{\partial}{\partial y}(x) \quad \text{偏導數之乘積法則}$$

$$= xe^{x^2y}\frac{\partial}{\partial y}(x^2y) \quad\quad x \text{ 視為常數對 } y \text{ 微分}$$

$$= xe^{x^2y}x^2$$

$$= x^3 e^{x^2y}.$$

例題 5 利用定理 10-5

若 $f(x, y) = x^{x^y}$，求 $\dfrac{\partial f}{\partial x}$ 與 $\dfrac{\partial f}{\partial y}$。

解
$$\frac{\partial f}{\partial x} = \frac{\partial}{\partial x}(e^{\ln x^{x^y}}) = \frac{\partial}{\partial x}(e^{x^y \ln x}) = e^{x^y \ln x}\frac{\partial}{\partial x}(x^y \ln x)$$

$$= e^{x^y \ln x}\left(x^y \cdot \frac{1}{x} + yx^{y-1}\ln x\right) \quad \text{偏導數之乘積法則}$$

$$= x^{x^y}(x^{y-1} + yx^{y-1}\ln x)$$

$$= x^{x^y + y - 1}(1 + y\ln x)$$

$$\frac{\partial f}{\partial y} = \frac{\partial}{\partial y}(e^{\ln x^{x^y}}) = \frac{\partial}{\partial y}(e^{x^y \ln x}) = e^{x^y \ln x}\frac{\partial}{\partial y}(x^y \ln x)$$

$$= x^{x^y}[x^y(\ln x)^2] = (\ln x)^2 x^{x^y + y}$$

【另解】 令 $u = x^{x^y}$，則 $\ln u = \ln x^{x^y} = x^y \ln x$.

$$\frac{\partial}{\partial x}\ln u = \frac{\partial}{\partial x}(x^y \ln x)$$

$$\frac{1}{u}\frac{\partial u}{\partial x} = x^y \cdot \frac{1}{x} + yx^{y-1}\ln x$$

故 $$\frac{\partial u}{\partial x} = x^{x^y}(x^{y-1} + yx^{y-1}\ln x)$$

即 $$\frac{\partial f}{\partial x} = x^{x^y + y - 1}(1 + y\ln x)$$

同理，可求 $\dfrac{\partial f}{\partial y}$。

第十章　偏導函數

例題 6　**利用微積分基本定理**

若 $f(x, y)=\int_{x}^{y}(2t+1)\,dt+\int_{y}^{x}(2t-1)\,dt$，求 $\dfrac{\partial f}{\partial x}$ 與 $\dfrac{\partial f}{\partial y}$．

解

$$\dfrac{\partial f}{\partial x}=\dfrac{\partial}{\partial x}\int_{x}^{y}(2t+1)\,dt+\dfrac{\partial}{\partial x}\int_{y}^{x}(2t-1)\,dt$$

$$=-\dfrac{\partial}{\partial x}\int_{y}^{x}(2t+1)\,dt+\dfrac{\partial}{\partial x}\int_{y}^{x}(2t-1)\,dt$$

$$=-(2x+1)+(2x-1)=-2$$

$$\dfrac{\partial f}{\partial y}=\dfrac{\partial}{\partial y}\int_{x}^{y}(2t+1)\,dt+\dfrac{\partial}{\partial y}\int_{y}^{x}(2t-1)\,dt$$

$$=(2y+1)-\dfrac{\partial}{\partial y}\int_{x}^{y}(2t-1)\,dt$$

$$=(2y+1)-(2y-1)=2.$$

例題 7　**求三變數函數之偏導數 (對其中某一變數作微分時，其他二個變數均視為常數．)**

若 $u=(x^2y+xy)^z$，求 $\dfrac{\partial u}{\partial x}$、$\dfrac{\partial u}{\partial y}$ 與 $\dfrac{\partial u}{\partial z}$．

解

$$\dfrac{\partial u}{\partial x}=\dfrac{\partial}{\partial x}(x^2y+xy)^z \qquad\qquad y\text{ 與 }z\text{ 視爲常數對 }x\text{ 微分}$$

$$=z(x^2y+xy)^{z-1}\dfrac{\partial}{\partial x}(x^2y+xy) \qquad\qquad \text{偏導數之乘冪法則}$$

$$=z(x^2y+xy)^{z-1}(2xy+y)$$

$$\dfrac{\partial u}{\partial y}=\dfrac{\partial}{\partial y}(x^2y+xy)^z \qquad\qquad x\text{ 與 }z\text{ 視爲常數對 }y\text{ 微分}$$

$$=z(x^2y+xy)^{z-1}\dfrac{\partial}{\partial y}(x^2y+xy) \qquad\qquad \text{偏導數之乘冪法則}$$

$$= z(x^2y+xy)^{z-1}(x^2+x)$$

$$\frac{\partial u}{\partial z} = \frac{\partial}{\partial z}(x^2y+xy)^z \qquad \text{\color{red}{x 與 y 視爲常數對 z 微分}}$$

$$= (x^2y+xy)^z \ln(x^2y+xy) \qquad \text{\color{red}{指數函數的微分}}$$

由於一階偏導函數 f_x 與 f_y 皆爲 x 與 y 的函數，所以，可以再對 x 或 y 微分. f_x 與 f_y 的偏導函數稱爲 f 的二階偏導函數，如下所示

$$(f_x)_x = f_{xx} = \frac{\partial f_x}{\partial x} = \frac{\partial}{\partial x}\left(\frac{\partial f}{\partial x}\right) = \frac{\partial^2 f}{\partial x^2}$$

$$(f_x)_y = f_{xy} = \frac{\partial f_x}{\partial y} = \frac{\partial}{\partial y}\left(\frac{\partial f}{\partial x}\right) = \frac{\partial^2 f}{\partial y\,\partial x}$$

$$(f_y)_x = f_{yx} = \frac{\partial f_y}{\partial x} = \frac{\partial}{\partial x}\left(\frac{\partial f}{\partial y}\right) = \frac{\partial^2 f}{\partial x\,\partial y}$$

$$(f_y)_y = f_{yy} = \frac{\partial f_y}{\partial y} = \frac{\partial}{\partial y}\left(\frac{\partial f}{\partial y}\right) = \frac{\partial^2 f}{\partial y^2}$$

讀者應注意，在 f_{xy} 中的 x 與 y 的順序是先對 x 作偏微分，再對 y 作偏微分. 但在 $\dfrac{\partial^2 f}{\partial x\,\partial y}$ 中，是先對 y 作偏微分，再對 x 作偏微分.

例題 8　計算二階偏導函數

若 $w = e^x + x\ln y + y\ln x$，試證 $w_{xy} = w_{yx}$.

解

$$w_x = \frac{\partial}{\partial x}(e^x + x\ln y + y\ln x) = e^x + \ln y + \frac{y}{x}$$

$$w_{xy} = \frac{\partial}{\partial y}\left(e^x + \ln y + \frac{y}{x}\right) = \frac{1}{y} + \frac{1}{x}$$

$$w_y = \frac{\partial}{\partial y}(e^x + x\ln y + y\ln x) = \frac{x}{y} + \ln x$$

$$w_{yx} = \frac{\partial}{\partial x}\left(\frac{x}{y} + \ln x\right) = \frac{1}{y} + \frac{1}{x}$$

故 $w_{xy} = w_{yx}$.

下面定理給出函數的混合二階偏導函數相等的充分條件，其證明省略.

定理 10-6

若 f、f_x、f_y、f_{xy} 與 f_{yx} 在開區域 R 皆為連續，則對 R 中的每一點 (x, y)，

$$f_{xy}(x, y) = f_{yx}(x, y)$$

同理，若 $f(x, y, z)$ 為三變數函數且具有連續二階偏導函數，則

$$\frac{\partial^2 f}{\partial x\, \partial y} = \frac{\partial^2 f}{\partial y\, \partial x},\quad \frac{\partial^2 f}{\partial x\, \partial z} = \frac{\partial^2 f}{\partial z\, \partial x} \text{ 且 } \frac{\partial^2 f}{\partial y\, \partial z} = \frac{\partial^2 f}{\partial z\, \partial y}.$$

有關三階或更高階的偏導函數可仿照二階的情形，依此類推. 例如

$$f_{xxx} = \frac{\partial}{\partial x}\left(\frac{\partial^2 f}{\partial x^2}\right) = \frac{\partial^3 f}{\partial x^3}, \qquad f_{xxy} = \frac{\partial}{\partial y}\left(\frac{\partial^2 f}{\partial x^2}\right) = \frac{\partial^3 f}{\partial y\, \partial x^2}$$

$$f_{xyy} = \frac{\partial}{\partial y}\left(\frac{\partial^2 f}{\partial y\, \partial x}\right) = \frac{\partial^3 f}{\partial y^2\, \partial x}, \qquad f_{yyy} = \frac{\partial}{\partial y}\left(\frac{\partial^2 f}{\partial y^2}\right) = \frac{\partial^3 f}{\partial y^3}.$$

例題 9　求三階偏導函數

若 $f(x, y) = x \ln y + ye^x$，求 f_{xxy} 與 f_{yyx}.

解
$$f_x = \frac{\partial}{\partial x}(x \ln y + ye^x) = \ln y + ye^x$$

$$f_{xx} = \frac{\partial}{\partial x}(\ln y + ye^x) = ye^x$$

$$f_{xxy} = \frac{\partial}{\partial y}(ye^x) = e^x$$

$$f_y = \frac{\partial}{\partial y}(x \ln y + ye^x) = \frac{x}{y} + e^x$$

$$f_{yy} = \frac{\partial}{\partial y}\left(\frac{x}{y} + e^x\right) = -\frac{x}{y^2}$$

$$f_{yyx} = \frac{\partial}{\partial x}\left(-\frac{x}{y^2}\right) = -\frac{1}{y^2}.$$

習題 10-4

10-4 偏導函數

一、基礎題

1. 若 $f(x, y) = x^2 y$，試利用偏導函數之定義求 $f_x(1, 1)$ 與 $f_y(1, 1)$.

在 2～10 題中，求函數 f 的一階偏導函數.

2. $f(x, y) = \sqrt{x^2 + y^2}$

3. $f(x, y) = x \ln y + ye^x$

4. $f(x, y) = \sin^{-1}\frac{y}{x}$

5. $f(x, y) = \ln(x^2 - y^2)$

6. $f(x, y) = \tan^{-1}\frac{y}{x}$

7. $f(x, y) = \sin(xy) + xe^y$

8. $f(x, y) = \int_x^y e^{t^2} dt$

9. $f(x, y, z) = (y^2 + z^2)^x$

10. $f(x, y, z) = x^{y/z}$

11. 若 $z = (x^2 - y^2)^3$，求 z_{xx}、z_{xy} 與 z_{yy}.

12. 若 $z = t \sin^{-1}\sqrt{x}$，求 z_{tt}、z_{tx} 與 z_{xx}.

二、進階題

1. 已知 $f(x, y, z) = xe^z - ye^x + ze^{-y}$，求 $f_{xy}(1, -1, 0)$、$f_{yz}(0, 1, 0)$ 與 $f_{zx}(0, 0, 1)$.

2. 若 $V = y \ln(x^2 + z^2)$，求 V_{yzz}。

3. 若 $w = \sin(xyz)$，求 w_{xyz}。

4. 若 $f(x, y) = \tan^{-1}(xy)$，試證 $f_{xy} = f_{yx}$。

5. 設方程式 $x = v \ln u$ 與 $y = u \ln v$ 定義 u 與 v 均為自變數 x 與 y 的函數，且 v_x 存在，求 v_x。

10-5 偏導數的幾何意義

就單變數函數 $y = f(x)$ 而言，在幾何上，$f'(x_0)$ 意指曲線 $y = f(x)$ 在點 (x_0, y_0) 之切線的斜率。今討論二變數函數 $z = f(x, y)$ 之偏導數的幾何意義。

已知曲面 $z = f(x, y)$，若平面 $y = y_0$ 與曲面相交所成的曲線 C_1 通過 P 點，如圖 10-19 所示，則

$$f_x(x_0, y_0) = \lim_{h \to 0} \frac{f(x_0 + h, y_0) - f(x_0, y_0)}{h}$$

代表曲線 C_1 在 $P(x_0, y_0, z_0)$ 沿著 x 方向之切線的斜率。又 C_1 通過 P 點，且在平面 $y = y_0$ 上，故它在 P 點之切線的方程式為

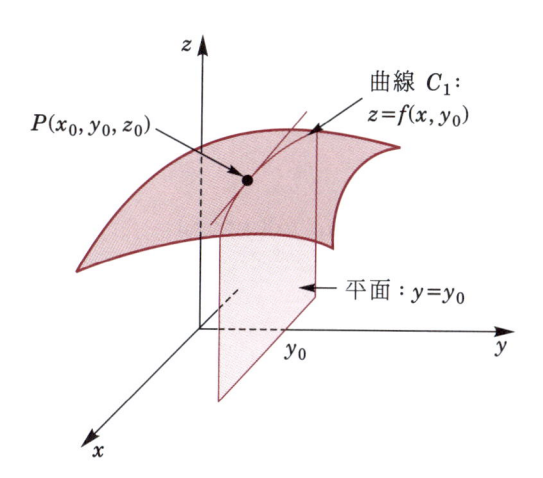

圖 10-19

492 商用微積分

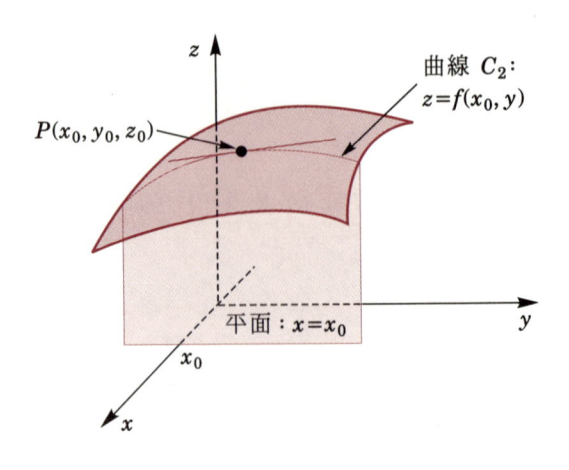

圖 10-20

$$\begin{cases} y=y_0 \\ z-z_0=\underbrace{f_x(x_0,\ y_0)}_{\text{沿 }x\text{-軸方向之斜率}}(x-x_0) \end{cases} \tag{10-8}$$

同理，若平面 $x=x_0$ 與曲面相交所成的曲線 C_2 通過 P 點，如圖 10-20 所示，則

$$f_y(x_0,\ y_0)=\lim_{h\to 0}\frac{f(x_0,\ y_0+h)-f(x_0,\ y_0)}{h}$$

代表曲線 C_2 在 $P(x_0,\ y_0,\ z_0)$ 沿著 y 方向之切線的斜率．又 C_2 通過 P 點，且在平面 $x=x_0$ 上，故它在 P 點之切線的方程式為

$$\begin{cases} x=x_0 \\ z-z_0=\underbrace{f_y(x_0,\ y_0)}_{\text{沿 }y\text{-軸方向之斜率}}(y-y_0) \end{cases} \tag{10-9}$$

例題 1 利用式 (10-8)

求球面 $x^2+y^2+z^2=9$ 與平面 $y=2$ 的交線在點 $(1,\ 2,\ 2)$ 的切線方程式．

解 因 $z=f(x, y)=\sqrt{9-x^2-y^2}$，可知切線在點 $(1, 2, 2)$ 沿著 x-軸方向的斜率為

$$f_x(1, 2)=\frac{-x}{\sqrt{9-x^2-y^2}}\bigg|_{(1, 2)}=-\frac{1}{2}$$

故所求的切線方程式為

$$\begin{cases} y=2 \\ z-2=-\frac{1}{2}(x-1) \end{cases}, \text{即} \begin{cases} y=2 \\ x+2z=5 \end{cases}.$$

已知曲面 $z=f(x, y)$，令 $P_0(x_0, y_0)$ 為函數 f 定義域內的一點，且 $Q_0(x_0, y_0, z_0)$ 為曲面上的對應點，如圖 10-21 所示．由偏導數之幾何意義可知，曲線 RQ_0S 在 Q_0 處之切線斜率為 $f_x(x_0, y_0)$，又曲線 UQ_0V 在 Q_0 處之切線斜率為 $f_y(x_0, y_0)$．如果能求得一平面含 C_1 與 C_2 曲線在 Q_0 點之二條切線 DE 與 FG，則此平面就稱為曲面在點 Q_0 之切平面．

假設通過點 $Q_0(x_0, y_0, z_0)$ 之平面方程式為

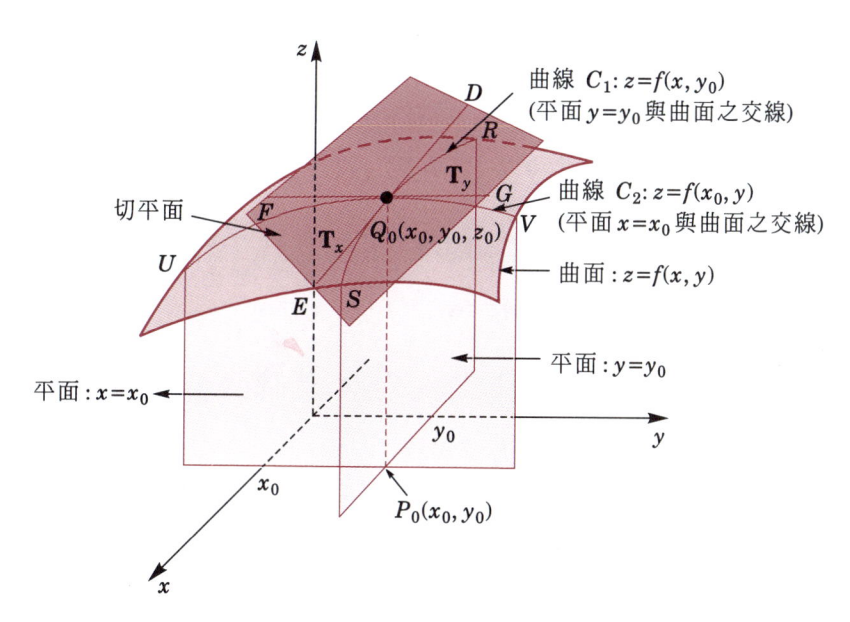

圖 10-21

$$z-z_0=A(x-x_0)+B(y-y_0) \tag{10-10}$$

我們欲求得 A 與 B 使得式 (10-10) 之平面切曲面 $z=f(x, y)$ 於 Q_0。由圖 10-21 知,曲面與平面 $y=y_0$ 之交線為曲線 RQ_0S,且 $f_x(x_0, y_0)$ 為曲線 RQ_0S 在點 Q_0 沿 x-軸方向之斜率。另外,平面 $y=y_0$ 與式 (10-10) 之平面相交成直線 DQ_0E,此直線之方程式為

$$\begin{cases} y=y_0 \\ z-z_0=A(x-x_0) \end{cases} \tag{10-11}$$

其斜率為 A。為了使式 (10-10) 所表之平面與曲面相切,式 (10-11) 所表之直線必須與曲線 RQ_0S 切於點 Q_0。因此 $A=f_x(x_0, y_0)$。同理,

$$\begin{cases} x=x_0 \\ z-z_0=B(y-y_0) \end{cases}$$

所表之直線 FQ_0G 必須與曲線 UQ_0V 切於點 Q_0,因此 $B=f_y(x_0, y_0)$。所以,在曲面上點 Q_0 之切平面方程式為

$$z-z_0=f_x(x_0, y_0)(x-x_0)+f_y(x_0, y_0)(y-y_0) \tag{10-12}$$

例題 2 利用式 (10-12)

試求曲面 $z=f(x, y)=3x^2+2y^2-27$ 在點 $P(1, 2, 4)$ 之切平面方程式。

解 首先求 $f_x(1, 2)$ 與 $f_y(1, 2)$。因為

$$f_x(x, y)=6x, \quad f_y(x, y)=4y$$

所以,
$$f_x(1, 2)=6, \quad f_y(1, 2)=8$$

代入式 (10-12),求得切平面之方程式為

$$z-4=6(x-1)+8(y-2)$$

或
$$z-4=6x+8y-22$$

故切平面方程式為 $6x+8y-z=18$。

習題 10-5

10-5 偏導數的幾何意義

一、基礎題

1. 求曲面 $z = x^2 + 4y^2$ 與
   (1) 平面 $x = -1$　　　(2) 平面 $y = 1$
   相交的曲線在點 $(-1, 1, 5)$ 之切線的方程式.

2. 求曲面 $36z = 4x^2 + 9y^2$ 與平面 $x = 3$ 的交線在點 $(3, 2, 2)$ 之切線的斜率.

3. 求曲面 $2z = \sqrt{9x^2 + 9y^2 - 36}$ 與平面 $y = 1$ 之交線在點 $\left(2, 1, \dfrac{3}{2}\right)$ 之切線的方程式.

4. 試求方程式 $z = \ln(2x+y)$ 之圖形在點 $P(-1, 3, 0)$ 之切平面方程式.

5. 試求方程式 $z = xe^{-y}$ 之圖形在點 $P(1, 0, 1)$ 之切平面方程式.

6. 試求方程式 $z = 2e^{-x}\sin y$ 之圖形在點 $P\left(0, \dfrac{\pi}{6}, 1\right)$ 之切平面方程式.

二、進階題

1. 求曲面 $z = 9 - x^2 - y^2$ 在點 $(1, 2, 4)$ 之切平面與 xy-坐標平面的交線.

2. 試求方程式 $z = \ln\left(\dfrac{y-x}{y+x}\right)$ 之圖形在點 $P(0, e, 0)$ 之切平面方程式.

10-6 偏導數在經濟學上的應用

◎ 柯布-道格拉斯生產函數

在經濟學上有一個非常重要之生產函數，如下

$$Q = f(L, K) = aL^b K^{1-b} \qquad (10\text{-}13)$$

其中 a 與 b 為正常數，且 $0 < b < 1$。此生產函數稱為**柯布-道格拉斯** (Cobb-Douglas) **生產函數**，其中 Q 為產量，L 為勞動要素的投入金額，K 為資本設備的投入，如機器設備及其他生產工具等。利用偏導函數可求得 $\dfrac{\partial Q}{\partial L}$ 與 $\dfrac{\partial Q}{\partial K}$。

1. $\dfrac{\partial Q}{\partial L}$ 稱為**勞動邊際生產力** (marginal productivity of labor)，用以衡量當資本支出固定時，勞動支出變動對產量變動之變化率。

2. $\dfrac{\partial Q}{\partial K}$ 稱為**資本邊際生產力** (marginal productivity of capital)，用來衡量當勞動支出固定時，資本支出變動對產量變動之變化率。

例題 1 **勞動邊際生產力與資本邊際生產力**

某國家經濟研究院發現該國之生產情形可敘述為

$$Q = f(L, K) = 30 L^{2/3} K^{1/3}$$

單位，其中 L 表勞動支出，K 表資本支出。

(1) 試計算 f_L 與 f_K。

(2) 當勞動支出與資本支出分別為 64 單位與 8 單位時，其相對應的勞動邊際生產力及資本邊際生產力各為多少？

解 (1)
$$f_L = \dfrac{\partial}{\partial L} 30 L^{2/3} K^{1/3} = 30 \dfrac{\partial}{\partial L} L^{2/3} K^{1/3}$$

$$= 30 \cdot \dfrac{2}{3} L^{-1/3} K^{1/3} = 20 \left(\dfrac{K}{L} \right)^{1/3}$$

$$f_K = \dfrac{\partial}{\partial K} 30 L^{2/3} K^{1/3} = 30 \dfrac{\partial}{\partial K} L^{2/3} K^{1/3}$$

$$= 30 \cdot \dfrac{1}{3} L^{2/3} K^{-2/3} = 10 \left(\dfrac{L}{K} \right)^{2/3}$$

(2) 勞動邊際生產力為

$$f_L(64, 8) = 20\left(\frac{8}{64}\right)^{1/3} = 20\left(\frac{1}{2}\right) = 10$$

資本邊際生產力為

$$f_K(64, 8) = 10\left(\frac{64}{8}\right)^{2/3} = 40.$$

◎ 替代商品與互補商品

首先我們考慮兩種商品間的相關需求．若一商品在需求上的減少會導致另一商品在需求上的增加，我們稱此兩競爭性商品互稱為替代商品 (substitute commodities)，例如咖啡與茶即是競爭性替代商品．另一方面，若一商品的需求減少會導致另一商品的需求也隨之減少，則此兩商品互稱為互補商品 (complementary commodities)，例如汽車與輪胎即是互補商品．現在我們將導出一準則來決定兩商品 A 與 B 是否為替代商品或為互補商品．

假設 Q_A 與 Q_B 分別表商品 A、B 之需求量，且 p_A 與 p_B 分別為它們的價格，則 Q_A 與 Q_B 為 p_A 及 p_B 之函數

$$Q_A = f(p_A, p_B), \text{ 關於商品 } A \text{ 之需求函數}$$

$$Q_B = g(p_A, p_B), \text{ 關於商品 } B \text{ 之需求函數}$$

我們可求得下列四個偏導函數

$$\frac{\partial Q_A}{\partial p_A}, \quad A \text{ 對於 } p_A \text{ 之邊際需求}$$

$$\frac{\partial Q_A}{\partial p_B}, \quad A \text{ 對於 } p_B \text{ 之邊際需求}$$

$$\frac{\partial Q_B}{\partial p_A}, \quad B \text{ 對於 } p_A \text{ 之邊際需求}$$

$$\frac{\partial Q_B}{\partial p_B}, \quad B \text{ 對於 } p_B \text{ 之邊際需求}$$

一般而言，若 B 之價格保持固定且 A 之價格遞增，則 A 之需求量會減少. 於是, $\dfrac{\partial Q_A}{\partial p_A} < 0$. 同理, $\dfrac{\partial Q_B}{\partial p_B} < 0$. 此時, $\dfrac{\partial Q_A}{\partial p_B}$ 與 $\dfrac{\partial Q_B}{\partial p_A}$ 可能同時為正或同時為負. 若

$$\frac{\partial Q_A}{\partial p_B} > 0 \quad 且 \quad \frac{\partial Q_B}{\partial p_A} > 0 \tag{10-14}$$

則 A 與 B 互稱為 **替代商品**. 在此種情況，若假設商品 A 之價格不變，商品 B 價格增加，導致商品 A 需求量增加. 同樣地，當商品 B 之價格不變，商品 A 價格增加，導致商品 B 需求量增加. 例如，奶油與人造奶油為替代商品.

與前述不同之情形，若

$$\frac{\partial Q_A}{\partial p_B} < 0 \quad 且 \quad \frac{\partial Q_B}{\partial p_A} < 0 \tag{10-15}$$

則稱 A 與 B 為 **互補商品**. 在此種情況，若商品 A 之價格不變，商品 B 價格增加，導致商品 A 之需求量遞減. 同理，當商品 B 之價格不變，商品 A 價格增加，導致商品 B 需求量遞減. 例如，照相機與軟片為互補商品.

例題 2 決定兩種商品是否為替代商品

假設奶油每天的需求量為

$$Q_A = f(p_A, p_B) = \frac{6p_B}{(2 + p_A^2)^2}$$

且人造奶油每天的需求量為

$$Q_B = f(p_A, p_B) = \frac{4p_A}{1 + \sqrt{p_B}}, \quad p_A > 0, \ p_B > 0$$

此處 p_A 與 p_B 分別表奶油與人造奶油每磅之價格 (以元計)，且 Q_A 與 Q_B 以百萬磅為單位. 試決定這兩種商品是替代商品、互補商品，抑或都不是.

解 我們求得

$$\frac{\partial Q_A}{\partial p_B} = \frac{\partial}{\partial p_B}\left(\frac{6p_B}{(2+p_A^2)^2}\right) = \frac{6}{(2+p_A^2)^2}$$

且

$$\frac{\partial Q_B}{\partial p_A} = \frac{\partial}{\partial p_A}\left(\frac{4p_A}{1+\sqrt{p_B}}\right) = \frac{4}{1+\sqrt{p_B}}$$

對所有 $p_A > 0$ 與 $p_B > 0$ 的值，因為 $\dfrac{\partial Q_A}{\partial p_B} > 0$ 且 $\dfrac{\partial Q_B}{\partial p_A} > 0$，故奶油與人造奶油為替代商品.

◎ 邊際效用

在經濟學中，有關一貨品之邊際效用 (marginal utility，MU)，是指該貨品之消費量發生微小變動時所產生的總效用之變化量. 今假設消費者只藉貨品 X 與 Y 之消費而獲得滿足，則其總效用函數可以表示為

$$TU = G(X) + K(Y)$$

或

$$TU = U(X, Y)$$

貨品 X 與 Y 之邊際效用可分別定義為

$$MU_X = \frac{\partial TU}{\partial X}$$

與

$$MU_Y = \frac{\partial TU}{\partial Y}$$

前者可解釋為：如果 Y 的消費量不變，則變動一微小單位之 X 所產生 TU 的變化量為 MU_X；同理，後者亦可作類似之解釋.

例題 3 **邊際效用函數**

假定某甲對貨品 X 與 Y 之效用函數為

$$TU = 16X - X^2 + 5Y - 2Y^2 + XY^2$$

(1) 試導出某甲對貨品 X 與 Y 的邊際效用函數.

(2) 當 $X=5$ 單位，$Y=2$ 單位時，MU_X 為多少？當 $X=2$ 單位，$Y=5$ 單位時，MU_Y 為多少？

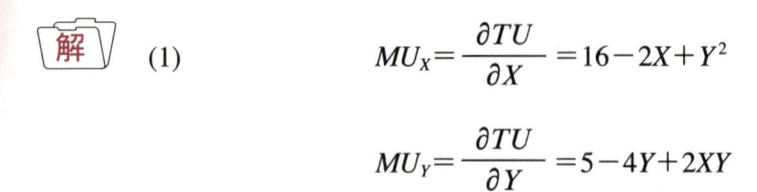

解 (1)
$$MU_X = \frac{\partial TU}{\partial X} = 16 - 2X + Y^2$$

$$MU_Y = \frac{\partial TU}{\partial Y} = 5 - 4Y + 2XY$$

(2) 當 $X=5$ 單位，$Y=2$ 單位時，$MU_X = 16 - 2(5) + (2)^2 = 10$.

當 $X=2$ 單位，$Y=5$ 單位時，$MU_Y = 5 - 4(5) + 2(2)(5) = 5$.

習題 10-6

10-6 偏導數在經濟學上的應用

一、基礎題

1. 某國之生產函數為

$$f(L, K) = 60L^{1/3} K^{2/3}$$

其中 L 表示勞動支出，K 表示資本支出.

(1) 當勞動支出與資本支出分別為 125 單位與 8 單位時，其勞動邊際生產力及資本邊際生產力各為多少？

(2) 在 (1) 的情況時，政府為了提高國家生產力，是否應鼓勵資本投資而非增加勞動支出？

2. 假設奶油之每日需求量為

$$Q_A = f(p_A, p_B) = \frac{3p_B}{1 + p_A^2}$$

且人造奶油之每日需求量為

$$Q_B = f(p_A, p_B) = \frac{2p_A}{1+\sqrt{p_B}}, \quad p_A > 0, \ p_B > 0$$

其中 p_A 與 p_B 分別代表奶油與人造奶油（以元計）之每公升價格，且 Q_A 與 Q_B 是以十公升為單位. 試決定此兩種商品為替代商品、互補商品，或都不是.

3. 若兩商品 A 與 B 之需求函數分別為

$$Q_A = \frac{100}{p_A \sqrt{p_B}}, \qquad Q_B = \frac{500}{p_B \sqrt[3]{p_A}}$$

試求四個邊際需求函數且決定 A 與 B 為替代商品、互補商品，或都不是.

二、進階題

1. 設兩種貨品 A 和 B 的需求函數分別定義為

$$Q_A = \frac{50\sqrt[3]{p_B}}{\sqrt{p_A}}, \qquad Q_B = \frac{75p_A}{\sqrt[3]{p_B^2}}$$

此處 p_A 與 p_B 分別代表 A 貨品與 B 貨品的價格，Q_A 與 Q_B 代表需求量.
(1) 試求四個邊際需求函數.
(2) 試分析貨品 A 與 B 是互補關係或替代關係.

10-7 全微分

若 f 為二變數 x 與 y 的函數，且 x 與 y 分別具有增量 Δx 與 Δy，則 Δz 代表因變數之對應增量，亦即，

$$\Delta z = f(x+\Delta x, y+\Delta y) - f(x, y) \tag{10-16}$$

於是，如果 (x, y) 變化到 $(x+\Delta x, y+\Delta y)$，則函數 $f(x, y)$ 之變化量 Δz 就稱為函數 f 的全增量，如圖 10-22 所示.

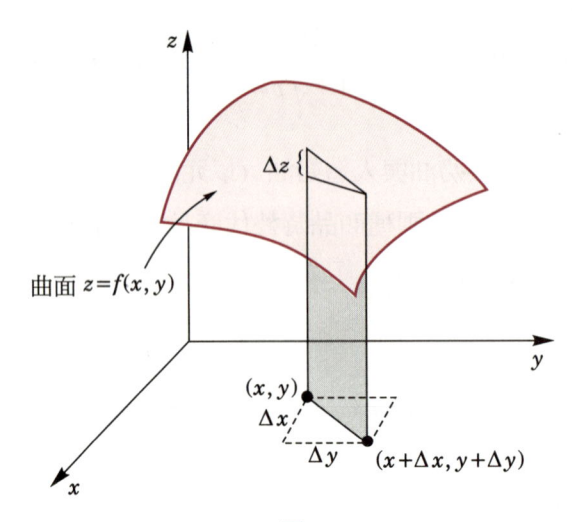

▶ 圖 10-22

例題 1 利用式 (10-16)

設 $z=f(x, y)=x^2-xy$,若 (x, y) 自 $(1, 1)$ 變化至 $(1.5, 0.6)$,則 $f(x, y)$ 之變化量為何?

解 由式 (10-16) 知

$$\begin{aligned}\Delta z &= f(x+\Delta x, y+\Delta y)-f(x, y) \\ &= (x+\Delta x)^2-(x+\Delta x)(y+\Delta y)-x^2+xy \\ &= (2x-y)\Delta x-x(\Delta y)+(\Delta x)^2-(\Delta x)(\Delta y)\end{aligned}$$

$f(x, y)$ 之變化量可用 $x=1$, $y=1$, $\Delta x=0.5$, $\Delta y=-0.4$ 代入上式而得,故

$$\begin{aligned}\Delta z &= (2-1)(0.5)-(1)(-0.4)+(0.5)2-(0.5)(-0.4) \\ &= 1.35.\end{aligned}$$

定理 10-7

若 $z=f(x, y)$ 且 f, f_x 與 f_y 在包含點 (x, y) 的開區域 R 內皆為連續,則

$$\Delta z=f_x(x, y)\Delta x+f_y(x, y)\Delta y+\varepsilon_1\Delta x+\varepsilon_2\Delta y \tag{10-17}$$

其中 ε_1 與 ε_2 均為 Δx 與 Δy 的函數,當 $(\Delta x, \Delta y)\to(0, 0)$ 時,$\varepsilon_1\to 0$,$\varepsilon_2\to 0$.

在式 (10-17) 中，當 $\Delta x \to 0$，$\Delta y \to 0$ 時，恆有

$$\Delta z \approx f_x(x, y) \Delta x + f_y(x, y) \Delta y \tag{10-18}$$

定義 10-5

若 $z = f(x, y)$ 且偏導函數 f_x 與 f_y 皆存在，則

(1) 自變數的微分定義為

$$dx = \Delta x, \quad dy = \Delta y$$

(2) 因變數 z 的全微分定義為

$$dz = f_x(x, y) dx + f_y(x, y) dy = \frac{\partial z}{\partial x} dx + \frac{\partial z}{\partial y} dy$$

因 $\varepsilon_1 \Delta x + \varepsilon_2 \Delta y$ 實際上遠小於 $dz = f_x \Delta x + f_y \Delta y$，故 dz 乃為 Δz 之線性部分。因而當 Δx 與 Δy 均很小時，$\Delta z - dz \approx 0$，亦即 $dz \approx \Delta z$。

此一事實可以用來對 x 與 y 的微小變化求 z 的變化之近似值。所以，

$$f(x_0 + dx, y_0 + dy) \approx f(x_0, y_0) + dz \tag{10-19}$$

例題 2　利用全微分

設 $z = f(x, y) = x^3 + xy - y^2$，求全微分 dz。若 x 由 2 變到 2.05，且 y 由 3 變到 2.96，計算 Δz 與 dz 的值。

解
$$dz = \frac{\partial z}{\partial x} dx + \frac{\partial z}{\partial y} dy = (3x^2 + y) dx + (x - 2y) dy$$

取 $x = 2$，$y = 3$，$dx = \Delta x = 0.05$，$dy = \Delta y = -0.04$，可得

$$\begin{aligned}
\Delta z &= f(2.05, 2.96) - f(2, 3) \\
&= [(2.05)^3 + (2.05)(2.96) - (2.96)^2] - (8 + 6 - 9) \\
&= 0.921525
\end{aligned}$$

$$dz = f_x(2, 3)(0.05) + f_y(2, 3)(-0.04)$$
$$= [3(2^2) + 3](0.05) + [2 - 2(3)](-0.04)$$
$$= 0.91.$$

例題 3 利用式 (10-19)

求 $\sqrt{9(1.95)^2 + (8.1)^2}$ 的近似值.

解 令 $f(x, y) = \sqrt{9x^2 + y^2}$，則 $f_x(x, y) = \dfrac{9x}{\sqrt{9x^2 + y^2}}$，$f_y(x, y) = \dfrac{y}{\sqrt{9x^2 + y^2}}$.

取 $x = 2$，$y = 8$，$dx = \Delta x = -0.05$，$dy = \Delta y = 0.1$，可得

$$\sqrt{9(1.95)^2 + (8.1)^2} = f(1.95, 8.1) \approx f(2, 8) + dz$$
$$= f(2, 8) + f_x(2, 8)\, dx + f_y(2, 8)\, dy$$
$$= 10 + \frac{9}{5}(-0.05) + \frac{4}{5}(0.1)$$
$$= 9.99.$$

習題 10-7

10-7 全微分

一、基礎題

在 1～9 題中，求全微分 dw.

1. $w = \sin \dfrac{y}{x}$

2. $w = x \sin y + \dfrac{y}{x}$

3. $w = e^{xy} \sin(x + y)$

4. $w = \tan^{-1} \dfrac{x}{y}$

5. $w = \tan^{-1}(xy)$

6. $w = \ln(x^2 + y^2) + x \tan^{-1} y$

7. $w = x^2 e^{yz} + y \ln z$

8. $w = x^2 y^3 z + e^{-2z}$

9. $w = \sqrt{x} + \sqrt{y} + \sqrt{z}$

10. 若 (x, y) 由 $(-2, 3)$ 變到 $(-2.02, 3.01)$, 利用全微分求 $f(x, y) = x^2 - 3xy^2 - 2y^3$ 之變化量的近似值.

11. 利用微分求下列之近似值.

    (1) $\sqrt[3]{26.98}\sqrt{36.04}$
    (2) $\sqrt{5(0.98)^2 + (2.01)^2}$
    (3) $\sin 31° \cos 59°$

二、進階題

1. 試利用全微分求 $\sqrt{(0.98)^2 + (2.01)^2 + (1.94)^2}$ 的近似值.

2. 三角形的面積公式為 $A = \dfrac{1}{2} ab \sin \theta$, 此處 a 與 b 為兩邊的長且 θ 為該兩邊所夾的角. 假設測得 a、b 與 θ 分別為 40 公分、50 公分與 30°, 最大誤差分別為 0.5 公分、0.25 公分與 2°, 利用全微分求 A 的計算值之最大誤差的近似值.

3. 某國家之生產函數為

$$f(L, K) = 30 L^{2/3} K^{1/3}$$

L 表勞動投入單位, K 表資本投入單位. 若勞動投入單位由 125 單位減少到 123 單位, 而資本投入單位由 27 單位增加到 29 單位. 試求產出之近似變動.

10-8 連鎖法則

在單變數函數中, 我們曾藉 f 與 g 兩函數之合成函數以表示 $f(g(t))$ 的導函數, 如下:

$$\frac{d}{dt} f(g(t)) = f'(g(t)) \, g'(t)$$

若令 $y = f(x)$ 且 $x = g(t)$, 則依連鎖法則,

$$\frac{dy}{dt} = \frac{dy}{dx}\frac{dx}{dt}$$

現在，多變數函數的合成函數也可利用連鎖法則求出偏導函數.

定理 10-8

若 f 為 x 與 y 的可微分函數，且 x 與 y 皆為 t 的可微分函數，則 f 為 t 的可微分函數，且

$$\frac{df}{dt} = \frac{\partial f}{\partial x}\frac{dx}{dt} + \frac{\partial f}{\partial y}\frac{dy}{dt}$$

定理 10-8 中的公式可用下面"樹形圖"(圖 10-23) 來幫助記憶.

$$\frac{df}{dt} = \frac{\partial f}{\partial x}\frac{dx}{dt} + \frac{\partial f}{\partial y}\frac{dy}{dt}$$

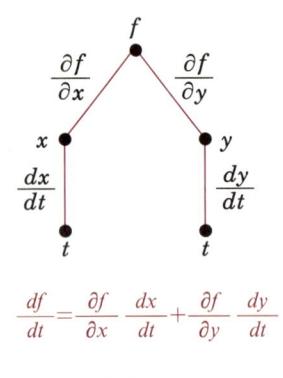

圖 10-23

同理，若 f 為三個自變數 x、y 與 z 的可微分函數，且 x、y 與 z 又皆為 t 的可微分函數，則 f 為 t 的可微分函數，且

$$\frac{df}{dt} = \frac{\partial f}{\partial x}\frac{dx}{dt} + \frac{\partial f}{\partial y}\frac{dy}{dt} + \frac{\partial f}{\partial z}\frac{dz}{dt} \tag{10-20}$$

式 (10-20) 的"樹形圖"(圖 10-24) 如下.

第十章 偏導函數 507

$$\frac{df}{dt} = \frac{\partial f}{\partial x}\frac{dx}{dt} + \frac{\partial f}{\partial y}\frac{dy}{dt} + \frac{\partial f}{\partial z}\frac{dz}{dt}$$

圖 10-24

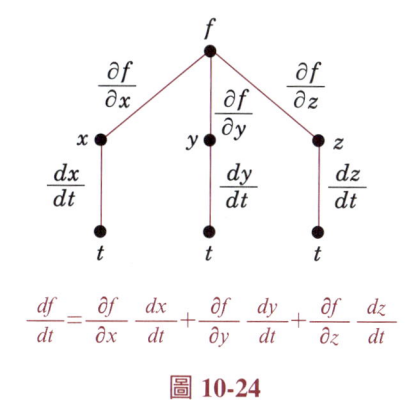

例題 1 利用定理 10-8

若 $z = x^2y - y^2$，且 $x = \sin t$，$y = e^t$，求 $\left.\dfrac{dz}{dt}\right|_{t=0}$。

解
$$\frac{dz}{dt} = \frac{\partial z}{\partial x}\frac{dx}{dt} + \frac{\partial z}{\partial y}\frac{dy}{dt}$$
$$= \frac{\partial}{\partial x}(x^2y - y^2) \cdot \frac{d(\sin t)}{dt} + \frac{\partial}{\partial y}(x^2y - y^2) \cdot \frac{d(e^t)}{dt}$$
$$= (2xy)(\cos t) + (x^2 - 2y)(e^t)$$
$$= e^t \sin 2t + e^t(\sin^2 t - 2e^t)$$

故 $\left.\dfrac{dz}{dt}\right|_{t=0} = -2$。

例題 2 利用定理 10-8

設一正圓錐的高為 100 厘米，每秒鐘縮減 1 厘米，其底半徑為 50 厘米，每秒鐘增加 0.5 厘米，求其體積的變化率．

解 設正圓錐的高為 y，底半徑為 x，體積為 V，則

$$V = \frac{1}{3}\pi x^2 y$$

$$\frac{\partial V}{\partial x} = \frac{2}{3}\pi xy, \qquad \frac{\partial V}{\partial y} = \frac{1}{3}\pi x^2$$

由連鎖法則可得

$$\frac{dV}{dt} = \frac{\partial V}{\partial x}\frac{dx}{dt} + \frac{\partial V}{\partial y}\frac{dy}{dt}$$

$$= \left(\frac{2}{3}\pi xy\right)\left(\frac{dx}{dt}\right) + \left(\frac{1}{3}\pi x^2\right)\left(\frac{dy}{dt}\right)$$

依題意，$x=50$，$y=100$，$\frac{dx}{dt}=0.5$，$\frac{dy}{dt}=-1$，代入上式可得

$$\frac{dV}{dt} = \frac{2}{3}\pi(50)(100)(0.5) + \frac{1}{3}\pi(50)^2(-1) = \frac{2500\pi}{3}$$

即，體積每秒鐘增加 $\frac{2500\pi}{3}$ 立方厘米．

例題 3　利用式 (10-20)

若 $w = \dfrac{x}{y} + \dfrac{y}{z}$，且 $x=\sqrt{t}$，$y=\cos 2t$，$z=e^{-3t}$，求 $\dfrac{dw}{dt}$．

解
$$\frac{dw}{dt} = \frac{\partial w}{\partial x}\frac{dx}{dt} + \frac{\partial w}{\partial y}\frac{dy}{dt} + \frac{\partial w}{\partial z}\frac{dz}{dt}$$

$$\frac{\partial w}{\partial x} = \frac{1}{y}, \quad \frac{\partial w}{\partial y} = -\frac{x}{y^2} + \frac{1}{z}, \quad \frac{\partial w}{\partial z} = -\frac{y}{z^2}$$

$$\frac{dx}{dt} = \frac{1}{2}t^{-1/2} = \frac{1}{2\sqrt{t}}, \quad \frac{dy}{dt} = -2\sin 2t, \quad \frac{dz}{dt} = -3e^{-3t}$$

故
$$\frac{dw}{dt} = \left(\frac{1}{y}\right)\left(\frac{1}{2\sqrt{t}}\right) + \left(-\frac{x}{y^2} + \frac{1}{z}\right)(-2\sin 2t) + \left(-\frac{y}{z^2}\right)(-3e^{-3t})$$

$$= \frac{1}{2y\sqrt{t}} + 2\sin 2t\left(\frac{1}{z} - \frac{x}{y^2}\right) + \frac{3ye^{-3t}}{z^2}$$

$$= \frac{1}{2\sqrt{t} \, \cos 2t} + 2 \, \sin 2t \left(\frac{\sqrt{t}}{\cos^2 2t} - e^{3t} \right) + 3e^{3t} \cos 2t.$$

定理 10-9

若 f 為 x 與 y 的可微分函數,且 x 與 y 皆為 u 與 v 的可微分函數,則 f 為 u 與 v 的可微分函數,且

$$\frac{\partial f}{\partial u} = \frac{\partial f}{\partial x} \frac{\partial x}{\partial u} + \frac{\partial f}{\partial y} \frac{\partial y}{\partial u}$$

$$\frac{\partial f}{\partial v} = \frac{\partial f}{\partial x} \frac{\partial x}{\partial v} + \frac{\partial f}{\partial y} \frac{\partial y}{\partial v}$$

定理 10-9 中的公式可用下面 "樹形圖" (圖 10-25) 來幫助記憶.

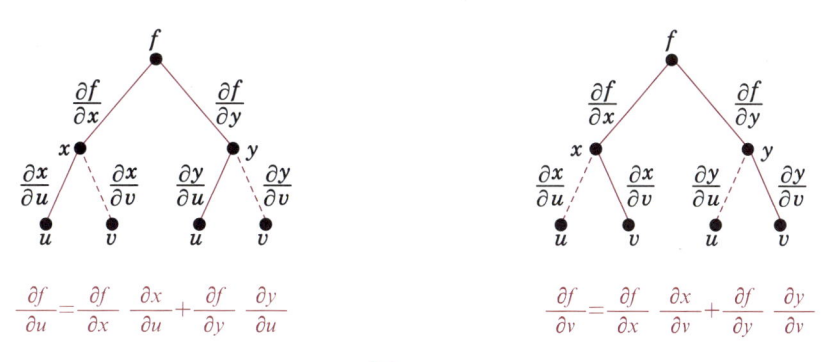

圖 10-25

例題 4 　利用定理 10-9

設 $z = uv + v^2$,$u = x \sin y$,$v = y \sin x$,求 $\dfrac{\partial z}{\partial x}$ 與 $\dfrac{\partial z}{\partial y}$.

解　依連鎖法則,可得

$$\frac{\partial z}{\partial x} = \frac{\partial z}{\partial u}\frac{\partial u}{\partial x} + \frac{\partial z}{\partial v}\frac{\partial v}{\partial x}$$

$$= (v)(\sin y) + (u+2v)(y \cos x)$$
$$= y \sin x \sin y + y(x \sin y + 2y \sin x) \cos x$$

$$\frac{\partial z}{\partial y} = \frac{\partial z}{\partial u}\frac{\partial u}{\partial y} + \frac{\partial z}{\partial v}\frac{\partial v}{\partial y}$$

$$= (v)(x \cos y) + (u+2v)(\sin x)$$
$$= xy \sin x \cos y + (x \sin y + 2y \sin x) \sin x.$$

例題 5 利用定理 10-9

若 $u = f(s-t, t-s)$ 且 f 為可微分，試證

$$\frac{\partial u}{\partial s} + \frac{\partial u}{\partial t} = 0.$$

解 令 $x = s-t$，$y = t-s$，則 $u = f(x, y)$. 依連鎖法則，

$$\frac{\partial u}{\partial s} = \frac{\partial u}{\partial x}\frac{\partial x}{\partial s} + \frac{\partial u}{\partial y}\frac{\partial y}{\partial s} = \frac{\partial u}{\partial x} - \frac{\partial u}{\partial y}$$

$$\frac{\partial u}{\partial t} = \frac{\partial u}{\partial x}\frac{\partial x}{\partial t} + \frac{\partial u}{\partial y}\frac{\partial y}{\partial t} = -\frac{\partial u}{\partial x} + \frac{\partial u}{\partial y}$$

所以，
$$\frac{\partial u}{\partial s} + \frac{\partial u}{\partial t} = \left(\frac{\partial u}{\partial x} - \frac{\partial u}{\partial y}\right) + \left(-\frac{\partial u}{\partial x} + \frac{\partial u}{\partial y}\right) = 0.$$

定理 10-10

若方程式 $F(x, y) = 0$ 定義 y 為 x 的可微分函數，則

$$\frac{dy}{dx} = -\frac{\dfrac{\partial F}{\partial x}}{\dfrac{\partial F}{\partial y}} \quad \left(\text{其中 } \frac{\partial F}{\partial y} \neq 0\right)$$

證 因方程式 $F(x, y)=0$ 定義 y 為 x 的可微分函數，故將其兩邊對 x 微分，可得

$$\frac{\partial F}{\partial x}\frac{dx}{dx}+\frac{\partial F}{\partial y}\frac{dy}{dx}=0$$

即

$$\frac{\partial F}{\partial x}+\frac{\partial F}{\partial y}\frac{dy}{dx}=0$$

若 $\dfrac{\partial F}{\partial y} \neq 0$，則

$$\frac{dy}{dx}=-\frac{\dfrac{\partial F}{\partial x}}{\dfrac{\partial F}{\partial y}}$$

例題 6 利用定理 10-10

若 $f(x, y)=x^2y^3-5y^3-x$，試求當 $x=2$ 時，等值曲線 $f(x, y)=6$ 之斜率.

解 令 $F(x, y)=x^2y^3-5y^3-x$，則

$$F_x(x, y)=2xy^3-1, \quad F_y(x, y)=3x^2y^2-15y^2$$

所以

$$\frac{dy}{dx}=-\frac{F_x}{F_y}=-\frac{2xy^3-1}{3x^2y^2-15y^2}$$

所欲求之斜率為 $x=2$ 時導數之值. 我們必須先求在等值曲線 $f(x, y)=6$ 上，當 $x=2$ 所對應之 y 值.

故

$$6=(2)^2y^3-5y^3-2$$

則

$$y^3=-8 \quad \text{或} \quad y=-2.$$

現將 $x=2$，$y=-2$ 代入 $\dfrac{dy}{dx}$ 中，得

$$\text{等值曲線之斜率} = -\frac{2(2)(-2)^3-1}{3(2)^2(-2)^2-15(-2)^2}=-\frac{-33}{-12}=-\frac{11}{4}.$$

定理 10-11

若方程式 $F(x, y, z)=0$ 定義 z 為二變數 x 與 y 的可微分函數,則

$$\frac{\partial z}{\partial x}=-\frac{\frac{\partial F}{\partial x}}{\frac{\partial F}{\partial z}}, \quad \frac{\partial z}{\partial y}=-\frac{\frac{\partial F}{\partial y}}{\frac{\partial F}{\partial z}} \quad (\text{其中} \frac{\partial F}{\partial z} \neq 0).$$

證 因方程式 $F(x, y, z)=0$ 定義 z 為二變數 x 與 y 的可微分函數,故將其兩邊對 x 偏微分,可得

$$\frac{\partial F}{\partial x}\frac{\partial x}{\partial x}+\frac{\partial F}{\partial y}\frac{\partial y}{\partial x}+\frac{\partial F}{\partial z}\frac{\partial z}{\partial x}=0$$

但

$$\frac{\partial x}{\partial x}=1, \quad \frac{\partial y}{\partial x}=0$$

於是,

$$\frac{\partial F}{\partial x}+\frac{\partial F}{\partial z}\frac{\partial z}{\partial x}=0$$

若 $\frac{\partial F}{\partial z}\neq 0$,則

$$\frac{\partial z}{\partial x}=-\frac{\frac{\partial F}{\partial x}}{\frac{\partial F}{\partial z}}, \quad \text{同理} \quad \frac{\partial z}{\partial y}=-\frac{\frac{\partial F}{\partial y}}{\frac{\partial F}{\partial z}}.$$

例題 7 利用定理 10-11

若 $z=f(x, y)$ 為滿足方程式 $ye^{xz}+xe^{yz}-y^2+3x=5$ 的可微分函數,求 $\frac{\partial z}{\partial x}$ 與 $\frac{\partial z}{\partial y}$.

解 令 $F(x, y, z)=ye^{xz}+xe^{yz}-y^2+3x-5$,則 $F(x, y, z)=0$.

又 $\dfrac{\partial F}{\partial x}=yze^{xz}+e^{yz}+3$, $\dfrac{\partial F}{\partial y}=e^{xz}+xze^{yz}-2y$, $\dfrac{\partial F}{\partial z}=xye^{xz}+xye^{yz}$

故

$$\dfrac{\partial z}{\partial x}=-\dfrac{\dfrac{\partial F}{\partial x}}{\dfrac{\partial F}{\partial z}}=-\dfrac{yze^{xz}+e^{yz}+3}{xy(e^{xz}+e^{yz})},$$

$$\dfrac{\partial z}{\partial y}=-\dfrac{\dfrac{\partial F}{\partial y}}{\dfrac{\partial F}{\partial z}}=-\dfrac{e^{xz}+xze^{yz}-2y}{xy(e^{xz}+e^{yz})}.$$

習題 10-8

10-8 連鎖法則

一、基礎題

在 1～5 題中，求 $\dfrac{dz}{dt}$.

1. $z=x^2+2xy+3y^2$, $x=\sin t$, $y=\cos 2t$.

2. $z=\dfrac{xy}{x^2+y^2}$, $x=\sin t$, $y=\cos t$.

3. $z=\ln\left(\dfrac{x}{y}\right)$, $x=\tan t$, $y=\sec t$.

4. $z=\sqrt{x^2+y^2}$, $x=e^{2t}$, $y=e^{-2t}$.

5. $z=\sqrt{uvw}$, $u=e^t$, $v=te^t$, $w=t^2e^t$.

6. 若 $u=\dfrac{xy}{z}$, $x=r+\theta$, $y=r-\theta$, $z=\theta^2$. 求 $\dfrac{\partial u}{\partial r}$ 與 $\dfrac{\partial u}{\partial \theta}$.

7. 若 $r = x \ln y$, $x = 3u + vt$, $y = uvt$, 求 $\dfrac{\partial r}{\partial u}$、$\dfrac{\partial r}{\partial v}$ 與 $\dfrac{\partial r}{\partial t}$.

8. 若 $z = \ln(x^2 + y^2)$, $x = re^\theta$, $y = \tan(r\theta)$, 求 $\dfrac{\partial z}{\partial \theta}\bigg|_{r=1,\ \theta=0}$.

9. 若 $w = x \sin(yz^2)$, $x = \cos t$, $y = t^2$, $z = e^t$, 求 $\dfrac{dw}{dt}\bigg|_{t=0}$.

在 10～11 題中, 若 $y = f(x)$ 為滿足所予方程式的可微分函數, 求 $\dfrac{dy}{dx}$.

10. $x \sin y + y \cos x = 1$

11. $xy + e^{xy} = 3$

在 12～14 題中, 若 $z = f(x, y)$ 為滿足所予方程式的可微分函數, 求 $\dfrac{\partial z}{\partial x}$ 與 $\dfrac{\partial z}{\partial y}$.

12. $xyz + \ln(x + y + z) = 0$

13. $x^2 y + z^2 + \cos(yz) = 4$

14. $x^2 \ln y - y^2 \ln z = 5$

二、進階題

1. 若 $z = \dfrac{1}{x} f\left(\dfrac{y}{x}\right)$, 試證 $x \dfrac{\partial z}{\partial x} + y \dfrac{\partial z}{\partial y} + z = 0$.

2. 令 $r = f(v - w, v - u, u - w)$ 為可微分函數, 試證 $\dfrac{\partial r}{\partial u} + \dfrac{\partial r}{\partial v} + \dfrac{\partial r}{\partial w} = 0$.

3. 若 $z = f(x, y)$, $x = r \cos \theta$, 且 $y = r \sin \theta$, 試證

$$\left(\dfrac{\partial z}{\partial x}\right)^2 + \left(\dfrac{\partial z}{\partial y}\right)^2 = \left(\dfrac{\partial z}{\partial r}\right)^2 + \dfrac{1}{r^2}\left(\dfrac{\partial z}{\partial \theta}\right)^2.$$

10-9 最佳化

在第六章中，我們已學會了如何求解單變數函數的極值問題，在本節中，我們將討論二變數函數的極值問題. 在三維空間中，二變數函數 $z=f(x, y)$ 的圖形為一曲面，**相對極大點** (relative maximum point) 就如同一座山峰的頂點，而**相對極小點** (relative minimum point) 就如同山谷的谷底，如圖 10-26 所示.

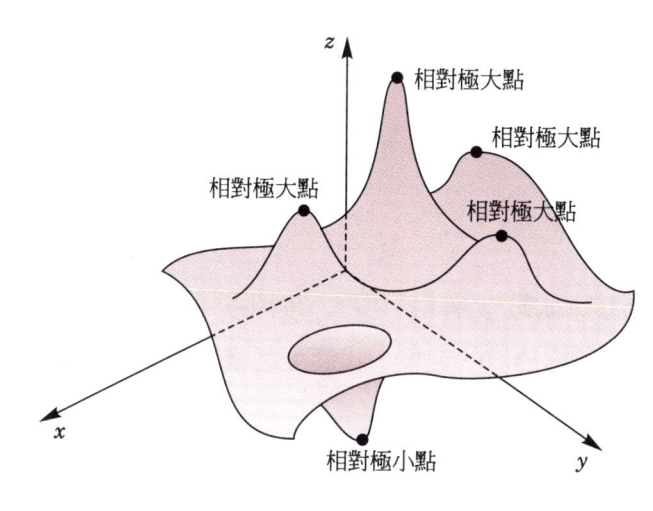

圖 10-26

定義 10-6

令 f 為二變數 x 與 y 的函數.

(1) 若存在以 (x_0, y_0) 為圓心的一圓，使得

$$f(x_0, y_0) \geq f(x, y)$$

對該圓內的所有點 (x, y) 皆成立，則稱 f 在點 (x_0, y_0) 有**相對極大值** (或**局部極大值**).

(2) 若存在以 (x_0, y_0) 為圓心的一圓，使得

$$f(x_0, y_0) \leq f(x, y)$$

對該圓內的所有點 (x, y) 皆成立，則稱 f 在點 (x_0, y_0) 有**相對極小值** (或**局部極小值**).

(i) $f(x, y)$ 在 (x_0, y_0) 具有一相對極大值

(ii) $f(x, y)$ 在 (x_0, y_0) 具有一相對極小值

圖 10-27

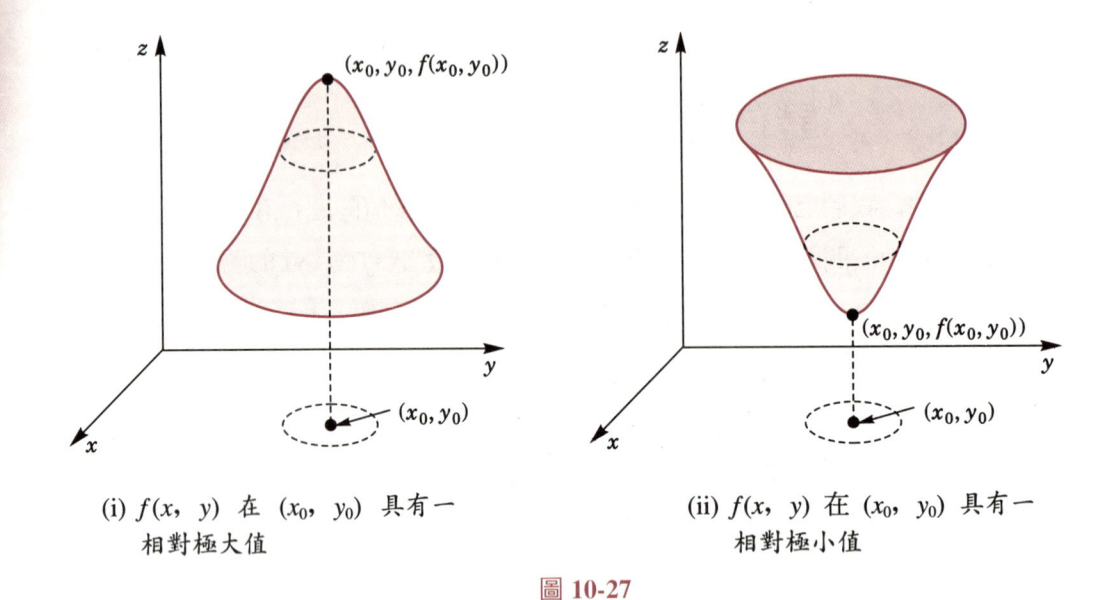

如圖 10-27 所示，函數 f 有相對極大值與相對極小值.

仿照二變數函數相對極值的定義，我們可定義二變數函數之絕對極大值與絕對極小值.

定義 10-7

令 f 為二變數函數，且點 (x_0, y_0) 在 f 的定義域內.
(1) 若 $f(x_0, y_0) \geq f(x, y)$ 對 f 的定義域內的所有點 (x, y) 皆成立，則稱 $f(x_0, y_0)$ 為 f 的絕對極大值.
(2) 若 $f(x_0, y_0) \leq f(x, y)$ 對 f 的定義域內的所有點 (x, y) 皆成立，則稱 $f(x_0, y_0)$ 為 f 的絕對極小值.

如圖 10-28 所示.

在第六章裡，我們曾經討論過函數 $f(x)$ 有相對極值之必要條件為 $f'(x)=0$. 對兩個變數之函數 $f(x, y)$ 而言，如果假設 $f(x, y)$ 在 (x_0, y_0) 有相對極大值，則此函數有相對極大值之條件為何？首先設 x 為一常數，即設 $x=x_0$. 如圖 10-29 所示，在曲面與平面 $x=x_0$ 之交線 C_1 上，我們有

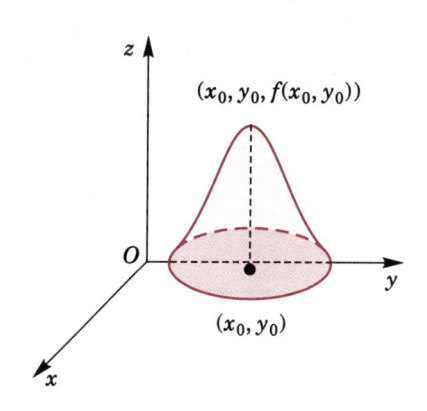

(i) $f(x_0, y_0)$ 為絕對極大值

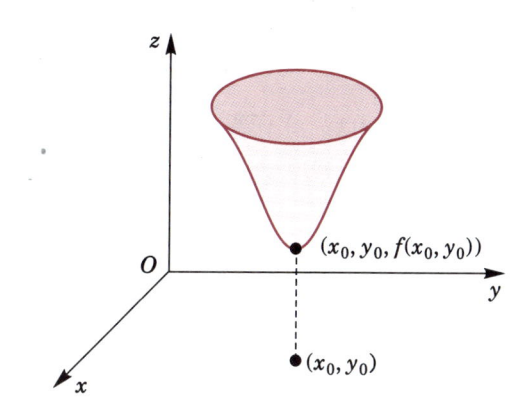

(ii) $f(x_0, y_0)$ 為絕對極小值

圖 10-28

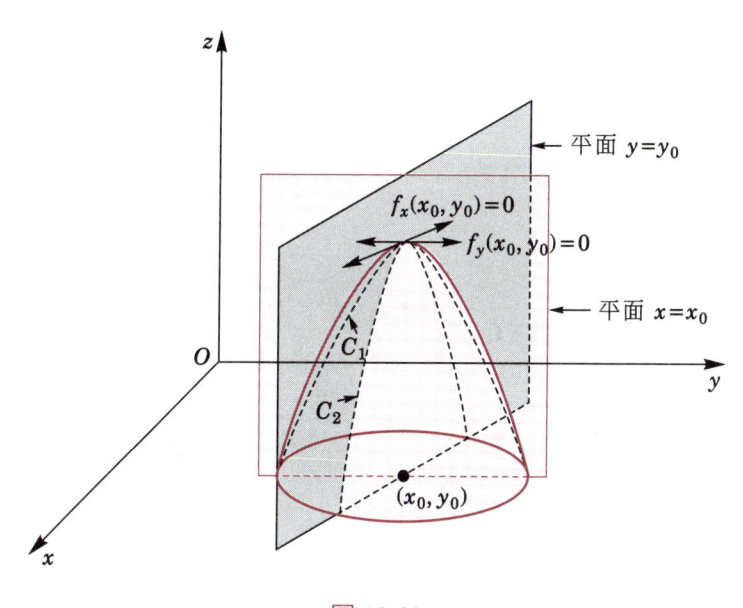

圖 10-29

$$f_y(x_0,\ y_0)=0 \quad 且 \quad f_{yy}(x_0,\ y_0)\leqslant 0$$

同理，在曲面與平面 $y=y_0$ 之交線 C_2 上，我們有

$$f_x(x_0,\ y_0)=0 \quad 且 \quad f_{xx}(x_0,\ y_0)\leqslant 0$$

定理 10-12

假設函數 $f(x, y)$ 在點 (x_0, y_0) 有相對極大值或相對極小值，且偏導數 $f_x(x_0, y_0)$ 與 $f_y(x_0, y_0)$ 皆存在，則

$$f_x(x_0, y_0) = f_y(x_0, y_0) = 0$$

證 令 $G(x) = f(x, y_0)$，依假設，f 在 $x = x_0$ 有相對極值，且在 $x = x_0$ 為可微分. 因此,

$$G'(x_0) = \lim_{h \to 0} \frac{G(x_0 + h) - G(x_0)}{h} = \lim_{h \to 0} \frac{f(x_0 + h, y_0) - f(x_0, y_0)}{h}$$

$$= f_x(x_0, y_0) = 0$$

同理，令 $H(y) = f(x_0, y)$，則它在 $y = y_0$ 有相對極值，且在 $y = y_0$ 為可微分. 因此,

$$H'(y_0) = \lim_{k \to 0} \frac{H(y_0 + k) - H(y_0)}{k}$$

$$= \lim_{k \to 0} \frac{f(x_0, y_0 + k) - f(x_0, y_0)}{k}$$

$$= f_y(x_0, y_0) = 0$$

於是，若 $f(x_0, y_0)$ 為 f 的相對極值，則 $f_x(x_0, y_0) = f_y(x_0, y_0) = 0$ 與單變數函數類似，而 $f_x(x_0, y_0) = f_y(x_0, y_0) = 0$ 為 f 在點 (x_0, y_0) 有相對極值的必要條件且非充分條件.

定義 10-8 臨界點

令 f 定義在包含點 (x_0, y_0) 的開區域 R 中. 若下列兩條件中有一者成立，則點 (x_0, y_0) 稱為 f 的臨界點.

(1) $f_x(x_0, y_0) = 0$ 與 $f_y(x_0, y_0) = 0$.

(2) $f_x(x_0, y_0)$ 或 $f_y(x_0, y_0)$ 有一者不存在.

定理 10-13　相對極值僅發生在臨界點

若 (x_0, y_0) 為一內點，且 f 在點 (x_0, y_0) 具有相對極值，則 (x_0, y_0) 為 f 的臨界點.

讀者應注意，在臨界點處並不一定有極值發生. 使函數 f 沒有相對極值的臨界點稱為 f 的鞍點.

讀者應注意下列兩點敘述.

1. 連續函數在有界閉集合有極值.
2. f 在區域 S 的極值只在 S 的邊界點或臨界點產生.

例題 1　唯一的極值

若 $f(x, y) = 4 - x^2 - y^2$，求 f 的相對極值.

解 $f_x(x, y) = -2x$，$f_y(x, y) = -2y$，令 $f_x(x, y) = 0$ 且 $f_y(x, y) = 0$，可得 $x = 0$，$y = 0$. 因此，$f(0, 0) = 4$ 為 f 僅有的極值. 若 $(x, y) \neq (0, 0)$，則

$$f(x, y) = 4 - (x^2 + y^2) < 4$$

故 f 在點 $(0, 0)$ 有相對極大值 4，如圖 10-30 所示，4 也是絕對極大值.

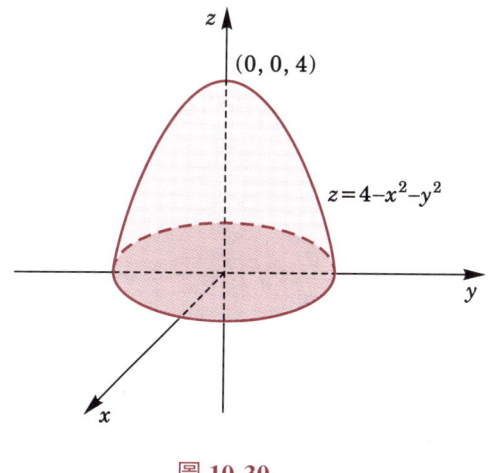

圖 10-30

例題 2　相對極值不存在

若 $f(x, y) = y^2 - x^2$，求 f 的相對極值.

解　由 $f_x(x, y) = -2x = 0$ 與 $f_y(x, y) = 2y = 0$，可得 $x = 0, y = 0$. 然而，f 在 $(0, 0)$ 無相對極值. 若 $y \neq 0$，則 $f(0, y) = y^2 > 0$；並且，若 $x \neq 0$，則 $f(x, 0) = -x^2 < 0$. 因此，在 xy-平面上圓心為 $(0, 0)$ 的任一圓內，存在一些點（在 y-軸上）使 f 的值為正，且存在一些點（在 x-軸上）使 f 的值為負. 因此，$f(0, 0) = 0$ 不是 $f(x, y)$ 在圓內的最大值，也不是最小值，其圖形為<u>雙曲拋物面</u>，如圖 10-31 所示.

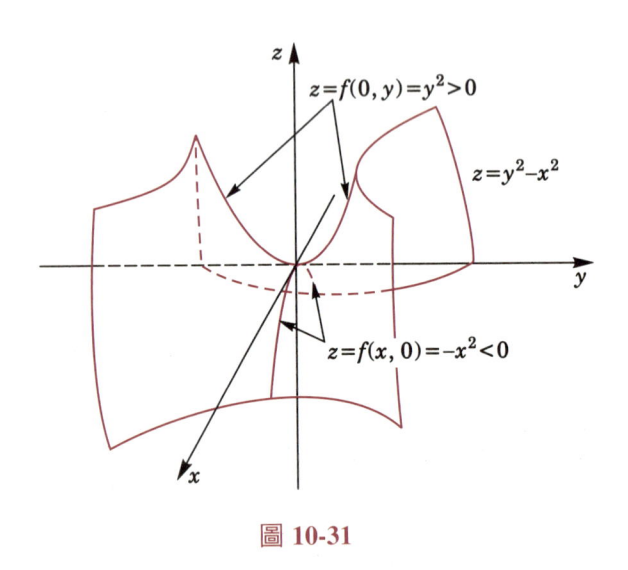

圖 10-31

例題 3　唯一的極值

求函數 $f(x, y) = \sqrt{x^2 + y^2}$ 的所有相對極值.

解　偏導函數為

$$f_x(x, y) = \frac{\partial}{\partial x} \sqrt{x^2 + y^2} = \frac{x}{\sqrt{x^2 + y^2}}$$

$$f_y(x, y) = \frac{\partial}{\partial y} \sqrt{x^2 + y^2} = \frac{y}{\sqrt{x^2 + y^2}}$$

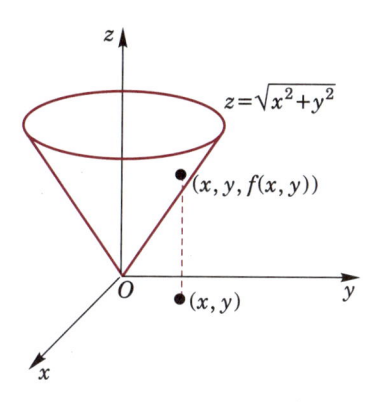

$f(0, 0) < f(x, y)$, $\forall (x, y) \neq (0, 0)$；
$f(0, 0)$ 為相對極小值

圖 10-32

兩個偏導函數在 $(x, y) = (0, 0)$ 皆無定義. 對所有其他點, 偏導數至少有一不為零, 因此, 很容易知道 $f(0, 0) = 0 < f(x, y)$, $\forall (x, y) \neq (0, 0)$, 故 $f(0, 0) = 0$ 為相對極小值. 圖形如圖 10-32 所示.

例題 4 利用配方法

求 $f(x, y) = 2x^2 + y^2 + 8x - 6y + 20$ 的相對極值.

解 因

$$f_x(x, y) = 4x + 8$$

$$f_y(x, y) = 2y - 6$$

故由 $f_x(x, y) = 0$ 與 $f_y(x, y) = 0$, 解得 $x = -2$, $y = 3$. 所以, f 的臨界點為 $(-2, 3)$. $\forall (x, y) \neq (-2, 3)$, 利用配方法, 可得

$$f(x, y) = 2(x + 2)^2 + (y - 3)^2 + 3 > 3$$

所以, f 的相對極小值發生在 $(-2, 3)$, 而相對極小值為 $f(-2, 3) = 3$.

在定理 10-12 中, $f_x(x_0, y_0) = f_y(x_0, y_0) = 0$ 係 f 在 (x_0, y_0) 有相對極值的**必要條件**. 至於**充分條件**可由下述定理得知.

定理 10-14　二階偏導數判別法

設二變數函數 f 的二階偏導函數在以臨界點 (x_0, y_0) 為圓心的某圓內皆為連續，又令

$$\Delta = f_{xx}(x_0, y_0) f_{yy}(x_0, y_0) - [f_{xy}(x_0, y_0)]^2$$

(1) 若 $\Delta > 0$ 且 $f_{xx}(x_0, y_0) > 0$，則 $f(x_0, y_0)$ 為 f 的相對極小值。

(2) 若 $\Delta > 0$ 且 $f_{xx}(x_0, y_0) < 0$，則 $f(x_0, y_0)$ 為 f 的相對極大值。

(3) 若 $\Delta < 0$，則 f 在 (x_0, y_0) 無相對極值，(x_0, y_0) 為 f 的鞍點。

(4) 若 $\Delta = 0$，則無法確定 $f(x_0, y_0)$ 是否為 f 的相對極值。

例題 5　利用定理 10-14(1)

求 $f(x, y) = x^3 - 4xy + 2y^2$ 的相對極值。

解　$f_x(x, y) = 3x^2 - 4y$，$f_y(x, y) = -4x + 4y$。

令 $f_x(x, y) = 0$ 與 $f_y(x, y) = 0$，解方程組

$$\begin{cases} 3x^2 - 4y = 0 \\ -4x + 4y = 0 \end{cases}$$

可得 $x = 0$ 或 $x = \dfrac{4}{3}$。所以，臨界點為 $(0, 0)$ 與 $\left(\dfrac{4}{3}, \dfrac{4}{3}\right)$。

$$f_{xx}(x, y) = 6x, \qquad f_{yy}(x, y) = 4, \qquad f_{xy}(x, y) = -4$$

(i) 若 $x = 0$，$y = 0$，則

$$\Delta = 24(0) - 16 = -16 < 0$$

所以，點 $(0, 0)$ 為 f 的鞍點。

(ii) 若 $x = \dfrac{4}{3}$，$y = \dfrac{4}{3}$，則

第十章　偏導函數　523

$$\Delta = 24\left(\frac{4}{3}\right) - 16 = 32 - 16 = 16 > 0$$

且

$$f_{xx}\left(\frac{4}{3}, \frac{4}{3}\right) = 6\left(\frac{4}{3}\right) = 8 > 0$$

於是，$f\left(\frac{4}{3}, \frac{4}{3}\right) = -\frac{32}{27}$ 為 f 的相對極小值.

例題 6　$\Delta = 0$

求 $f(x, y) = 25 + (x-y)^4 + (y-1)^4$ 的相對極值 (若存在).

解

$$f_x = 4(x-y)^3, \qquad f_y = -4(x-y)^3 + 4(y-1)^3$$
$$f_{xx} = 12(x-y)^2, \qquad f_{yy} = 12(x-y)^2 + 12(y-1)^2$$
$$f_{xy} = -12(x-y)^2, \qquad f_{yx} = -12(x-y)^2$$

解方程組

$$\begin{cases} 4(x-y)^3 = 0 \\ -4(x-y)^3 + 4(y-1)^3 = 0 \end{cases}$$

可得 $x = y = 1$. 因此，臨界點為 $(1, 1)$.

因

$$f_{xx}(1, 1) = 0, \qquad f_{xy}(1, 1) = 0, \qquad f_{yy}(1, 1) = 0$$

可得 $\Delta = 0$，故無法判斷 f 在點 $(1, 1)$ 處是否有相對極值.

假設 h 與 k 是任意很小的正數或負數，則

$$f(1+h, 1+k) - f(1, 1) = 25 + [(1+h)-(1+k)]^4 + [(1+k)-1]^4 - 25$$
$$= (h-k)^4 + k^4$$

但是，對任意 h 與 k，

$$(h-k)^4 + k^4 > 0$$

因而 $f(1+h, 1+k) > f(1, 1)$

故函數 f 在點 $(1, 1)$ 處有極小值，其值為 $f(1, 1) = 25$.

例題 7 利用定理 10-14(1)

試求原點至曲面 $z^2 = x^2 y + 4$ 的最小距離.

解 設 $P(x, y, z)$ 為曲面上任一點，則原點至 P 之距離的平方為 $d^2 = x^2 + y^2 + z^2$，我們欲求 P 點的坐標使得 d^2 (d 亦是) 為最小值.

因 P 點在曲面上，故其坐標滿足曲面方程式.

將 $z^2 = x^2 y + 4$ 代入 $d^2 = x^2 + y^2 + z^2$ 中，且令

$$d^2 = f(x, y) = x^2 + y^2 + x^2 y + 4 \cdots\cdots ①$$

可得 $f_x(x, y) = 2x + 2xy,\quad f_y(x, y) = 2y + x^2$

$f_{xx}(x, y) = 2 + 2y,\quad f_{yy}(x, y) = 2,\quad f_{xy}(x, y) = 2x$

欲求臨界點，我們可令 $f_x(x, y) = 0$ 且 $f_y(x, y) = 0$，即

$$\begin{cases} 2x + 2xy = 0 \\ 2y + x^2 = 0 \end{cases}$$

解得 $\begin{cases} x = 0 \\ y = 0 \end{cases}$, $\begin{cases} x = \sqrt{2} \\ y = -1 \end{cases}$, $\begin{cases} x = -\sqrt{2} \\ y = -1 \end{cases}$

(i) $\Delta = f_{xx}(0, 0) f_{yy}(0, 0) - [f_{xy}(0, 0)]^2 = 4 > 0$ 且 $f_{xx}(0, 0) = 2 > 0$

所以 $(0, 0)$ 會產生最小距離，以 $(0, 0)$ 代入 ① 式中，求出 $d^2 = 4$. 故原點與已知曲面之間最小距離為 2.

(ii) $\Delta = f_{xx}(\pm\sqrt{2}, -1) f_{yy}(\pm\sqrt{2}, -1) - [f_{xy}(\pm\sqrt{2}, -1)]^2 = -8 < 0$

故 $f(x, y)$ 在 $(\sqrt{2}, -1)$ 與 $(-\sqrt{2}, -1)$ 無相對極值，而 $(\sqrt{2}, -1)$ 與 $(-\sqrt{2}, -1)$ 為 f 的鞍點.

例題 8　函數在閉區域上求絕對極值

設 $f(x, y) = x^2 + xy + y^2$；R 為具有頂點 $(1, 2)$、$(1, -2)$ 與 $(-1, -2)$ 的三角形區域，求 f 在 R 上的絕對極大值與絕對極小值.

解　$f_x(x, y) = 2x + y$，$f_y(x, y) = x + 2y$，

$f_{xx}(x, y) = 2$，$f_{xy}(x, y) = 1$，

$f_{yy}(x, y) = 2$.

解方程組 $\begin{cases} 2x + y = 0 \\ x + 2y = 0 \end{cases}$

可得 $x = 0$，$y = 0$.

若 $x = 0$，$y = 0$，則

$\Delta = f_{xx}(0, 0) f_{yy}(0, 0) - [f_{xy}(0, 0)]^2$
$= 4 - 1 = 3 > 0$

且 $f_{xx}(0, 0) = 2 > 0$，故 $f(0, 0) = 0$ 為 f 的相對極小值.

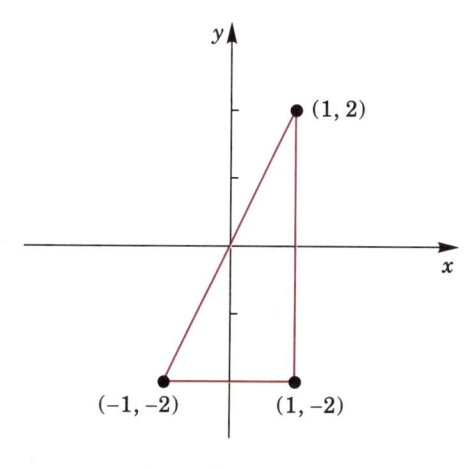

圖 10-33

但因點 $(0, 0)$ 不在 f 之定義域 R 的內部，故在 R 的內部無相對極值. R 的三個邊界分別為 $x = 1$、$y = -2$ 及 $y = 2x$，如圖 10-33 所示.

因在各邊界上，f 可表成一單變數函數，故在邊界上的極值可依第六章所述方法求得，如下

(i) 在邊界 $x = 1$ 上，$f(1, y) = 1 + y + y^2$.

由 $\dfrac{d}{dy}(1 + y + y^2) = 1 + 2y = 0$，可得 $y = -\dfrac{1}{2}$.

又 $\dfrac{d}{dy}(1 + 2y) = 2 > 0$，故依二階導數判別法，$f$ 在點 $\left(1, -\dfrac{1}{2}\right)$ 有極小值

$f\left(1, -\dfrac{1}{2}\right) = \dfrac{3}{4}$.

(ii) 在邊界 $y = -2$ 上，$f(x, -2) = x^2 - 2x + 4$.

由 $\dfrac{d}{dx}(x^2-2x+4)=2x-2=0$，可得 $x=1$.

又 $\dfrac{d}{dx}(2x-2)=2>0$，故依二階導數判別法，f 在點 $(1, -2)$ 有極小值 $f(1, -2)=3$.

(iii) 在邊界 $y=2x$ 上，$f(x, 2x)=7x^2$.

由 $\dfrac{d}{dx}(7x^2)=14x=0$，可得 $x=0$.

又 $\dfrac{d}{dx}(14x)=14>0$，故依二階導數判別法，f 在點 $(0, 0)$ 有極小值 $f(0, 0)=0$.

在三個頂點處，$f(1, 2)=7$，$f(1, -2)=3$，$f(-1, -2)=7$.

比較上面各值，我們可得絕對極大值為 $f(1, 2)=f(-1, -2)=7$，絕對極小值為 $f(0, 0)=0$.

二變數函數之極值在經濟理論上佔有極重要之地位．例如，生產者生產兩種商品 A、B．以 q_A 表示 A 的產量，q_B 表示 B 的產量．A 的需求函數為 $p_A=f(q_A)$，B 的需求函數為 $p_B=f(q_B)$，**聯合成本函數** (joint cost function) 為 $C=h(q_A, q_B)$，利潤函數為 $\pi(q_A, q_B)=p_A q_A+p_B q_B-C$．生產者通常需要求出最佳產量來使所訂價格能獲得最大利潤，利用上述求極值之方法．利潤最大的必要條件為

$$\dfrac{\partial \pi}{\partial q_A}=0 \text{ 及 } \dfrac{\partial \pi}{\partial q_B}=0$$

充分條件為

$$\dfrac{\partial^2 \pi}{\partial q_A^2}<0, \quad \dfrac{\partial^2 \pi}{\partial q_B^2}<0$$

且

$$\left(\dfrac{\partial^2 \pi}{\partial q_A^2}\right)\cdot\left(\dfrac{\partial^2 \pi}{\partial q_B^2}\right)-\left(\dfrac{\partial^2 \pi}{\partial q_A \partial q_B}\right)^2>0.$$

例題 9　利潤最大之必要條件及充分條件

設兩種商品之需求函數為 $p_A = 1 - q_A$，$p_B = 1 - q_B$，聯合生產(joint production) 的總成本函數為 $C = q_A q_B$. 試求利潤的極大值及此時的產量與價格.

解 利潤函數為

$$\pi = p_A q_A + p_B q_B - q_A q_B = q_A - q_A^2 + q_B - q_B^2 - q_A q_B$$

利潤最大的必要條件為

$$\frac{\partial \pi}{\partial q_A} = 1 - 2q_A - q_B = 0$$

$$\frac{\partial \pi}{\partial q_B} = 1 - q_A - 2q_B = 0$$

解上述聯立方程式，得 $q_A = \frac{1}{3}$，$q_B = \frac{1}{3}$，故價格為 $p_A = \frac{2}{3}$，$p_B = \frac{2}{3}$，總成本為 $C = \frac{1}{9}$，總利潤為 $\pi = \frac{1}{3}$. 我們現在檢查利潤 $\pi = \frac{1}{3}$ 是否為極大值.

依利潤最大之充分條件為

$$\frac{\partial^2 \pi}{\partial q_A^2} = -2 < 0, \quad \frac{\partial^2 \pi}{\partial q_B^2} = -2 < 0, \quad \frac{\partial^2 \pi}{\partial q_A \, \partial q_B} = -1$$

$$\left(\frac{\partial^2 \pi}{\partial q_A^2}\right)\left(\frac{\partial^2 \pi}{\partial q_B^2}\right) - \left(\frac{\partial^2 \pi}{\partial q_A \, \partial q_B}\right)^2 = (-2)(-2) - 1 = 3 > 0$$

由此可知 $q_A = \frac{1}{3}$，$q_B = \frac{1}{3}$，$p_A = \frac{2}{3}$，$p_B = \frac{2}{3}$ 時，利潤為最大，這時之利潤為 $\pi = \frac{1}{3}$.

習題 10-9

10-9 最佳化

一、基礎題

在 1～8 題中，求函數 f 的相對極值．若沒有，則指出何者為鞍點．

1. $f(x, y) = x^2 - 3xy - y^2 + 2y - 6x$

2. $f(x, y) = x^2 + 4y^2 - 2x + 8y - 5$

3. $f(x, y) = x^3 + 3xy - y^3$

4. $f(x, y) = xy$

5. $f(x, y) = x^2 + y^3 - 6y$

6. $f(x, y) = x^3 + y^3 - 6xy + 1$

7. $f(x, y) = \dfrac{4y + x^2 y^2 + 8x}{xy}$

8. $f(x, y) = e^{-(x^2 + y^2 - 4y)}$

二、進階題

1. 求 $x^2 y^2$ 在條件 $4x^2 + y^2 = 8$ 之下的所有相對極值．

2. 試證：在所有周長為 p 的平行四邊形當中，邊長為 $\dfrac{p}{4}$ 的正方形有最大面積．

3. 某電子公司生產手提式與組合式之電唱機，每週實現之總收益為

$$R(x, y) = -\dfrac{x^2}{4} - \dfrac{3}{8} y^2 - \dfrac{xy}{4} + 300x + 240y \quad (元)$$

x 表每週生產並銷售手提式電唱機之數量，y 表組合式電唱機之數量，而每週生產這些電唱機之總成本為

$$C(x, y) = 180x + 140y + 5{,}000 \quad (元)$$

此處 x 及 y 與前述具有相同之意義．試問該電子公司每週應生產多少手提式與組

合式之電唱機才能使其利潤獲致最大？

4. 在完全競爭下，某廠商生產兩種產品，這兩種產品的價格分別為 12 及 18，產量為 q_A 及 q_B，成本函數為 $C = 2q_A^2 + q_A q_B + 2q_B^2$. 試求最大利潤時之產量.

5. 假設效用函數為

$$TU = 4X + 8Y - 2X^2 - 2Y^2$$

(1) 在消費者均衡狀態下，貨品 X 與 Y 之購買量各為多少？
(2) 在消費者均衡狀態下，總效用為多少？

10-10 拉格蘭吉乘數

前一節所述二變數函數的極值求法當中，變數 x 與 y 並沒有受到任何限制，如果變數 x 與 y 須滿足限制條件 $g(x, y) = 0$，這類問題就稱為受限制之極大值與極小值問題. 例如，下面的例子分別屬於不受限制的極值問題與受限制的極值問題，讀者應比較兩者之不同.

例題 1　判斷極小值

(1) 函數 $f(x, y) = x^2 + y^2$ 的極小值為 $f(0, 0) = 0$，如圖 10-34 所示.

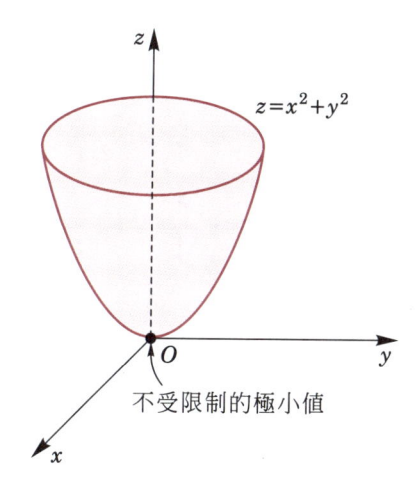

圖 10-34

(2) 函數 $f(x, y) = x^2 + y^2$ 的極小值受限制於 $x + y = 2$. 該函數的極小值發生在曲面與平面之交線的最低點處, 如圖 10-35 所示.

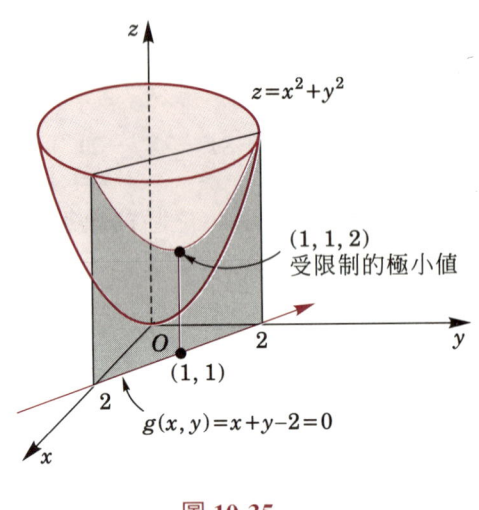

圖 10-35

例題 2　判斷極大值

函數 $f(x, y) = 25 - x^2 - y^2$ 的極大值受限制於 $x + y = 4$. 該函數的極大值發生在曲面與平面之交線的最高點處, 如圖 10-36 所示.

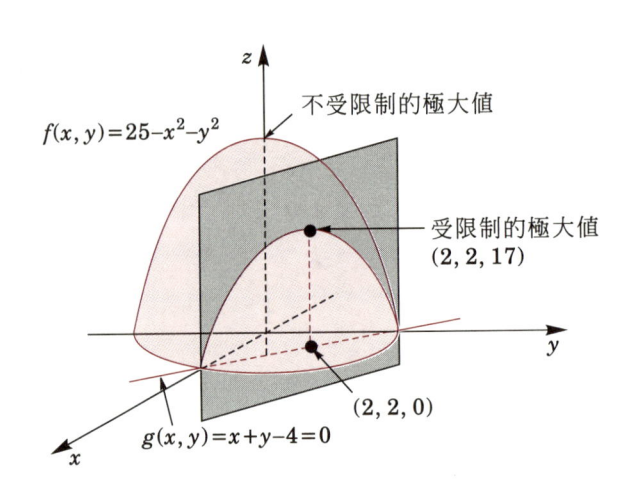

圖 10-36

有時，由受限制條件所獲得的方程式，可以代入二變數函數中，以求得極大值或極小值，因而就變成不受限制的極值問題，並且可以用前一節之方法求解函數之極值. 但是，這種方法往往不切實際，尤其是求極大值或極小值的函數包含兩個變數或數個限制因素時為然. 求受限制函數之極大值或極小值，最常用的方法為<u>拉格蘭吉乘數法</u>，此法係由<u>法國</u>大數學家<u>拉格蘭吉</u> (1736～1813) 發現.

我們可利用圖 10-35 說明此方法的幾何意義. 我們不難發現函數 $f(x, y) = x^2 + y^2$ 的等值曲線中恰好有一條曲線與直線 $x + y = 2$ 在點 $(1, 1)$ 處相切，該點就是受限制的極小值發生之處，如圖 10-37 所示.

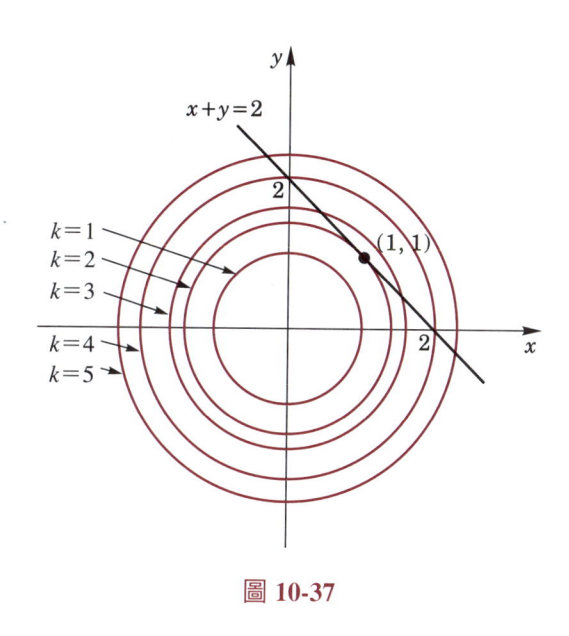

圖 10-37

欲求 $f(x, y)$ 之極大值且受限制於 $g(x, y) = 0$，我們必須求 f 之最高等值曲線使它與受限制曲線相交. 此一交點將會發生在受限制曲線與等值曲線相切之點上，如圖 10-38 所示.

在此切點上受限制曲線 $g(x, y) = 0$ 之斜率等於等值曲線 $f(x, y) = C$ 之斜率. 依據定理 10-10 知，

$$受限制曲線之斜率 = -\frac{g_x}{g_y}$$

且

532 商用微積分

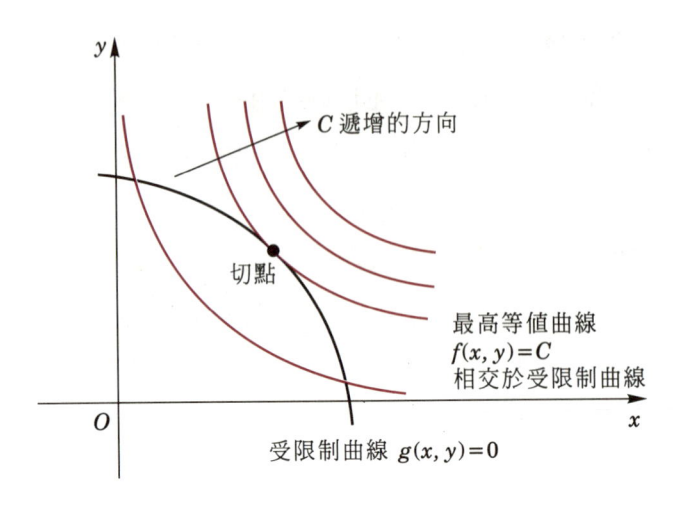

```
     y
     |
     |        C 遞增的方向
     |     ↗
     |    切點
     |         最高等值曲線
     |         f(x, y) = C
     |         相交於受限制曲線
     O————————————————— x
         受限制曲線 g(x, y) = 0
```

圖 10-38

$$\text{等值曲線之斜率} = -\frac{f_x}{f_y}$$

因此，利用斜率相等之條件，可以表為下列之方程式

$$-\frac{f_x}{f_y} = -\frac{g_x}{g_y} \quad \text{或} \quad \frac{f_x}{f_y} = \frac{g_x}{g_y}$$

若令 λ 為公比，則

$$\lambda = \frac{f_x}{g_x} \quad \text{與} \quad \lambda = \frac{f_y}{g_y}$$

故
$$f_x = \lambda g_x \quad \text{與} \quad f_y = \lambda g_y \tag{10-21}$$

綜合以上所論，我們將二變數函數 $z = f(x, y)$ 在限制條件 $g(x, y) = 0$ 下求相對極值的步驟略述如下：

1. 先定義一輔助函數如下

$$F(x, y, \lambda) = f(x, y) - \lambda g(x, y)$$

稱為**拉格蘭吉函數**，其中變數 λ 稱為**拉格蘭吉乘數**.

2. 決定 F 之**臨界點**，亦即解下列方程組

$$\begin{cases} F_x = f_x(x, y) - \lambda\, g_x(x, y) = 0 \\ F_y = f_y(x, y) - \lambda\, g_y(x, y) = 0 \\ F_\lambda = g(x, y) = 0 \end{cases} \qquad (10\text{-}22)$$

由步驟 2 所求得 F 之每一個臨界點 (x, y) 都可能為 f 在受限制條件下發生相對極大值或相對極小值的地方.

例題 3 利用式 (10-22)

試求函數 $f(x, y) = 2x^2 + y^2$ 在限制條件 $g(x, y) = x + y - 1 = 0$ 之下的相對極小值.

解 令 $F(x, y, \lambda) = f(x, y) - \lambda g(x, y) = 2x^2 + y^2 - \lambda(x + y - 1)$

則
$$\begin{cases} F_x = 4x - \lambda \\ F_y = 2y - \lambda \\ F_\lambda = -(x + y - 1) \end{cases}$$

解方程組
$$\begin{cases} 4x - \lambda = 0 \\ 2y - \lambda = 0 \\ x + y - 1 = 0 \end{cases}$$

得 $x = \dfrac{1}{3}$, $y = \dfrac{2}{3}$, $\lambda = \dfrac{4}{3}$.

故函數之相對極小值為 $f\left(\dfrac{1}{3}, \dfrac{2}{3}\right) = 2\left(\dfrac{1}{3}\right)^2 + \left(\dfrac{2}{3}\right)^2 = \dfrac{2}{3}$.

例題 4 利用式 (10-22)

試求在雙曲線 $xy = 1$ 上最接近 $(0, 0)$ 之點的坐標.

解 令點 $P(x, y)$ 位於雙曲線上, 依題意, 我們須求原點至雙曲線上一點 $P(x, y)$ 的最短距離 $d = \sqrt{x^2 + y^2}$. 亦即, 求 $d^2 = f(x, y) = x^2 + y^2$ 受限制於條件 $g(x, y) = xy - 1 = 0$ 的極小值. 我們須解

$$\begin{cases} f_x(x,\ y) = \lambda\, g_x(x,\ y) \\ f_y(x,\ y) = \lambda\, g_y(x,\ y) \\ g(x,\ y) = 0 \end{cases}$$

亦即，解

$$\begin{cases} 2x = \lambda y \quad \cdots\cdots\cdots\cdots\cdots\cdots\cdots\cdots\cdots\cdots\cdots\cdots\cdots\cdots\cdots\cdots ① \\ 2y = \lambda x \quad \cdots\cdots\cdots\cdots\cdots\cdots\cdots\cdots\cdots\cdots\cdots\cdots\cdots\cdots\cdots\cdots ② \\ xy - 1 = 0 \quad \cdots\cdots\cdots\cdots\cdots\cdots\cdots\cdots\cdots\cdots\cdots\cdots\cdots ③ \end{cases}$$

將 ① 式乘以 x 而 ② 式乘以 y，則得

$$2x^2 = \lambda xy = 2y^2$$

但由於 $xy = 1 > 0$，則 x 與 y 必為同號。因此，$x^2 = y^2$，解得 $x = y$，代入 $xy = 1$ 中，可得

$$x = y = 1 \quad \text{或} \quad x = y = -1$$

故雙曲線 $xy = 1$ 上 $P(-1,\ -1)$ 或 $P(1,\ 1)$ 最接近原點 $(0,\ 0)$，如圖 10-39 所示。

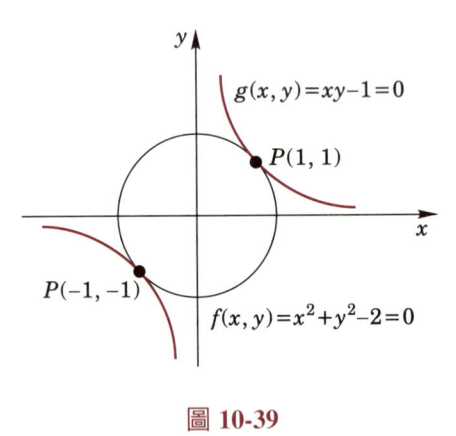

圖 10-39

例題 5 **利用式 (10-22)**

有一矩形的盒子位於 xy-平面上，且矩形盒子有三頂點分別位於 x-軸、y-軸與 z-軸之正向上，第四頂點位於平面 $6x + 4y + 3z = 24$ 上．試求矩形盒子之最大體積．

解 如圖 10-40 所示，設矩形盒子之體積為 $f(x, y, z) = xyz$，且受限制之條件為

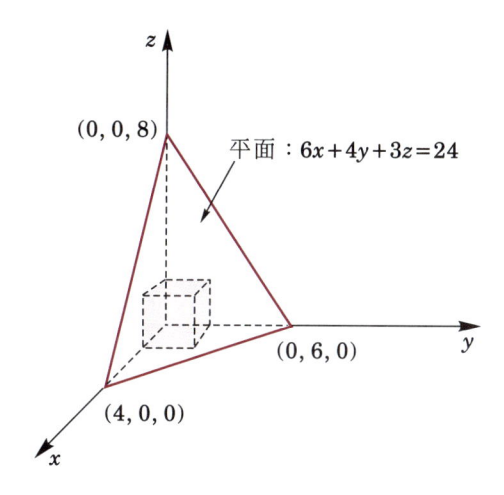

圖 10-40

$$g(x, y, z) = 6x + 4y + 3z - 24$$

令

$$F(x, y, z, \lambda) = f(x, y, z) - \lambda g(x, y, z) = xyz - \lambda(6x + 4y + 3z - 24)$$

則

$$\frac{\partial F}{\partial x} = yz - 6\lambda$$

$$\frac{\partial F}{\partial y} = xz - 4\lambda$$

$$\frac{\partial F}{\partial z} = xy - 3\lambda$$

$$\frac{\partial F}{\partial \lambda} = -(6x + 4y + 3z - 24)$$

令上列四式為 0，可得

$$yz - 6\lambda = 0 \quad \cdots\cdots ①$$

$$xz - 4\lambda = 0 \quad \cdots\cdots ②$$

$$xy - 3\lambda = 0 \quad \cdots\cdots ③$$

$$6x + 4y + 3z - 24 = 0 \quad \cdots\cdots ④$$

將 ①、② 與 ③ 式分別乘以 x、y 與 z，則

$$\begin{cases} xyz - 6x\lambda = 0 \\ xyz - 4y\lambda = 0 \\ xyz - 3z\lambda = 0 \end{cases}$$

解得 $6x = 4y = 3z$，或 $y = \dfrac{3}{2}x$ 與 $z = 2x$. 將此代入 ④ 式，得

$$6x + 4\left(\dfrac{3}{2}x\right) + 3(2x) - 24 = 0 \text{ 或 } 18x - 24 = 0$$

故 $x = \dfrac{4}{3}$.

因此 f 產生最大值的點為 $x = \dfrac{4}{3}$, $y = 2$, $z = \dfrac{8}{3}$.

故矩形盒子之最大體積為 $V = xyz = \left(\dfrac{4}{3}\right)(2)\left(\dfrac{8}{3}\right) = \dfrac{64}{9}$.

例題 6 利用式 (10-22)

假設對某製造過程，**柯布-道格拉斯生產函數**定義為

$$f(x, y) = 200x^{3/4}y^{1/4}$$

此處 x 代表勞動單位數量且 y 代表資本單位數量. 如果一單位之勞動成本為 250 元，一單位之資本成本為 400 元，且全部之開銷限制為 120,000 元. 試求最大之生產水準.

解 首先求生產函數 $f(x, y)$ 之極大值. 依題意，受限制之條件為

$$250x + 400y = 120{,}000$$

令

$$F(x, y, \lambda) = 200x^{3/4}y^{1/4} - \lambda(250x + 400y - 120{,}000)$$

則
$$\begin{cases} \dfrac{\partial F}{\partial x}=150x^{-1/4}y^{1/4}-250\lambda \\ \dfrac{\partial F}{\partial y}=50x^{3/4}y^{-3/4}-400\lambda \\ \dfrac{\partial F}{\partial \lambda}=-(250x+400y-120{,}000) \end{cases}$$

令上列三式為 0，可得

$$150x^{-1/4}y^{1/4}-250\lambda=0 \quad \text{①}$$
$$50x^{3/4}y^{-3/4}-400\lambda=0 \quad \text{②}$$
$$250x+400y-120{,}000=0 \quad \text{③}$$

由 ① 與 ② 式解 λ，得

$$\lambda=\frac{3}{5}x^{-1/4}y^{1/4} \quad \text{與} \quad \lambda=\frac{1}{8}x^{3/4}y^{-3/4}$$

所以，
$$\frac{3}{5}x^{-1/4}y^{1/4}=\frac{1}{8}x^{3/4}y^{-3/4}$$

上式等號兩邊乘以 $x^{1/4}y^{3/4}$，得

$$\frac{3}{5}y=\frac{1}{8}x \quad \text{或} \quad x=\frac{24}{5}y$$

代入 ③ 式得

$$120{,}000-250\left(\frac{24}{5}y\right)-400y=0$$

$$1{,}600y=120{,}000$$

解得 $y=75$，因而 $x=360$。

故生產之最大單位數量為

$$f(360,\ 75)=200(360)^{3/4}(75)^{1/4}\approx 48{,}643.$$

習題 10-10

10-10 拉格蘭吉乘數

一、基礎題

1. 試求函數 $f(x, y) = 5x^2 + 6y^2 - xy$ 在限制條件 $x + 2y = 24$ 之下的相對極值.

2. 試求函數 $f(x, y) = 2x^2 + xy - y^2 + y$ 在限制條件 $2x + 3y = 1$ 之下的相對極值.

3. 試求函數 $f(x, y) = y^2 - 4xy + 4x^2$ 在限制條件 $x^2 + y^2 = 1$ 之下的相對極值.

4. 試求函數 $f(x, y, z) = xyz$ ($x \geq 0$, $y \geq 0$, $z \geq 0$) 之極大值, 其中 x、y 與 z 滿足 $x^3 + y^3 + z^3 = 1$.

5. 假設某工廠生產兩種形式機器之數量為 x、y, 其聯合成本函數為 $f(x, y) = x^2 + 2y^2 - xy$, 如果共有 16 部機器, 試問為了使成本最低, 各式機器應生產幾部？

二、進階題

1. 試求 $f(x, y, z) = 3x + 2y + z + 5$ 在限制條件 $9x^2 + 4y^2 - z = 0$ 之下的極小值.

2. 試求 $f(x, y, z) = 2xy + 6yz + 8xz$ 在限制條件 $xyz = 12,000$ 之下的極小值.

3. 試求 $f(x, y, z) = 2x^2 + y^2 + 3z^2$ 受限制於條件 $2x - 3y - 4z = 49$ 之下的極小值.

4. 某電子公司由生產與銷售電唱機所實現之每週總利潤為

$$P(x, y) = -\frac{1}{4}x^2 - \frac{3}{8}y^2 - \frac{1}{4}xy + 120x + 100y - 5{,}000 \text{ (元)}$$

其中 x 表每週生產並銷售手提式電唱機之數量, y 表組合式之數量. 今該公司之管理部門決定將這些電唱機的產量限制在總量為每週 230 單位, 試問在此條件之下, 該公司每週應生產多少手提式及組合式之電唱機, 才能使公司每週之利潤為最大？

5. 假設家庭對 X 與 Y 貨品之效用函數及預算限制分別為

$$TU = 4X + 17Y - X^2 - XY - 3Y^2$$

與 $$X + 2Y = 7$$

(1) 在消費者均衡狀態之下，X 與 Y 貨品之購買量為多少？
(2) 在消費者均衡狀態下之總效用為多少？

10-11 最小平方法

設

x	x_1	x_2	x_3	$\cdots$	x_m
y	y_1	y_2	y_3	$\cdots$	y_m

為 m 組數據，我們可以在平面上用 m 個點來表示．現欲求一直線 $y_c = a + bx$，使得各點與此直線之距離的平方和為最小．此直線稱為**迴歸直線** (regression line)．迴歸直線常用來做預測，如圖 10-41 所示．

如果所給的 m 組數據為 n 個學生的智商及學期成績之數據，其中 x_i 表示智

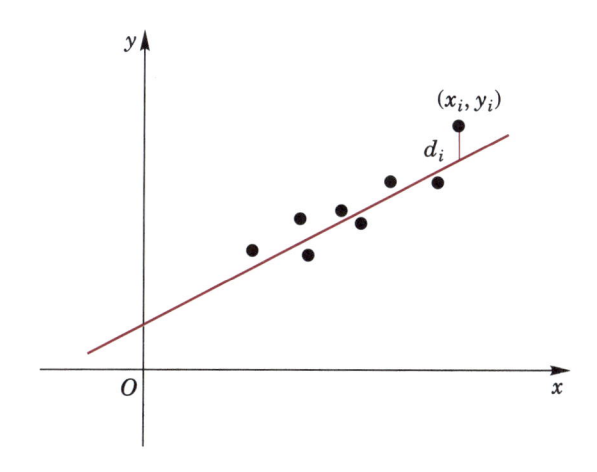

圖 10-41

商，y_i 表示學期成績. 利用此 m 組數據，我們可求出一直線，此直線即為迴歸直線 $y_c = a + bx$；以後，若有新來學生，就把其智商數代入迴歸直線中的 x，就能預測其學期成績之大概分數 y_c. 當然，y_c 不見得是該生的正確學期分數，但卻是該生學期分數之近似值，這即為利用迴歸直線來做預測的例子. 求迴歸直線可用求極值之方法求得，步驟如下：

令
$$d_i = y_i - y_{c_i} = y_i - (a + bx_i)$$

及
$$S = \sum_{i=1}^{m} d_i^2 = \sum_{i=1}^{m} (y_i - a - bx_i)^2$$

欲求 S 之極小值，必須令 S 對 a 及 b 的偏導函數皆為 0. 即

$$\begin{cases} \dfrac{\partial S}{\partial a} = -2 \sum_{i=1}^{m} (y_i - a - bx_i) = 0 \\ \dfrac{\partial S}{\partial b} = -2 \sum_{i=1}^{m} x_i(y_i - a - bx_i) = 0 \end{cases}$$

化簡成下列方程組

$$\begin{cases} ma + (\sum_{i=1}^{m} x_i)b = \sum_{i=1}^{m} y_i \\ (\sum_{i=1}^{m} x_i)a + (\sum_{i=1}^{m} x_i^2)b = \sum_{i=1}^{m} x_i y_i \end{cases} \tag{10-23}$$

統計上稱此聯立方程式 (10-23) 為<u>正規方程式</u> (normal equations). 解上式中之 a 及 b，可得

$$a = \frac{(\sum_{i=1}^{m} y_i)(\sum_{i=1}^{m} x_i^2) - (\sum_{i=1}^{m} x_i y_i)(\sum_{i=1}^{m} x_i)}{m \sum_{i=1}^{m} x_i^2 - (\sum_{i=1}^{m} x_i)^2} \tag{10-24}$$

與

$$b = \frac{m(\sum_{i=1}^{m} x_i y_i) - (\sum_{i=1}^{m} x_i)(\sum_{i=1}^{m} y_i)}{m \sum_{i=1}^{m} x_i^2 - (\sum_{i=1}^{m} x_i)^2} \tag{10-25}$$

其中 a、b 稱為<u>迴歸係數</u> (regression coefficients).

例題 1 利用式 (10-24) 與式 (10-25)

已知一組數據

x	1	3	6	9	15
y	5.12	3	2.48	2.34	2.18

利用此組數據求出迴歸直線 $y_c = a + bx$.

解 因 $m = 5$，故

$$\sum_{i=1}^{5} x_i = 34, \quad \sum_{i=1}^{5} x_i^2 = 352, \quad \sum_{i=1}^{5} y_i = 15.12, \quad \sum_{i=1}^{5} x_i y_i = 82.76$$

代入式 (10-24) 與式 (10-25) 中，求得

$$a = \frac{(15.12)(352) - (82.76)(34)}{(5)(352) - (34)^2} \approx 4.153$$

$$b = \frac{(5)(82.76) - (34)(15.12)}{(5)(352) - (34)^2} \approx -0.1660$$

故所求迴歸直線為 $y_c = 4.153 - 0.166x$.

習題 10-11

10-11 最小平方法

一、基礎題

1. 已知一組數據

x	1	2	3	4	5
y	1	3	4	5	6

利用此組數據求出迴歸直線 $y_c = a + bx$.

2. 某藥廠的老闆蒐集了該公司每年的利潤金額與年度的廣告支出金額 (兩者皆以千元為單位)，如下表所示.

年度廣告支出 (x)	12	14	17	21	26	30
年度利潤 (y)	20	35	40	50	50	60

(1) 試決定對這些資料之迴歸直線.

(2) 利用 (1) 中所得之結果，預測該公司在年度廣告預算為 20,000 元時的年度利潤.

二、進階題

1. 某錄影帶出租公司之企劃部門曾做一項市場調查，發現該公司每月之錄影帶銷售額 x (以千元為單位) 與其企劃中的批發單價 p (元)，如下所示

p	38	36	34.5	30	28.5
x	3.2	5.4	7.0	11.5	14.6

(1) 若其需求曲線為這些資料的迴歸直線，試求其需求方程式.

(2) 假設生產並配銷這些錄影帶的每月總成本函數為

$$C(x) = 4x + 25$$

其中 x 表生產與銷售的數量 (以千卷為單位) 且 $C(x)$ 以千元為單位. 試決定使該錄影帶出租公司每月利潤為最大之批發單價.